Matemàtiques acadèmiques-aplicades

Aprenentatge Basat en Problemes

3

ESO CODI OBERT

Casals

Rafael-Ángel Martínez
(coordinador)

M.ª Concepción Muñoz
M.ª Isabel de los Santos
Pablo Martínez

La unitat, pas a pas

1 Contextos

Cada unitat desenvolupa els diferents blocs curriculars de l'assignatura de Matemàtiques en un **context proper** als alumnes.

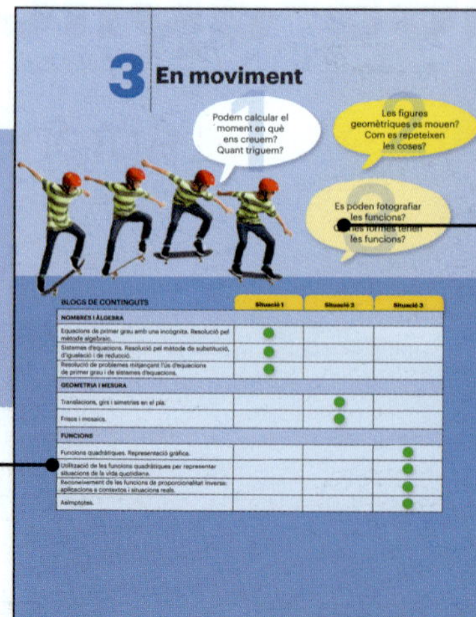

Preguntes inicials per a cada situació d'aprenentatge

Continguts dels diferents blocs curriculars de la unitat

4 Activitats

Hi ha **dos tipus d'activitats** per assegurar l'adquisició de les diferents **competències matemàtiques.**

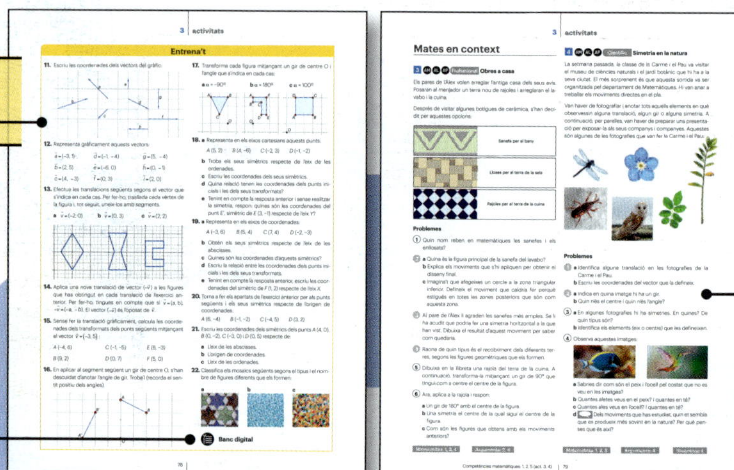

Activitats d'exercitació

Banc digital d'activitats autocorrectives

Problemes contextualitzats que indiquen la gradació dels processos matemàtics (PISA) i les habilitats de la competència matemàtica

5 Organitzo els conceptes

Els continguts s'aniran entrellaçant al llarg de tot el curs fins a completar **tots els coneixements exigits en el currículum.** D'aquesta manera, els alumnes veuran la relació que hi ha entre els diferents blocs.

Continguts resumits i organitzats per blocs al final de cada unitat

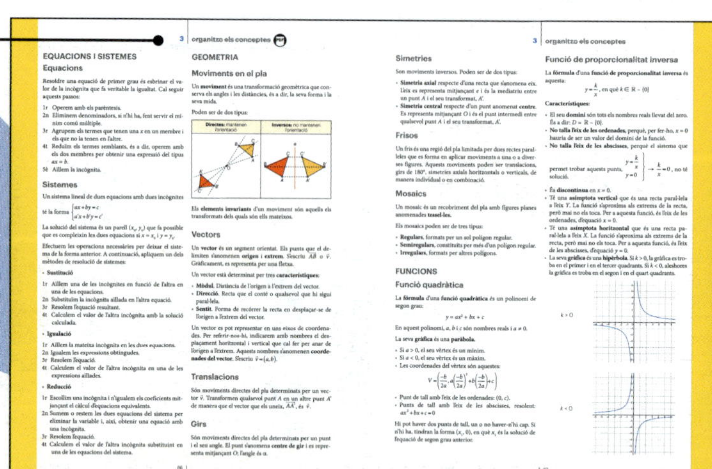

2 Situacions d'aprenentatge

En cada unitat es plantegen **3 o 4 situacions reals i d'interès** per a l'alumnat, a partir de les quals s'aniran construint diferents coneixements matemàtics.

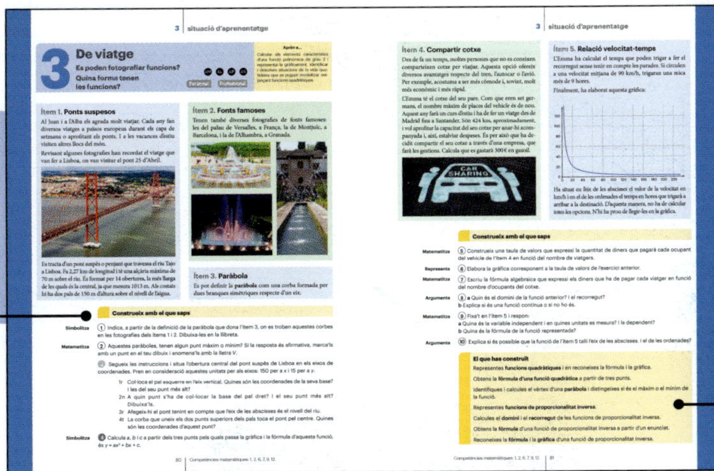

Reptes o problemes que l'alumnat podrà resoldre mitjançant activitats dirigides i orientades

Nou coneixement matemàtic adquirit per fer front a reptes futurs

3 Continguts

Es desenvolupen els continguts de cada situació d'aprenentatge **alternant els coneixements teòrics essencials amb exemples, il·lustracions i recursos digitals.**

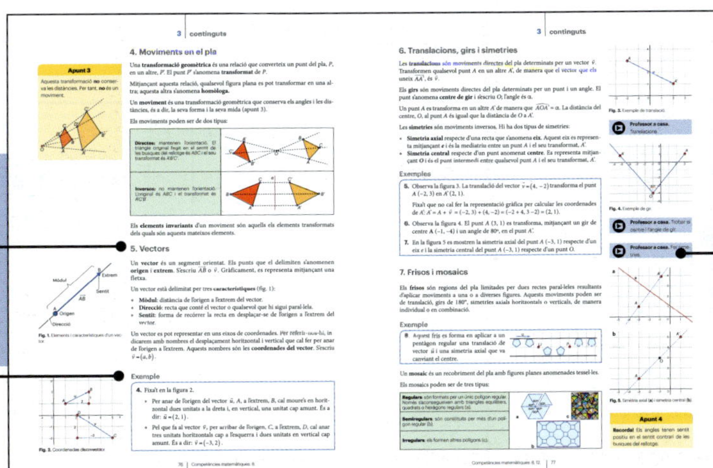

Conceptes teòrics bàsics per al desenvolupament del contingut de cada situació

Exemples resolts

Vídeos "Professor/a a casa", en què es resolen exercicis i s'expliquen conceptes bàsics

6 Activitats finals i Avalua

Dues tipologies d'activitats que combinen els continguts dels blocs de la unitat

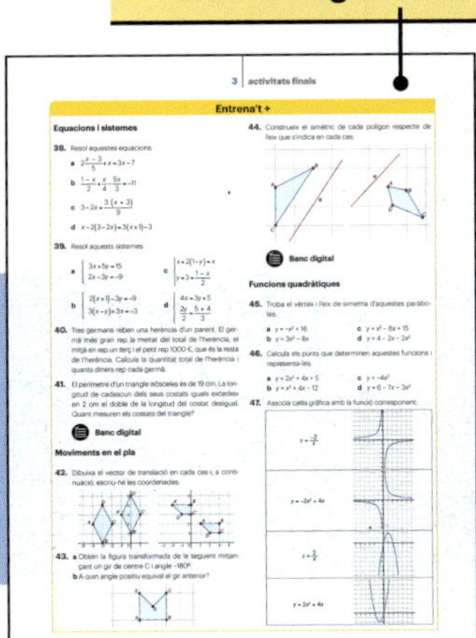

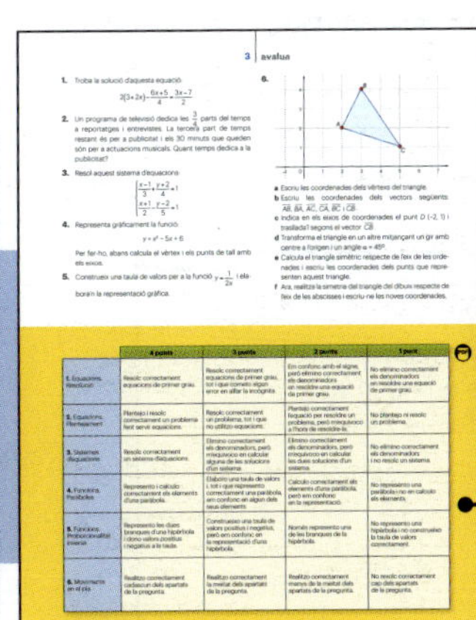

Autoavaluació amb rúbrica

A més, un **projecte** trimestral.

ÍNDEX

Contextos i situacions d'aprenentatge	Continguts			
	Nombres i àlgebra	**Geometria i mesura**	**Estadística i probabilitat**	**Funcions**
PROJECTE 2 Pàg. 93	**Com érem i com serem?** Resolució de problemes / Eines digitals / Pensament crític			
4 Històries matemàtiques **1 Què és una arrel?** **2 Figures perfectes** **3 Laplace i l'equiprobabilitat** Pàg. 95	• Polinomis. Transformacions d'expressions algebraiques. Operacions elementals amb polinomis. • Igualtats notables. • Resolució d'equacions senzilles de grau superior a 2.	• Poliedres, poliedres regulars. Vèrtexs, arestes i cares. Teorema d'Euler. • Plans de simetria en els poliedres.	• Experiències aleatòries i compostes en casos senzills. Esdeveniments i espai mostral. • Càlcul de probabilitats mitjançant la regla de Laplace. • Diagrames d'arbre senzills. • Permutacions. Factorial d'un nombre. • Ús de la probabilitat per prendre decisions fonamentades en diferents contextos.	
5 Temps lliure i oci **1 En remull!** **2 Pugem a les atraccions!** **3 El Quixot de les matemàtiques** **4 Jocs i temps lliure** Pàg. 121	• Representació de nombres en la recta real. Intervals. • Transformació de fraccions en decimals i viceversa. • Nombres decimals exactes i periòdics. Fracció generatriu. • Operacions amb fraccions i decimals. Càlcul aproximat i arrodoniment. • Equacions de segon grau amb una incògnita. • Resolució d'equacions de segon greu pel mètode algebraic. • Resolució de problemes amb equacions de segon grau. • Progressions aritmètiques i geomètriques.		• Càlcul de probabilitats mitjançant la regla de Laplace. • Diagrames d'arbre senzills. • Permutacions, factorial d'un nombre. • Ús de la probabilitat per prendre decisions fonamentades en diferents contextos.	
6 El món de la publicitat **1 Negocis** **2 Arts gràfiques** **3 El preu de la publicitat** Pàg. 153	• Operacions amb fraccions i decimals. • Arrels quadrades. • Arrels no exactes. Expressió decimal. • Resolució d'equacions senzilles de grau superior a dos.	• Teorema de Tales. • Aplicació a la resolució de problemes. • Escales. • Ús de les noves tecnologies per estudiar formes, configuracions i relacions geomètriques.	• Freqüències. Agrupació de dades en intervals. • Anàlisi i comparació de situacions de dependència funcional donades per mitjà de taules i enunciats. • Gràfiques estadístiques. • Paràmetres de posició i de dispersió. Diagrama de caixa. • Interpretació conjunta de la mitjana i la desviació típica.	• Anàlisi i descripció qualitativa de gràfiques que representen fenòmens de l'entorn quotidià i d'altres matèries. • Anàlisi d'una situació a partir de l'estudi de les característiques locals i globals de la gràfica. • Anàlisi i comparació de situacions de dependència funcional donades per mitjà de taules i enunciats. • Ús de models lineals per estudiar situacions provinents dels diferents àmbits de coneixement i de la vida quotidiana. • Expressions de l'equació de la recta. • Funcions quadràtiques. Representació gràfica. Aplicació per representar situacions de la vida quotidiana. • Funció de proporcionalitat inversa. Asímptotes.

ÍNDEX

PROJECTE 1

SOM GUAPOS? LA RESPOSTA ESTÀ EN LES MATES

Podem definir matemàticament la bellesa d'un rostre?

4 sessions

mou les teves capacitats

Resolució de problemes

Comunicació i argumentació

Pensament crític

PRESENTACIÓ DEL PROJECTE

Es pot mesurar matemàticament la bellesa? Què fa que una persona ens sembli guapa? És una tema objectiu o una qüestió de gustos?

Amb aquest projecte:

- Estudiaràs el concepte de simetria.
- Establiràs relacions de proporcionalitat.
- Elaboraràs, comunicaràs i defensaràs el teu estudi d'antropometria facial.
- Valoraràs els cànons estètics i apreciaràs la diversitat humana d'una manera positiva.

El teu personatge preferit potser és matemàticament el més bonic!

QUÈ HAS DE SABER PER TENIR ÈXIT EN AQUEST PROJECTE?

Per fer un bon projecte, has de fer anar eines i conceptes matemàtics que ja coneixes, i altres de nous que aprendràs durant el procés:

- Dominar els diversos tipus de moviments en el pla.
- Operar amb nombres decimals.
- Fer càlculs de proporcionalitat.

I no t'oblidis d'aplicar els teus coneixements tecnològics sobre programes d'edició d'imatges!

PRODUCTE FINAL

El producte final serà un pòster en què exposaràs el teu estudi antropomètric facial sobre el rostre del personatge que escullis. Hi exposaràs, de forma gràfica i matemàtica, alguns paràmetres antropomètrics.

En primer lloc, has de treballar a fons els coneixements següents:

- Concepte de simetria.
- Càlcul de l'error relatiu i percentatges.

Segur que durant el procés trobes altres dades interessants, no dubtis a incorporar-les al projecte!

Què aprendré?

Resolució de problemes

Davant del problema filosòfic de definir la bellesa, respondràs amb una anàlisi quantitativa dels diferents paràmetres antropomètrics que caracteritzen un rostre.

Comunicació i argumentació

Comunicaràs raonadament i amb efectivitat el teu estudi antropomètric facial per mitjà d'un pòster.

Pensament crític

La bellesa és una percepció merament personal? La imposen les modes? És un tema frívol i mancat d'interès? La ciència intenta donar una resposta objectiva a tot això, però, quin és el teu punt de vista?

Competències matemàtiques: 2, 3, 11.

QUÈ FAREM?

En grups de 2

Sessió 1 **Definir matemàticament la bellesa.**	Hi ha algun paràmetre matemàtic comú en els rostres bonics, com ara el grau de simetria o la proporció entre les diferents parts? Busquem informació sobre les investigacions científiques que hi ha sobre el tema i sobre els paràmetres que s'hi analitzen. Intercanviem la informació obtinguda amb un altre grup. Valorem i incorporem els comentaris que ens facin.
Sessió 2 **Escollir els rostres que analitzarem.**	Per parelles, escolliu un personatge que considereu especialment guapo. Hi ha d'haver paritat d'homes i dones, i diversitat d'edats i de nacionalitats. Busqueu-ne a la xarxa una foto frontal, si és possible, amb una expressió neutra, i imprimiu-ne diverses còpies en una mida força gran (DIN A3 o superior). Acordem la manera d'analitzar els rostres i de plasmar-ne el resultat en el nostre estudi.
Sessió 3 **Estudiar els rostres i quantificar-ne els paràmetres en relació a un valor ideal.**	Muntem les fotografies sobre un pòster i en cada una hi marquem els diferents punts i elements que mesurarem (per exemple, una foto per analitzar-ne la simetria, una altra per a l'estudi de les proporcions, etc.). Mesurem els diversos paràmetres escollits i els comparem amb els que es consideren ideals, usant el concepte d'error relatiu.
Sessió 4 **Exposar l'estudi antropomètric a l'aula. Debatre sobre els resultats obtinguts.**	Per parelles, presentem l'estudi a l'aula. Fem un rànquing dels rostres amb els resultats matemàtics més semblants als ideals. Debatem sobre si els resultats objectius coincideixen amb els gustos de la majoria.

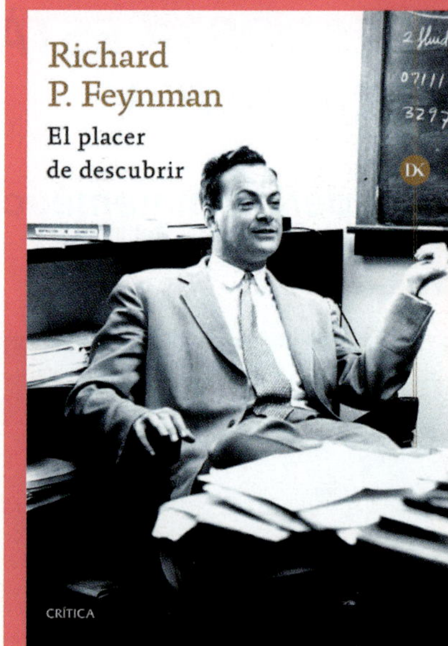

«Als qui no coneixen les matemàtiques, els és difícil sentir la bellesa, la profunda bellesa de la naturalesa.»

Richard Feynman

SOM GUAPOS? LA RESPOSTA ESTÀ EN LES MATES

En primer lloc, heu d'exposar a la resta de la classe com heu escollit els paràmetres antropomètrics i explicar per què ho heu fet així.

Després, heu de presentar el vostre pòster i defensar-lo de les crítiques que us facin

QUÈ AVALUAREM?

Per avaluar aquest projecte, heu d'acordar una rúbrica d'avaluació durant la sessió 2 amb la resta dels grups i amb el professor o professora.

Aquesta rúbrica valorarà, com a mínim, aquests aspectes:

- La consecució d'informació contrastada sobre els paràmetres del rostre que s'estudia.
- Una anàlisi dels rostres rigorosa i coherent amb els paràmetres escollits.
- La presentació als pòsters, de manera clara i visual, de l'anàlisi realitzada i de la reflexió.

Podeu afegir-hi altres factors que considereu interessants a l'hora de defensar la vostra feina. S'avaluarà la tasca de les parelles. Podràs autoavaluar-te i avaluar altres parelles.

1 Colònies d'estiu

1 D'on vens? Quines activitats fas?

2 El perfil d'una ruta és una funció?

3 Quantes persones tenen menys anys que jo? Quina és la mitjana d'edat?

BLOCS DE CONTINGUTS	Situació 1	Situació 2	Situació 3
NOMBRES I ÀLGEBRA			
Representació de nombres en la recta real. Intervals.	●		
Transformació de fraccions en decimals i viceversa.	●		
Nombres exactes i periòdics. Fracció generatriu.	●		
Operacions amb fraccions i decimals. Càlcul aproximat i arrodoniment. Xifres.	●		
Jerarquia de les operacions.		●	
FUNCIONS			
Anàlisi i descripció qualitativa de gràfiques que representen fenòmens de l'entorn quotidià i d'altres matèries.		●	
Anàlisi d'una situació a partir de l'estudi de les característiques locals i globals de la gràfica corresponent.		●	
Anàlisi i comparació de situacions de dependència funcional donades mitjançant taules i enunciats.		●	
Ús de models lineals per estudiar situacions dels diferents àmbits de coneixement i de la vida quotidiana, mitjançant la confecció de taules, la representació gràfica i l'obtenció d'expressions algebraiques.		●	
ESTADÍSTICA I PROBABILITAT			
Fases i tasques d'un estudi estadístic. Població i mostra. Variables estadístiques: qualitatives, discretes i contínues.			●
Mètodes de selecció d'una mostra estadística. Representativitat d'una mostra.			●
Freqüències absolutes, relatives i acumulades.			●
Paràmetres de posició. Càlcul, interpretació i propietats.			●

1 Diversió a dojo

D'on vens?

Quines activitats fas?

AM AL AP AS AD

Social Personal

Aprèn a...

Reconèixer i utilitzar els diferents tipus de nombres.

Distingir entre decimals finits i decimals infinits periòdics per trobar la fracció generatriu corresponent.

Trobar la fracció generatriu corresponent a un decimal exacte o periòdic.

Ítem 1. Colònies d'estiu

Aquest any s'organitzaran unes colònies d'estiu al càmping Ormar. Hi haurà 150 assistents provinents de diversos indrets. La taula següent mostra la procedència dels nois i les noies que participaran en les colònies.

Procedència	Madrid	Barcelona	València	Altres
Fracció	$\frac{2}{5}$	$\frac{1}{3}$	$\frac{1}{6}$	
Nois	$\frac{2}{3}$	$\frac{2}{5}$	$\frac{3}{5}$	$\frac{1}{3}$

Ítem 2. Nombres decimals

- Part entera: a l'esquerra de la coma.
- Part decimal: a la dreta de la coma.
- Període: infinits nombres de la part decimal que es repeteixen. S'escriu amb un arc a sobre per identificar-lo.
- Periòdics purs: tota la part decimal és període.
- Periòdics mixtos: a la part decimal hi ha nombres que no es repeteixen; té part no periòdica.

Construeix amb el que saps

Matematitza

1. Fixa't en l'ítem 1. Quants participants provenen de Madrid? I de Barcelona? I de València?

2. Quina fracció representa les persones que provenen d'altres llocs? Quantes persones són?

3. Quina fracció del total representen les persones que venen de Madrid i de Barcelona? I les que venen de Barcelona i de València?

4. Calcula el nombre de nois de cada lloc. Troba la fracció que representen les noies madrilenyes sobre el total. Calcula el mateix per a la resta.

5. Calcula el percentatge de nois i noies que hi assisteixen en total.

Matematitza

6. Escriu amb un decimal la fracció que representen, sobre el total, els nois de Barcelona. Té xifres decimals finites o infinites? Es repeteixen totes? Quin tipus de decimal és? Converteix a decimals les fraccions dels que hi assisteixen per llocs i classifica'ls.

Planteja i comunica

7. Ja saps convertir una fracció a decimal, però ho sabries fer a la inversa? Formeu grups de quatre i esbrineu la manera de trobar la fracció per als tres tipus de decimals: exactes, periòdics purs i periòdics mixtos. A continuació, exposeu el vostre treball a l'aula.

Matematitza

8. El preu de les colònies per a quatre persones durant 11 dies és de 1320 €. Quant pagaran 15 persones per 15 dies?

9. Hi ha 30 habitacions disponibles i les volen repartir de manera directament proporcional als participants de cada lloc. Quantes habitacions s'assignaran a cada grup? Calcula quantes correspondran als nois i les noies de cada zona.

Ítem 3. Intervals [a, b], (a, b), [a, b), (a, b]

Un interval és el conjunt de tots els nombres compresos entre dos nombres que s'anomenen **extrems** (**a** i **b**). L'extrem esquerre sempre és més petit que l'extrem dret ($a < b$).

Si l'extrem es troba inclòs en l'interval, s'escriu entre claudàtors, [ ]; en canvi, si no hi està inclòs, s'escriu entre parèntesis, ( ).

Ítem 4. Operacions amb intervals

- **Unió** (∪) → unió dels nombres d'un interval i un altre.
- **Intersecció** (∩) → coincidència entre els nombres comuns a tots dos intervals.

Ítem 5. Per comparar

<: més petit que

≤: més petit o igual que

>: més gran que

≥: més gran o igual que

Ítem 6. Activitats disponibles

- Surf de 10.00 a 13.00 hores (entre 10 i 20 persones).
- Jocs d'aigua a la piscina d'11.00 a 13.30 hores i de 17.00 a 19.45 hores (almenys, 4 persones).
- Quads de 9.15 a 12.00 hores i de 19.00 a 21.00 hores (menys d'11 persones).
- Tirolina i escalada de 18.00 a 20.30 hores (com a mínim, 20 persones fins a un màxim de 40).
- Vòlei platja de 18.00 a 20.00 hores (entre 8 i 40 persones).
- Jocs de taula de 15.00 a 18.00 hores (a partir de 2 persones).

Nota: les activitats de surf, quads i vòlei platja s'acabaran 5 minuts abans per poder recollir els materials.

Construeix amb el que saps

Simbolitza

10 Si x representa el nombre de persones que van participar en una activitat, expressa les limitacions de participants en les diferents activitats fent servir els símbols de l'ítem 5.

Argumenta

11 Tenint en compte la definició d'interval de l'ítem 3, pots expressar mitjançant un interval el nombre de persones que poden participar en l'activitat de surf? Justifica la resposta.

12 Si les limitacions de nombre de persones es transformen en limitacions d'edat, es pot expressar mitjançant intervals? Justifica la resposta i fes-ho. Què passa amb el surf?

Argumenta

13 Pots escriure mitjançant un interval les hores en què es realitza l'activitat de jocs d'aigua? I la de quads? Per què? Fixa't en l'ítem 4 i pensa com les podries expressar.

Matematitza

14 En els tres casos següents, escriu mitjançant intervals l'horari en què és possible practicar alguna de les dues activitats:

a Vòlei platja i jocs de taula. **b** Surf i quads. **c** Jocs d'aigua i quads.

Argumenta

15 Coincideixen en horari les activitats de surf i piscina? Expressa mitjançant un interval quan coincideixen. Quina operació has fet servir? Escriu l'operació completa i també el resultat.

Matematitza

16 Igual que en la pregunta anterior, escriu mitjançant intervals quan coincideixen les activitats de:

a Quads i tirolina i escalada. **b** Surf i vòlei platja. **c** Jocs d'aigua i quads.

17 Hi ha algun interval horari en què no es realitzin activitats? Si és així, escriu-lo; tingues en compte que el dia té 24 hores.

El que has construït

Coneixes els **tipus de decimals** que hi ha i relaciones **fraccions i decimals**.

Treballes amb **intervals**.

Competències matemàtiques: 1, 2, 6, 7, 9.

Notació

$\in \rightarrow$ *pertany a...*

$\neq \rightarrow$ *diferent de...*

$\subset \rightarrow$ *es troba contingut en...*

Apunt 1

Els nombres fraccionaris no tenen anterior ni següent.

Quin és el següent de 3,5? És 3,6 o 3,51? O és, potser, 3,501? La resposta és que no té següent ni anterior. Per això es diu que $\mathbb{Q}$ és dens.

Apunt 2

Els enters s'expressen amb $\mathbb{Z}$ perquè en alemany la paraula *nombre* és *zahl*.

Els nombres racionals ($\mathbb{Q}$) s'anomenen així perquè en anglès *quotient* vol dir 'quocient' i els racionals són el quocient de dos enters.

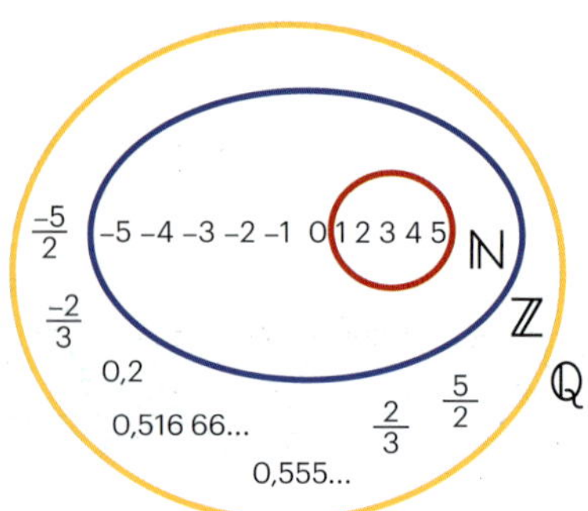

Fig. 1. El conjunt dels nombres racionals ($\mathbb{Q}$) inclou els naturals i els enters.

Apunt 3

Tipus de fraccions

- **Pròpies**: són més petites que 1.
- **Impròpies**: són més grans que 1.
- **Unitàries**: són iguals a 1.

1. El conjunt dels nombres racionals

Els nombres que coneixes fins ara són:

- **Naturals ($\mathbb{N}$).** Van sorgir per la necessitat de comptar.

$$\mathbb{N} = \{1, 2, 3, 4\ldots\ 30\ldots\}$$

- **Enters ($\mathbb{Z}$).** Van sorgir posteriorment, per la necessitat d'expressar deutes.

$$\mathbb{Z} = \{\ldots -3, -2, -1, 0, 1, 2, 3\ldots\}$$

  Els nombres naturals són enters positius; per tant, tot nombre natural és enter, però no a l'inrevés. Així, diem que els nombres naturals estan inclosos en els enters i ho expressem com a $\mathbb{N} \subset \mathbb{Z}$.

  Tot nombre enter té anterior i següent. Així, -4 és l'anterior de -3 i -2 n'és el següent.

- **Fraccionaris.** Expressen unitats incompletes o parts de la unitat. Els podem expressar com a fracció o com a nombre decimal (apunt 1).

El conjunt dels nombres enters (que inclou els naturals) juntament amb els fraccionaris s'anomena conjunt dels nombres racionals i s'expressa amb la lletra $\mathbb{Q}$ (apunt 2). Es compleix que $\mathbb{N} \subset \mathbb{Z} \subset \mathbb{Q}$.

Important: tot nombre racional es pot escriure en forma de fracció.

Exemples

1. El 4 és un nombre natural; per tant, pertany a $\mathbb{N}$ i escrivim $4 \in \mathbb{N}$. Observa que 4 també és enter positiu i racional, ja que el podem escriure en forma de fracció: $\frac{4}{1}$.
2. El -2 no és natural, és enter; per tant, escrivim $-2 \in \mathbb{Z}$. També és racional: $-2 = \frac{-2}{1}$.
3. El nombre 3,5 és racional perquè el podem escriure en forma de fracció, $3{,}5 = \frac{35}{10} = \frac{7}{2}$; per tant, $3{,}5 \in \mathbb{Q}$, però no és enter ni natural.

2. Fraccions

Per simplificar una fracció, es divideixen el numerador i el denominador entre el seu màxim comú divisor (apunt 3).

- Quan una fracció no es pot simplificar més, diem que és **irreductible**. Així, $\frac{a}{b}$ és irreductible si i només si m. c. d. $(a, b) = 1$.
- Es diu que dues fraccions són **equivalents** quan, en simplificar-se, donen lloc a la mateixa fracció irreductible.

Exemple

4. $\frac{a}{b}$ i $\frac{c}{d}$ són equivalents si i només si $a \cdot d = b \cdot c$. Així, $\frac{45}{60}$ i $\frac{3}{4}$ són equivalents, ja que $45 \cdot 4 = 60 \cdot 3 = 180$.

2.1 Operacions amb fraccions

Suma i resta	Producte	Quocient
1. Es redueixen a comú denominador amb el m. c. m. 2. Se sumen o es resten els numeradors i es deixa el mateix denominador. Exemple: $\frac{4}{3}+\frac{3}{12}-\frac{5}{8}\underset{\text{m. c. m. }(3,12,8)=24}{=}\frac{32+6-15}{24}=\frac{23}{24}$	$\frac{a}{b}\cdot\frac{c}{d}=\frac{a\cdot c}{b\cdot d}$ Exemple: $\frac{2}{3}\cdot\frac{5}{6}=\frac{10}{18}=\frac{5}{9}$	$\frac{a}{b}:\frac{c}{d}=\frac{a}{b}\cdot\frac{d}{c}$ Exemple: $\frac{2}{3}:\frac{5}{6}=\frac{2}{3}\cdot\frac{6}{5}=\frac{12}{15}=\frac{4}{5}$

Professora a casa. Representació de fraccions en la recta real.

Apunt 4

Ordre de les operacions

1. Parèntesis i claudàtors.
2. Potències i arrels.
3. Multiplicacions i divisions.
4. Sumes i restes.

$\frac{a+b}{a+c}\neq\frac{b}{c}$ (*sumes*)

$\frac{a\cdot b}{a\cdot c}=\frac{b}{c}$ (*productes*)

2.2 Expressions fraccionària i decimal d'un nombre racional

- Per passar de l'expressió fraccionària a l'expressió decimal, dividim el numerador entre el denominador. Els tipus de decimals que podem obtenir són els següents:

Exactes	Periòdics purs	Periòdics mixtos
Quantitat limitada de xifres decimals.	El període (la part que es repeteix) comença després de la coma.	El període no comença després de la coma.
37,5 Part entera: 37. Part decimal: 5.	$3,\widehat{65}=3,6565...$ Part entera: 3. Període: 65.	$3,12\widehat{65}=3,126565...$ Part entera: 3. Anteperíode: 12. Període: 65.
El denominador només conté els factors 2 o 5.	El denominador no conté els factors 2 ni 5.	El denominador conté els factors 2 o 5 i, a més, d'altres.

Apunt 5

Arrodoniment d' 1,3725 a:

Dècima: 1,4

Centésima: 1,37

Centèsima: 1,373

- Per **passar de l'expressió decimal a l'expressió fraccionària** (fracció generatriu): $x=\frac{\text{Totes les xifres}-\text{Xifres fins al període}}{\text{Tants 9 com xifres tingui el període. Tants 0 com xifres tingui l'anteperíode}}$

Exemple

5. $2,\widehat{165}=\frac{2165-2}{999}=\frac{2163}{999}$ $3,12\widehat{65}=\frac{31265-312}{9900}=\frac{30953}{9900}$

Professora a casa. Una altra manera de calcular la fracció generatriu.

3. Intervals

Un **interval** és el conjunt de tots els nombres compresos entre dos nombres que s'anomenen **extrems**. Segons si els extrems estan o no inclosos en el conjunt, hi ha quatre tipus d'intervals (apunt 6):

Obert	Tancat	Obert per l'esquerra	Obert per la dreta
No inclou a No inclou b $(a, b)\rightarrow a<x<b$	Inclou a Inclou b $[a, b]\rightarrow a\leq x\leq b$	No inclou a Sí que inclou b $(a, b]\rightarrow a<x\leq b$	Sí que inclou a No inclou b $[a, b)\rightarrow a\leq x<b$
$(-3, 2)\rightarrow -3<x<2$ $1\in(-2,3)$ $5\notin(-2,3)$	$[2, 7]\rightarrow 2\leq x\leq 7$ $2\in[2,7]$ $0\notin[2,7]$	$(-5, 0]\rightarrow -5<x\leq 0$ $-2\in(-5,0]$ $-5\notin(-5,0]$	$[4, 5)\rightarrow 4\leq x<5$ $4,5\in[4,5)$ $5\notin[4,5)$

Apunt 6

Quan un dels extrems és $\pm\infty$, l'interval és una **semirecta**. L'extrem d'infinit sempre és obert. Tipus:

$(-\infty, b)\rightarrow x<b$

$(-\infty, b]\rightarrow x\leq b$

$(a, \infty)\rightarrow x>a$

$[a, \infty)\rightarrow x\geq a$

Entrena't

1 Expressa amb notació matemàtica les afirmacions següents.

a El 6 pertany al conjunt dels nombres naturals.
b Els nombres naturals estan inclosos en els racionals.
c El 3,5 pertany als racionals.
d El –5 pertany als enters.

2. Indica si les afirmacions següents són certes o falses i argumenta les respostes.

a Tot nombre natural és enter.
b $\mathbb{Z} \subset \mathbb{N}$.
c $\frac{10}{2} \in \mathbb{N}$ i $\frac{8}{5} \in \mathbb{N}$.
d Hi ha enters que no són naturals.
e Qualsevol nombre racional es pot escriure en forma de fracció.
f Un nombre racional és enter.
g El nombre 7 és natural, enter i racional.

3. Calcula la fracció irreductible de les fraccions següents.

a $\frac{24}{28}$ **b** $\frac{36}{99}$ **c** $\frac{110}{220}$ **d** $\frac{42}{56}$ **e** $\frac{65}{91}$

4. Comprova de dues maneres diferents si els següents nombres racionals són equivalents.

a $\frac{3}{4}$ i $\frac{9}{12}$

b $\frac{15}{30}$ i $\frac{90}{180}$

c $\frac{3}{4}$ i $\frac{9}{12}$

5. Realitza les operacions següents, simplifica en cada pas i expressa'n el resultat com a fracció irreductible.

a $\frac{2}{3}+\left[1-\left(\frac{3}{4}-\frac{1}{6}\right)\right]$

b $\dfrac{\left(\frac{1}{2}-\frac{1}{6}\right):\frac{4}{3}}{\frac{1}{3}+\frac{1}{2}\cdot\frac{10}{9}-\frac{5}{6}}$

c $\frac{2}{5}-\frac{1}{5}\cdot\left(\frac{3}{4}-\frac{1}{3}:\frac{6}{12}\right)$

d $\dfrac{\frac{4}{9}-\frac{8}{3}\cdot\left(\frac{3}{8}-\frac{1}{3}\right)}{\left(\frac{1}{4}-\frac{1}{6}\right):\left(\frac{1}{3}:\frac{4}{9}\right)}$

6. Classifica els següents nombres decimals. Identifica'n les parts i, després, calcula la fracció generatriu de dues formes diferents.

a 2,67 **c** 5,111... **e** 3,244444 **g** 7,1212...
b 3,46 **d** 0,35454 **f** 2,345345 **h** 0,273636...

7. Resol les operacions següents. Per fer-ho, expressa en primer lloc els decimals en forma de fracció irreductible.

a $1,\widehat{6}-4\cdot\frac{2}{5}+2,0\widehat{4}$ **b** $2+\dfrac{2,3\widehat{2}}{1+\frac{2}{5}}-\frac{4}{3}-\frac{1}{3}\cdot 3,\widehat{12}$

8. Escriu en forma de desigualtat i interval o semirecta els següents conjunts de nombres.

a Tots els nombres compresos entre –2 i 6, tots dos inclosos.
b Els nombres més grans o iguals que 0.
c Els nombres compresos entre –3 i 0, amb el 0 inclòs i el –3 no inclòs.
d Els nombres més petits que 5.

9. Expressa en forma de desigualtat els següents intervals i semirectes i representa'ls en la recta real.

a [–1, 5) **b** (–∞, 4) **c** [0, 6] **d** [–2, ∞)

10. Quins nombres pertanyen a l'interval (–2, 3]?

a 0 **b** –2 **c** 3,333... **d** –2,999... **e** 3

11. Calcula la intersecció i la unió dels intervals següents.

a (3, 7) i [4, 9]
b (–2, 2] i (–∞, –3)
c [–5, 0) i (–2, 6]
d [–5, ∞) i (1, 3

12. Exercici resolt. Intervals i entorns.

Un entorn de centre c i radi *r* s'escriu $E_r(c)$ i és el conjunt de nombres reals equivalent a l'interval (c – *r*, c + *r*). $E_2(1)=(1-2,1+2)=(-1,3)$

Un interval (*a*, *b*) es pot escriure com un entorn de centre $c=\frac{a+b}{2}$ i radi $r=\frac{b-a}{2}$.

$(-5,3)=E_{\frac{3-(-5)}{2}}\left(\frac{-5+3}{2}\right)=E_4(-1)$

Professora en casa. Relació entre intervals i entorns.

13. Escriu en forma d'interval els entorns següents i representa'ls en la recta real.

a $E_2(8)$ **b** $E_5(3)$ **c** $E_{10}(-7)$ **d** $E_2(-4)$

14. Escriu en forma d'entorn els intervals següents i representa'ls en la recta real.

a $(5,11)$ **b** $(0,10)$ **c** $(-7,3)$ **d** $(-18,-8)$

Banc digital

Mates en context

1 AM AL Personal Cal estalviar

Com cada any, l'Emi estalvia per poder portar la seva filla Alba a unes colònies d'estiu. Té dues opcions: dur-la-hi sis dies o bé deu dies. Evidentment, el preu no és el mateix. Per sis dies ha de pagar 810€ i si vol ampliar el nombre de dies caldrà que s'informi dels preus.

Problemes

1. L'Emi ha estalviat dues novenes parts del preu de les colònies per a una setmana. Quina fracció del total té estalviat? Quants diners són?
2. Escriu com a decimal la part que té estalviada. Quin tipus de decimal és? Escriu-lo amb la notació abreujada i arrodoneix a les centèsimes.
3. Escriu la fracció del total que encara ha d'estalviar i el tipus de decimal de què es tracta i escriu-lo de forma abreujada. Arrodoneix a les centèsimes.
4. Al mes de març ha tingut moltes despeses i només ha estalviat per a les colònies 108€. Quina fracció del total representa aquesta quantitat de diners? Escriu-la com una fracció irreductible.

   Sense efectuar la divisió, indica quin tipus de decimal és. A continuació, comprova la teva resposta dividint i escriu el decimal de manera abreujada.
5. La fracció que representa el que li queda per estalviar es correspon amb el decimal $0,6\widehat{4}$. Quin tipus de decimal és? Escriu-lo en forma de fracció irreductible i divideix per comprovar que no t'has equivocat.
6. Comprova que la resposta de l'apartat 5 és correcta fent servir la informació dels exercicis 1 i 4.
7. Si, en lloc de sis dies, l'Alba es queda 10 dies, el preu per dia es redueix un 20%. Calcula el preu de les colònies en aquest cas.
8. Si l'Emi ha estalviat 810 euros, escriu amb una fracció la part que encara ha d'estalviar. Quin tipus de decimal representa?

Matematitza: 1, 2, 3, 5 **Argumenta: 4, 6, 7, 8**

2 AM AL Social Connexió a Internet a les colònies d'estiu

En Pep ha anat de colònies a la platja. Li permeten connectar-se a Internet de 9.00 a 11.00 hores i de 21.00 a 23.00 hores sempre sota la supervisió d'un monitor.

La Gemma ha anat de colònies a la muntanya i l'horari per poder-se connectar a Internet és de les 10.00 fins abans de les 12.00 hores del matí i de les 15.00 fins a les 17.00 hores.

Problemes

1. Podrien xatejar a les 9.30 del matí? I a la tarda?
2. Escriu mitjançant intervals el temps de connexió que té en Pep. Si, en lloc de començar a les 9.00, hagués de començar a partir de les 9.00, canviaria d'alguna manera l'interval? I si ha d'acabar abans de les 11.00?
3. A quina hora en Pep es troba a la meitat de connexió al matí? Quanta estona feia que estava connectat? I quant temps de connexió li queda? Expressa-ho mitjançant un interval; tingues en compte que els extrems no hi estan inclosos. Fes el mateix per a la connexió de la tarda.
4. Si x representa l'hora de connexió d'en Pep, expressa mitjançant desigualtats el seu temps de connexió en cada situació de l'exercici 2.
5. Escriu mitjançant intervals el temps de connexió de la Gemma.
6. Escriu mitjançant intervals el temps durant el qual només està connectat en Pep. Fes el mateix per a la Gemma.
7. Si vols calcular quan coincideixen connectats tots dos, quina operació has d'efectuar? Escriu l'operació completa per calcular quan coincideixen al matí. Fes el mateix per a la tarda.
8. Escriu l'interval en què la Gemma continua connectada quan en Pep acaba. Expressa-ho com a entorn.
9. Escriu mitjançant intervals el temps en què estan connectats o l'un o l'altre. Quina operació fas servir en aquest cas?
10. Quin dels dos es pot connectar durant més estona?

Argumenta: 1, 7, 10 **Matematitza: 2, 3, 5, 6, 8, 9** **Simbolitza: 4**

2 Activitats a l'aire lliure

El perfil d'una ruta és una funció?

AM AL AP AS AC Social Personal Professional

Aprèn a...

Interpretar el comportament d'una funció donada gràficament.

Identificar les característiques més rellevants d'una gràfica en el seu context.

Construir una gràfica a partir d'un enunciat contextualitzat.

Ítem 1. Anem a fer senderisme

Els integrants de les colònies es llevaran ben d'hora per fer una ruta a peu per una **sender de petit recorregut (PR)**. Per no perdre's, hauran de seguir senyals com els següents:

Petit recorregut		
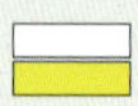 Continuïtat de sender	 Canvi de direcció	 Direcció equivocada

També els han informat que es tracta d'una **ruta circular,** és a dir, comença i acaba en el mateix punt. Recorreran una distància de 10 km i trigaran unes 2,5 hores. Quan hagin fet 5 km s'aturaran mitja hora per menjar-se un entrepà. Passats 3 km i passats 8 km, s'aturaran 10 minuts per refrescar-se i descansar.

Ítem 2. El perfil de la ruta

El **perfil** és un gràfic en què es mostra l'altitud en cada punt de la ruta.

La diferència d'altura entre dos punts s'anomena **desnivell**. Si és positiu, vol dir que s'ascendeix, i si és negatiu, que es descendeix.

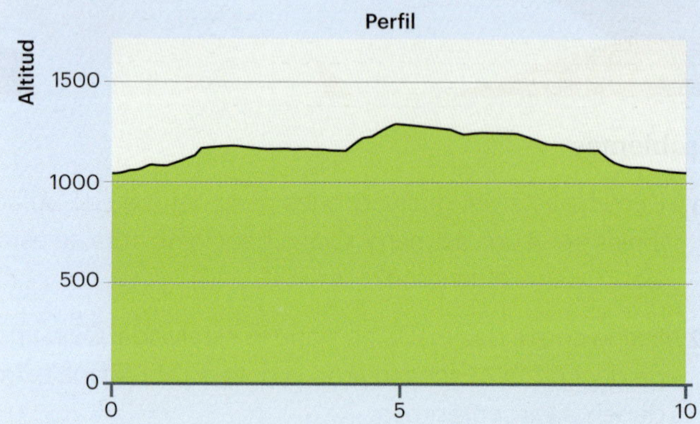

Construeix el que saps

Argumenta

(1) Raona si és normal que en la ruta que es farà l'altitud del punt inicial i la del punt final siguin la mateixa.

(2) Observa el perfil de l'ítem 2 i realitza les activitats.

a Quina magnitud s'ha representat en l'eix horitzontal? En quines unitats està expressada? Entre quins dos nombres estan compresos els valors presos?

b Tenint en compte que l'altitud més baixa de la ruta és 1054 m i la més alta és 1294 m, repeteix les preguntes de l'apartat anterior per a l'eix vertical.

Matematitza

(3) Entra a la pàgina web de l'enllaç; observaràs que, en passar el punter pels punts del perfil de la ruta, hi apareixen dos nombres. A quin valor representat en la gràfica correspon cadascun d'aquests nombres?

(4) Continua treballant amb aquesta pàgina web per poder respondre amb més precisió que amb el dibuix de l'ítem 2. Durant el trajecte hi ha canvis d'altitud.

a Entre quins valors el desnivell és positiu?
b Entre quins valors el desnivell és negatiu?
c Hi ha algun tram en què no hi hagi desnivell? Si la resposta és afirmativa, digues en quin.

(5) **a** A quina distància es troba el punt (o els punts) de màxima altitud? Quin és aquest valor màxim?

Representa

(6) Representa en una gràfica el recorregut de la ruta descrita en l'ítem 1. Situa la distància recorreguda en l'eix de les abscisses i el temps en l'eix de les ordenades.

Ítem 3. Les tasques de les colònies

En aquestes colònies, cada assistent ha de realitzar les seves tasques personals. A més, els monitors han organitzat grups i han elaborat una taula que recull les activitats diàries que ha de dur a terme cadascú.

Aquestes són les tasques del grup 1 durant la primera setmana:

Dia 1	Recollir les escombraries.
Dia 2	Fer d'àrbitres en els jocs.
Dia 3	Descans
Dia 4	Triar les cançons per a la nit.
Dia 5	Preparar un ball.
Dia 6	Descans
Dia 7	Recollir les escombraries.

Ítem 4. Les nits a les colònies

Una nit sense lluna, els monitors expliquen que, en realitat, la Lluna sí que hi és, però no es pot veure. És la fase de la lluna nova. En el moviment de translació de la Lluna al voltant de la Terra, les seves posicions respectives, així com la posició del Sol, dona lloc a diferents vistes del satèl·lit.

La Lluna triga uns 28 dies a fer la volta completa al voltant de la Terra. Construïm la funció que associa a cada dia la part de gir de cada fase lunar.

Nombre de dies	0	7	14	21	28
Fracció de gir	0	1/4	1/2	3/4	1

Construeix amb el que saps

Matematitza

(7) Completa la taula de valors següent per a l'ítem 3. Tingues en compte que al dia que s'ha de fer las tasca se li assigna un 1 i que, quan es descansa, l'assignació és 0.

Dia	1	2	3	4	5	6	7
Tasca							

Representa

(8) Representa gràficament la situació reflectida en la taula anterior. Anota els dies en l'eix de les abscisses i les tasques en el de les ordenades.

Argumenta

(9) Observa el perfil de l'ítem 2 i la gràfica de l'exercici anterior. Es pot dibuixar sense aixecar el llapis del paper?

(10) Si les colònies duren 14 dies, les tasques de la segona setmana serien les mateixes que les de la primera. Afegeix-les a la taula de valors i a la gràfica. Què hi observes?

Representa

(11) **a** Elabora la representació gràfica corresponent a la taula de valors de l'ítem 4.

b Dibuixa a la gràfica la fase lunar que correspon a cada punt.

Planteja i representa

(12) **a** Afegeix a la taula de l'ítem 4 els valors corresponents a una altra volta completa de la Lluna al voltant de la Terra. Com són aquests valors respecte dels que ja hi havia?

b Representa'ls en la mateixa gràfica de l'exercici 11 i explica què passa.

Argumenta

(13) Es poden continuar les gràfiques dels exercicis 10 i 12 sense calcular més valors? Quants dies més pots afegir en cada cas?

El que has construït

Obtens el **domini** i el **recorregut d'una funció** a partir de la seva gràfica.

Reconeixes i expresses correctament els **intervals de creixement i decreixement.**

Determines els **màxims i els mínims** d'una funció a partir de la seva gràfica.

Construeixes **taules de valors** a partir d'un text i representes gràficament una funció a partir d'una taula de valors i d'un text.

Distingeixes **funcions contínues i discontínues** en una gràfica.

Identifiques **funcions periòdiques** en una taula de valors i en una gràfica.

4. Funcions

Una **funció** és una relació entre dues variables de manera que a un valor d'una li correspon un valor o cap valor de l'altra.

A una variable se li assignen els valors lliurement. S'anomena **variable independent** i es representa amb la lletra x.

Els valors de l'altra variable depenen dels valors que s'han donat en l'anterior i de la relació entre aquestes. S'anomena **variable dependent** i es designa amb la lletra y.

La relació entre totes dues és la **funció**, que es representa per la lletra f.

S'escriu $y = f(x)$ i es llegeix «y és funció de x» o també «y és la imatge de x» (apunt 7).

Exemple

6. S'escriu $4 = f(-3)$. Es llegeix «4 és la imatge de -3 mitjançant la funció f».

5. Formes d'expressar una funció

Una funció es pot expressar mitjançant les formes que es mostraran a continuació; totes estan relacionades, de manera que és possible passar d'una a una altra.

5.1 Text

Una relació entre dues variables es pot expressar narrant la situació.

Exemple

7. En un llac, l'empresa *Corsaris* lloga barques amb pedals. El preu és de 2 € cada mitja hora. Cada barca es pot llogar un temps màxim de 2 hores.

5.2 Taula de valors

En una taula de valors es reflecteixen els valors de la variable independent i els que li corresponen de la variable dependent. Amb cada parell de valors s'obté un punt.

Exemple

8. La funció de l'exemple anterior es pot expressar mitjançant aquesta taula.

Nombre de mitges hores	1	2	3	4
Preu	2	4	6	8

5.3 Gràficament

En els eixos de coordenades es representa un dibuix format pels punts (valors de x i y) de la funció (apunts 8 i 9).

5.4 Fórmula

És una expressió que indica les operacions que s'han d'aplicar a la variable independent, x, per obtenir la dependent, y.

Apunt 7

El primer matemàtic que va fer servir l'actual notació per a les funcions, $f(x)$, va ser Leonhard Euler (Basilea, 1707 - Sant Petersburg, 1783).

Apunt 8

Les gràfiques, com els textos, es llegeixen d'esquerra a dreta.

Apunt 9

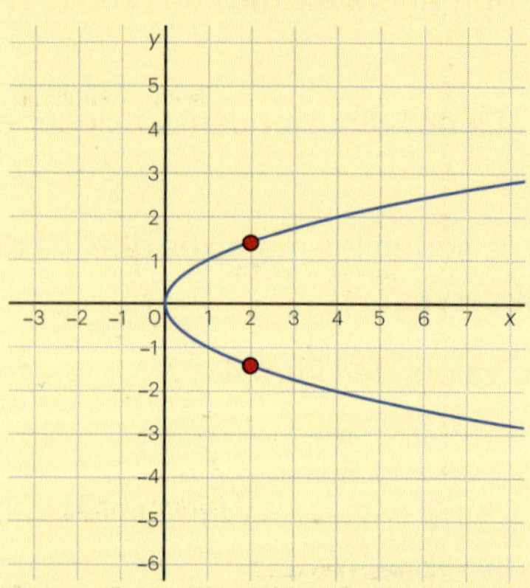

En $x = 2$, la gràfica passa per dos punts (li corresponen dos valors de y), els marcats amb punts vermells. Per tant, **no** és la gràfica d'una funció.

Professora a casa. Domini i recorregut a la gràfica funció.

Professor a casa. Creixement i decreixement d'una funció.

Professor a casa. Funció periòdica.

6. Domini i recorregut

El **domini** d'una funció és el conjunt de valors que pot adoptar la variable x, de manera que es pugui calcular y. S'escriu D(f) o Dom(f).

El **recorregut** és el conjunt de valors que pot adoptar la variable dependent, y. S'escriu Rec(f).

Exemple

9. Quan la funció es dona mitjançant un text, el domini es dedueix d'aquest text. En l'exemple del lloguer de barques, els valors de x són els nombres enters positius compresos entre 1 i 4. És a dir, $D(f) = \{1, 2, 3, 4\}$.

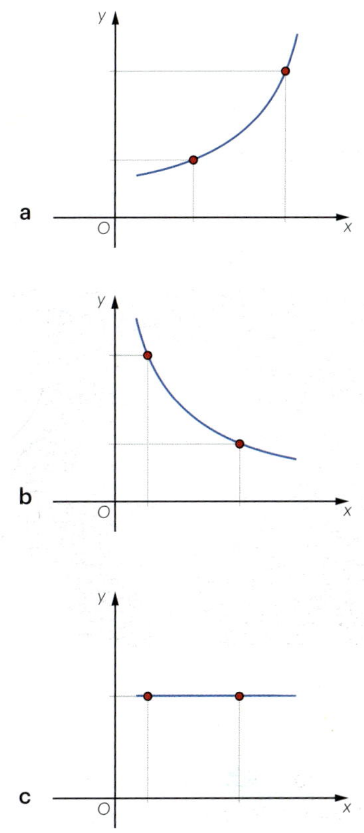

Fig. 2. Funcions creixent (**a**), decreixent (**b**) i constant (**c**). Recorda que l'interval en què creix o decreix una funció s'expressa en valors de x.

7. Característiques d'una funció

7.1 Creixement i decreixement

Una funció és **creixent** si, en augmentar la variable independent, x, augmenta la dependent, y. I és **decreixent** si, en augmentar x, disminueix y. Si es manté, la funció és **constant.**

7.2 Extrems: màxims i mínims

Els **extrems relatius** d'una funció són els punts en què es produeix un canvi en el creixement:

- **Màxim:** punt en què la funció deixa de ser creixent i comença a ser decreixent.
- **Mínim:** punt en què la funció passa de ser decreixent a ser creixent.

El punt en què la funció assoleix el valor més gran és el **màxim absolut**. Aquell punt en què assoleix el valor més petit és el **mínim absolut.**

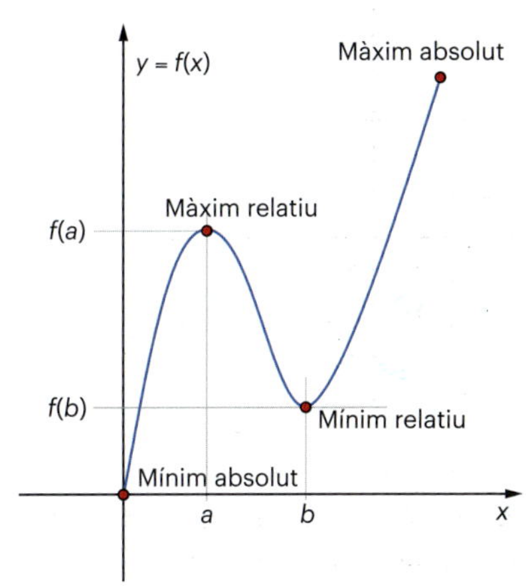

Fig. 3. Extrems d'una funció.

7.3 Continuïtat

Una funció és **contínua** si no presenta interrupcions. Ho podem saber de forma intuïtiva si la dibuixem sense haver d'aixecar el llapis del paper.

7.4 Periodicitat

Una funció és **periòdica** si repeteix el mateix valor a intervals regulars de la variable. És a dir, el valor de la funció en $x = a$, $f(a)$ és el mateix que en $x = a + p$, en $x = a + 2p$... $f(a) = f(a + 2p)$. p és el **període.**

Exemples

10. La funció **a** és contínua. A més, $D(f) = [-8, 5]$, $Rec(f) = [-5, 4]$; creix en $(-4, 1)$ i $(3, 1)$ i decreix en $(-8, -4)$ i $(1, 3)$. Els màxims relatius són $(-8, 1)$ i $(1, 4)$, i el màxim absolut és $(1, 4)$. Els mínims relatius són $(-4, -5)$ i $(3, -4)$ i el mínim absolut és $(-4, -5)$.

11. En la gràfica **b** s'observa que $p = 2$, ja que:

$f(0) = f(2) = f(4)$ $f(1) = f(3) = f(5)$

a

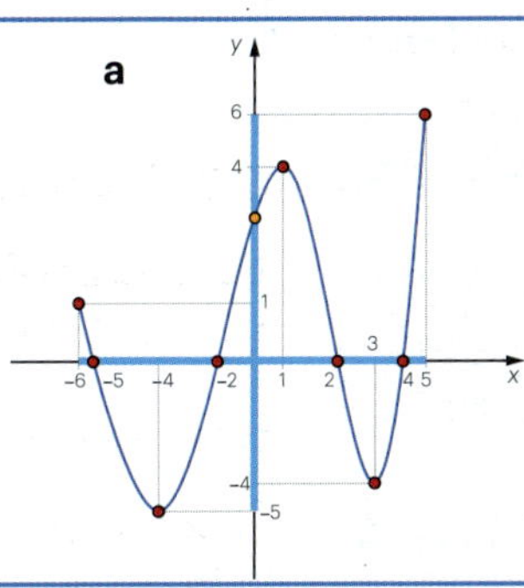

b

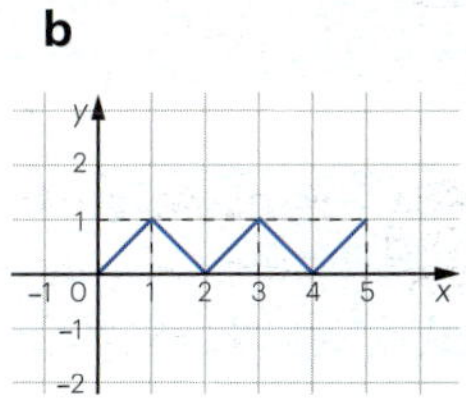

Entrena't

15. Raona quines de les gràfiques següents corresponen a funcions.

a
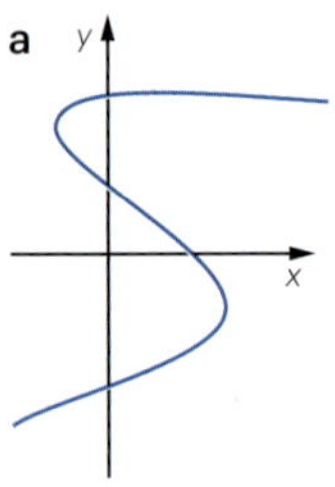

b
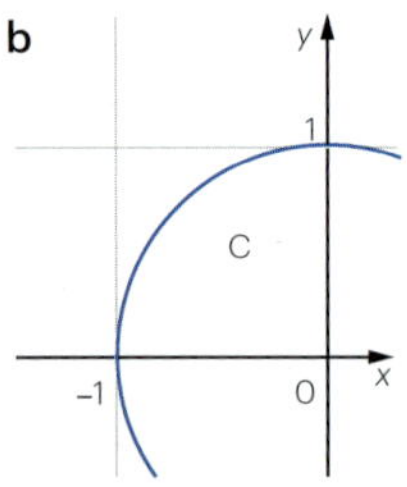

c
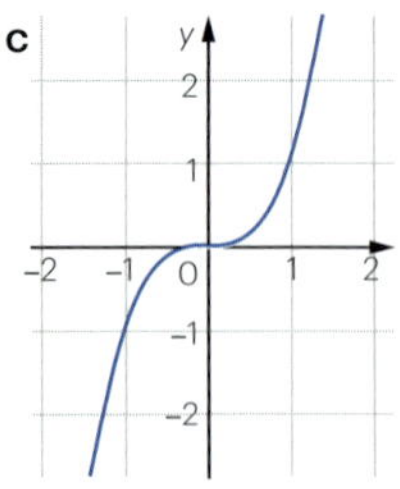

16. Escriu el domini i el recorregut de les funcions.

a
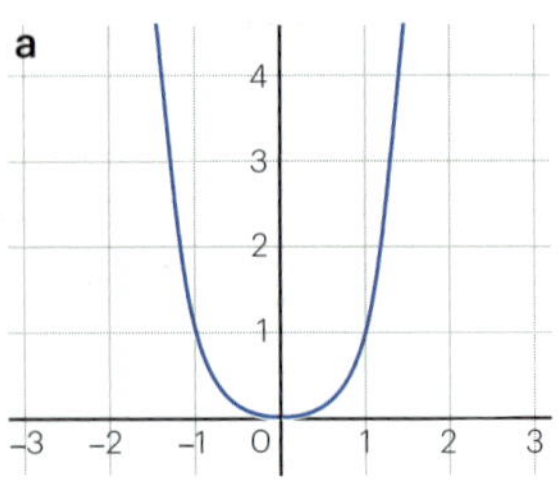

c
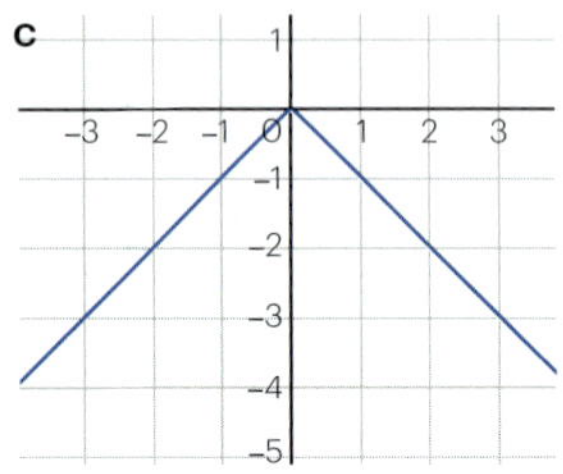

b
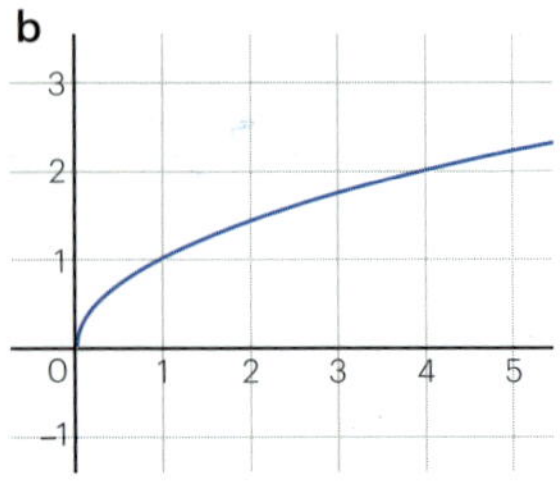

d
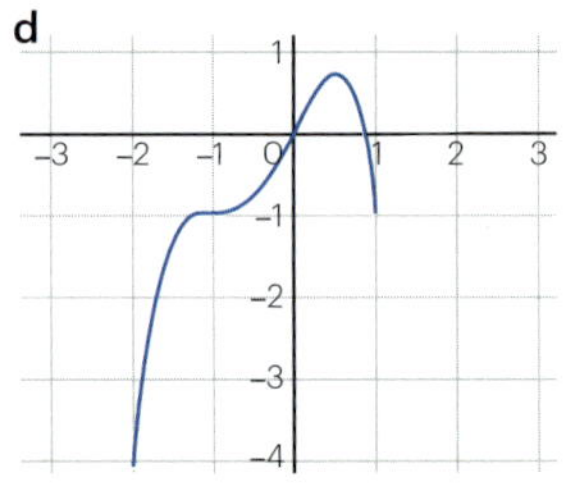

17. Per a cada una de les funcions de l'exercici anterior:

a Escriu els intervals de x en què creix i en què decreix.
b Indica els seus màxims i mínims relatius i absoluts.

18. Construeix una taula de valors per a les situacions següents.

a La quantitat que ha de pagar cada excursionista per l'autocar que els ha de portar si, en total, costa 1200 €.
b La distància que recorre una moto si circula a 75 km/h.
c El preu de les entrades de cine d'un grup de persones si cada entrada costa 8,20 €.

19. Per a les tres funcions de l'exercici anterior:

a Fes-ne la representació gràfica.
b Escriu-ne la fórmula.

20. Dibuixa una funció contínua el domini de la qual sigui [0, 8], que tingui un mínim absolut en el punt (1, –3) i un de relatiu en el punt (4, 0), un màxim relatiu en (2, 5) i que passi per (0, 2) i (8, 7). Quin n'és el recorregut?

21. Indica quines de les funcions següents són contínues.

a
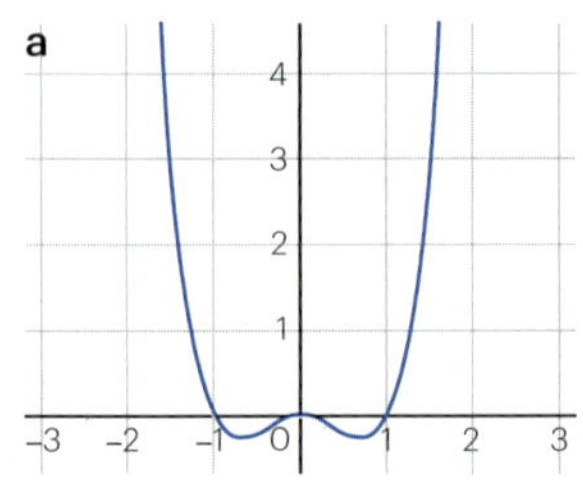

c
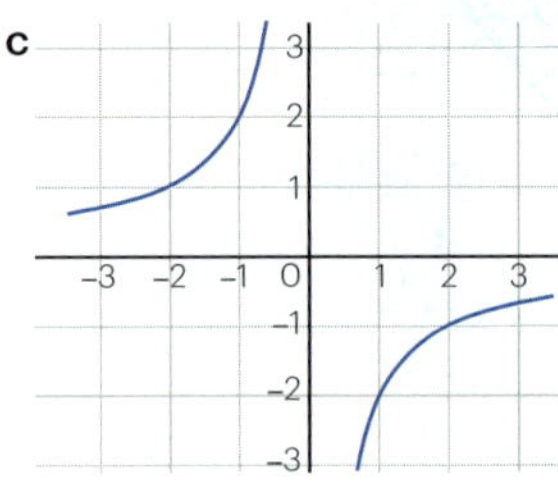

b
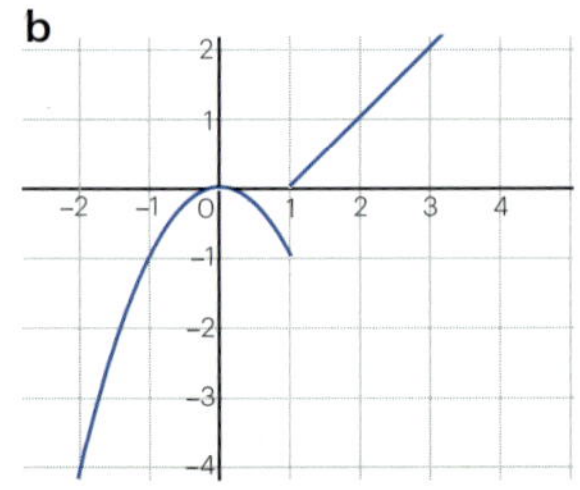

d
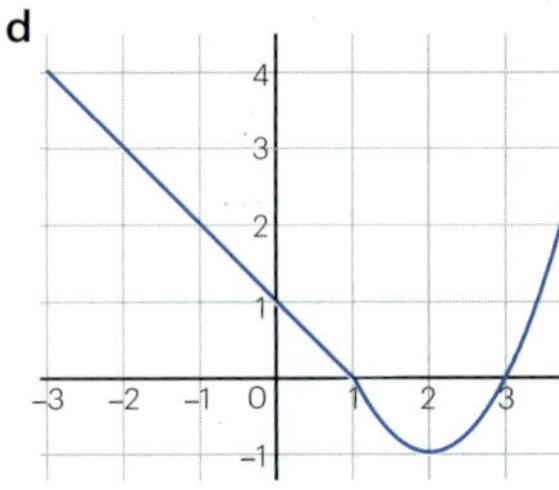

22. Raona si les funcions següents són periòdiques. En el cas que ho siguin, indica'n el període, p.

a
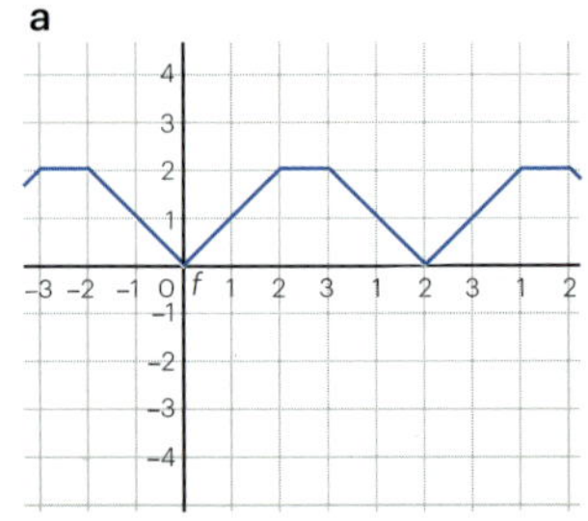

b
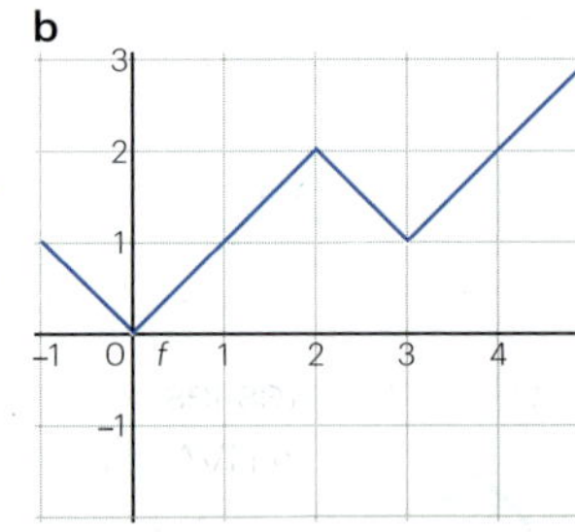

Banc digital

Mates en context

3 AD AL Professional **La botiga de marcs**

En Lluc té un llistó de fusta de 64 m de longitud. En farà marcs per a quadres que tinguin forma rectangular, però no sap ben bé quina longitud tindran els costats.

Problemes

(1) Completa la taula de valors.

Base (m)	1	2	4	8	16	32	64
Altura (m)	64	32					

(2) Fes-ne la representació gràfica corresponent.

(3) Escriu la fórmula que expressa l'altura, y, en funció de la base, x.

(4) Quin és el domini i quin és el recorregut de la funció?

(5) Escriu els intervals de creixement i decreixement.

(6) En quin punt s'assolirà el màxim? Quina forma té el marc en aquest punt?

Matematitza: 1, 4, 6 | Representa: 2 | Simbolitza: 3, 5

4 AD AL AP Professional Social La factura de la llum

En la factura de la llum hi ha uns conceptes el preu dels quals és el mateix, però també n'hi uns altres amb un preu variable.

Els conceptes amb un preu variable són el consum realitzat en el període de facturació i l'IVA, que correspon al 21% de la suma de tots els conceptes anteriors.

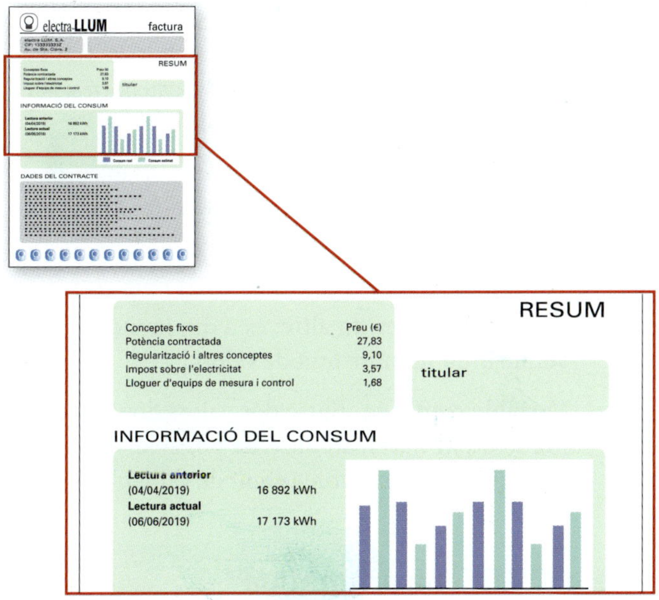

Problemes

1. Quina és la quantitat fixa, sense IVA, que cal pagar en una factura? I amb IVA?
2. Si el kWh es paga a 0,149 €, quant costarà el consum de la factura anterior?
3. Troba l'import total de la factura anterior de dues formes:
   - **a** Suma totes les quantitats que cal pagar i, a continuació, aplica l'IVA al resultat.
   - **b** Calcula, primer, el preu del consum amb IVA i, després, suma'l al resultat del fix més IVA que has trobat en l'exercici 1.
4. Si durant un període de facturació no es realitzés cap consum, a quant pujaria la factura?
5. Construeix una taula de valors que reflecteixi l'import de la factura en funció dels kWh consumits.
6. Fes una representació gràfica a partir de la taula anterior.
7. Escriu la fórmula de la funció corresponent.
8. Quin n'és el domini?
9. Escriu-ne els intervals de creixement i els màxims i mínims relatius i absoluts.

Matematitza: 1, 2, 3, 4, 5, 8, 9 **Representa: 6** **Simbolitza: 7**

5 AD AL AA Científic Quanta estona dura un atac d'ansietat?

L'IEC defineix l'*ansietat* com un estat d'intranquil·litat que es caracteritza per l'extrema inseguretat i inquietud.

Davant de determinades situacions estressants, els éssers humans notem un estat emocional que generalment ens posa en alerta perquè hi puguem fer front. Un cert grau d'ansietat és convenient per poder gestionar les situacions del dia a dia, però, quan aquesta sensació és excessiva, es converteix en un problema.

Un excés d'aquesta sensació produeix el que es coneix com a atac de pànic o d'ansietat, que, fins i tot, pot arribar a anul·lar qualsevol actuació de l'individu.

Aquesta és la gràfica que expressa el nivell d'anisetat (en tant per cent) d'una persona durant el moment de pànic.

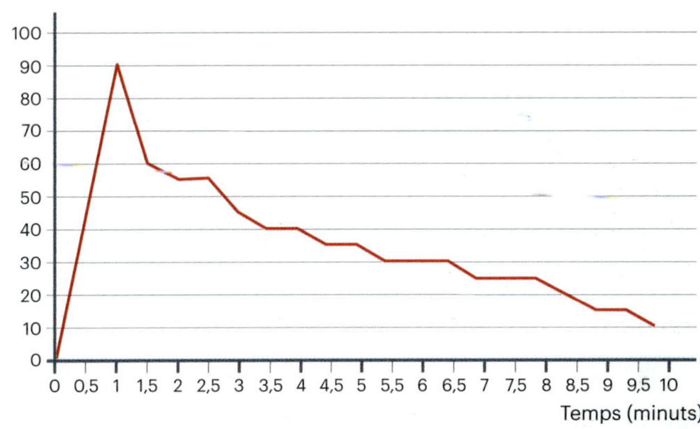

Problemes

1. Tenint en compte que, perquè la persona pugui tornar a estar tranquil·la, poden passar fins a 15 minuts, completa la gràfica de la funció fins a aquell moment.
2. Quin és el domini de la funció que reflecteix l'atac, des que comença fins que la persona es torna a tranquil·litzar? I el recorregut?
3. Escriu els intervals de creixement i decreixement de la funció.
4. En quin instant s'assoleix el màxim? Quin n'és el valor?
5. És una funció contínua? I periòdica?
6. Descriu la situació que es reflecteix en la gràfica.
7. Segons el text, és positiu sentir una mica d'ansietat quan es té un examen?
8. I, segons la gràfica, què ha de fer un alumne que té un atac d'ansietat en aquell moment?

Matematitza: 1, 2, 3, 4 **Representa: 5** **Argumenta: 6, 7**

3 MasterMates

Quantes persones tenen menys anys que jo? Quina és la mitjana d'edat?

AM AL AS AP

Personal Social

Aprèn a...

Distingir població i mostra justificant-ne les diferències en problemes contextualitzats.

Diferenciar tots els tipus de variables.

Elaborar taules de freqüències.

Calcular i interpretar les mesures de posició.

Ítem 1. Campaments matemàtics

Aquest curs, el Departament d'Educació ha organitzat uns campaments especials: MasterMates. Estan dedicats a alumnes d'edats compreses entre els 12 i els 18 anys a qui apassionin les matemàtiques. Aquest primer any han seleccionat aquesta quantitat d'alumnes:

Edat	Nois	Noies
11	11	14
12	10	15
13	16	14
14	14	16
15	14	21
16	19	16
17	20	20
18	16	24

Ítem 2. Variables

Una **variable estadística** és cadascuna de les característiques o propietats que té un determinat grup de persones o elements que volem estudiar. Les variables es designen mitjançant x_i, que es llegeix «ics sub i».

Ítem 3. Tipus de variables

- Les **variables qualitatives** són les variables que es poden agafar com a valors, qualitats o categories. No es poden expressar mitjançant nombres.
- Les **variables quantitatives** són les variables que s'expressen mitjançant nombres. Aquestes variables es divideixen en dues categories:
  - **Variable discreta.** Entre dos valors consecutius no n'hi pot haver un altre; és a dir, només es pot adquirir un nombre finit de valors.
  - **Variable contínua.** Entre dos valors donats sempre n'hi pot haver un altre de possible. Per tant, pot adquirir un nombre infinit de valors.

Ítem 4. Mitjana aritmètica

La mitjana aritmètica és $\bar{x} = \frac{\sum f_i \cdot x_i}{N}$, en què f_i és la freqüència, x_i és el valor i N és el nombre total de dades.

Per calcular la mitjana aritmètica, es multiplica cada valor per la seva freqüència, se sumen aquests productes i es divideix entre el nombre total de dades.

Construeix amb el que saps

Comunica (1) Quants alumnes assisteixen als campaments? Quants nois hi ha? I quantes noies?

Argumenta (2) Et sembla que aquests nombres són representatius de les persones a les quals agraden les matemàtiques? Raona la resposta.

Matematitza (3) Afegeix una columna a l'esquerra de la taula, calcula el nombre total d'alumnes de cada edat que van a aquests campaments i anota'l.

Argumenta (4) Indica de quines edats hi ha més noies que nois.

(5) Quants nois tenen 14 anys o menys?

(6) Quantes noies hi ha de menys de 16 anys?

Matematitza (7) Calcula aquestes edats mitjanes:

a De les noies.
b Dels nois.
c Del total d'assistents als campaments.
d De les mitjanes de les noies i els nois.

Ítem 5. Tallers

Els campaments de MasterMates s'organitzen en tallers, que són rotatoris cada dia, i per grups d'edat.

- Tallers: àlgebra, geometria, funcions i probabilitat.
- Grups d'edat: 11–12 anys, 13–14 anys, 15–16 anys i 17–18 anys.

D'aquesta manera, cada grup fa un taller diferent cada dia. Seguint l'ordre exposat dels tallers, el primer dia, els més joves fan el taller d'àlgebra.

Ítem 6. Gustos matemàtics

Quan s'acaben els campaments, es fa una enquesta entre tots els assistents per millorar els de l'any següent. Quan es pregunta sobre el taller que més els ha agradat, s'obtenen aquests resultats:

Taller	Nois	Noies
Àlgebra	42	32
Geometria	30	34
Funcions	20	26
Probabilitat	28	48

Ítem 7. Àlgebra

L'àlgebra és la branca de les matemàtiques que fa servir xifres, lletres i signes per fer referència a múltiples operacions aritmètiques.

El terme *àlgebra* té l'origen en el mot llatí *algebra*, que, al seu torn, prové d'una veu àrab que vol dir 'reducció' o 'acarament'.

A l'àrea escolar de Secundària, l'àlgebra correspon a les equacions, els sistemes, els polinomis, etc.

Construeix amb el que saps

Argumenta (8) Quin tipus de variable s'estudia a l'ítem 6?

(9) Quin taller ha agradat més als nois? I a les noies?

Matematitza (10) Afegeix una columna a l'esquerra de la taula, calcula el nombre total d'alumnes als quals agrada cada taller i anota'l.

Argumenta (11) Quin ha estat el taller que ha tingut més èxit? I quin ha estat el que menys ha agradat?

Matematitza (12) A quin percentatge de joves els ha agradat més el taller de geometria?

(13) A quin percentatge de noies els ha agradat més el taller de funcions?

(14) Calcula quants alumnes van anar a cada taller el primer dia.

Argumenta (15) Es podria calcular la mitjana aritmètica d'aquestes dades? Per què?

Planteja (16) Elaboreu una enquesta entre tots els membres de la classe per saber quina de les quatre branques de les matemàtiques us agrada més.

El que has construït

Saps distingir els diversos **tipus de variables.**

Reconeixes **dades significatives.**

Calcules les **freqüències** de les variables estadístiques.

Calcules les **mitjanes aritmètiques** d'un conjunt de dades.

8. Població i mostra

Apunt 10

La tria d'una bona mostra és molt important per poder extreure conclusions que s'ajustin al total de la població.

Existeix un mètode científic per fer la tria que s'anomena *mostreig aleatori*.

En realitzar un estudi estadístic, podem tenir en compte tots els elements o bé escollir-ne uns quants per treballar-hi.

- **Població.** Conjunt de tots els elements (persones o coses) de què s'ocupa un estudi estadístic. Cada element s'anomena **individu.**
- **Mostra.** Conjunt representatiu de la població (apunt 10).

Exemple

12. Farem servir la població per conèixer la nota mitjana de la classe, l'esport practicat pels alumnes de l'institut, etc. És a dir, es fa servir quan el nombre que s'ha d'estudiar és adient per utilitzar-lo.

En canvi, farem servir la mostra per conèixer la qualitat d'unes llaunes de conserva, el nombre de fills en les famílies d'una comunitat, els esports més practicats per les dones, etc. És a dir, recorrerem a la mostra quan el nombre sigui molt gran o si el que volem estudiar ho requereix.

9. Freqüències absolutes i relatives

Professora a casa.
Notació matemàtica.

- **Freqüència absoluta.** Nombre de vegades que apareix un determinat valor en un estudi estadístic. Es representa amb $\boldsymbol{f_i}$.
  La suma de totes les freqüències absolutes d'un estudi estadístic coincideix amb el nombre total de dades d'aquell estudi.
- **Freqüència relativa.** Quocient (raó) entre la freqüència absoluta (f_i) d'un valor i el total de dades (N). Es representa mitjançant $\boldsymbol{h_i}$.

$$\text{Freqüència relativa} = \frac{\text{Freqüència absoluta}}{\text{Total de dades}} \Rightarrow h_i = \frac{f_i}{N}$$

  La suma de totes les freqüències relatives d'un estudi estadístic val 1.

- **Freqüència absoluta acumulada.** Suma de les freqüències absolutes de tots els valors inferiors o iguals al valor considerat. Es representa com a $\boldsymbol{F_i}$.

$$F_i = \sum_1^i f_j$$

  Per la seva definició, la freqüència acumulada d'un determinat valor és igual a la freqüència acumulada del valor anterior més la seva freqüència absoluta.

$$F_i = F_{i-1} + f_i$$

  Les freqüències acumulades només es poden calcular sobre variables quantitatives. A més, la freqüència acumulada de l'últim valor ha de coincidir amb el nombre total de dades, ja que sumem totes les freqüències absolutes (apunt 11).

Apunt 11

Recorda!

El símbol matemàtic $\sum$ significa 'suma'.

Exemple

13. S'ha realitzat un estudi a 600 persones sobre quantes vegades fan servir el cotxe cada dia i s'han obtingut les dades següents:

Nombre de vegades que s'usa el cotxe	Freqüència absoluta	Freqüència acumulada	Freqüència acumulada
0	80	**80**	**80**
1	60	**140** (60 + 80)	**140** (80 + 60)
2	240	**380** (60 + 80 + 240)	**380** (140 + 240
3	120	**500** (60 + 80 + 240 + 120)	**500** (380 + 120)
4	70	**570** (60 + 80 + 240 + 120 + 70)	**570** (500 + 70)
5	30	**600** (60 + 80 + 240 + 120 + 70 + 30)	**600** (570 + 30)

10. Paràmetres centrals

Els **paràmetres centrals**, anomenats també **paràmetres de posició**, són nombres que representen de forma global el conjunt de les dades.

Hi ha molts paràmetres centrals, però els més importants són aquests:

- **Moda.** Valor que té una freqüència absoluta més gran. Es representa mitjançant ***Mo*** (apunt 12).
- **Mediana.** Valor que ocupa el lloc central de totes les dades quan estan ordenades de la més petita a la més gran. Es representa amb ***Me.***
  S'obté immediatament si tenim un nombre senar de dades, ja que, en aquest cas, només hi ha una dada central. En canvi, si el nombre és parell, hi ha dues dades centrals. Si coincideixen, no hi ha cap problema, però si no coincideixen, es considera que hi ha dues medianes, o també es pot agafar la mitjana de les dues dades (apunt 13).
- **Mitjana aritmètica.** Valor obtingut en sumar totes les dades de l'estudi estadístic i dividir-ne el resultat entre el nombre total de dades. En aquests casos s'ha de procedir com s'explica tot seguit.

El problema sorgeix, tant per a l'obtenció de la mediana com per a l'obtenció de la mitjana aritmètica, quan tenim un nombre gran de dades. En aquests casos, cal actuar com s'explica a continuació.

Per **obtenir la mitjana,** farem servir les freqüències acumulades dels valors:

1. Dividim el nombre total de dades entre 2.
2. Busquem, en la taula de freqüències, la primera freqüència acumulada que sigui més gran que el resultat anterior.
3. Aquesta freqüència acumulada correspondrà a la mediana.

Per **obtenir la mitjana aritmètica,** farem servir les freqüències absolutes dels valors:

1. Multipliquem cada valor per la seva freqüència absoluta.
2. Sumem tots aquests productes.
3. Finalment, dividim el resultat entre el nombre total de dades.

Apunt 12

Moda

La moda es pot calcular tant en variables qualitatives com en variables quantitatives.

En els estudis estadístics hi pot haver més d'una moda. Si n'hi ha dues, s'anomena *bimodal*.

Apunt 13

Mediana i mitjana

La mediana i la mitjana aritmètica només tenen sentit en les variables quantitatives.

Apunt 14

Mitjana aritmètica

$$\bar{x} = \frac{\sum f_i \cdot x_i}{N}$$

f_i: freqüències

x_i: valors

N: nombre de dades

Exemple

14. La taula adjunta mostra el nombre de vegades que han anat al cinema els alumnes de 3r i 4t d'ESO.

Mediana:

Tenim 250 dades (suma de les freqüències absolutes).

Dividim 250 / 2 = 125.

La primera freqüència acumulada més gran de 125 és 156, que correspon al valor 2.

Per tant, la mediana és *Me* = 2.

Mitjana aritmètica:

Creem i fem servir la columna de la dreta. Per fer-ho, multipliquem els valors (quantitat de vegades que han anat al cinema) per la seva freqüència absoluta.

Sumem tots aquests productes i el resultat és 572. Si dividim aquest valor entre el nombre de dades, obtenim la mitjana aritmètica: $\bar{x} = \frac{572}{250} = 2{,}288$.

Nombre de vegades	f_i	F_i	$x_i \cdot f_i$
0	18	18	0
1	45	63	45
2	93	156	186
3	51	207	153
4	27	234	108
5	16	250	80
SUMA	250		572

Professor a casa. Càlcul de paràmetres centrals.

Entrena't

23. Indica si, per als estudis estadístics següents, cal la població o la mostra:

- **a** La temperatura mitjana d'un mes.
- **b** La durada d'un televisor.
- **c** La quantitat de peixos que hi ha en un estany.
- **d** Els esports que es practiquen a la ciutat on vius.
- **e** El nombre d'aprovats del teu institut.

24. Estima mentalment la mitjana, la mediana i la moda de les següents sèries de nombres:

- **a** 4, 6, 7, 7, 7, 8, 10
- **b** 1, 3, 5, 3, 1, 3, 5, 3
- **c** −2, 2, −5, 5, 0, 0, −3, 3
- **d** 8, 5, 2, 6, 6, 4, 4, 5, 1, 9, 5, 3, 7, 5

25. Construeix una taula de freqüències amb les vocals d'aquest enunciat: «L'atzar no és més que la mesura de la nostra ignorància».

26. En una classe de 3r d'ESO amb 25 estudiants, el nombre d'assignatures aprovades per cadascú és 3, 6, 7, 7, 3, 7, 5, 5, 4, 5, 7, 5, 7, 7, 3, 4, 2, 6, 7, 1, 6, 4, 5, 7, 5. Construeix-ne la taula de freqüències.

27. S'ha efectuat una enquesta per saber si la gent compra el diari cada dia i el gràfic corresponent és aquest:

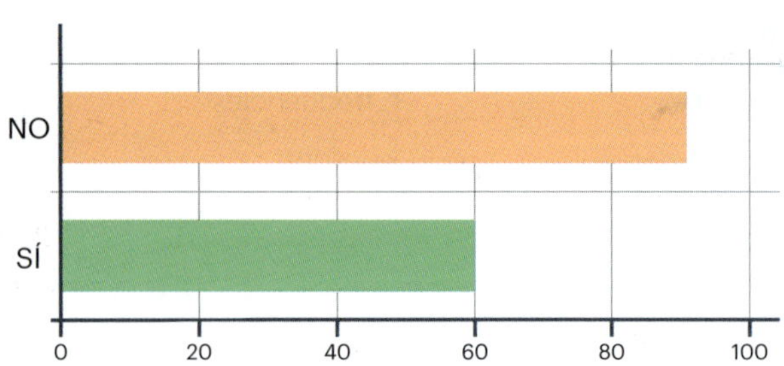

- **a** Quantes persones van ser entrevistades?
- **b** Construeix-ne la taula de freqüències.

28. Un dau trucat és llançat 120 vegades i s'obtenen les dades següents:

Cares	1	2	3	4	5	6
f_i	9	19	18	17	20	37

Elabora'n la taula de freqüències i calcula'n els paràmetres centrals.

29. En una capsa hi ha 70 cargols que pesen 3 grams, 100 que pesen 4 grams i 30 que pesen 5 grams. Quina és la mitjana del pes de tots els cargols?

30. Tenim aquesta sèrie de dades: 1, 3, 4, 4, 5, 5, 6, 7, 8, 9. Si es canvia el 9 pel 15, quin paràmetre central s'altera? Quin queda igual? Per què?

31. La mitjana d'un grup de cinc nombres és 6,2 i la mitjana d'un altre grup de deu nombres és 8,1.

- **a** Quant sumen els cinc primers nombres?
- **b** Quant sumen els altres deu nombres?
- **c** Quina és la mitjana de tots junts?

32. El nombre de fills i filles de deu famílies és 2, 3, 0, 1, 2, 1, 1, 2, 3, 0, 1, 1, 1, 2, 2, 2, 0, 1, 2, 3. Calcula'n la mitjana, la mediana i la moda.

33. En un estudi realitzat a 100 nens i nenes sobre la quantitat de gots de llet que es beuen al dia, s'han obtinguts aquests resultats.

Nombre de gots	f_i	n_i
1	25	0,25
2	20	0,2
3	x	z
4	15	0,15
5	y	0,05

Completa la taula per obtenir els valors de x, y, z.

34. La Lola ha aconseguit aquestes notes en les proves escrites: 1, 3, 5, 8, 2, 4, 5. Calcula'n la mitjana, la mediana i la moda. Si tu fossis el seu professor o la seva professora, l'aprovaries? Per què?

35. Escriu una sèrie (diferent en cada apartat) de cinc nombres (compresos entre 2 i 8), de manera que:

- **a** La seva mitjana sigui 4.
- **b** La seva moda sigui 6.

36. Per posar la nota, una professora fa quatre exàmens. En els tres primers, un alumne ha aconseguit aquestes qualificacions: 3, 3, 4. Quina nota hauria de treure al quart examen, com a mínim, per poder aprovar?

37. Es té en consideració la següent taula de freqüències:

x_i	1	2	3	4	5	6
f_i	5	6	12		9	4

Calcula la freqüència del valor 4, si saps que la mitjana és 3.

38. Es fa un estudi a diversos nens d'una escola sobre la quantitat de llet que beuen cada dia i s'obtenen les dades que mostra la taula següent, però en falten algunes. Completa la taula i calcula'n la mitjana.

Gots	f_i	n_i
1	50	
2	40	0,2
3		
4		0,15
5		0,05

39. L'alçada de cinc nois és 1,75 m i la de set noies és 1,68 m. Calcula la mitjana de l'alçada dels dotze joves.

Mates en context

6 AM AL Social Personal Parcs temàtics

Els parcs temàtics són el somni de molts joves i no tan joves... L'edat no importa: nens, adolescents i fins i tot adults volen visitar els parcs temàtics més famosos. Aquí et presentem els vint parcs temàtics més visitats d'Europa durant el 2017:

Parc	Localització	Assistència (2017)
Parc Disneyland (Disneyland París)	Marne-la-Vallée, França	9660000
Europa Park	Rust, Alemanya	5700000
Parc Walt Disney Studios	Marne-la-Vallée, França	5200000
Efteling	Kaatsheuvel, Països Baixos	5180000
Jardins Tivoli	Copenhaguen, Dinamarca	4640000
Port Aventura	Salou, Espanya	3650000
Liseberg	Göteborg, Suècia	3061000
Gardaland	Castelnuovo del Garda, Itàlia	2600000
Puy du Fou	Les Épesses, França	2260000
Legoland Windsor	Windsor, Regne Unit	2200000
Legoland Billund	Billund, Dinamarca	2120000
Alton Towers	Staffordshire, Regne Unit	2000000
Futuroscope	Jaunay-Clan, França	2000000
Parc Astèrix	Plailly, França	2000000
Phantasialand	Brühl, Alemanya	1995000
Parc Warner	Madrid, Espanya	1840000
Thorpe Park	Chertsey, Regne Unit	1800000
Grona Lund	Estocolm, Suècia	1690000
Chessington World of Adventures	Chessington, Regne Unit	1520000
Heide Park	Soltau, Alemanya	1480000

Problemes

1. Calcula el total de visitants que van rebre aquests vint parcs temàtics l'any 2017.
2. Aquell mateix any, van visitar els parcs temàtics del món 244 milions de persones. Quin percentatge representen els vint parcs europeus?
3. Quins parcs de l'Estat espanyol hi ha en la llista? Quin lloc ocupen?
4. Calcula la mitjana aritmètica del nombre de visitants d'aquests parcs.
5. Ara, calcula'n la mediana.
6. Penses que algun d'aquests dos paràmetres de posició és representatiu? Raona la resposta.
7. Confecciona una taula en què la variable sigui el país on hi ha el parc temàtic i la freqüència sigui el nombre de parcs d'aquell país que apareixen en la llista.
8. Quin tipus de variable es fa servir?
9. Quines freqüències pots trobar? Calcula-les.
10. Quina és la moda?
11. Per què no pots calcular la mitjana aritmètica?

Matematitza: 1, 2, 4, 5, 7, 9, 10 **Comunica: 3, 8, 9**

Argumenta: 6, 11

7 AM AL Social Quants germans tens?

Els alumnes de 3r d'ESO de l'institut Joan Miró estan comentant les dades de l'INE (Institut Nacional d'Estadística) sobre la distribució de les llars espanyoles segons el nombre de membres. Les dades són les següents:

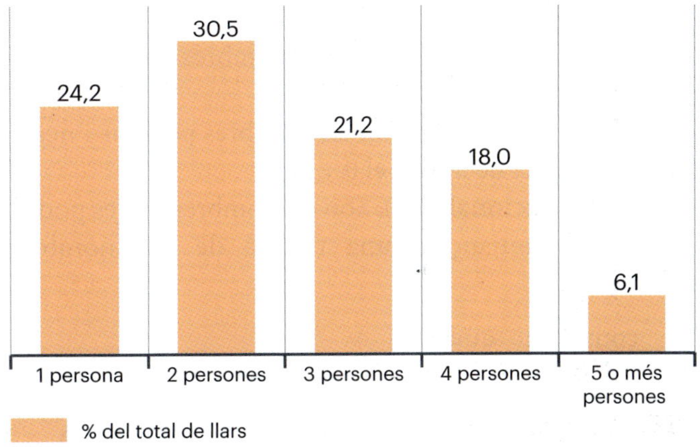

Per comprovar si aquestes dades són certes, fan una enquesta entre tots els estudiants de 3r d'ESO del seu centre d'estudis i pregunten pel nombre de germans i germanes que tenen. Aconsegueixen aquests resultats:

Nombre de germans i germanes	0	1	2	3	+ 3
Freqüències	36	69	12	3	0

La Judit pensa que aquesta mostra no serveix per comprovar dades, mentre que l'Aitana opina que sí i que és una mostra representativa de les llars espanyoles.

Problemes

1. Qui et sembla que té raó, la Judit o l'Aitana? Raona la resposta.
2. De les variables que apareixen en l'estudi de l'INE, quines no es poden comparar amb la feina que han fet a l'institut?
3. Quants alumnes de 3r d'ESO han participat en l'enquesta?
4. Quants són fills únics?
5. Completa la taula amb les freqüències acumulades i les relatives.
6. Calcula la moda, la mediana i la mitjana aritmètica del nombre de germans i germanes que té cadascú.
7. La mitjana de fills per família és d'1,32 fills. Coincideix amb les dades de l'institut de la Judit i l'Aitana? Per què?
8. Fes un estudi a la classe sobre el nombre de germans i germanes (hi has d'incloure totes les freqüències i els paràmetres centrals) i compara els resultats amb els de l'institut Joan Miró.

Argumenta: 1, 2, 7 **Matematitza: 3, 4, 5, 6** **Plantea: 8**

Competències matemàtiques: 1, 2, 6, 9, 12 (act. 6, 7).

NOMBRES I ÀLGEBRA

Nombres naturales, enters i racionals

Els nombres coneguts fins a l'actualitat són aquests:

- **Nombres naturals** ($\mathbb{N}$). Són els nombres positius sense part decimal.
- **Nombres enters** ($\mathbb{Z}$). Són els nombres positius i negatius amb part decimal i el 0.
- **Nombres racionals** ($\mathbb{Q}$). Són els nombres que es poden expressar mitjançant una fracció de dos nombres enters.

Es compleix que $\mathbb{N} \subset \mathbb{Z} \subset \mathbb{Q}$, és a dir, que tots els naturals estan continguts en els enters i que tots els enters, al seu torn, estan continguts en els racionals.

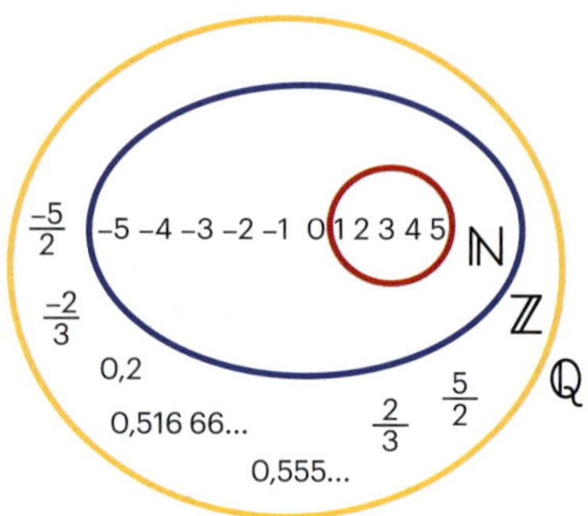

Fraccions

Una **fracció** $\frac{a}{b}$ és **irreductible** si i només si el m. c. d. $(a, b) = 1$.

Per **sumar o restar** dues fraccions, cal:

1. Reduir a comú denominador amb el m. c. m.
2. Sumar o restar els numeradors i deixar el mateix denominador.

Per **multiplicar** dues fraccions:

$$\frac{a}{b} \cdot \frac{c}{d} = \frac{a \cdot c}{b \cdot d}$$

Per **dividir** dues fraccions:

$$\frac{a}{b} : \frac{c}{d} = \frac{a}{b} \cdot \frac{d}{c}$$

Per **passar de l'expressió fraccionària a l'expressió decimal**, dividim el numerador entre el denominador. Els tipus de decimals que podem obtenir són els següents:

- **Exactes**, amb una quantitat limitada de xifres decimals.
- **Periòdics purs**, amb el període (la part que es repeteix) just després de la coma.
- **Periòdics mixtos**, el període dels quals no comença després de la coma.

Per **passar de l'expressió decimal a l'expressió fraccionària:**

$$x = \frac{\text{Totes les xifres} - \text{Xifres fins al període}}{\text{Tants 9 com xifres tingui el període. Tants 0 com xifres tingui l'anteperíode}}$$

Intervals

Un interval és el conjunt de tots els nombres compresos entre dos nombres que s'anomenen **extrems.** Segons si els extrems estan o no inclosos en el conjunt, distingim quatre tipus d'intervals:

- **Obert**. No inclou a i b: $(a, b) \rightarrow a < x < b$

- **Tancat**. Inclou a i b: $[a, b] \rightarrow a \leq x \leq b$

- **Obert per l'esquerra**. No inclou a, però sí que inclou b: $(a, b] \rightarrow a < x \leq b$

- **Obert per la dreta**. Sí que inclou a, però no inclou b: $[a, \text{b}) \rightarrow a \leq x < \text{b}$

FUNCIONS

Una **funció** és una relació entre dues variables de manera que a un valor d'una de les variables li correspon un valor o cap valor de l'altra variable.

La **variable independent** es representa amb la lletra x, mentre que la **variable dependent** es representa amb la lletra y.

La relació entre totes dues és la funció, que es representa per la lletra f. S'escriu $y = f(x)$ i es llegeix «y és funció de x» o també «y és la imatge de x».

Hi ha diferents formes d'expressar una funció:

- **Text**. Una relació entre dues variables es pot expressar narrant la situació.
- **Taula de valors**. En una taula es reflecteixen els valors de la variable independent i els que li corresponen de la variable dependent. Amb cada parell de valors s'obté un punt.
- **Gràficament**. En els eixos de coordenades es representa un dibuix format pels punts (valors de x i y) de la funció.
- **Fórmula**. És una expressió que indica les operacions que ca aplicar a la variable independent, x, per obtenir la dependent, y.

Característiques d'una funció

El **domini** d'una funció és el conjunt de valors que pot adoptar la variable x, de manera que es pugui calcular y. S'escriu D(f) o Dom(f).

El **recorregut** és el conjunt de valors que adopta la variable dependent, y. S'escriu Rec(f).

Una funció és **creixent** si, en augmentar la variable independent, x, augmenta la dependent, y.

Una funció és **decreixent** si, en augmentar x, disminueix y.

Una funció és **constant** si, en variar x, y es manté constant.

Els **extrems relatius** d'una funció són els punts en què es produeix un canvi en el creixement:

- **Màxim**: punt en què la funció deixa de ser creixent i comença a ser decreixent.
- **Mínim**: punt en què la funció passa de ser decreixent a ser creixent.

El punt en què la funció assoleix el valor màxim és el **màxim absolut**. Aquell punt en el qual assoleix el valor més petit és el **mínim absolut.**

Una funció és **contínua** si no presenta interrupcions. Ho podem saber de forma intuïtiva si la podem dibuixar sense haver d'aixecar el llapis del paper.

Una funció és **periòdica** si repeteix el mateix valor a intervals regulars de la variable. La longitud d'aquests intervals es designa amb la lletra p i s'anomena **període.**

ESTADÍSTICA I PROBABILITAT

Població i mostra

La **població** és el conjunt de tots els elements (persones o coses) dels quals tracta un estudi estadístic.

Cada element és anomenat **individu.**

La **mostra** és el conjunt representatiu de la població.

Freqüències absolutes i relatives

La **freqüència absoluta** és el nombre de vegades que apareix un determinat valor en un estudi estadístic. Es representa mitjançant f_i.

La **freqüència relativa** d'un valor és el quocient (la raó) entre la seva freqüència absoluta i el total de dades. Es representa mitjançant h_i.

$$\text{Freqüència relativa} = \frac{\text{Freqüència absoluta}}{\text{Total de dades}} \qquad h_i = \frac{f_i}{N}$$

La **freqüència acumulada** d'un determinat valor és la suma de les freqüències absolutes de tots els valors inferiors o iguals al valor considerat. Es representa amb F_i.

Paràmetres centrals

Els **paràmetres centrals**, anomenats també **paràmetres de posició**, són xifres que representen de forma global el conjunt de les dades.

La **moda** és el valor que té més freqüència absoluta. Es representa amb ***Mo.***

La **mediana** és el valor que ocupa el lloc central del total de les dades quan estan ordenades de la més petita a la més gran. Es representa amb ***Me.*** S'obté de manera immediata si es té un nombre senar de dades, ja que, en aquest cas, només hi ha una dada central. En canvi, si el nombre de dades és parell, hi ha dues dades centrals. Si coincideixen, no hi ha cap problema, però si no coincideixen, es considera que hi ha dues medianes, o també es pot calcular la mitjana de les dues dades.

La **mitjana aritmètica** és el valor obtingut en sumar totes les dades de l'estudi estadístic i dividir-ne el resultat entre el nombre total de dades. Es representa amb el símbol $\overline{x}$.

El problema apareix quan tenim un nombre gran de dades. En aquests casos, cal actuar tal com s'explica a continuació.

Per **obtenir la mediana**, farem servir les freqüències acumulades dels valors:

1. Dividim el nombre total de dades entre 2.
2. Busquem, en la taula de freqüències, la primera freqüència acumulada que sigui més gran que el resultat anterior.
3. Aquesta freqüència acumulada correspondrà a la mediana.

Per **obtenir la mitjana aritmètica**, farem servir les freqüències absolutes dels valors:

1. Multipliquem cada valor per la seva freqüència absoluta (recorda que la freqüència absoluta és el nombre de vegades que es repeteix un valor).
2. Sumem tots aquests productes.
3. Finalment, en dividim el resultat entre el nombre total de dades.

Entrena't +

Nombres

40. Resol les operacions següents, simplifica a cada pas i expressa'n el resultat com a fracció irreductible.

a $\dfrac{\dfrac{\frac{9}{8}+\frac{7}{6}}{\frac{1}{12}+\frac{3}{8}}+1}{1+\dfrac{\frac{1}{2}+\frac{2}{3}}{\frac{3}{4}-\frac{1}{6}}}$ **b** $\dfrac{4-\frac{3}{2}-\frac{5}{6}:\left(1-\frac{4}{9}\right)}{1+\dfrac{5}{1+\dfrac{3}{1-\frac{1}{4}}}}$

41. Classifica els següents nombres decimals. Identifica'n les parts i, tot seguit, calcula'n la fracció generatriu de dues formes diferents.

a 1,067... **b** 2,311... **c** 0,2424... **d** 3,221212...

42. Escriu en forma de desigualtat i interval o semirecta els següents conjunts de nombres.

- **a** Tots els nombres compresos entre –1 i 3, tots dos inclosos.
- **b** Els nombres més grans que 6.
- **c** Els nombres compresos entre –5 i 0, amb el 0 no inclòs, però el –5 inclòs.

43. Calcula la intersecció i la unió dels intervals següents.

a (0, 4) i [3, 6) **c** [–7, –1] i [–5, –2]
b [3, ∞) i (2, 4) **d** (–1, 1] i (–∞, –2)

44. Escriu en forma d'interval aquests entorns.

a $E_1(3)$ **b** $E_6(2)$ **c** $E_{11}(-5)$ **d** $E_2(-6)$

45. Escriu en forma d'entorn aquests intervals.

a (4, 10) **b** (0, 12) **c** (–8, 2) **d** (–20, –6)

Banc digital

Formes d'expressar una funció

46. Un metge dedica sis hores diàries a atendre els seus pacients. El nombre de persones que van a la consulta no és el mateix cada dia. Per això, el temps que ha de dedicar perquè tots els pacients disposin dels mateixos minuts no és sempre igual.

- **a** Escriu la taula de valors que reflecteixi el temps que dedica a cada pacient en funció del nombre de pacients que van a la consulta en un dia.
- **b** Elabora la gràfica corresponent.
- **c** Escriu la fórmula de la funció.

47. A partir de la funció $y = 3 - 2x$, construeix la taula de valors corresponents perquè el seu domini sigui [–2, 2] i representa-la gràficament.

Característiques de les funcions

48. Completa les gràfiques de les funcions següents amb un tram més a la dreta i un tram més a l'esquerra. Explica per què i com ho pots fer.

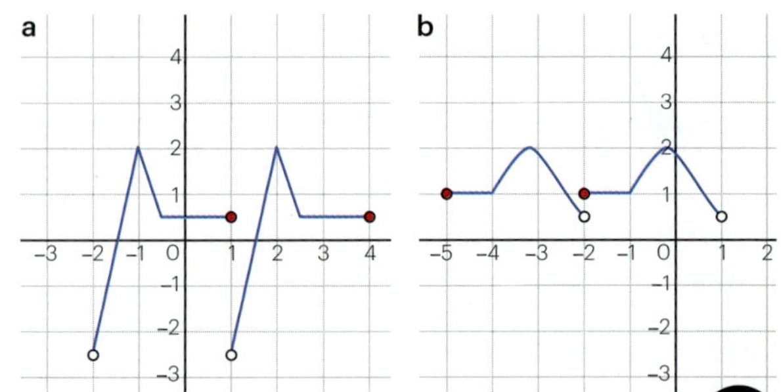

49. Atesa la funció següent, indica'n el domini i el recorregut, els intervals de creixement i de decreixement, els màxims i els mínims relatius i absoluts, la continuïtat i la periodicitat.

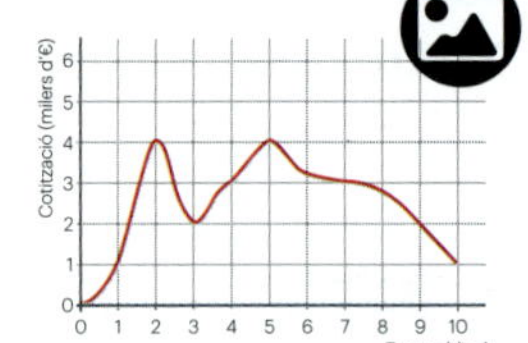

Banc digital

Estadística

50. Les notes d'un grup d'alumnes en un examen de matemàtiques han estat aquestes: 8, 4, 5, 7, 3, 6, 7, 8, 2, 2, 6, 7, 7, 9, 5, 6, 7, 4, 6, 2, 8, 5, 6, 5, 5, 6, 8, 6, 5, 7.

- **a** Construeix una taula amb aquestes dades.
- **b** Quants alumnes van aprovar? I quants van suspendre?
- **c** Quina ha estat la nota que més ha aparegut?
- **d** Quina n'és la mitjana aritmètica?

51. En un campionat, 25 jugadors de bàsquet han encistellat aquestes vegades: 8, 10, 12, 12, 10, 10, 11, 11, 10, 13, 9, 11, 10, 9, 9, 11, 12, 9, 10, 9, 10, 8, 10, 9, 10.

- **a** Resumeix les dades en una taula de freqüències.
- **b** Calcula'n la mitjana, la mediana i la moda.

52. Les temperatures registrades durant una setmana de gener han estat aquestes:

Dia	L	M	X	J	V	S	D
Màxima	12	16	18	21	14	15	12
Mínima	–2	–1	4	5	0	–2	–4

Calcula'n les temperatures mitjanes màximes i mínimes.

Banc digital

Mates en context

8 AM AL Social Reunió de monitors

En Pau i la resta de monitors d'unes colònies d'estiu s'han reunit per planificar les activitats. Del grup de monitors, $\frac{2}{5}$ del total són de Sabadell, $\frac{1}{6}$ són de Terrassa i la resta són del centre de Barcelona.

Han decidit demanar unes pizzes i n'han triat de tres tipus: barbacoa, quatre formatges i carbonara. Cadascú n'ha menjat $\frac{1}{3}$ de barbacoa, $\frac{1}{2}$ de quatre formatges i $\frac{1}{4}$ de carbonara.

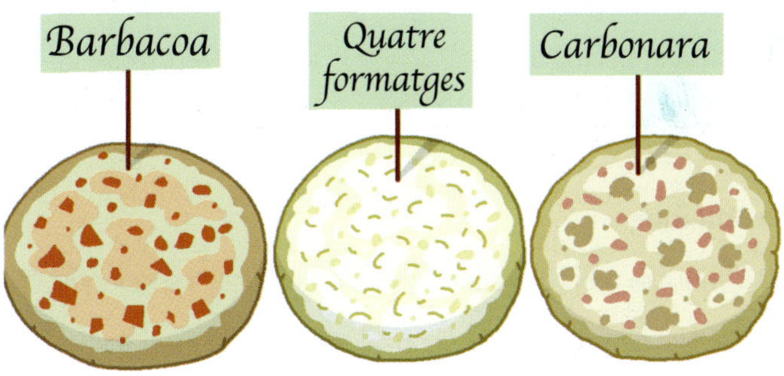

Problemes

1. Quina fracció representen els monitors de Sabadell i de Terrassa junts? I els de Barcelona? Quina fracció representen els de Barcelona i els de Terrassa? Escriu fraccions irreductibles.
2. Passa a decimals les fraccions de l'apartat anterior i indica de quin tipus de decimal es tracta. Quin percentatge representen? Arrodoneix a les centèsimes.
3. El nombre de monitors és d'entre 25 i 100. Quines són les possibilitats?
4. Calcula el nombre de monitors de Sabadell, de Terrassa i de Barcelona amb cada una de les possibilitats que has plantejat en l'exercici anterior.
5. De quin tipus de pizza n'han menjat més?
6. Cadascú s'ha menjat més o menys d'una pizza? Justifica la resposta.
7. Han encarregat 33 pizzes. Quants monitors hi ha? Calcula el nombre de pizzes de cada tipus que han encarregat. En sobra d'algun tipus? Quanta en sobra?
8. Quantes pizzes més haurien d'encarregar per poder repetir tots de la que ha sobrat?
9. Calcula quantes persones podran menjar si s'encarreguen 72 pizzes i quantes pizzes de cada tipus s'encarreguen. Sobra res?

Matematitza: 1, 2, 4 | **Planteja: 3, 9** | **Argumenta: 5, 6, 7, 8**

9 AM AL Personal Concerts d'estiu

L'Albert i la Idoia són uns apassionats dels concerts. Aquest any, dos dels seus grups preferits toquen en diferents llocs i han d'escollir a quin concert aniran.

El grup Adrada toca per la costa. Fa temps que consulten els preus de les entrades i han observat que, de mitjana, una entrada cosa 40 €, tot i que també han vist que, segons el moment, el preu pot variar gairebé 10 €. L'hotel a la costa val entre 60 € i 120 €.

El grup Sot toca a l'interior i les entrades valen entre 45 € i 70 €. L'hotel a l'interior costa, de mitjana, 50 €, amb un marge de 15 € més o menys.

Problemes

1. Escriu mitjançant un entorn el preu de les entrades del grup Adrada. Expressa'l també en forma d'interval.
2. Expressa a través d'un interval el preu de l'hotel per veure el grup Adrada. Escriu-lo en forma d'entorn.
3. Escriu mitjançant un interval la despesa que pot suposar anar a veure el grup Adrada.
4. Si x representa el preu d'una entrada per al concert del grup Adrada, escriu mitjançant una desigualtat les següents afirmacions i digues si són o no certes.
   - **a** Com a màxim, l'entrada val 51 €.
   - **b** L'entrada costa més de 20 €.
   - **c** El preu oscil·la entre 30 € i 50 €.
5. Respon les mateixes preguntes dels exercicis anteriors, però ara per al grup Sot.
6. Escriu l'interval en què poden coincidir els preus de les entrades dels dos grups. Quina operació fas servir?
7. Hi ha un rang de preus en què coincideixin els preus dels hotels? Si n'hi ha, escriu-lo en forma d'interval i entorn.
8. Escriu un interval que expressi el rang de preus de les entrades de tots dos concerts. Quina operació es fa servir? I per als hotels?
9. Escriu els intervals de l'exercici 8 en forma d'entorn.

Matematitza: 1, 2, 3, 4, 5, 8 | **Simbolitza: 4** | **Argumenta: 6, 7**

10 AD AL AS AP Professional Social Vivim entre sorolls

El soroll és un so que es percep com a desagradable.

La unitat de mesura de la intensitat del so és el decibel (dB). Per sobre dels 100 dB resulta perjudicial i és recomanable fer servi protectors. El llindar del dolor és de 120 dB.

El so es propaga en forma d'ones. El nombre d'ones per segon és la freqüència del so i es mesura en hertzs (Hz). Una persona sana pot percebre freqüències de so compreses entre els 20 Hz (sons dèbils) i els 20 000 Hz (sons forts).

L'exposició perllongada d'una persona al soroll pot provocar pèrdua d'audició, a banda de problemes cardiovasculars o estrès.

Les gràfiques següents mostren la pèrdua auditiva per edat que es produeix en cada freqüència, després d'un temps d'exposició a 99 dB.

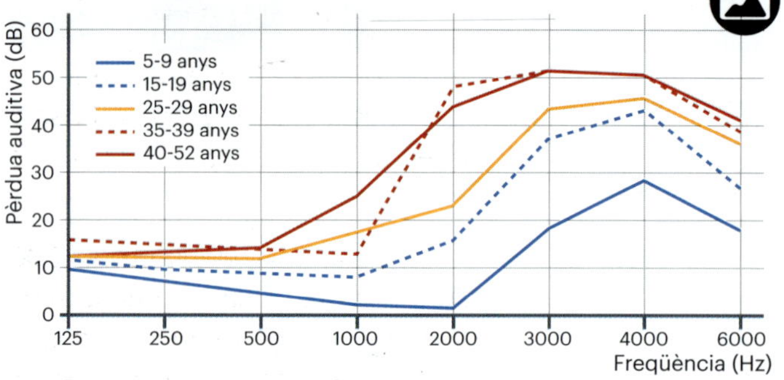

Problemes

1. Quina és la variable independent? En quines unitats es mesura? I la dependent?
2. Les funcions representades són contínues? Si la resposta és negativa, indica quines no ho són.
3. En quina freqüència es produeix la pèrdua auditiva més petita en cada una de les edats? Quants decibels es perden?
4. A quina edat hi ha més pèrdua auditiva? Quin valor agafa en cada cas?
5. Descriu la pèrdua auditiva que es produeix en els nens amb edats compreses entre els 5 i els 9 anys.
6. A quin grup d'edat es registra una pèrdua més ràpida d'audició? Entre quines freqüències es produeix? Quants decibels es perden?
7. Quin grup d'edat manté el mateix nivell de pèrdua al principi? Fins a quina freqüència?
8. En quins disminueix la pèrdua? I en quins augmenta?

Argumenta: 1, 2 **Matematitza: 3, 4, 5, 6, 7, 8**

11 AD AL AP Social On aparquem?

La tieta de l'Ivan i les seves amigues aniran al teatre i a sopar al centre de la ciutat on viuen. Han decidit anar-hi en el cotxe d'una d'elles, però, com que és difícil trobar aparcament al carrer, deixaran el cotxe en un pàrquing públic. Aquestes són les tarifes de l'aparcament més proper:

PÀRQUING VERD

- Del minut 0 al 30 — 0,0416 €/min
- Del minut 31 al 90 — 0,0373 €/min
- Del minut 91 al 600 — 0,0498 €/min
- A partir del minut 661... — 31,85 € (màx. diari)

Problemes

1. Troba el preu de l'aparcament en els casos següents.
   - **a** No aconsegueixen entrades per al teatre i tornen al cotxe al cap de 20 minuts.
   - **b** En acabar l'obra, decideixen tornar a casa i agafen el cotxe una hora i mitja després d'haver-lo aparcat.
   - **c** Segueixen els plans previstos i tornen al cotxe 4,5 hores.
   - **d** Decideixen quedar-se a dormir a casa de la tieta de l'Ivan, que viu a prop, i recolliran el cotxe 20 hores després d'haver-lo aparcat.
2. **a** Construeix una taula de valors per a cada tram de preus.
   b Escriu la fórmula corresponent a cadascun.
3. Elabora una gràfica per a cada una de les taules de l'exercici **2a.**
4. Col·loca les gràfiques de l'exercici 3 en uns únics eixos de coordenades.
5. Observa la representació que s'obté en l'exercici anterior. És una funció contínua?
6. Calcula la mitjana dels preus dels tres primers trams.
7. Troba la fórmula que correspondria al preu de l'aparcament si tots els minuts, del 0 al 600, tinguessin la mitjana de preu obtinguda.
8. Dibuixa-la en els mateixos eixos de l'exercici 4 i explica entre quins minuts és més barata aquesta nova opció.

Argumenta: 1, 8 **Matematitza: 2a, 3, 4, 5, 6** **Simbolitza: 2b, 7**

12 AM AL AS AP Personal Social Notes curioses

Els estudiants de 2n de Batxillerat de l'institut L'estany només tenen un examen per trimestre, que és el que marca la nota de cada avaluació. Al primer trimestre del curs passat hi va haver unes notes molt curioses en matemàtiques:

Nois: 10, 0, 5, 0, 1, 5, 1, 2, 3, 9.

Noies: 0, 9, 10, 3, 3, 3, 2, 3, 9, 2, 9, 0, 2, 5, 4, 6, 10, 10, 9, 9.

Són curioses perquè el més habitual és que hi hagi poques notes molt bones o molt dolentes, i la resta són intermèdies; però en aquest cas de notes intermèdies gairebé no n'hi ha.

Nota: aquestes dades són reals. Al final d'aquell curs, només dos alumnes van suspendre l'assignatura.

Problemes

1. Quants nois i quantes noies hi ha a la classe? Quants alumnes hi ha en total?
2. Tenint en compte la variable «nota aconseguida», elabora tres taules (una per als nois, una altra per a les noies i una altra de global amb les dades de tothom) de freqüències (absolutes, acumulades i relatives).

   Respon les preguntes següents, separant les respostes en nois, noies i total.
3. Quants van aconseguir un excel·lent (9 o 10)?
4. Quants van suspendre (menys de 5)?
5. Has fet servir alguna freqüència per respondre els exercicis 3 i 4? Si la resposta ha estat afirmativa, quina ha estat?
6. Calcula la moda i la mediana en les tres taules.
7. Calcula la mitjana aritmètica en les tres taules.
8. Coincideix la mitjana global amb la mitjana dels nois i la de les noies?
9. Per què et sembla que passa això?
10. En aquest cas, quin diries que és el paràmetre central de les notes obtingudes?

Matematitza: 1, 2, 6, 7 **Argumenta: 3, 4, 8, 9, 10** **Comunica: 5**

13 AM AL AS AP Social Personal Es llegeix gaire?

Segons la Federació d'Editors d'Espanya, el 94,7% de la població (de més de 14 anys) llegeix en qualsevol mitjà, però només el 65,8% llegeix llibres, en el format que sigui.

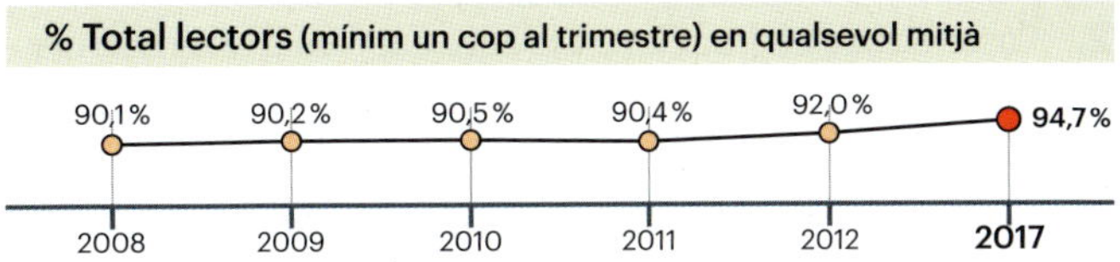

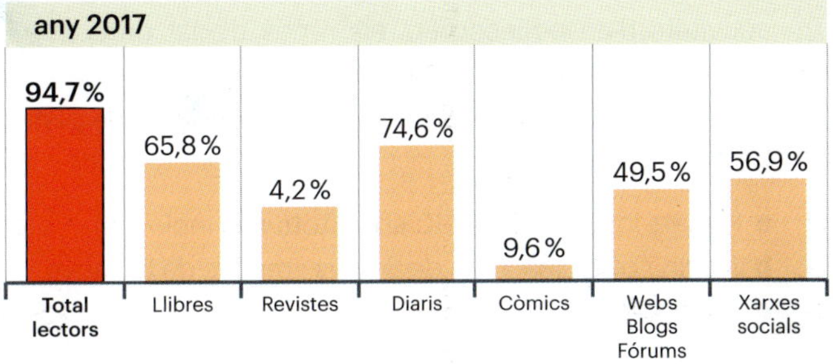

En canvi, aquest mateix estudi revela que el 99,3% dels adolescents (entre 15 i 18 anys) llegeix i que el 92% ho fa amb llibres, tot i que, d'aquests, el 23% reconeix que ho fa només perquè són deures de classe.

Per comprovar si és cert, a l'institut L'estany han escollit 300 alumnes d'entre 3r d'ESO i 2n de Batxillerat i, a través d'una enquesta, els han preguntat quants llibres han llegit durant l'últim any (deixant de banda els que han de llegir durant el curs escolar).

La taula següent en mostra els resultats:

Nombres de llibres	0	1	2	3	4	5	6
Freqüència		87	57	42	21	12	3

Problemes

1. Quants adolescents no van llegir cap llibre?
2. Quin percentatge representa del total?
3. Coincideixen aquestes dades amb l'estudi que s'ha esmentat? Per què et sembla que passa?
4. Afegeix a la taula dues columnes més amb les freqüències acumulades i les freqüències relatives.
5. Calcula la mediana i la moda d'aquest estudi.
6. Calcula'n la mitjana aritmètica per saber quina és la quantitat mitjana de llibres que es llegeixen en aquell institut.
7. Coincideixen els tres paràmetres de posició?
8. Quin et sembla que és el més representatiu?

Argumenta: 1, 3, 7, 8 **Matematitza: 2, 4, 5, 6**

1. Classifica els següents nombres en naturals, enters i racionals. Tingues en compte que $\mathbb{N} \subset \mathbb{Z} \subset \mathbb{Q}$.

a 2,5 **c** –1 **e** 8,06 **g** 3

b –7 **d** 0 **f** –2,57 **h** –3

2. Passa aquestes fraccions a la seva expressió decimal i classifica'n els resultats en exactes, periòdics purs o periòdics mixtos.

a $\frac{2}{5}$ **b** $\frac{1}{3}$ **c** $\frac{36}{99}$ **d** $\frac{1}{4}$

3. Expressa en intervals els rangs d'edat en les següents activitats d'un poliesportiu, els rangs d'edat en què els usuaris poden anar a les piscines infantil i olímpica i els rangs d'edat en què poden llogar els dos tipus de pistes (cobertes i a l'aire lliure).

a Piscina infantil: de 3 a 10 anys (tots dos inclosos).
b Piscina olímpica: més de 8 anys i menys de 80 anys.
c Pista a l'aire lliure: més grans de 10 anys.
d Pista coberta: majors d'edat.

4. En una classe de 30 alumnes es fa una enquesta per saber el nombre de germans que tenen. Les dades es recullen a continuació. Calcula la freqüència absoluta i la relativa de les diferents respostes.

0, 1, 3, 0, 0, 2, 1, 2, 2, 1, 3, 1, 1, 1, 1, 0, 2, 3, 1, 0, 0, 0, 0, 1, 2, 2, 1, 1, 0, 1

5. A partir de les dades de l'exercici anterior, calcula'n la moda, la mitjana aritmètica i la mediana.

6. Donades les gràfiques següents, digues quines són funcions i quines no ho són. D'aquelles que són funcions, indica'n el domini, el recorregut, els extrems relatius i digues si són contínues i/o periòdiques.

a

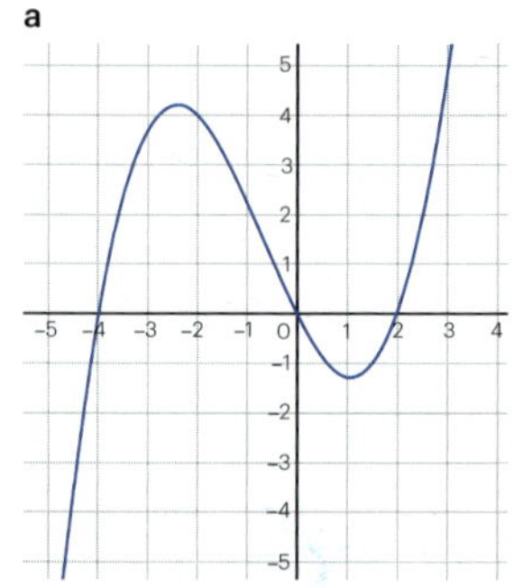

c

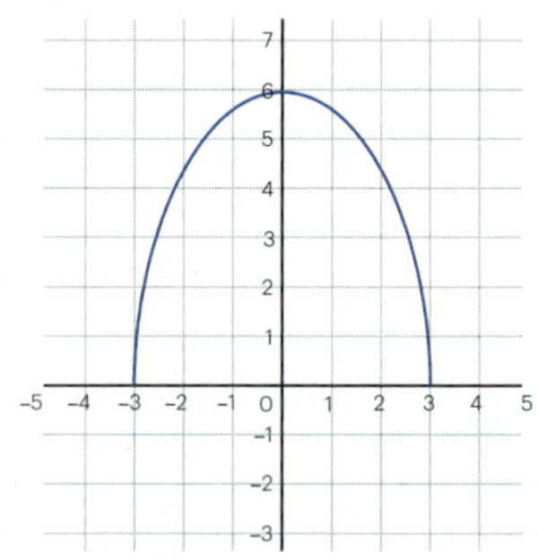

b

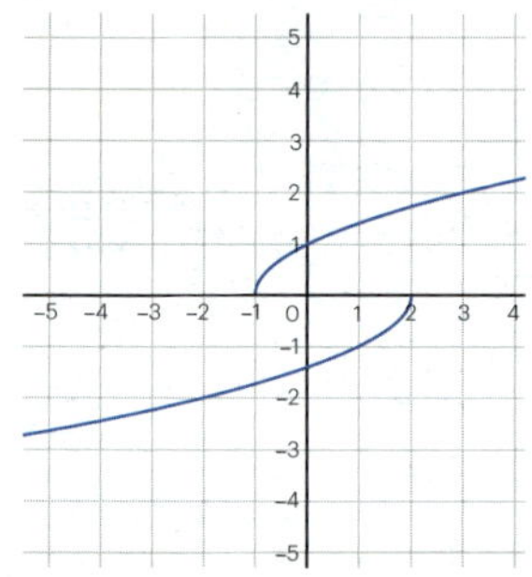

d

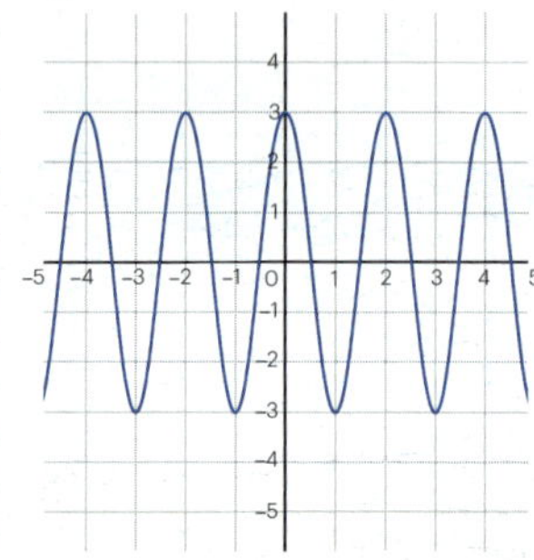

	4 punts	3 punts	2 punts	1 punt
1. Tipus de nombres	Distingeixo entre nombres naturals, enters i racionals, i explico de manera raonada els criteris de classificació.	Distingeixo entre nombres naturals, enters i racionals, però cometo petits errors en explicar de manera raonada els criteris de classificació.	Distingeixo entre nombres naturals i enters i explico de manera raonada els criteris de classificació, però no soc capaç de distingir els nombres racionals.	No aconsegueixo distingir els diferents tipus de nombres.
2. Fraccions i decimals	Sé trobar el decimal corresponent a una fracció donada i soc capaç de classificar-lo correctament entre decimal exacte, periòdic pur o periòdic mixt.	Sé trobar el decimal corresponent a una fracció donada, però cometo alguns errors, i soc capaç de classificar-lo correctament entre decimal exacte, periòdic pur o periòdic mixt.	Sé trobar el decimal corresponent a una fracció donada, però cometo alguns errors, i no soc capaç de classificar-lo correctament.	No sé trobar el decimal corresponent a una fracció donada.
3. Intervals	Expresso els intervals i hi opero correctament.	Expresso els intervals, però cometo errors en operar-hi.	Expresso els intervals, però cometo alguns errors.	No sé expressar els intervals.
4. Freqüències relatives i absolutes	Calculo les freqüències absolutes i relatives d'un conjunt de dades.	Calculo les freqüències absolutes i relatives d'un conjunt de dades, però cometo alguns errors.	Calculo la freqüència absoluta, però no sé calcular la freqüència relativa d'un conjunt de dades.	No sé calcular la freqüència absoluta ni la freqüència relativa d'un conjunt de dades.
5. Paràmetres centrals	Calculo correctament la moda, la mitjana aritmètica i la mediana d'un conjunt de dades.	Calculo la moda i la mitjana aritmètica d'un conjunt de dades, però no sé calcular la mediana.	Calculo correctament la moda d'un conjunt de dades, però cometo errors en calcular la mitjana aritmètica i no sé calcular la mediana.	No sé calcular la moda, ni la mitjana aritmètica ni la mediana d'un conjunt de dades.
6. Funcions	Identifico gràficament una funció i sé estudiar-ne correctament les característiques.	Identifico gràficament una funció i en sé estudiar correctament les característiques, tot i que cometo alguns errors.	Identifico gràficament una funció, però no en sé estudiar correctament les característiques.	No sé identificar gràficament una funció ni estudiar-ne les característiques.

PDF

2 Naturalesa matemàtica

Quant mesuren els elements de la sang? És gaire gran l'Univers?

Els nombres irracionals són naturals? I reals?

Es pot saber quants elements hi ha sense haver de comptar-los? Quant temps fa que va viure?

Com creix el meu jardí? Quines dimensions té?

BLOCS DE CONTINGUTS	Situació 1	Situació 2	Situació 3	Situació 4
NOMBRES I ÀLGEBRA				
Potències de nombres racionals amb exponent enter. Significat i ús.	●			
Potències de base 10. Aplicació per a l'expressió de nombres molt petits.	●			
Operacions amb nombres expressats en notació científica.	●			
Operacions amb fraccions i decimals. Càlcul aproximat i arrodoniment.	●			●
Arrels quadrades.		●		
Arrels no exactes. Expressió decimal.		●		
Representació de nombres en la recta real.		●		
Expressions radicals: transformació i operacions.		●		
Jerarquia d'operacions.		●		
Càlcul aproximat i arrodoniment. Xifres significatives. Error absolut i error relatiu.		●		
Investigació de regularitats, relacions i propietats que apareixen en conjunts de nombres. Expressió amb llenguatge algebraic.			●	
Successions numèriques. Successions recurrents. Progressions aritmètiques i geomètriques.			●	
GEOMETRIA I MESURA				
Polígons. Circumferència i cercle. Perímetre i àrea.				●
Escales.				●
Poliedres, poliedres regulars. Vèrtexs, arestes i cares.				●
Àrees i volums de cossos geomètrics.				●
Cilindre, con, tronc de con. L'esfera.				●

1 Nombres grans i petits

Quant mesuren els elements de la sang?

És gaire gran l'Univers?

AM AL AP AS

Social Científic

Aprèn a...

Expressar nombres molt grans i molt petits en notació científica, operar-hi amb calculadora i sense.

Calcular el valor d'expressions numèriques mitjançant les operacions elementals i les potències d'exponent enter.

Ítem 1. Components de la sang

A la sang trobem tres components fonamentals: glòbuls vermells, glòbuls blancs i plaquetes. Aquests components són molt petits i les seves mesures són aquestes:

- Glòbuls vermells: 87 $\mu m^3 = 87 \cdot 10^{-9}$ $mm^3 = 87 \cdot 10^{-18}$ m^3
- Glòbuls blancs: 900 $\mu m^3 = 9 \cdot 10^{-7}$ $mm^3 = 900 \cdot 10^{-18}$ m^3
- Plaquetes: 65 $\mu m^3 = 6{,}5 \cdot 10^{-8}$ $mm^3 = 65 \cdot 10^{-18}$ m^3

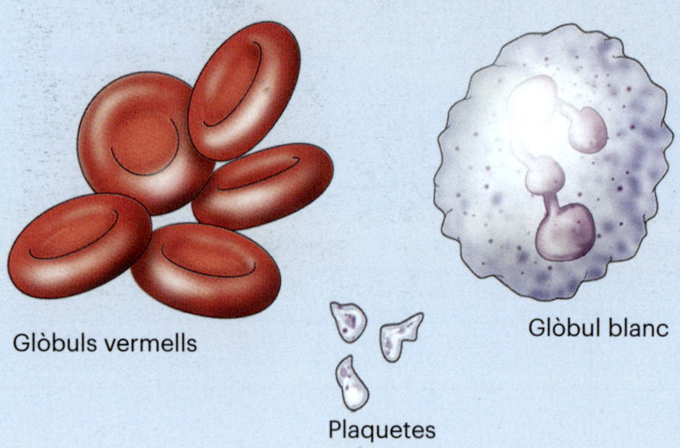

Ítem 2. Anàlisi de sang

En Pere es va fer una anàlisi de sang en què es calcula la quantitat de components sanguinis. Els resultats van ser els següents:

- Glòbuls vermells: 5 milions/$mm^3 = 5 \cdot 10^6$/mm^3
- Glòbuls blancs: 8000 /$mm^3 = 8 \cdot 10^3$/mm^3
- Plaquetes: 300 000/$mm^3 = 3 \cdot 10^5$/mm^3

Ítem 3. Notació científica

La notació científica serveix per expressar nombres molt grans o molt petits.

Una xifra en notació científica es compon d'un nombre anomenat *mantissa*, comprès entre l'1 i el 10, i una potència de 10.

Per multiplicar (o dividir) dos nombres en notació científica, es multipliquen (o es divideixen) les mantisses, per una banda i les potències de 10, per l'altra, aplicant les propietats de les potències.

Construeix amb el que saps

Comunica

1 Dels tres components de la sang, quin té la mida més gran? I quin és el més petit? Són considerables les diferències de mida entre l'un i l'altre?

2 Segons els resultats de les anàlisis de l'ítem 2, quin component es troba en més quantitat a la sang? I de quin n'hi ha menys? És una diferència considerable?

Matematitza

3 Si per a les anàlisis, a en Pere li van treure una mostra de 12 mL ($12 \cdot 10^3$ mm^3) de sang:

a Quants glòbuls vermells li van extreure en total?

b Quants glòbuls blancs li van extreure en total?

c Quantes plaquetes li van extreure en total?

d Quin va ser el volum de glòbuls vermells que li van extreure?

e Quin va ser el volum de glòbuls blancs que li van extreure?

f Quin va ser el volum de plaquetes que li van extreure?

4 En una donació de sang s'extreuen 450 mL ($4{,}50 \cdot 10^5$ mm^3) de sang. Respon les qüestions de l'exercici 3 per a aquesta quantitat de sang.

5 Al cos, en Pere té un total de 5 L ($5 \cdot 10^6$ mm^3) de sang. Respon les qüestions de l'exercici 3 per a aquesta quantitat de sang.

Ítem 4. A l'espai

Els planetes giren al voltant del Sol en una òrbita el·líptica i, durant la seva trajectòria, hi ha moments en què uns es troben més a prop del Sol i uns altres es troben més lluny. La distància màxima a la qual es pot situar un planeta del sistema solar respecte del Sol s'anomena *periheli* i la distància mínima és l'*afeli*. L'ítem 5 mostra una taula dels afelis i els perihelis dels planetes del sistema solar.

Ítem 5. Afeli i periheli

Planeta	Afeli (en milions de km)	Periheli (en milions de km)
Mercuri	69,817 445	46,001 009
Venus	108,942 780	107,476 170
Terra	152,098 233	147,098 291
Mart	249,232 432	206,645 215
Júpiter	816,001 807	740,679 835
Saturn	1503,509 229	1349,823 615
Urà	3006,318 143	2734,998 229
Neptú	4537,039 826	4459,753 056

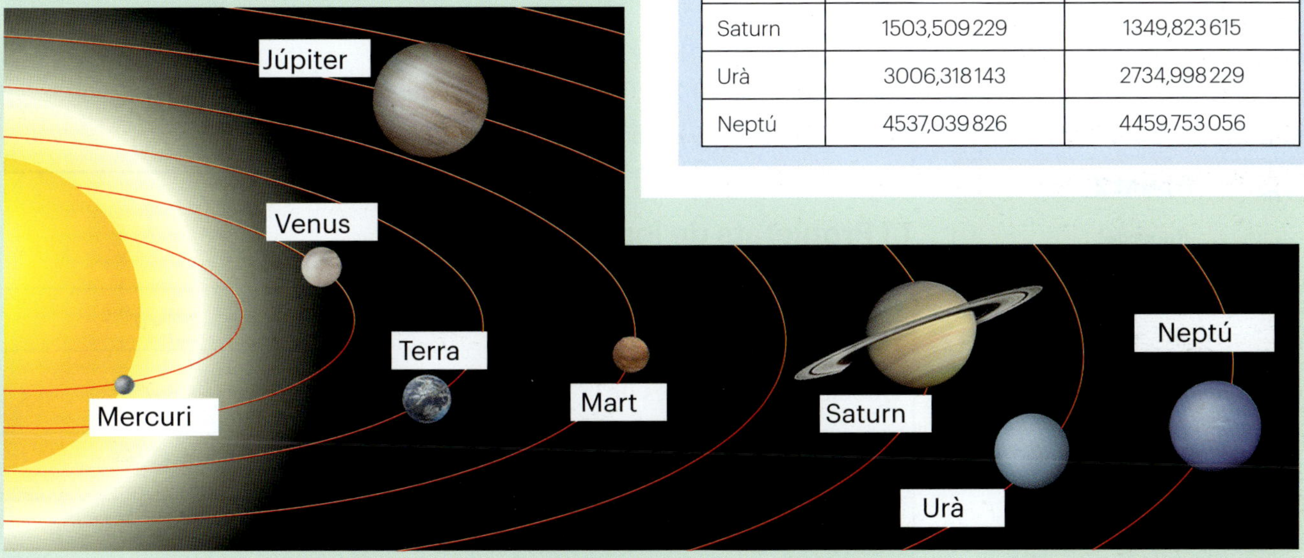

Construeix amb el que saps

Matematitza

6) Expressa en metres i en notació científica les dades de la taula. Recorda que un milió de km són 1 000 000 m, és a dir, 10^6 m.

7) Si la llum viatja a una velocitat de $3 \cdot 10^8$ m/s, calcula quant temps trigarà la llum del Sol a arribar a cada un dels planetes en el seu afeli i en el seu periheli.

8) L'any llum és una mesura de distància molt emprada en astronomia i equival a la distància que recorre la llum en un any. Calcula aquesta distància i expressa-la en quilòmetres i en metres.

9) Elabora una taula com la de l'ítem 5, però que expressi les mesures en anys llum.

Representa

10) Si sortíssim de la Terra i anéssim cap al Sol, quan el Sol estigués més a prop (afeli), amb una velocitat de 120 km/h, quant temps trigaríem a arribar-hi?

Matematitza

11) Quant temps triga la llum a fer una volta a la Terra, si aquest planeta té un radi de 6378 km?

12) Determina quant temps triga la llum a recórrer 100 km.

El que has construït

Reconeixes, interpretes i representes nombres en **notació científica.**

Saps treballar amb nombres en notació científica.

Apliques les propietats del **producte** i la **divisió de potències.**

Interpretes **potències amb exponent negatiu.**

1. Potències

Apunt 1

Potències

Les potències tenen prioritat respecte de la suma, la resta, la multiplicació i la divisió.

Si una potència amb base negativa té exponent parell, el resultat és un nombre positiu; en canvi, si l'exponent és senar, el resultat és un nombre negatiu.

Apunt 2

Recorda!

$(-a)^n \neq -a^n$

$a^1 = a$

$a^0 = 1$

$(a + b)^n \neq -a^n + b^n$

Una **potència** és una forma abreujada d'expressar una multiplicació en què tots els factors són iguals. Així, la potència a^n representa un producte en què a es multiplica per si mateix n vegades. El nombre a és la **base** i el nombre n és l'**exponent.**

$$a \cdot a \cdot \underbrace{\ldots}_{n \text{ vegades}} \cdot a$$

Exemple

1. **a** $2^5 = 2 \cdot 2 \cdot 2 \cdot 2 \cdot 2 = 32$

b $(-3)^4 = (-3) \cdot (-3) \cdot (-3) \cdot (-3) = 81$

c $10^7 = 10 \cdot 10 \cdot 10 \cdot 10 \cdot 10 \cdot 10 \cdot 10 = 10000000$

d $(-5)^3 = (-5) \cdot (-5) \cdot (-5) = -125$

1.1 Propietats de les potències

Producte de potències de la mateixa base	$a^m \cdot a^n = a^{m+n}$
Quocient de potències de la mateixa base	$\frac{a^m}{a^n} = a^{m-n}$
Potència d'una potència	$(a^n)^m = a^{n \cdot m}$
Potència d'un producte	$(a \cdot b)^n = a^n \cdot b^n$
Potència d'un quocient	$\left(\frac{a}{b}\right)^n = \frac{a^n}{b^n}$

Exemple

2. **a** $2^4 \cdot 2^5 = 2^{4+5} = 2^9$

b $\frac{3^7}{3^5} = 3^{7-5} = 3^2$

c $(10^3)^7 = 10^{3 \cdot 7} = 10^{21}$

d $(5 \cdot 4)^3 = 5^3 \cdot 4^3$

e $\left(\frac{7}{2}\right)^5 = \frac{7^5}{2^5}$

1.2 Potències amb exponent negatiu

Professora a casa. Potències amb exponent negatiu.

L'invers d'un nombre és aquell altre nombre que, multiplicat per a, dona 1 com a resultat (apunt 3). Es designa com a a^{-1} i és $\frac{1}{a}$. Per tant, aplicant les regles de les potències, es pot veure que:

$$a^{-n} = (a^{-1})^n = \left(\frac{1}{a}\right)^n = \frac{1}{a^n}$$

Apunt 3

No existeix invers del nombre zero, ja que seria $0^{-1} = \frac{1}{0}$ i aquesta operació no es podria fer.

El zero és l'únic nombre que no té invers.

Exemple

3. **a** $2^{-5} = \frac{1}{2^5} = \frac{1}{32}$

b $10^{-7} = \frac{1}{10^7} = \frac{1}{10000000}$

c $(-3)^{-4} = \frac{1}{(-3)^4} = \frac{1}{81}$

d $(-5)^{-3} = \frac{1}{(-5)^3} = \frac{1}{-125}$

1.3 Potència d'una fracció amb exponent negatiu

La potència d'una fracció amb exponent negatiu és igual a l'invers de la fracció, elevat a l'exponent en positiu (apunt 4).

$$\left(\frac{a}{b}\right)^{-n} = \left(\frac{b}{a}\right)^{n}$$

Exemple

4. **a** $\left(\frac{7}{2}\right)^{-5} = \left(\frac{2}{7}\right)^{5} = \frac{2^5}{7^5}$ **b** $\left(\frac{1}{3}\right)^{-6} = \left(\frac{3}{1}\right)^{6} = 3^6$ **c** $\left(\frac{-5}{7}\right)^{-2} = \left(\frac{7}{-5}\right)^{2} = \frac{7^2}{(-5)^2}$

Apunt 4

L'invers d'una fracció $\frac{a}{b}$ s'obté invertint la fracció; és a dir:

$$\left(\frac{a}{b}\right)^{-1} = \frac{b}{a}$$

Però compte!

$$a^{-n} \neq -a^{n}$$

1.4 Potències de base 10

Les potències de base 10 es fan servir en contextos nombrosos, ja que el nostre sistema numèric es basa en aquestes potències. A més, són molt fàcils d'escriure:

$10^1 = 10$	$10^2 = 100$	$10^3 = 1000$	$10^4 = 10\,000$	$10^5 = 100\,000$
$10^{-1} = 0{,}1$	$10^{-2} = 0{,}01$	$10^{-3} = 0{,}001$	$10^{-4} = 0{,}0\,001$	$10^{-5} = 0{,}00\,001$

NOTACIÓ CIENTÍFICA (APUNT 5)

Per expressar quantitats molt grans o molt petites es fa servir la notació científica, que és un nombre expressat com el producte de:

- Un nombre *a* amb valor absolut comprès entre 1 i 10.
- Una potència de 10 amb exponent enter *n*.

Així, un nombre expressat en notació científica té aquesta forma:

$$a \cdot 10^n$$

En què $1 \leq |a| < 10$ i *n* és un nombre enter que indica quants llocs es desplaça la coma en *a* cap a la dreta (si *n* és positiu) o cap a l'esquerra (si *n* és negatiu).

Apunt 5

Alguns dels nombres més importants en física s'expressen en notació científica.

Velocitat de la llum: $1{,}08 \cdot 10^9$ km/h

Any llum: $9{,}46 \cdot 10^{15}$ m

Massa d'un àtom de H: $1{,}7 \cdot 10^{-27}$ kg

Exemple

5. **a** $0{,}000012 = 1{,}2 \cdot 10^{-5}$ **b** $965\,000\,000 = 9{,}65 \cdot 10^8$

Professora a casa. Operacions en notació científica.

1.5 Producte de nombres en notació científica

Per operar amb dos nombres en notació científica, fem servir les propietats del producte i de les potències.

D'una banda, multipliquem els nombres que hi ha al davant de la potència de 10 i, de l'altra, multipliquem les potències de 10 fent servir la propietat del producte de potències amb la mateixa base.

Si volem multiplicar un nombre per un altre nombre, ho farem d'aquesta manera:

$$(a \cdot 10^n) \cdot (b \cdot 10^m) = a \cdot b \cdot 10^n \cdot 10^m = (a \cdot b) \cdot 10^{n+m}$$

Exemple

6. **a** $(2 \cdot 10^5) \cdot (3 \cdot 10^7) = (2 \cdot 3) \cdot 10^{5+7} = 6 \cdot 10^{12}$

b $(3 \cdot 10^{-9}) \cdot (5 \cdot 10^2) = (3 \cdot 5) \cdot 10^{-9+2} = 15 \cdot 10^{-7}$

c $(-5 \cdot 10^4) \cdot (6 \cdot 10^{-7}) = ((-5) \cdot 6) \cdot 10^{4+(-7)} = (-30) \cdot 10^{-3}$

Entrena't

1. Expressa com a potència única aquestes expressions:

a $2^3 \cdot 2^5 : 2^4$
b $3^7 : 3^9 \cdot (3^5)^2$
c $(-5)^2 : (-5)^5$
d $2 : 2^5 \cdot 2^2$
e $(3^2)^3 \cdot 3 : 3^2$
f $10^5 : 10 \cdot 10^2$

2. Expressa com a potència única les expressions següents:

a $4^3 \cdot 3^3$
b $6^7 : 3^7$
c $(-8)^5 : 4^5$
d $5^4 \cdot 2^4 \cdot (-3)^4$
e $5^2 \cdot 4^2 : 2^2$
f $(-4)^4 : 2^4 \cdot 3^4$

3. Calcula el valor de les expressions següents i observa si són iguals o no:

a $(6 + 2)^3$ i $(6^2 + 2^2)$
b $(6 - 2)^3$ i $(6^2 - 2^2)$
c $(6 \cdot 2)^3$ i $(6^2 \cdot 2^2)$
d $(6 : 2)^3$ i $(6^2 : 2^2)$

4. Sense efectuar les operacions, digues si el resultat és positiu o negatiu:

a $(-4)^3$
b -8^5
c $(-3)^{1000}$
d -2^6
e $(-5)^4$
f $(-3)^{1001}$

5. Expressa com a potència única aquestes expressions:

a $2^3 \cdot 2^{-5}$
b $3^7 : 3^{-9}$
c $(-5)^{-2} \cdot (-5)^{-6}$
d $10 : 10^{-5}$
e $2^{-1} : 2^5$
f $(3^{-2})^3 \cdot 3$
g $2^{-3} : 2^3$
h $5^3 \cdot (5^2)^{-3} : 5^{-8}$

6. Sense efectuar les operacions, digues si el resultat és positiu o negatiu:

a $(-4)^{-3}$
b -8^{-5}
c $(-1)^{-4}$
d -1^{-9}
e -2^{-6}
f $(-5)^{-4}$
g $(-1)^{-5}$
h -1^{-12}

7. Expressa en forma de fracció aquestes potències amb exponent negatiu:

a 2^{-3}
b $(-2)^{-6}$
c 10^{-5}
d -8^{-5}
e 1^{-6}
f 3^{-4}

8. Expressa el resultat com una fracció amb exponent negatiu:

a $\left(\frac{3}{2}\right)^{-3}$
b $(5)^{-4}$
c $\left(\frac{-7}{3}\right)^{-1}$
d $(-7)^{-1}$
e $\left(\frac{5}{11}\right)^{-8}$
f $\left(\frac{-2}{-3}\right)^{-8}$

9. Expressa com una única potència de 10:

a $\frac{10^5}{10^3}$
b $\frac{10^{-2}}{10^{-5}}$
c $\frac{10^{-2}}{10^{-6}}$
d $\frac{10^3}{10^2}$
e $\frac{10^7}{10^9}$
f $\frac{10^{-7}}{10^{-5}}$

10. Expressa en notació científica els següents nombres decimals:

a 0,000652
b 0,042
c 52600000
d 1000000000
e 0,0000000001
f 6014000

11. Expressa en nombres decimals:

a $2{,}34 \cdot 10^6$
b $6{,}402 \cdot 10^{-4}$
c $-2{,}35 \cdot 10^2$
d $9{,}1803 \cdot 10^7$
e $1{,}028 \cdot 10^{-3}$

12. Efectua les operacions següents amb nombres expressats en notació científica:

a $(2 \cdot 10^3) \cdot (5 \cdot 10^6)$
b $(3 \cdot 10^{-6}) \cdot (4 \cdot 10^6)$
c $(3 \cdot 10^{-2}) \cdot (7 \cdot 10^8)$
d $(4 \cdot 10^5) \cdot (2 \cdot 10^{-2})$
e $(6 \cdot 10^3) : (2 \cdot 10^{-5})$
f $(9 \cdot 10^{-5}) : (3 \cdot 10^{-6})$
g $(8 \cdot 10^{-2}) : (2 \cdot 10^8)$
h $(6 \cdot 10^5) : (3 \cdot 10^2)$

Banc digital

Mates en context

1 AM AL AP Científic Els bacteris

Un determinat tipus de bacteris es multiplica mitjançant el procés anomenat de *fissió binària*, que consisteix en el fet que cada bacteri es divideix i dona lloc a dos nous bacteris cadascun. Les vegades que es repeteix aquest procés es coneix amb el nom de *cicle*.

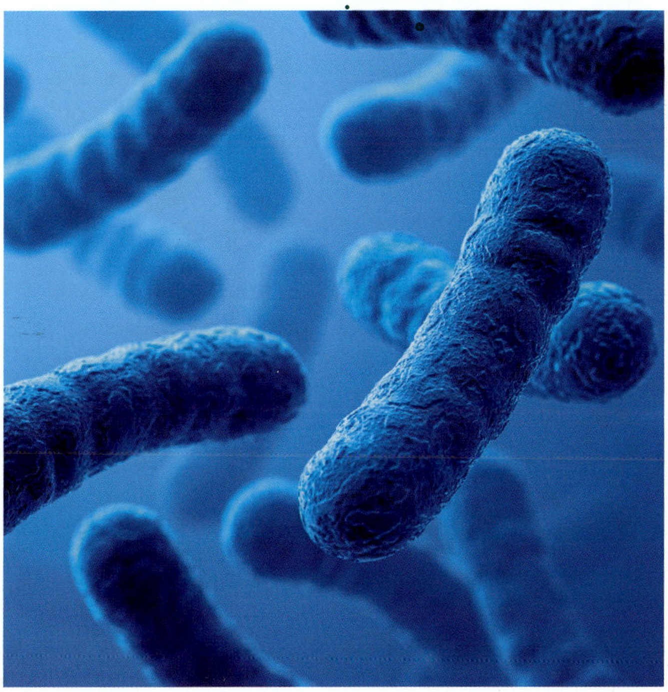

Problemes

1. Quants bacteris hi haurà després de dos cicles? I després de tres? I després de cinc? I després de deu?
2. Respon les preguntes de l'exercici anterior suposant que, en comptes de dividir-se en dos, cada bacteri es divideix en tres.
3. Si cada bacteri mesura 1 μm ($1 \cdot 10^{-6}$ m) de longitud, quina serà la longitud del total dels bacteris posats en filera després de tres cicles? I després de cinc? I després de deu?
4. Si cada bacteri ocupa 1 nm^2 ($1 \cdot 10^{-18}$ m^2), quants cicles trigaran a ocupar una àrea d'1 m^2? I una àrea de 2 m^2?
5. Imagina't que el primer bacteri té una longitud d'1 cm (10^{-2} m) i que, en dividir-se en dos, no recupera la seva mida original, sinó que mesura la meitat d'aquella mida, és a dir, tenim dos bacteris de mig centímetre de longitud cadascun. Quina serà la longitud de cada bacteri passats tres cicles? I passats cinc cicles? I passats deu cicles?

Matematitza: 1, 2, 3, 5 **Argumenta: 4**

2 AM AL AP Científic Àtoms

Els àtoms són constituïts per tres partícules essencials: protons, neutrons i electrons. Els dos primers es troben al centre de l'àtom i en formen el nucli, mentre que els electrons orbiten al seu voltant. Aquestes partícules són molt petites:

Partícula	Massa (kg)
Protó	$1{,}671 \cdot 10^{-27}$
Neutró	$1{,}675 \cdot 10^{-27}$
Electró	$9{,}109 \cdot 10^{-31}$

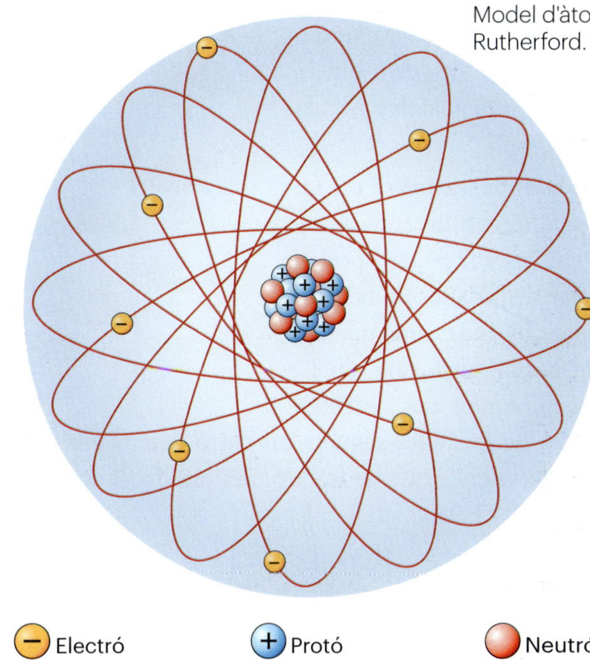

Model d'àtom de Rutherford.

Problemes

1. Hi ha una diferència significativa entre la mida dels neutrons i la dels protons?
2. Hi ha una diferència significativa entre la mida dels protons i la dels electrons?
3. Calcula quants electrons són necessaris per igualar la massa d'un protó.
4. El radi d'un protó és de $8{,}41 \cdot 10^{-16}$ m. Els electrons giren al voltant del nucli a una distància de $5{,}29 \cdot 10^{-11}$ m. Calcula la proporció entre les dues distàncies.
5. El diàmetre d'un àtom d'hidrogen és de 0,0000000002 m. Expressa aquesta distància en notació científica i determina quants àtoms d'hidrogen caldria col·locar en un costat i en l'altre per formar una fila de 2 km.

Argumenta: 1, 2, 6 **Matematitza: 3, 4, 5**

2 Irracionals i naturals

Els nombres irracionals són naturals? I reals?

AM AL AP AA AD **Científic**

Aprèn a...

Reconèixer els diferents tipus de nombres i utilitzar-los.

Factoritzar expressions numèriques senzilles amb arrels, operar i simplificar.

Ítem 1. Fil·lotaxi

La fil·lotaxi és la disposició de les fulles a la tija d'una planta. Les fulles es poden disposar a la tija de dues formes:

- Dues o més fulles parteixen del mateix nus, és a dir, es troben a la mateixa alçada de la tija.
- Cada fulla es troba en un nus diferent. En aquest cas, les fulles s'alternen i poden estar disposades de tal manera que cadascuna quedi a un costat, en forma d'hèlice. En aquest cas, la distribució de les fulles segueix un patró determinat que s'expressa en forma de fracció. Les més freqüents són $\frac{1}{2}, \frac{1}{3}, \frac{2}{5}, \frac{3}{8}, \frac{5}{13}$ i $\frac{8}{21}$.

Ítem 2. Procés de fil·lotaxi helicoidal

Amb un fil, es parteix d'una fulla i es va envoltant la tija de manera que el fil passi per totes les fulles que hi hagi, fins a arribar a una altra fulla que es trobi en la mateixa posició que la fulla inicial.

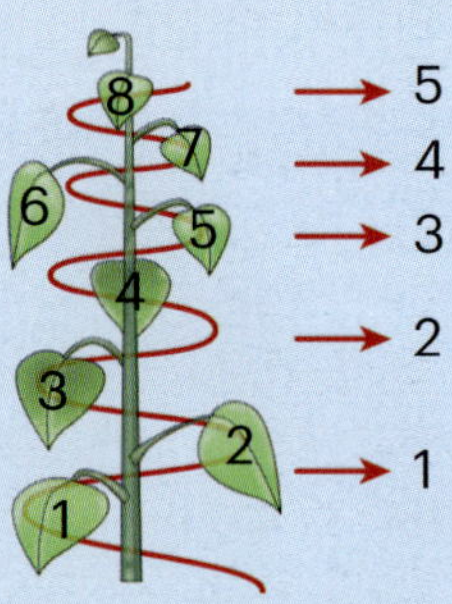

El segment que uneix la primera fulla amb l'última és el **cicle foliar**, que s'expressa en forma de fracció: el numerador és el nombre de voltes del fil i el denominador és el nombre de fulles per les quals passa.

Ítem 3. Nombre auri

El nombre auri o nombre d'or es troba en la natura, l'arquitectura, la pintura... Es designa per ϕ (fi) i el seu valor és $\phi = \frac{1+\sqrt{5}}{2}$.

Construeix amb el que saps

Argumenta

1) Observa com es van formant els numeradors del patró en forma de fracció de l'ítem 1: 1, 1, 2, 3, 5, 8...

a Escriu els cinc nombres que van a continuació.
b Divideix cada nombre entre l'anterior. En què coincideixen els quocients que obtens?
c Com et sembla que seran els quocients si calcules més termes?

Matematitza

2) Escriu tots els decimals en trobar ϕ amb la calculadora.

a En què s'assembla als quocients anteriors?
b Pots afirmar que es tracta d'un decimal exacte o periòdic? Per què?

Planteja

3) **a** Canvia el valor del nombre auri si substitueixes $\sqrt{5}$ per $\sqrt[4]{5^2}$, $\sqrt[6]{5^3}$ o $\sqrt[8]{5^4}$?

b Escriu dos nombres més que es puguin substituir per $\sqrt{5}$.

4) Cada nombre de l'exercici 3 es pot escriure com una potència:

$\sqrt{5} = 5^{\frac{1}{2}}$ $\quad \sqrt[4]{5^2} = 5^{\frac{2}{4}}$ $\quad \sqrt[6]{5^3} = 5^{\frac{3}{6}}$ $\quad \sqrt[8]{5^4} = 5^{\frac{4}{8}}$

Fes el mateix amb aquests: $\sqrt[3]{8^2}$, $\sqrt[9]{7^6}$, $\sqrt[6]{2^8}$, $\sqrt[10]{3^6}$, $\sqrt[12]{5^{15}}$.

Matematitza

5) Simplifica tots els exponents que puguis de l'exercici anterior i torna a expressar en formar d'arrel les potències que obtens.

6) Expressa en forma de potència i calcula: **a** $\sqrt[4]{2^4}$ **b** $\sqrt[6]{7^6}$ **c** $\sqrt[5]{3^5}$ **d** $\sqrt{5^2}$

Ítem 4. Espirals

En les espirals d'alguns mol·luscos (cargols i cefalòpodes, com els nàutils), la raó de les distàncies de dues espires consecutives és el nombre auri (ϕ).

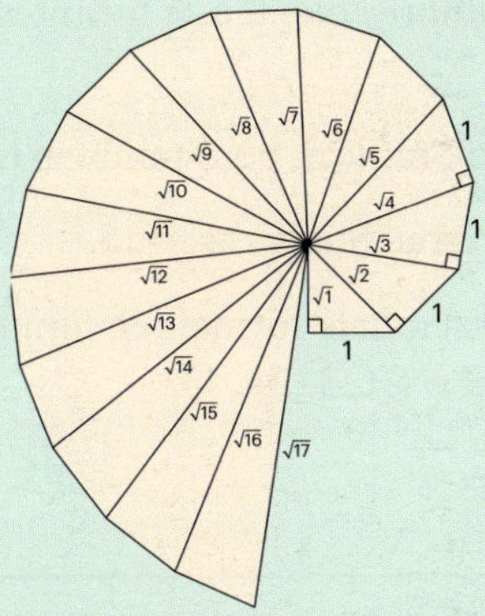

Aquesta altra espiral va ser creada pel deixeble de Pitàgores, Teodor de Cirene, i porta el seu nom. Comença amb un triangle rectangle de catets iguals a 1 i diagonal $\sqrt{2}$. La diagonal serà un catet del següent triangle rectangle i l'altre és 1. La seva diagonal, $\sqrt{3}$, serà un catet del següent, i l'altre, 1. I així successivament fins a $\sqrt{17}$.

Ítem 5. Representació de la recta numèrica

Observa en l'ítem 4 que cada nombre de la forma $\sqrt{a}$ és la hipotenusa d'un triangle rectangle. Així, per representar $\sqrt{13}$ cal seguir aquests passos:

1. Buscar dos nombres els quadrats dels quals sumin 13. Són 2 i 3 ($2^2 + 3^2 = 13$). Segons el teorema de Pitàgores, la hipotenusa d'aquest rectangle és $\sqrt{13}$.
2. Representar en la recta un dels dos nombres, per exemple, 3.

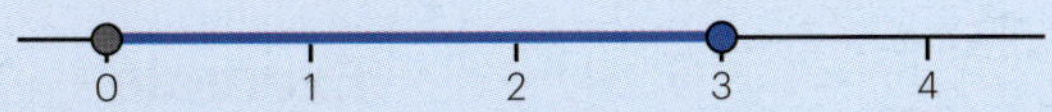

3. En aquest punt, alçar una perpendicular de longitud 2. Ja tenim construït el triangle rectangle.

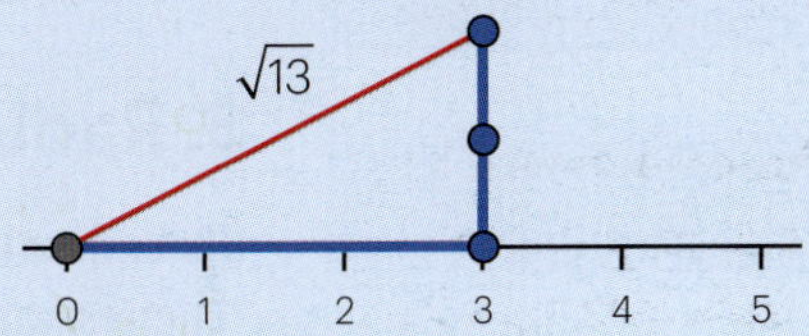

4. Clavar un compàs en el 0 i, amb la longitud de la hipotenusa, fer un arc que talli la recta. Aquest punt de tall és $\sqrt{13}$.

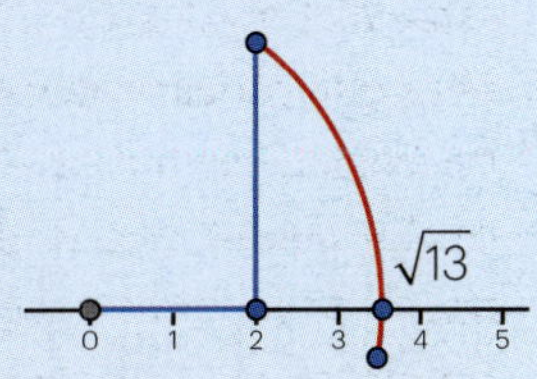

Ítem 6. Propietats dels radicals

a $\sqrt[n]{a \cdot b} = \sqrt[n]{a} \cdot \sqrt[n]{b}$

b $\sqrt[n]{a : b} = \sqrt[n]{a} : \sqrt[n]{b}$

Construeix amb el que saps

Representa

7. Representa en la recta numèrica: $\sqrt{5}, \sqrt{10}, \sqrt{17}, \sqrt{26}, \sqrt{20}, \sqrt{29}$.

Planteja

8. Com pots representar $\sqrt{18}$? I $\sqrt{21}$? (Recorda l'ítem 4 i els nombres de l'exercici anterior.)

Matematitza

9. Aplicant les propietats de l'ítem 6, es poden extreure factors d'un radical:

$$\sqrt[3]{1080} = \sqrt[3]{2^3 \cdot 3^3 \cdot 5} = \sqrt[3]{2^3} \cdot \sqrt[3]{3^3} \cdot \sqrt[3]{5} = 2 \cdot 3 \sqrt[3]{5}$$

Ara, fes-ho tu. Extreu tots els factors que puguis dels radicals següents:

a $\sqrt{12}$ **b** $\sqrt[3]{54}$ **c** $\sqrt{75}$ **d** $\sqrt[3]{250}$ **e** $\sqrt{300}$ **f** $\sqrt[3]{56}$

10. Introdueix els factors en el radical. (Recorda que $a^{\frac{1}{n}} = \sqrt[n]{a}$ i revisa l'ítem 6.)

a $3\sqrt{7}$ **b** $5\sqrt{6}$ **c** $6\sqrt[3]{2}$ **d** $15\sqrt[3]{3}$ **e** $4\sqrt{2}$ **f** $7\sqrt[3]{5}$

El que has construït

Identifiques **nombres irracionals.**

Calcules **radicals equivalents** a un de donat.

Saps **simplificar radicals.**

Representes **arrels quadrades exactes** en la recta.

Introdueixes i extreus **factors en un radical.**

2. Nombres irracionals. Nombres reals

Els **nombres irracionals** són aquells que no es poden expressar en forma de fracció. Per tant, es tracta de nombres que tenen infinites xifres decimals que no es repeteixen periòdicament.

La majoria s'expressa en forma de radical, però també n'hi ha altres, com π, ϕ i e.

El conjunts de tots els nombres irracionals s'escriu $\mathbb{I}$.

Tots els nombres racionals i irracionals formen el conjunt dels **nombres reals**, $\mathbb{R}$. Matemàticament, s'expressa $\mathbb{R} = \mathbb{Q} \cup \mathbb{I}$ (fig. 1).

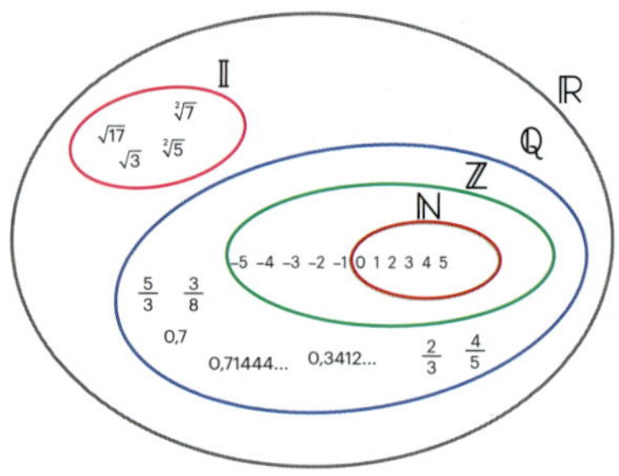

Fig. 1. Conjunts de nombres.

Professor a casa. Representació d'arrels quadrades.

Professora a casa. Definició de radical.

Exemple

7. $\sqrt{13} = 3{,}605\,551\,275\,463\,689...$ Aquest nombre no es pot expressar com una fracció. És irracional. S'escriu $\sqrt{13} \in \mathbb{I}$. A més, $\sqrt{13}$ és real, $\sqrt{13} \in \mathbb{R}$.

3. Radicals

Els **radicals** són els nombres que s'escriuen amb el símbol $\sqrt[n]{a}$, que es llegeix «arrel enèsima de *a*» (apunt 6).

El resultat de $\sqrt[n]{a}$ és un nombre, *b*, que, en elevar-lo a *n*, dona *a*. S'escriu així:

$$\sqrt[n]{a} = b \Leftrightarrow b^n = a$$

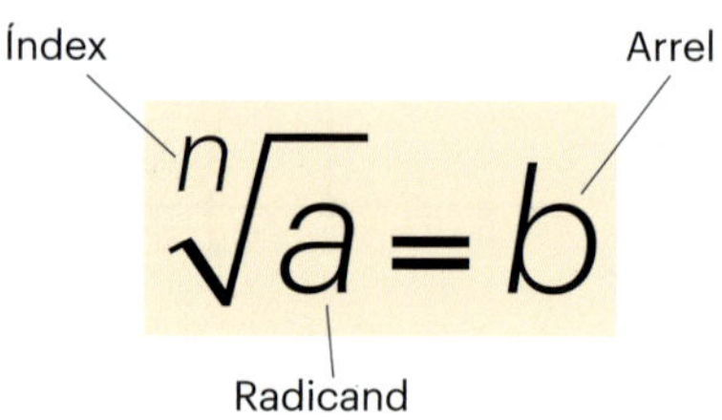

Fig. 2. Elements d'un nombre radical.

Exemple

8. $\sqrt[5]{32} = 2$ perquè $2^5 = 32$.

En aquest radical, 32 és el radicand, 5 és l'índex i 2 és l'arrel.

Apunt 6

Hi ha dues maneres de llegir un radical:

- «Arrel d'índex *n*» del radicand.
- «Arrel + ordinal de l'índex» del radicand.

Així, $\sqrt[4]{12}$ es pot llegir «arrel d'índex 4 de 12» o «arrel quarta de 12».

Recorda que, quan l'índex és 2, es llegeix «arrel quadrada» i que quan l'índex és 3, es llegeix «arrel cúbica».

4. Representació d'arrels quadrades en la recta

Per representar un radical en la recta, cal seguir aquests passos:

1. Es descompon el radicand com a suma de dos quadrats.
2. Es col·loca un d'aquests nombres en la recta.
3. En el punt anterior, es dibuixa una perpendicular a la recta i s'hi situa l'altre nombre. Segons el teorema de Pitàgores, la distància d'aquest punt a l'origen és el radical que s'ha de representar.
4. Amb un compàs, es mesura la distància anterior. Es clava el compàs en el 0 i es dibuixa un arc que talli la recta. Aquest punt de tall és la representació del radical.

Exemple

9. Representa $\sqrt{34}$.

1. $34 = 5^2 + 3^2$

2.

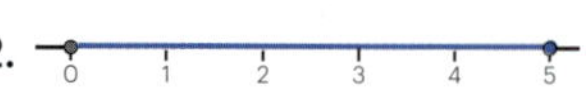

3.

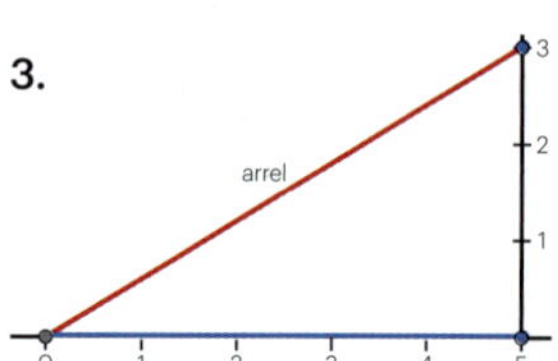

4.

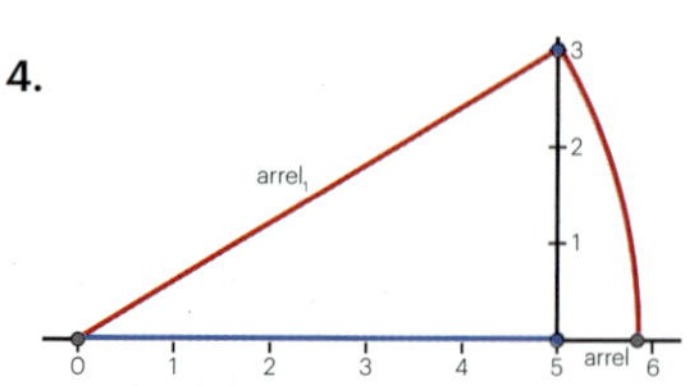

Les arrels quadrades negatives es representen de la mateixa manera, però a l'esquerra de l'origen.

5. Radicals i potències

Un **radical** es pot escriure com una potència d'exponent racional el numerador del qual és l'exponent del radicand i el denominador és l'índex del radical.

$$\sqrt[n]{a^m} = a^{\frac{m}{n}}$$

Exemple

10. El radical $\sqrt[3]{6^5}$ es pot expressar com a $6^{\frac{5}{3}}$.

De la mateixa manera, la potència $7^{\frac{2}{9}}$ també és el radical $\sqrt[9]{7^2}$.

> **Apunt 7**
>
> **Molt important**
>
> Quan l'índex és un nombre parell i el radicand és negatiu, el radical no és un nombre real.
>
> **Compte!**
>
> $\sqrt[n]{a \pm b} \neq \sqrt[n]{a} \pm \sqrt[n]{b}$

6. Radicals equivalents

Són els que tenen el mateix valor.

Dos radicals són **equivalents** si l'índex i l'exponent del radicand d'un són proporcionals als corresponents de l'altre.

Exemple

11. $\sqrt[7]{3^2}$ i $\sqrt[28]{3^8}$ són equivalents perquè $\frac{7}{2} = \frac{28}{8}$.

7. Simplificació de radicals

Simplificar radicals vol dir trobar-ne un altre d'equivalent al que s'ha donat, de manera que l'índex i l'exponent del radicand siguin primers entre si.

Exemple

12. $\sqrt[18]{11^{12}} = 11^{\frac{12}{18}} = 11^{\frac{2}{3}} = \sqrt[3]{11^2}$ Observa que, dividint l'índex i l'exponent del radicand entre el mateix nombre, simplifiques el radical directament.

8. Introduir i extreure factors d'una arrel

- Per **introduir** factors en una arrel, s'eleva cada factor al seu índex: $a\sqrt[n]{b} = \sqrt[n]{a^n \cdot b}$.
- Per **extreure** factors, es descomponen els radicands i s'expressen en potències d'exponent igual a l'índex de l'arrel. La base d'aquest exponent és la que surt de l'arrel com a factor (apunt 88).

> **Apunt 8**
>
> Quan es treballa amb radicals, si hi ha operacions amb potències, s'han d'efectuar.

Exemples

13. a $2 \cdot 5^2 \sqrt[3]{7} = \sqrt[3]{2^3 \cdot (5^2)^3 7} = \sqrt[3]{2^3 \cdot 5^6 \cdot 7}$ (Introduir factors)

b $2^3 \cdot 7\sqrt[4]{2 \cdot 7^2} = \sqrt[4]{(2^3)^4 \cdot 7^4 \cdot 2 \cdot 7^2} = \sqrt[4]{2^{13} \cdot 7^6}$ (Introduir factors)

14. a $\sqrt[5]{2 \cdot 5^7 \cdot 7^{10}} = \sqrt[5]{2 \cdot 5^5 \cdot 5^2 \cdot 7^5 \cdot 7^5} = 5 \cdot 7 \cdot 7 \sqrt[5]{2 \cdot 5^2} = 5 \cdot 7^2 \sqrt[5]{50}$ (Descompondre en potències d'exponent 5)

b $\sqrt[4]{2592} = \sqrt[4]{2^5 \cdot 3^4} = \sqrt[4]{2^4 \cdot 2 \cdot 3^4} = 2 \cdot 3\sqrt[4]{2}$ (Descompondre en potències d'exponent 4)

Quan el radicand és un nombre, per extreure'n factors, el primer que cal fer és descompondre'l en factors primers.

Entrena't

13. Indica quins dels nombres següents són irracionals i argumenta per què:

a 18,26333... **d** 3,010010001...

b 25,190437... **e** 7,52146663332...

c 8,2525 **f** 0,00120304...

14. Classifica en naturals, enters, racionals o reals aquests nombres:

a $\sqrt{4}$ **d** -1 **g** 2,45 **j** π **m** $-\frac{6}{3}$

b $-\sqrt{8}$ **e** $1+\sqrt{5}$ **h** $\sqrt[3]{1}$ **k** 0,111... **n** -5

c 3,14 **f** $-\sqrt{25}$ **i** $\frac{1}{4}$ **l** 7,32 **o** $1,\widehat{2}$

15. Calcula:

a $\sqrt{121}$ **c** $\sqrt[3]{1000}$ **e** $\sqrt[4]{625}$

b $\sqrt[3]{64}$ **d** $\sqrt[3]{-125}$ **f** $\sqrt[5]{-32}$

16. Representa en la recta:

a $\sqrt{37}$ **b** $\sqrt{40}$ **c** $\sqrt{50}$ **d** $\sqrt{32}$

17. Fes servir l'exercici anterior per representar:

a $\sqrt{38}$ **b** $\sqrt{44}$ **c** $\sqrt{51}$ **d** $\sqrt{36}$

18. Expressa en forma de potència:

a $\sqrt[8]{3^5}$ **c** $\sqrt[4]{7^3}$ **e** $\sqrt[9]{2^{10}}$

b $\sqrt[5]{6^{11}}$ **d** $\sqrt[7]{11^6}$ **f** $\sqrt{5}$

19. Passa les potències que puguis a la seva expressió radical:

a $7^{\frac{1}{2}}$ **c** $5^{\frac{4}{7}}$ **e** 8^{-2}

b 6^3 **d** $3^{\frac{2}{6}}$ **f** $9^{\frac{1}{4}}$

20. Simplifica els radicals quan sigui possible:

a $\sqrt[10]{6^8}$ **c** $\sqrt[9]{2^3}$ **e** $\sqrt[12]{3^{18}}$

b $\sqrt[14]{5^9}$ **d** $\sqrt[9]{6^{15}}$ **f** $\sqrt[6]{2^5}$

21. Descompon factorialment els radicands i, tot seguit, simplifica:

a $\sqrt[10]{32}$ **c** $\sqrt[6]{81}$ **e** $\sqrt[12]{49}$

b $\sqrt[9]{216}$ **d** $\sqrt[8]{400}$ **f** $\sqrt[4]{441}$

Banc digital

22. Quins nombres hi ha representats en la recta?

a

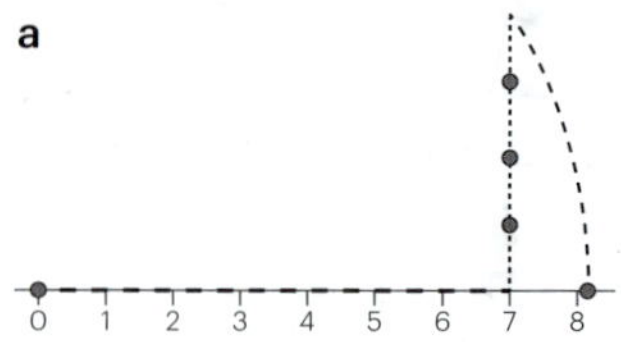

c

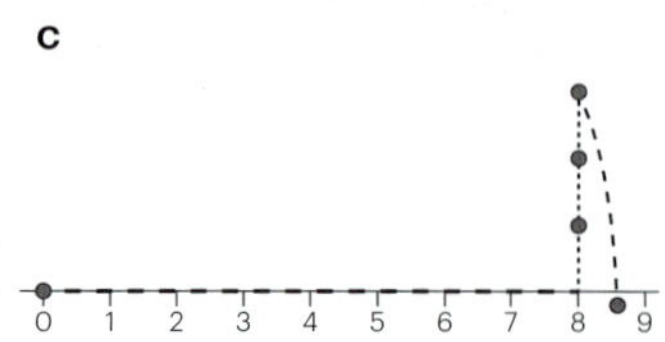

b

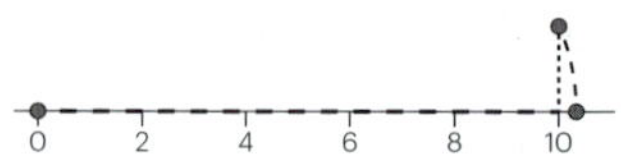

d

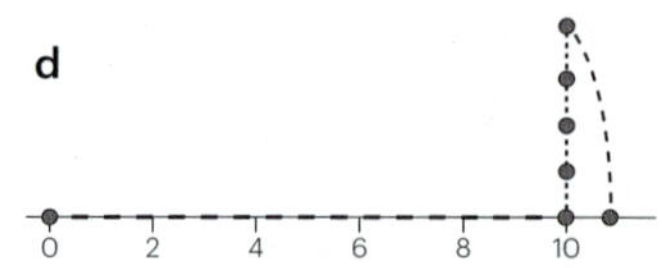

23. Introdueix tots els factors en les arrels i expressa els radicands amb potències:

a $2\sqrt[3]{5}$ **d** $6\sqrt{3}$ **g** $3^2\sqrt[4]{2}$

b $5\sqrt[3]{4}$ **e** $2^3\sqrt{2}$ **h** $\frac{3}{2}\sqrt[3]{\frac{3}{2}}$

c $\frac{2}{5}\sqrt{\frac{2}{5}}$ **f** $\frac{1}{6}\sqrt[3]{7^2}$ **i** $\frac{5}{3}\sqrt[4]{\frac{5^2}{3}}$

24. Extreu tots els factors possibles de les arrels:

a $\sqrt[4]{80}$ **d** $\sqrt[6]{1458}$ **g** $\sqrt{200}$

b $\sqrt[3]{375}$ **e** $\sqrt{290}$ **h** $\sqrt[3]{128}$

c $\sqrt[4]{\left(\frac{2}{3}\right)^{11}}$ **f** $\sqrt[6]{\left(\frac{5}{3}\right)^{7}}$ **i** $\sqrt[3]{\left(\frac{1}{2}\right)^{8}}$

25. Descompon en factors primers i, a continuació, extreu tots els factors que puguis:

a $\sqrt{\frac{125}{8}}$ **b** $\sqrt[3]{\frac{81}{16}}$ **c** $\sqrt{\frac{1}{216}}$

26. Troba el valor de *a* en cadascun d'aquests casos:

a $\sqrt[a]{64}=2$ **b** $\sqrt[5]{a}=-3$ **c** $\sqrt[3]{-1331}=a$

27. Troba el nombre que compleixi la condició expressada en cada cas:

a La seva arrel cúbica és 6.
b La meitat de la seva arrel quadrada és 5.
c Elevat a $\frac{1}{4}$ dona 81.
d L'arrel quadrada del seu quadrat és 7.

28. +− Fa uns quants anys es feien servir els discos de vinil per gravar i reproduir música. Ara se'n tornen a veure en algunes botigues. N'hi ha de 33 1/3 rpm, que tenen un diàmetre de 30,48 cm, i de 45 rpm, de 17,78 cm de diàmetre. Si es desen en fundes quadrades, quines són les dimensions mínimes per a cada tipus de disc?

Mates en context

3 AM AL AA Personal Hi cap, a la maleta?

Aquest estiu, el David i els seus amics han estat de vacances a Austràlia. Es van endur una maleta que van facturar i una altra de cabina, que tenen aquestes dimensions en centímetres:

	Llarg	Ample	Alt
Facturada	53	30	78
De cabina	45	25	56

Durant el viatge, van aprendre que un dels instruments musicals més antics que existeixen prové d'aquest país; es tracta del didjeridú. Tot i que actualment es construeix d'una altra manera, inicialment s'obtenia perquè els tèrmits es menjaven l'interior del tronc d'un arbre de la família de l'eucaliptus.

És un instrument de vent i el so es produeix en fer vibrar els llavis al seu interior. Mesura entre 6 cm i 12,5 cm de diàmetre i entre 80 cm i 2 m de longitud.

Problemes

1. Calcula la diagonal de cadascuna de les cares de la maleta de cabina.
2. Troba la diagonal de les cares de la maleta gran.
3. Obtén la diagonal de cada maleta.
4. Com que al David li agrada molt la música, es va comprar un didjeridú de 90 cm de llarg. Sense tenir-ne en compte el diàmetre, dins de quina maleta el podrà ficar? Com l'haurà de col·locar?
5. Si se n'hagués comprat un de 80 cm, l'hauria pogut encabir a la maleta petita?
6. Per protegir l'instrument dels cops, va comprar un tros de paper de bombolles. Si el paper tenia un ample de 50 cm, quant en va haver de comprar perquè la diagonal del tros abracés 20 cm més que la longitud de l'instrument?
7. Si l'ample hagués estat de 0,75 cm, quant n'hauria d'haver comprat?

Matematitza: 1, 2, 3, 6, 7 **Argumenta: 4, 5**

4 AM AL AA Científic Juguem amb arrels

Després d'estudiar la definició de *radical*, l'Eva i el seu amic Jaume han començat a buscar un nombre que tingui arrel quadrada i arrel cúbica exacta.

Han descartat els dos més evidents, el 0 i l'1, que, a més, compleixen la condició que les seves arrels són aquells mateixos nombres. Mirem d'ajudar-los.

Problemes

1. Et sembla que el nombre que busquen pot ser negatiu? Per què?
2. Calcula els deu primers quadrats perfectes i les seves arrels quadrades. Et pot servir d'ajuda una taula com aquesta:

Nombre	Quadrat	Arrel quadrada
1	$1^2 = 1$	$\sqrt{1} = 1$
2	$2^2 = 4$	$\sqrt{4} = 2$

3. Troba els deu primers cubs perfectes i les seves arrels cúbiques. També et pot servir d'ajuda aquesta taula:

Nombre	Cub	Arrel cúbica
1	$1^3 = 1$	$\sqrt[3]{1} = 1$
2	$2^3 = 8$	$\sqrt[3]{8} = 2$

4. Hi trobes, entre ells, un nombre les arrels quadrades i les arrels cúbiques del qual siguin exactes?
5. Com es podria trobar un altre nombre les arrels quadrades i les arrels cúbiques del qual siguin nombres enters? (Recorda les propietats dels radicals de l'ítem 6.)
6. Amplia la cerca i troba un nombre l'arrel quadrada, l'arrel cúbica i l'arrel quarta del qual siguin nombres enters.

Argumenta: 1, 5, 6 **Matematitza: 2, 3** **Comunica: 4**

3 Patrons

Es pot saber quants elements hi ha sense haver-los de comptar? Quant temps fa que va viure?

AM AL AP AS AA

Social

Personal Científic

Aprèn a...

Obtenir una fórmula per al terme general d'una successió senzilla.

Identificar progressions aritmètiques i geomètriques, expressar el seu terme general, calcular la suma dels n primers termes i utilitzar-les per resoldre problemes.

Ítem 1. El vol de les aus migratòries

Moltes aus recorren grans distàncies per arribar a llocs càlids on poden trobar aliments durant l'hivern.

Durant el seu trajecte, gairebé no s'aturen ni per menjar, ni per beure ni per dormir. És, en part, per això que no totes poden arribar a la seva destinació. Sembla que un terç de les aus més joves poden morir a causa de l'esgotament extrem durant el seu primer viatge migratori.

Per estalviar energia durant el vol, acostumen a desplaçar-se en bandades, moltes de les quals tenen forma de V. D'aquesta manera, cada animal (llevat del líder) es beneficia de volar en el corrent d'aire ascendent que es produeix quan els altres ocells baten les ales.

Has observat aquestes migracions alguna vegada?

Ítem 2. Notació de les successions

Per referir-nos a un element d'una seqüència de nombres (successió), ho fem mitjançant el lloc que ocupa. Matemàticament, s'escriu a_3 (tercer element de la successió a).

Un terme qualsevol, per exemple l'i-èsim, serà a_i.

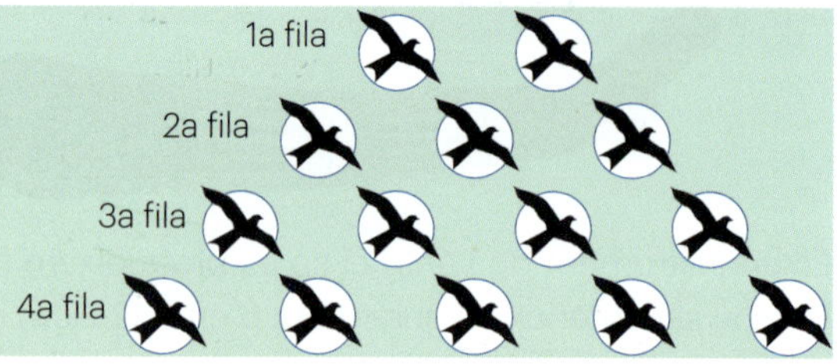

Construeix amb el que saps

Matematitza 1 Observa la formació d'aus de la foto de l'ítem 1. En el gràfic de l'ítem 2 es mostra l'estructura d'aquesta formació de vol en forma de V. Quants ocells volen en la primera fila? I en la segona? Escriu la seqüència de nombres que representa els animals que volen en les deu primeres files.

Argumenta 2 La seqüència que acabes d'escriure s'anomena *successió de nombres* i cadascun dels nombres és el *terme de la successió*. Quants termes de la successió has escrit? Com has calculat cadascun d'aquests termes? Quants en podries trobar?

Matematitza 3 Fixa't en l'ítem 2. Copia aquesta taula en la teva llibreta i completa-la amb la seqüència de nombres de l'exercici 1:

Terme	Notació matemàtica	Valor	S'escriu
Primer	a_1	1	$a_1 = 1$
Segon			

4 Tots els termes tenen anterior? I següent? Calcula la diferència entre cada terme i el seu anterior. Què passa? Escriu aquesta relació amb notació matemàtica.

Matematitza 5 Quants ocells hi ha en total en les deu primeres fileres?

Argumenta 6 Efectua les sumes següents: $a_1 + a_{10}$, $a_2 + a_9$, $a_3 + a_8$, $a_4 + a_7$, $a_5 + a_6$. Què hi observes? Se t'acut alguna altra manera de fer la suma anterior? Quina és més curta?

Simbolitza 7 Calcula el nombre d'aus per a 12 files, 14 files, 16 files i n files.

Ítem 3. Desintegració radioactiva

Els materials radioactius es van desintegrant amb el pas del temps. Cada material té una **vida mitjana** que, un cop es coneix, permet calcular el temps que ha transcorregut des que va començar el procés de desintegració, ja que, per cada període de vida mitjana, el material va quedant reduït a la **meitat.**

El carboni 14 forma part dels teixits dels éssers vius, ja que s'absorbeix de l'atmosfera de manera constant fins a la mort de l'individu. Té una vida mitjana de 5568 anys. Per això, els paleontòlegs mesuren la quantitat residual de carboni 14 per calcular el moment en què es va formar.

Ítem 4. Progressions

Les progressions són successions de nombres entre els quals existeix una norma.

- **Progressió aritmètica.** Cada terme s'obté de l'anterior sumant un nombre fix anomenat **diferència.**
- **Progressió geomètrica.** Cada terme s'obté de l'anterior multiplicant per un nombre fix anomenat **raó.**

Construeix amb el que saps

Interpreta

8 Llegeix atentament la informació de l'ítem 3. A continuació, copia i completa en la llibreta aquesta taula:

Temps transcorregut (anys)	0	5568			
Quantitat de carboni 14 residual	1	$\frac{1}{2}$			

Matematitza

9 Fixa't en l'ítem 4 i observa en la taula anterior la successió de nombres del temps transcorregut. De quin tipus és? Escriu els sis primers termes amb la notació matemàtica que has fet servir en la pàgina anterior.

10 Escriu quant valen a_8, a_{10} i a_n.

11 Calcula la suma dels vuit primers termes d'aquesta successió fent servir la fórmula que has obtingut per a n files en l'exercici anterior.

12 Segons l'ítem 4, de quin tipus és la successió de quantitat de carboni 14 residual? Escriu amb notació matemàtica els sis primers termes.

13 Escriu mitjançant una operació com es calcula a_2, a_3, a_4, a_5, a_6, en funció del terme anterior. Escriu, també, cadascun dels termes en funció de a_1.

Simbolitza

14 Observa la relació entre els termes de la successió i escriu:

a a_n en funció de a_1
b a_n en funció de a_2
c a_n en funció de a_6
d a_n en funció de a_m

Matematitza

15 Quant sumen els cinc primers termes de la progressió quantitat de carboni 14 residual?

Simbolitza

16 Per parelles, busqueu la fórmula que permet sumar els n primers termes de la progressió anterior.

El que has construït

Reconeixes la relació entre una **seqüència de nombres.**

Calcules el terme general i la suma dels n primers termes d'una **progressió.**

Distingeixes entre **progressions aritmètiques i progressions geomètriques.**

9. Successions

Apunt 9

Tots els termes d'una successió tenen anterior, llevat del primer.

Donats els nombres següents: 2, 5, 8, 11... Sabries dir quin és el següent?

En aquest cas, ho pots saber perquè la seqüència numèrica presenta una **regularitat**. Cada nombre s'obté sumant 3 a l'anterior. Així, $5 = 2 + 3$, $8 = 5 + 3$, $11 = 8 + 3$. El següent serà el 14, ja que $11 + 3 = 14$.

Una **successió** és una seqüència de nombres reals donats ordenadament, de manera que es puguin numerar: primer, segon, tercer...

Apunt 10

Fem servir la lletra *a* per anomenar la successió, però també es fan servir altres lletres en minúscula, normalment, lletres consecutives. Així, si anomenem la successió *b*, els seus termes són b_1, b_2...

Cada element de la successió s'anomena **terme** (apunt 9). Per referir-nos al lloc que ocupa en la successió fem servir **subíndexs**. Així, el primer terme de la successió anterior és a_1 i el seu valor és 2; per tant, escriurem $a_1 = 2$. El segon terme és $a_2 = 5$; el tercer és $a_3 = 8$, i així successivament. Si ens volem referir a un terme qualsevol de la successió, l'anomenarem terme ***n*-èsim** i l'escriurem com a a_n (apunt 10). Observa que el subíndex sempre serà un nombre natural.

Exemple

15. Donada la successió $\sqrt{1}, \sqrt{2}, \sqrt{3}, ...$, quin serà el terme que ocupi la posició 80? Si t'hi fixes, $a_1 = \sqrt{1}$, $a_2 = \sqrt{2}$, $a_3 = \sqrt{3}$. Per tant, $a_{80} = \sqrt{80}$.

Quin serà el terme *n*-èsim de la successió? En aquest cas, $a_n = \sqrt{n}$.

Exemple

16. Calcula els termes sisè i desè de la successió $a_n = 2(n - 1) + 3$.

$a_6 = 2(6 - 1) + 3 = 13$

$a_{10} = 2(10 - 1) + 3 = 21$

- El **terme general** d'una successió és una expressió algebraica que ens permet calcular qualsevol terme de la successió a partir del subíndex.
- Si els termes d'una successió es defineixen en funció dels termes anteriors d'acord amb una expressió algebraica coneguda, la **successió** és **recurrent.**

La successió recurrent més coneguda és la **successió de Fibonacci** (fig. 3), en què cada terme es calcula com la suma dels dos anteriors, menys el primer i el segon.

Fig. 3. Leonardo de Pisa (1175-1240), també conegut per Fibonacci, va ser un matemàtic italià. Va difondre a Occident els coneixements científics en el *Liber abac*.

Exemple

17. Escriu els primers termes de la successió $a_1 = a_2 = 1$, $a_n = a_{n-2} + a_{n-1}$.

Observa que, llevat dels primer i del segon termes, cadascun està expressat com la suma dels dos anteriors.

Així: $a_3 = a_{3-2} + a_{3-1} = a_1 + a_2 = 1 + 1 = \mathbf{2}$, $a_4 = a_2 + a_3 = 1 + 2 = \mathbf{3}$, $a_5 = a_3 + a_4 = 2 + 3 = \mathbf{5}$, $a_6 = a_4 + a_5 = 3 + 5 = \mathbf{8}$**...**

La successió resultant és 1, 1, 2, 3, 5, 8...

10. Progressions aritmètiques

Observa la successió següent: –2, 0, 2, 4, 6, 8... Com s'obté cada terme?

Si t'hi fixes, cada terme resulta de sumar 2 a l'anterior o, el que és el mateix, la diferència entre dos termes consecutius de la successió és constant. Aquesta diferència és 2.

Una successió de nombres reals és una **progressió aritmètica** si cada terme s'obté de l'anterior sumant-hi un nombre fix, que s'anomena **diferència.**

Exemple

18. Observa aquesta successió: 7, 5, 3, 1, –1, –3.

Per comprovar si és una progressió aritmètica, podem procedir de dues maneres:

1. Calculem la diferència de termes consecutius: $5 - 7 = -2$, $3 - 5 = -2$, $1 - 3 = -2$, $-1 - 1 = -2$, $-3 - (-1) = -3 + 1 = -2$. Per tant, sí que és progressió aritmètica, ja que la diferència és constant.
2. Observem que cada terme s'obté sumant –2 a l'anterior:

$$7 + (-2) = 5,\ 5 + (-2) = 3\ldots$$

- El **terme general d'una progressió aritmètica amb diferència *d*** és:

$$\left.\begin{aligned} a_2 &= a_1 + d \\ a_3 &= a_2 + d = a_1 + d + d = a_1 + 2d \\ a_4 &= a_3 + d = a_1 + 2d + d = a_1 + 3d \\ &\ldots \\ a_{14} &= a_1 + 13d \end{aligned}\right\} \xrightarrow[\text{en general}]{} a_n = a_1 + (n-1)\cdot d$$

- La **suma** dels ***n*** **primers termes** (apunt 12) d'una progressió aritmètica és:

$$S_n = \frac{a_1 + a_n}{2}\cdot n$$

Exemples

19. Calcula el terme general de les progressions aritmètiques de l'exemple anterior.

$a_1 = 7$ i $d = -2$; per tant, $a_n = 7 + (n - 1)\cdot(-2) = 7 - 2n + 2 = 9 - 2n$.

Comprovem que és correcta; per exemple: $a_5 = 9 - 2\cdot 5 = 9 - 10 = -1$.

$a_1 = 1$ i $d = \frac{1}{2}$; per tant, $a_n = 1 + (n - 1)\cdot\frac{1}{2} = 1 + \frac{n}{2} - \frac{1}{2} = \frac{n+1}{2}$.

20. Suma els quinze primers termes de la progressió aritmètica 2, 4, 6, 8…

$a_1 = 2$, $d = 2$; per tant, $a_{15} = a_1 + 14\cdot d = 2 + 14\cdot 2 = 30$.

Així, $S_{15} = \frac{a_1 + a_{15}}{2}\cdot 15 = \frac{2+30}{2}\cdot 15 = 240$.

11. Progressions geomètriques

Una successió de nombres reals és una progressió geomètrica si cada terme s'obté a partir de l'anterior multiplicant-lo per un nombre fix o raó (r). El quocient entre un terme i el seu anterior sempre és la raó, *r*.

El terme general d'una progressió geomètrica és $a_n = a_1 \cdot r^{n-1}$.

Dos termes qualssevol d'una progressió geomètrica compleixen que $a_n = a_m \cdot r^{n-m}$.

- La **suma dels *n* primers termes d'una progressió geomètrica** és:

$$S_n = \frac{a_n\cdot r - a_1}{r-1} = \frac{a_1\cdot(r^n - 1)}{r-1}\ r \neq 1$$

Apunt 11

Dos termes qualssevol d'una progressió aritmètica estan relacionats.

Per exemple, a_{17} i a_5:

$$a_{17} = a_5 + (17 - 5)\cdot d$$

En general:

$$a_n = a_m + (n - m)\cdot d$$

Amb dos termes de la progressió es pot calcular la diferència.

Professor a casa. Suma dels *n* primers termes d'una progressió aritmètica.

Apunt 12

En una progressió aritmètica de *n* termes, la suma de dos termes equidistants sempre és la mateixa. Comprova-ho amb la progressió aritmètica dels 100 primers nombres naturals.

Exemple

21. Donada la successió 2, 4, 8, 16..., comprova que és una progressió geomètrica i calcula'n el terme general.

Veiem que cada terme s'obté de l'anterior multiplicat per 2. Així, $r = 2$; per tant, el terme general $a_n = 2\cdot 2^{n-1} = 2^n$.

Entrena't

29. Donada la successió –1, 1, 3, 5, 7...

a Quant val el primer terme? Escriu-lo amb la notació corresponent.
b Quant val a_4?
c Escriu els tres següents termes de la successió. Quin lloc ocupa l'últim? Com l'escrius?

30. Escriu els tres termes següents d'aquestes successions:

a –11, –13, –15...
b –1, 0, –1, 0...
c $\frac{2}{3}, \frac{5}{3}, \frac{8}{3}, \ldots$
d $\frac{3}{5}, \frac{4}{5}, 1, \ldots$

31. Troba els termes cinquè, setè i desè d'aquestes successions:

a $a_n = 5(2 - 3n) + 4$
b $b_1 = 2, b_n = 2 \cdot b_{n-1} - 3$

32. Escriu el terme general d'aquestes successions:

a 1, 3, 5, 7...
b $1, \frac{1}{2}, \frac{1}{3}, \frac{1}{4}, \ldots$

33. Donada la successió $a_n = \frac{2n-1}{n+3}$, resol aquests exercicis:

a Calcula a_7.
b $\frac{1}{4}$ és un terme de la successió? Quin?
c $\frac{3}{7}$ és un terme de la successió? Justifica la resposta.

34. Donada la successió 1, $\frac{3}{2}$, 2, $\frac{5}{2}$, 3..., resol els exercicis següents:

a És una progressió aritmètica? Justifica la resposta.
b Calcula la diferència i el terme general.
c Quant val a_{40}?

35. Escriu el terme general d'una progressió aritmètica si saps que:

a $a_1 = 10$ i $d = -3$
b $b_3 = 23$ i $b_{11} = 7$
c $c_1 = 2$ i $c_{11} = 52$
d $d_6 = 21$ i $d = 6$

36. La diferència d'una progressió aritmètica és $d = -3$, i la suma dels termes quart i cinquè és 1. Escriu-ne el terme general.

37. Se sap que la suma dels termes tercer i setè d'una progressió aritmètica és 50 i que en restar el segon al novè el resultat és 21. Escriu-ne el terme general i els cinc primers termes.

38. Troba la suma dels 25 primers termes d'una progressió aritmètica tal que $a_1 = 7$ i $d = 6$.

39. Troba S_{40} en una progressió aritmètica, si saps que $a_1 = 5$ i $a_2 = 8$.

40. Calcula la suma dels múltiples de 7 més petits de 1000.

41. Escriu la progressió aritmètica que compleix que $a_1 = 1$ i $S_7 = 70$.

42. Argumenta si les progressions següents són aritmètiques o geomètriques:

a 2, 6, 18, 54...
b 4, 1, –2, -5...
c 3, –6, 12, –24...
d $1, \frac{1}{2}, \frac{1}{4}, \frac{1}{8}, \ldots$

43. Escriu els cinc primers termes d'aquestes progressions geomètriques:

a $b_1 = 3$; $r = -4$
b $c_1 = 400$; $r = 0{,}25$

44. Escriu el terme general d'una progressió geomètrica si saps que:

a $a_1 = 3$; $r = 4$
b $b_1 = 3$; $b_5 = 768$

45. Escriu el terme general d'una progressió geomètrica si saps que:

a $a_1 = 5$; $r = 3$
b $b_1 = 20$; $b_2 = 10$

46. Exercici resolt

Suma els infinits termes d'una progressió geomètrica en què $a_1 = 10$ i $r = \frac{2}{3}$.

1. La raó ha de complir que $-1 < r < 1$ ($|r|<1$). Així, els termes es fan successivament més petits i la suma és finita. En aquest cas, es compleix.
2. Sumem infinits termes; per això, expressem:

$$S_\infty = \frac{a_1 \cdot (r^\infty - 1)}{r-1} = \frac{a_1 \cdot r^\infty - a_1}{r-1}.$$

La raó és més petita que 1 i en elevar-la successivament a nombres més alts, el resultat s'acosta a 0:

$$r^\infty = 0 \text{ i } S_\infty = \frac{a_1 \cdot r^\infty - a_1}{r-1} = \frac{-a_1}{r-1} = \frac{a_1}{1-r}$$

Així, $S_\infty = \dfrac{10}{1-\frac{2}{3}} = \dfrac{10}{\frac{1}{3}} = 30$.

Professora a casa. Suma dels infinits termes d'una progressió geomètrica.

47. Calcula la suma dels infinits termes d'una progressió geomètrica tal que:

a $a_1 = 103$ i $r = 0{,}3$
b $b_1 = 40$ i $b_2 = 10$

Banc digital

Mates en context

5 AM AL Personal El salt de la granota

Moltes granotes són capaces de saltar trenta vegades la seva longitud i algunes d'arborícoles poden arribar a saltar cinquanta vegades la llargada del seu cos, la qual cosa seria equivalent al fet que una persona saltés un **camp de futbol.**

La granota de l'Alba salta una mitjana de 2 m.

Problemes

1. Escriu la seqüència dels metres que recorre en total durant els cinc primers salts.
2. Aquesta seqüència és una successió? De quin tipus?
3. Escriu el terme general d'aquesta successió.
4. Quants salts haurà de fer per recórrer 90 m?
5. És possible que hagi recorregut 107 m en total? Justifica la resposta.
6. Si al final recorre 136, quants salts ha fet?
7. Efectua la suma dels 50 primers nombres d'aquesta successió.
8. L'Alba posa la seva granota a la vora d'una bassa circular de 10 m de diàmetre. El primer salt que fa és de 2 m, però no s'adona que, cada vegada, salta els $\frac{2}{3}$ del salt anterior. Escriu la seqüència dels quatre primers salts.
9. Quin tipus de successió és? Escriu-ne el terme general i la suma dels vint primers termes.
10. Si suposem que salta en línia recta i que passa pel mig de la bassa, arribarà al centre?
11. I arribarà a l'altra banda de la bassa? Si la resposta és negativa, argumenta quin és el diàmetre que ha de tenir la bassa perquè la granota pugui passar a l'altra banda.

Matematitza: 1, 7, 8 **Argumenta: 2, 4, 5, 6, 10, 11**

Simbolitza: 3, 9

6 AM AL Científic La bellesa no és atzar

Quantes parelles de conills tindrem a finals d'any, si comencem amb una parella que, cada mes, dona lloc a una altra parella, que, al seu torn, procrea quan té dos mesos de vida? Fixa't en l'esquema.

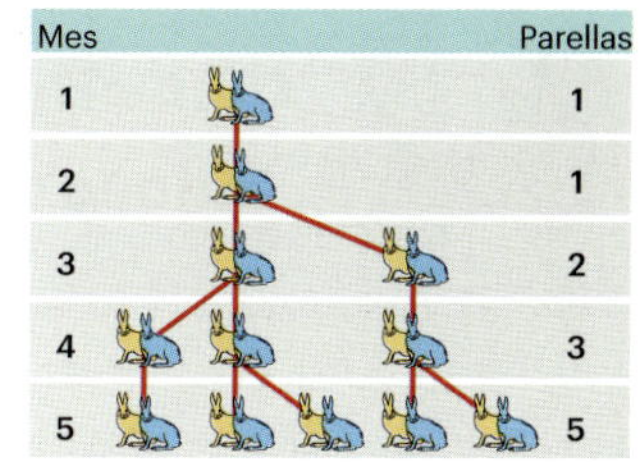

Problemes

1. El nombre de parelles de conills forma una successió de nombres. Quant val a_1? I a_2? I a_3? I a_4? I a_5?
2. Té alguna relació a_3 amb a_1 i a_2? Quina?
3. Relaciona a_4 amb a_2 i a_3, i a_5 amb a_3 i a_4.
4. Escriu com es pot trobar a_n.
5. Calcula el nombre de parelles que hi haurà fins al tretzè mes.
6. Copia i completa en la llibreta aquesta taula (utilitza set decimals):

Quocient	$\frac{a_2}{a_1}$	$\frac{a_3}{a_2}$	$\frac{a_4}{a_3}$	$\frac{a_5}{a_4}$	$\frac{a_6}{a_5}$	...	$\frac{a_{13}}{a_{12}}$
Valor	1	2					

7. Cap a quin nombre irracional s'acosten els quocients de l'exercici anterior?
8. Observa les imatges. Tenen dues espirals; l'una va en el mateix sentit que les busques d'un rellotge i l'altra, en el sentit contrari. Són nombres de la successió anterior? Quin és el valor del seu quocient?

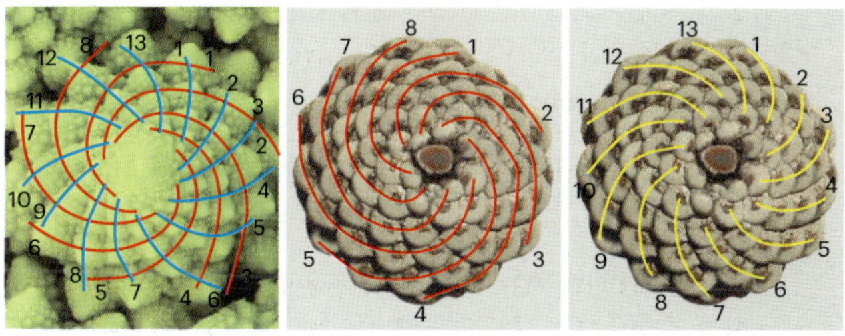

9. Calcula el quocient que s'indica i reflexiona:
   a L'alçada que fas i la distància entre el melic i el peu.
   b La distància de l'espatlla a la punta dels dits i del colze a la punta dels dits.
   c La distància del colze a la punta dels dits i del començament de la mà a la punta dels dits.
   d La distància del maluc al peu i del genoll al peu.

Matematitza: 1, 3, 5, 6, 9 **Argumenta: 2, 4, 7, 8**

Simbolitza: 4

4 Jardins matemàtics?

Com creix el meu jardí? Quines dimensions té?

AM AL

Social | Professional

Aprèn a...

Reconèixer i descriure els elements i les propietats característiques de les figures planes i els cossos geomètrics elementals.

Calcular àrees i volums de poliedres, cilindres, cons i esferes i aplicar-los.

Ítem 1. Jardins ornamentals

Els jardins ornamentals són àrees dissenyades amb plantes i tenen el propòsit de proporcionar plaer estètic. El disseny d'aquests jardins és increïblement divers, ja que depèn del clima, les plantes que els formen i la naturalesa de l'arquitectura que els envolta.

Ítem 2. Volums

$$V_{\text{cilindre}} = V_{\text{prisme}} = A_{\text{base}} \cdot \text{altura}$$

$$V_{\text{con}} = V_{\text{piràmide}} = \frac{1}{3} \cdot (A_{\text{base}} \cdot \text{altura})$$

$$V_{\text{esfera}} = \frac{4 \cdot \pi \cdot r^3}{3}$$

Ítem 3. Formes als jardins

Construeix amb el que saps

Comunica

1. Fixa't en els jardins I, III i IV de l'ítem 3 i indica quins cossos geomètrics hi observes.

2. Al jardí II es pot veure una gran varietat de figures i cossos geomètrics. Digues el nom dels que coneguis.

Matematitza

3. L'alçada dels arbres del jardí I és de 280 cm i el diàmetre de la seva base fa 1,8 m. Calcula el volum de fulles d'un d'aquests arbres.

4. Al jardí IV, l'altura de les fulles dels arbres cilíndrics coincideix amb el perímetre de les seves bases. Si saps que aquestes bases tenen un diàmetre de 80 cm, troba'n el volum.

Argumenta

5. Troba al jardí II quatre quadrilàters que tinguin formes diferents.

Matematitza

6. Al jardí III, la figura quadrangular gran mesura 120 cm de costat i 40 cm d'altura. Calcula'n el volum.

7. Al jardí III, la figura quadrangular petita té un costat que és les 3/5 parts de la gran i una altura que és el 80 % de la gran. Calcula'n el volum. Quina és la superfície d'aquest jardí?

Argumenta

8. També al jardí III hi podem observar unes plantes que tenen forma d'esferes petites, de 32 cm de radi, i unes altres esferes més grans, el radi de les quals és tres vegades el de les petites. Determina el volum de cada una d'aquestes esferes. Quina relació hi ha entre els seus volums?

Ítem 4. Gran Canal de Versalles

Les enormes dimensions d'aquest estany (mesura 1500 m de longitud i 62 m d'ample) i la seva forma de creu van fer possible l'escenificació d'espectaculars lluites navals. El Gran Canal, a més, tenia una funció pràctica: recollia els desguassos de les fonts situades per sobre del seu nivell.

Ítem 5. Dades impressionants

Superfície total dels jardins de Versalles: 800 ha			
Nombre d'arbres	200 000	Superfície Grand Canal	23 ha
Flors plantades anualment	210 000	Perímetre Grand Canal	5,57 km
Fonts d'aigua	50	Canonades d'aigua	35 km
Aspersors	620	Consum d'aigua mitjà	3 600 m^3

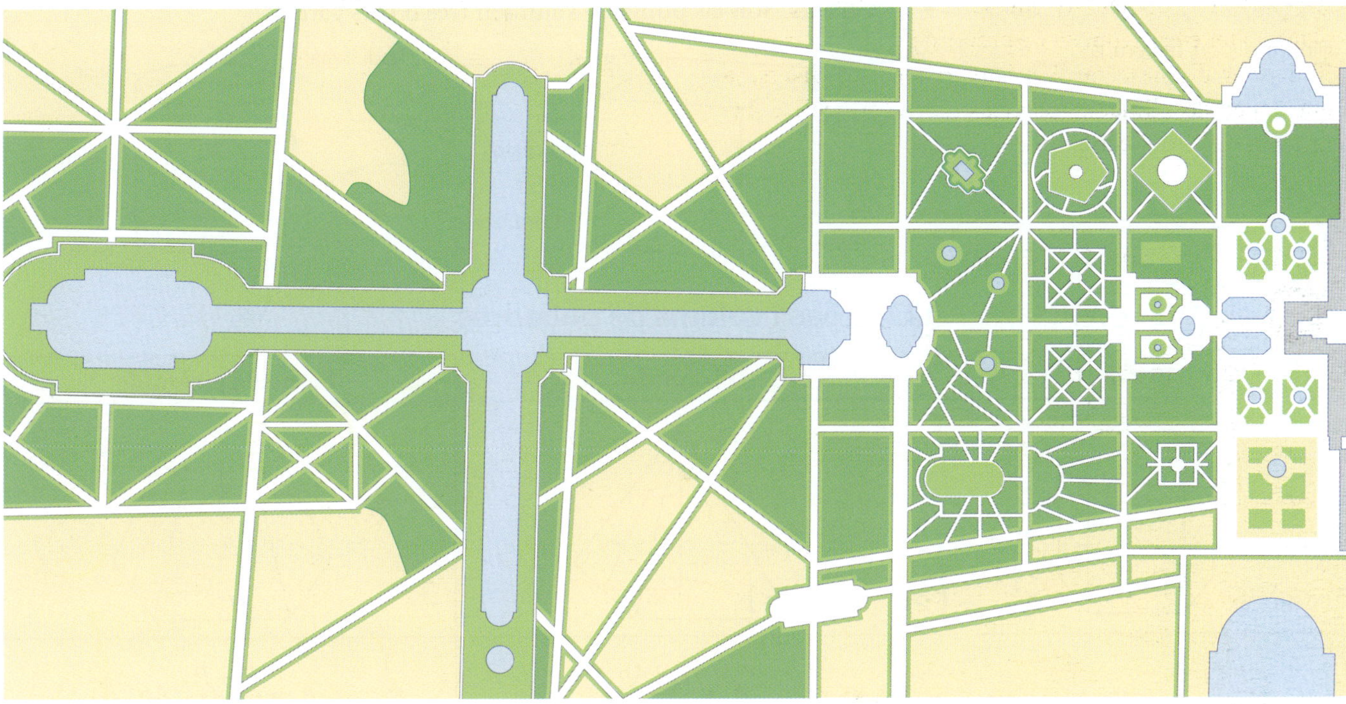

Construeix amb el que saps

Matematitza

9. En el traçat dels carrers i dels parterres, hi podem descobrir moltes figures geomètriques. Localitza-hi totes les figures diferents que puguis.

10. Indica-hi algunes línies paral·leles, perpendiculars i angles obtusos.

11. Troba-hi tots els pentàgons que puguis (n'hi ha més dels que et penses).

Planteja

12. A partir de les dades del Gran Canal, calcula la longitud aproximada del braç curt de la creu.

Planteja
Argumenta

13. Quines són les dimensions de la part del jardí que es veu en el plànol? És tot el jardí?

14. Treballant de dilluns a divendres durant tot l'any, quantes flors planten diàriament? (Suposarem que cada dia planten el mateix nombre de flors.)

Matematitza

15. Quant pesa el consum mitjà d'aigua? (Recorda: 1 dL = 1 kg.)

Planteja

16. Formeu grups de quatre persones i dissenyeu el vostre propi jardí ornamental. Hi heu de situar el màxim nombre possible de cossos geomètrics.

El que has construït

Reconeixes les **figures i els cossos geomètrics.**

Calcules les **àrees i els volums de cossos geomètrics.**

12. Cossos geomètrics

Apunt 13

La paraula *poliedre* prové del grec i vol dir 'moltes cares'. Són **poliedres** el prisma, la piràmide, el tronc, etc.

Els **cossos de revolució** són aquells que s'obtenen en girar una línia, anomenada generatriu, sobre un eix. Són cossos de revolució el cilindre, el con, l'esfera, etc.

Un **cos geomètric** és una figura geomètrica de tres dimensions (llarg, ample i alt) que ocupa un lloc en l'espai i que, per tant, té un volum.

Els cossos geomètrics poden ser **poliedres** i **cossos rodons** o **cossos de revolució** (apunt 13).

Els elements d'un cos geomètric són els següents:

- **Cares**. Són les superfícies planes que limiten el cos geomètric.
- **Arestes**. Són les línies que es formen quan s'ajunten dues cares.
- **Vèrtexs**. Són els punts on s'ajunten tres o més cares.

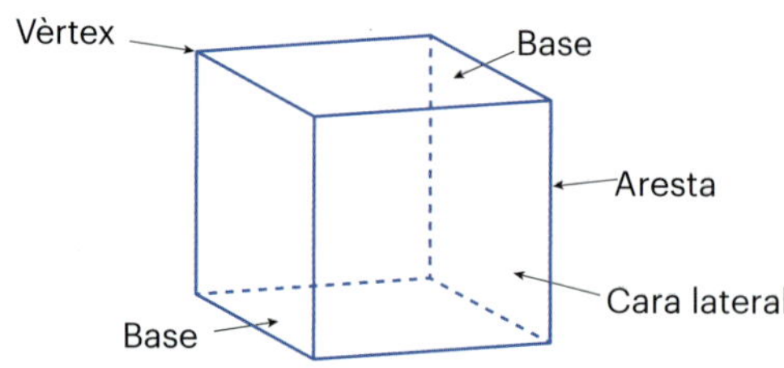

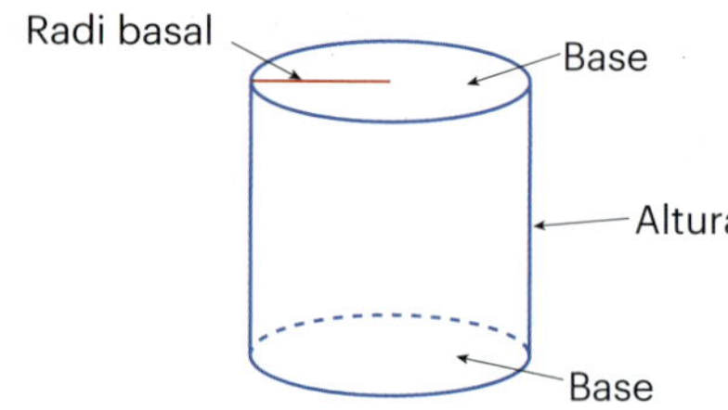

12.1 Àrees i volums de poliedres

Prisma	Piràmide	Tronc de piràmide
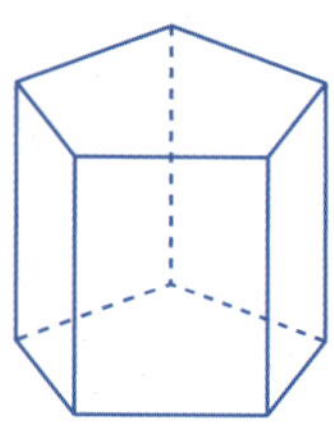	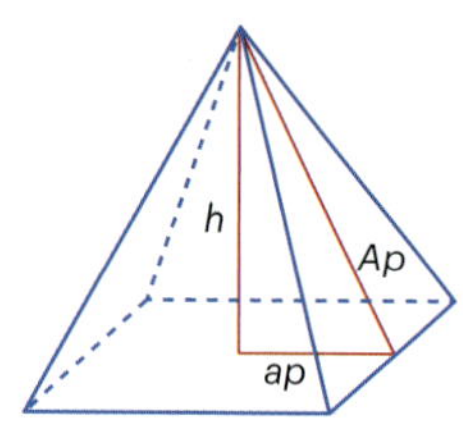	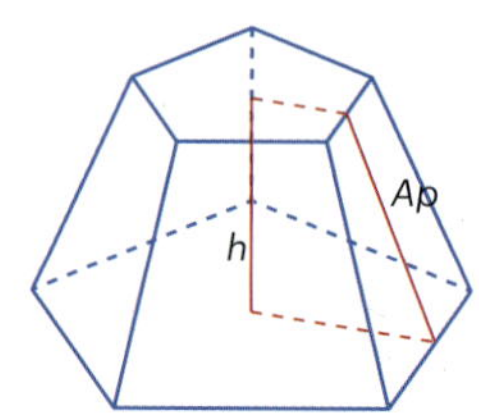
$A_L = P_B \cdot h$ $A_T = A_L + 2 \cdot A_B$ $V = A_B \cdot h$	$A_L = \frac{P_B \cdot Ap}{2}$ $A_T = A_L + A_B$ $V = \frac{A_B \cdot h}{3}$	$A_L = \frac{P_B + P_b}{2} \cdot Ap$ $A_T = A_L + A_B + A_b$ $V = \frac{h\left(A_B + A_b + \sqrt{A_B \cdot A_b}\right)}{3}$

Exemple

22. Observa la piràmide quadrangular del dibuix; calcula'n l'àrea total i el volum.

Per trobar l'àrea total, necessitem l'àrea de la base i l'àrea de cada triangle de les cares laterals.

Com que és quadrat, l'àrea de la base és $A_B = 10^2 = 100$ cm^2.

Per calcular l'àrea lateral, necessitem l'apotema de les cares. Si observes el dibuix, és la hipotenusa d'un triangle rectangle els catets del qual són la meitat de la base i l'altura. Per tant: $A_p = \sqrt{5^2 + 12^2} = \sqrt{25 + 144} = \sqrt{169} = 13\,\text{cm}$.

Així doncs, l'àrea lateral és $A_L = \frac{(4 \cdot 10) \cdot 13}{2} = 260\,\text{cm}^2$.

I, en conseqüència, l'àrea total és $A_T = A_B + A_L = 100 + 260 = 360$ cm^2.

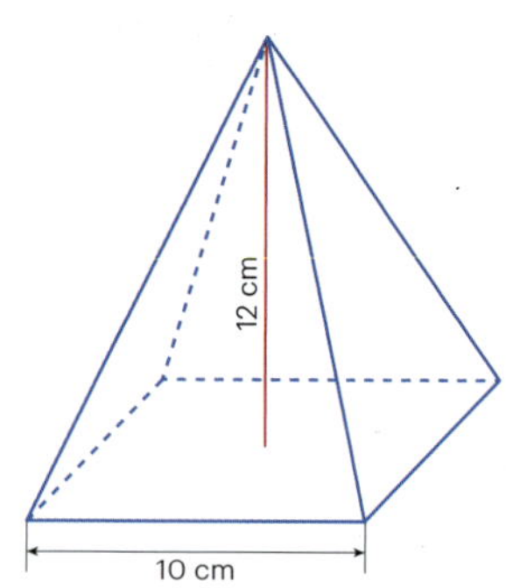

Finalment, si hi apliquem la fórmula, en resulta el volum: $V = \frac{A_B \cdot h}{3} = \frac{100 \cdot 12}{3} = 400\,\text{cm}^3$

12.2 Àrees i volums de cossos rodons

Cilindre	Con	Tronc de con
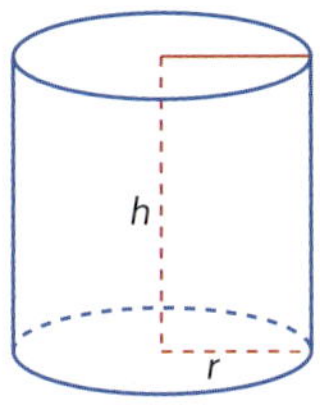	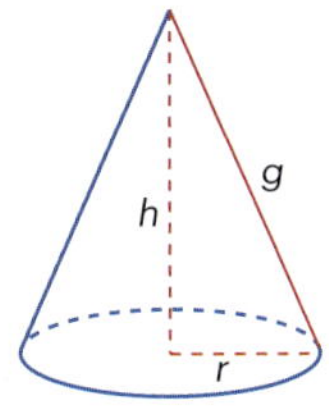	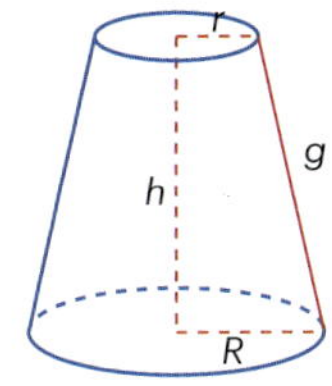
$A_L = 2 \cdot \pi \cdot r \cdot h$ $A_T = 2 \cdot \pi \cdot r \cdot (h + r)$ $V = \pi \cdot r^2 \cdot h$	$A_L = \pi \cdot r \cdot g$ $A_T = \pi \cdot r \cdot (g + r)$ $V = \frac{\pi \cdot r^2 \cdot h}{3}$	$A_L = \pi \cdot (R + r) \cdot g$ $A_T = A_L + A_B + A_b$ $V = \frac{\pi \cdot h\left(R^2 + r^2 + \sqrt{R \cdot r}\right)}{3}$

Exemple

23. Observa el tronc de con del dibuix i calcula'n l'àrea total i el volum.

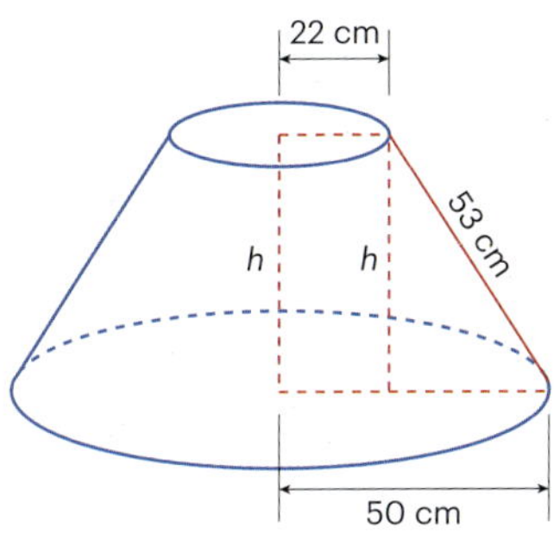

Per trobar l'àrea total, necessitem saber l'àrea de les bases i l'àrea lateral.

Les àrees de les bases són aquestes:

$A_B = \pi \cdot r^2 = 3,14 \cdot 50^2 = 7850\ \text{cm}^2$ i $A_b = \pi \cdot r^2 = 3,14 \cdot 22^2 = 1519,76\ \text{cm}^2$.

Per calcular l'àrea lateral, fem servir aquesta fórmula:

$A_L = \pi \cdot (R + r) \cdot g = 3,14 \cdot (50 + 22) \cdot 53 = 11\,982,24\ \text{cm}^2$

Per tant, l'àrea total és $A_T = 7850 + 1519,76 + 11\,982,2421\,352\ \text{cm}^2$.

Per calcular el volum, cal conèixer l'altura. Si observes el dibuix, és un dels catets d'un triangle rectangle la hipotenusa del qual és la generatriu i l'altre catet és la resta dels radis. Per tant: $h = \sqrt{53^2 - (50 - 22)^2} = 45\ \text{cm}$.

Finalment, apliquem la fórmula i trobem el volum:

$$V = \frac{\pi \cdot h\left(R^2 + r^2 + \sqrt{R \cdot r}\right)}{3} = \frac{3,14 \cdot 45\left(50^2 + 22^2 + \sqrt{50 \cdot 22}\right)}{3} = 142\,108,53\ \text{cm}^3$$

Superfície esfèrica. Esfera	Fus esfèric. Tascó esfèric
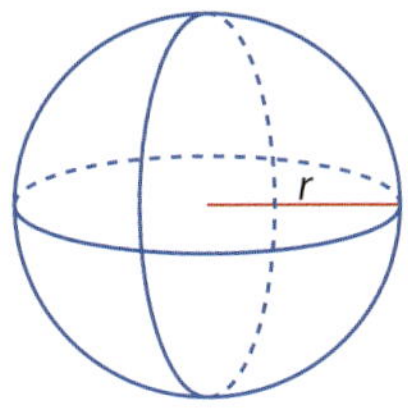	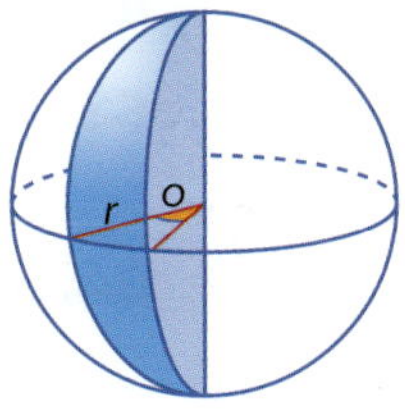
$A = 4 \cdot \pi \cdot r^2$ $V = \frac{4}{3} \cdot \pi \cdot r^3$	$A = \frac{4 \cdot \pi \cdot r^2 \cdot \alpha}{360}$ $V = \frac{4}{3} \cdot \frac{\pi \cdot r^3 \cdot \alpha}{360}$

Professor a casa.
Àrea i volum d un fus esfèric i una cunya esfèrica.

Entrena't

48. Calcula l'àrea total i el volum d'aquestes figures:

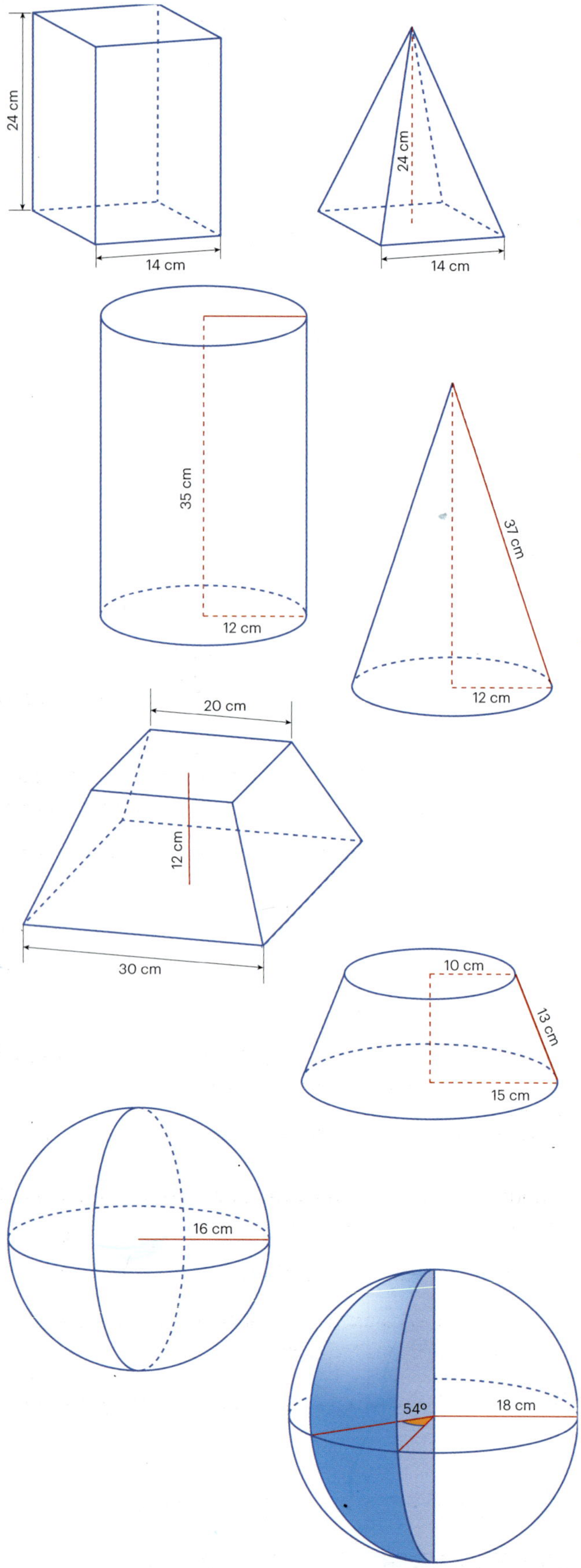

49. Troba l'àrea i el volum d'un cub de 12 dm d'aresta.

50. Determina l'àrea total i el volum d'un ortoedre que té aquestes dimensions: 50 cm, 4 dm i 0,6 m.

51. La base d'un prisma triangular és un triangle rectangle els catets del qual mesuren 48 cm i 55 cm. L'altura del prisma és de 78 cm. Calcula l'àrea de la base, l'àrea de cada cara lateral i el seu volum.

52. Un dipòsit d'aigua té forma de prisma rectangular; els costats de la base mesuren 20 m i 16 m. Troba'n l'altura perquè pugui contenir un milió de litres d'aigua.

53. Calcula el volum d'una piràmide quadrangular si el perímetre fa 64 cm i l'altura és de 15 cm. Quant fa la seva àrea total?

54. L'aresta de la base d'una piràmide de base quadrada fa 10 cm i l'aresta de les cares laterals fa 13 cm. Quin n'és el volum?

55. El diàmetre de la base d'un cilindre fa 16 cm i l'altura fa 22 cm. Calcula'n làrea total i el volum.

56. Un cilindre té 9 cm d'altura i l'àrea lateral coincideix amb l'àrea de la base. Quin n'és el radi? I el volum?

57. Una petita piscina de forma circular té un diàmetre de 4 m i una altura de 15 dm. Quina quantitat d'aigua pot contenir com a màxim?

58. Determina l'àrea total i el volum d'un con si el radi de la base fa 4 cm i l'altura fa 9 cm.

59. Troba la generatriu d'un con si el volum fa 20 096 m^3 i la longitud de la circumferència de la base mesura 125,6 m.

60. Un barret cònic de cartró té una altura de 30 cm i el diàmetre de la base és de 14 cm. Quanta superfície de cartró necessitarem per fer 200 barrets?

61. Una esfera té 36 cm de diàmetre. Calcula'n l'àrea i el volum.

62. Una esfera té una àrea de 615,44 dm^2. Troba'n el volum.

63. Una esfera té un volum de 3052,08 cm^3. Calcula'n l'àrea.

64. Calcula el volum d'un tascó esfèric si el diàmetre fa 34 cm i té un angle de 36º.

65. Quin és el volum del grill d'una taronja si el seu diàmetre mesura 10 cm i té 8 grills?

Banc digital

Mates en context

7 AM AL Professional Granja ecològica

El despatx d'arquitectura de la Maria ha rebut un encàrrec: ha de dissenyar una gran granja ecològica en la qual hi ha d'haver un edifici.

Al principi, la Maria va pensar en un edifici que imités les barraques de l'horta valenciana, que és un espai rectangular (de 24 m de llarg i 6 m d'ample) cobert per una teulada en forma de prisma triangular.

Però, per innovar una mica, se li va acudir la idea que l'espai fos quadrat (de 12 m de costat) i que la teulada tingués forma de piràmide quadrangular, a imitació d'algunes granges alemanyes.

I, finalment, també va pensar en un edifici circular (de 6,75 m de radi) la teulada del qual tingués forma de con.

Sense comptar la teulada, l'edifici tindria una alçada de 2,40 m; amb la teulada, 5 m.

Problemes

1. Elabora un dibuix esquemàtic dels tres possibles edificis i indica-hi (amb diversos colors) les diferents figures geomètriques.
2. Calcula la superfície necessària que ocuparia cadascun dels edificis.
3. Quina és l'àrea de les parets en cadascun dels possibles edificis?
4. Si les parets es construïssin de pedra, el preu del metre quadrat de paret seria d'uns 200 €. Quants diners costaria construir les parets de cada edifici?
5. Calcula l'àrea que ocuparia cadascuna de les diferents teulades.
6. El preu per fer la teulada és de 75 €/m². Calcula quant costarà cadascuna de les teulades.
7. Quina és la teulada més barata?
8. A quin edifici correspon el cost més baix, comptant parets i sostre?
9. Calcula el volum de cada edifici. A quin edifici correspon el volum més gran?

Representa: 1 **Matematitza: 2, 3, 4, 5, 6**

Argumenta: 7, 8, 9 **Planteja: 9**

8 AM AL AP Professional Quin gelat més bo!

La gelateria Xixona disposa de tres mides de cucurulls de galeta per als seus gelats: petit, de 45 mm de diàmetre i una longitud de 90 mm; mitjà, de 55 mm de diàmetre i 120 mm de longitud, i gros, de 65 mm de diàmetre i 150 mm de longitud.

Els preus dels gelats són aquests: petit, 1,8 €; mitjà, 2,2 € i gros, 2,5 €.

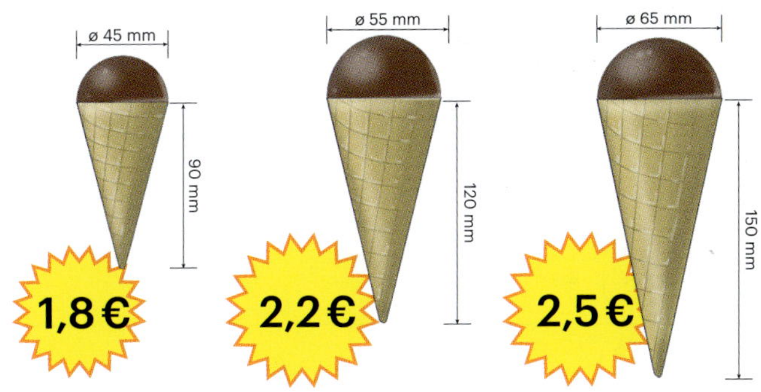

Problemes

1. Quina forma geomètrica tenen els cucurulls?
2. Determina el volum dels tres cucurulls.
3. Calcula quanta galeta fa falta per fer un cucurull de cada mida.
4. Si se sap que 500 cucurulls petits pesen 4 kg, quant pesaran 500 cucurulls mitjans i 500 cucurulls grossos?
5. Troba el volum de gelat que té cada bola que es posa als cucurulls.
6. La densitat dels gelats de crema és, aproximadament, de 600 g/L. Quant pesa cadascuna de les boles dels gelats?

   (Recorda que $D = \frac{m}{V}$ i que 1 L = 1 dm³.)
7. Tenint en compte tot el que s'ha dit, quin és el preu per quilogram de gelat, segons la mida?
8. Quin surt més a compte? Per què?

En aquesta gelateria fan un gelat molt especial (de 85 mm de diàmetre i 270 mm d'altura) que costa 5 €.

9. Quin és el pes de la galeta? I el del gelat?
10. A quants gelats petits equival aquest gelat especial? I a quants de mitjans? I a quants de grossos?
11. Surt a compte comprar aquest gelat especial? Per què?

Comunica: 1 **Matematitza: 2, 3, 5, 10**

Argumenta: 7, 8, 11 **Planteja: 4, 6, 9**

NOMBRES

Potències

Una **potència** és una forma abreujada d'expressar una multiplicació en què tots els factors són iguals. Així, la potència a^n representa un producte en què a es multiplica per si mateixa n vegades. El nombre a s'anomena **base** i el nombre n s'anomena **exponent.**

$$a^n = \underbrace{a \cdot a \cdot \ldots \cdot a}_{n \text{ vegades}}$$

Propietats de les potències

$a^m \cdot a^n = a^{m+n}$	$\frac{a^m}{a^n} = a^{m-n}$
$(a^n)^m = a^{n \cdot m}$	$(a \cdot b)^n = a^n \cdot b^n$
$\left(\frac{a}{b}\right)^n = \frac{a^n}{b^n}$	$(a+b)^n \neq a^n + b^n$

Potències amb exponent negatiu

$$a^{-n} = (a^{-1})^n = \left(\frac{1}{a}\right)^n = \frac{1}{a^n}$$

Potència d'una fracció amb exponent negatiu

$$\left(\frac{a}{b}\right)^{-n} = \left(\frac{b}{a}\right)^n$$

Notació científica

Per expressar quantitats molt grans o molt petites, es fa servir la notació científica, que és un nombre expressat com el producte de:

- Un nombre a amb un valor absolut comprès entre 1 i 10.
- Una potència de 10 amb exponent enter n.

Així doncs, un nombre expressat en notació científica té aquesta forma:

$$a \cdot 10^n$$

En què $1 \leq |a| < 10$ i n és un nombre enter que indica quants llocs es desplaça la coma en a, cap a la dreta (si n és positiu) o cap a l'esquerra (si n és negatiu).

Producte de nombres en notació científica

Per operar amb dos nombres en notació científica, apliquem les propietats del producte i les potències.

D'una banda, multiplicarem els nombres que hi ha al davant de la potència de 10 i, de l'altra, multiplicarem les potències de 10 fent servir la propietat del producte de potències amb la mateixa base.

Nombres reals

Nombres irracionals

Són els que no es poden expressar en forma de fracció. Per tant, es tracta de nombres que tenen infinites xifres decimals que no es repeteixen periòdicament.

El conjunt de tots els nombres irracionals es representa mitjançant $\mathbb{I}$.

Tots els nombres racionals i irracionals formen el conjunt dels nombres reals, $\mathbb{R}$.

Radicals

Són els nombres que s'escriuen amb el símbol $\sqrt[n]{a}$, que es llegeix «arrel enèsima de a».

El resultat de $\sqrt[n]{a}$ és un nombre, b, que, en elevar-lo a n, dona a. Això s'escriu així:

$$\sqrt[n]{a} = b \Leftrightarrow b^n = a$$

Els seus elements són l'índex, n (és un nombre natural diferent de l'1), el **radicand**, a, i l'**arrel**, b.

Radicals i potències

Un radical es pot escriure com una potència d'exponent racional el numerador del qual és l'exponent del radicand i el denominador del qual és l'índex del radical.

$$\sqrt[n]{a^m} = a^{\frac{m}{n}}$$

Radicals equivalents

Dos radicals són equivalents si l'índex i l'exponent del radicand d'un són proporcionals als corresponents de l'altre radical.

Simplificació de radicals

Simplificar radicals vol dir trobar-ne un altre d'equivalent al donat, de manera que l'índex i l'exponent del radicand siguin nombres primers entre si.

Introduir i extreure factors d'una arrel

Per **introduir** factors en una arrel, s'eleva cada factor a l'índex d'aquesta arrel:

$$a\sqrt[n]{b} = \sqrt[n]{a^n \cdot b}$$

Per **extreure** factors, es descomponen els radicands i s'expressen en potències d'exponent igual a l'índex de l'arrel. La base d'aquest exponent surt de l'arrel com a factor.

Successions

Una successió és una seqüència de nombres reals donats ordenadament, de tal manera que es puguin numerar: primer, segon, tercer...

Cada element de la successió s'anomena **terme**; per referir-nos al lloc que ocupa en la successió, es fan servir **subíndexs**. Així, el primer terme de la successió és a_1; el segon és a_2; el tercer és a_3, i així successivament. Si ens volem referir a un terme qualsevol de la successió, l'anomenarem ***n*-èsim** i l'escriurem $\boldsymbol{a_n}$.

El **terme general** d'una successió és una expressió algebraica que ens permet calcular qualsevol terme de la successió a partir del subíndex.

Si els termes d'una successió es defineixen en funció dels termes anteriors d'acord amb una expressió algebraica coneguda, la **successió** és **recurrent.**

Progressions aritmètiques

Una successió de nombres reals és una progressió aritmètica si cada terme s'obté de l'anterior sumant-hi un nombre fix anomenat **diferència**. La diferència pot ser positiva o negativa.

El terme general d'una progressió aritmètica amb diferència d és $a_n = a_1 + (n-1)\cdot d$.

La **suma** dels ***n* primers termes** d'una progressió aritmètica és $S_n = \dfrac{a_1 + a_n}{2}\cdot n$.

Progressions geomètriques

Una successió de nombres reals és una progressió geomètrica si cada terme s'obté a partir de l'anterior, multiplicant-lo per un nombre fix o raó (r). El quocient entre un terme i el seu anterior sempre és la raó, r.

El **terme general** d'una progressió geomètrica és $a_n = a_1 \cdot r^{n-1}$.

Dos termes qualssevol d'una progressió geomètrica compleixen que $a_n = a_m \cdot r^{n-m}$.

La **suma** dels ***n* primers termes** d'una progressió geomètrica és:

$$S_n = \frac{a_n \cdot r - a_1}{r-1} = \frac{a_1 \cdot (r^n - 1)}{r-1} \quad r \neq 1$$

GEOMETRIA

Cossos geomètrics

Un cos geomètric és una figura geomètrica de tres dimensions (llarg, ample i alt) que ocupa un lloc en l'espai i que, per tant, té un volum. Els cossos geomètrics poden ser **poliedres** i **cossos rodons** o **cossos de revolució.**

Els **elements** d'un cos geomètric són els següents:

- **Cares**. Són les superfícies planes que limiten el cos geomètric.
- **Arestes**. Són les línies que es formen quan s'ajunten dues cares.
- **Vèrtexs**. Són els punts on s'ajunten tres o més cares.

Àrees i volums

Prisma $A_L = P_B \cdot h$ $A_T = A_L + 2 \cdot A_B$ $V = A_B \cdot h$	**Piràmide** $A_L = \dfrac{P_B \cdot Ap}{2}$ $A_T = A_L + A_B$ $V = \dfrac{A_B \cdot h}{3}$
Cilindre $A_L = 2 \cdot \pi \cdot r \cdot h$ $A_T = 2 \cdot \pi \cdot r \cdot (h + r)$ $V = \pi \cdot r^2 \cdot h$	**Con** $A_L = \pi \cdot r \cdot g$ $A_T = \pi \cdot r \cdot (g + r)$ $V = \dfrac{\pi \cdot r^2 \cdot h}{3}$
Tronc de piràmide $A_L = \dfrac{P_B + P_b}{2} \cdot Ap$ $A_T = A_L + A_B + A_b$ $V = \dfrac{h\left(A_B + A_b + \sqrt{A_B \cdot A_b}\right)}{3}$	**Tronc de con** $A_L = \pi \cdot (R + r) \cdot g$ $A_T = A_L + A_B + A_b$ $V = \dfrac{\pi \cdot h\left(R^2 + r^2 + \sqrt{R \cdot r}\right)}{3}$
Superfície esfèrica. Esfera $A = 4 \cdot \pi \cdot r^2$ $V = \dfrac{4}{3} \cdot \pi \cdot r^3$	**Fus esfèric. Tascó esfèric** $A = \dfrac{4 \cdot \pi \cdot r^2 \cdot \alpha}{360}$ $V = \dfrac{4}{3} \cdot \dfrac{\pi \cdot r^3 \cdot \alpha}{360}$

Entrena't +

Potències

66. Expressa com a potència única les expressions següents:

a $2^3 \cdot 2^{-5} : 2^4$
b $(-3)^5 : 4^5$
c $(3^2)^3 \cdot 3 : 3^{-3}$
d $3^7 : 3^9 \cdot (3^5)^{-2}$
e $(-4)^4 : 2^4 \cdot 7^4$
f $10^5 : 10 \cdot 10^2$

67. Expressa el resultat com una fracció amb exponent positiu:

a $\left(\frac{5}{2}\right)^{-4}$ **b** $(3)^{-3}$ **c** $\left(\frac{-7}{-3}\right)^{-2}$ **d** $(-7)^{-5}$

68. Efectua aquestes operacions amb nombres expressats en notació científica:

a $(2 \cdot 10^5) \cdot (3 \cdot 10^6)$ **c** $(3 \cdot 10^7) \cdot (5 \cdot 10^2)$
b $(6 \cdot 10^3) : (2 \cdot 10^5)$ **d** $(9 \cdot 10^5) : (3 \cdot 10^{-6})$

69. Expressa els següents nombres decimals en notació científica:

a 0,00 000 198
b 100 000 000 000
c 0,00 356
d 0,000 001

Banc digital

Nombres irracionals

70. Classifica els següents nombres en naturals, enters, racionals o irracionals:

a $-\sqrt[4]{15}$ **c** $\frac{7}{6}$ **e** 1,33 **g** $-\frac{8}{2}$
b $-\sqrt[3]{27}$ **d** 2,112 121 112... **f** $\sqrt{144}$ **h** $\frac{10}{5}$

71. Expressa com a potències:

a $9^{\frac{2}{7}}$ **b** $11^{\frac{1}{4}}$ **c** $3^{\frac{4}{9}}$ **d** $6^{\frac{3}{2}}$

72. Escriu en forma de radicals:

a $\sqrt{23}$ **b** $\sqrt[4]{3^5}$ **c** $\sqrt[8]{7}$ **d** $\sqrt[6]{2^{11}}$

73. Escriu tres radicals equivalents de cadascun dels següents:

a $\sqrt[5]{3}$ **b** $\sqrt[4]{6^2}$ **c** $\sqrt[15]{5^9}$ **d** $\sqrt{11}$

74. Introdueix els factors en el radical:

a $2^3 \cdot 7\sqrt[3]{2}$
b $2^3 \cdot 3^2\sqrt[4]{3}$
c $5 \cdot 3^2\sqrt[5]{5^2}$
d $5^3 \cdot 7\sqrt{7}$

75. Extreu tots els factors possibles en cada cas:

a $\sqrt[3]{7^4}$ **c** $\sqrt[4]{2^9}$ **e** $\sqrt[6]{2^5 \cdot 3^{12}}$
b $\sqrt[3]{320}$ **d** $\sqrt[4]{405}$ **f** $\sqrt{216}$

Successions

76. Escriu els cinc primers termes de les següents progressions aritmètiques:

a $a_1 = 7$; $d = 12$ **b** $b_1 = 35$; $d = -4$

77. En una progressió aritmètica, la suma del segon i del cinquè terme val 12 i la del tercer i el novè val 22. Escriu-ne el terme general.

78. Calcula S_{56} en una progressió aritmètica si saps que $a_3 = 11$ i $a_6 = 26$.

79. Escriu el terme general d'una progressió geomètrica si saps que $c_4 = 20$ i $c_5 = 25$.

80. Calcula la suma dels dotze primers termes de la següent progressió geomètrica: $c_3 = 14$, $c_6 = 4802$.

81. Calcula la suma dels infinits termes d'una progressió geomètrica tal que $c_2 = 108$, $c_5 = 4$.

Banc digital

Geometria

82. La suma de les àrees de les cares d'un cub és 726 cm². Troba'n el volum.

83. Un prisma té com a base un rectangle els costats del qual fan 20 cm i 35 cm. L'altura del prisma és igual al perímetre de la base. Calcula l'àrea de la base i l'àrea total. Quin és el volum del prisma?

84. Els costats d'una piràmide quadrangular tenen una longitud de 30 cm. Calcula'n el volum si l'altura és de 50 cm.

85. L'altura d'un cilindre mesura el mateix que la circumferència de la base. Si l'altura mesura 157 cm, quina n'és l'àrea total? I el volum?

86. L'àrea lateral d'un cilindre mesura 753,6 cm² i la seva generatriu fa 15 cm. Troba'n el volum.

87. Calcula l'àrea total i el volum d'un con de 10 cm de diàmetre i 13 cm de generatriu.

88. La tenda dels indis o tipi té forma de con de 4,5 m de diàmetre i 6 m d'altura. Quin volum ocupa? Quanta tela cal per confeccionar-la?

89. Un globus (esfèric) té 1 m de diàmetre. Quants metres cúbics d'aire conté?

Banc digital

Mates en context

9 AM AL AP Científic Mesures astronòmiques

Com ja saps, al sistema solar els planetes giren al voltant del Sol. Cada astre té les seves dimensions pròpies i també la seva particular constitució. En la taula següent es recullen les masses i els radis d'aquests astres i planetes.

Astre	Massa (kg)	Radi (km)
Sol	$1{,}9891 \cdot 10^{30}$	696 000
Mercuri	$3{,}302 \cdot 10^{23}$	2439
Venus	$4{,}8685 \cdot 10^{24}$	6051
Terra	$5{,}9736 \cdot 10^{24}$	6378
Mart	$6{,}418 \cdot 10^{23}$	3394
Júpiter	$1{,}8986 \cdot 10^{27}$	71 398
Saturn	$5{,}6846 \cdot 10^{26}$	60 000
Urà	$8{,}681 \cdot 10^{25}$	25 400
Neptú	$1{,}0243 \cdot 10^{26}$	24 750

Problemes

1. Ordena els astres de més a menys massa. Hi ha cap astre amb una massa molt superior a la de la resta?
2. Ordena els astres de més a menys radi. Hi ha algun astre amb un radi superior al de la resta?
3. Calcula el volum de cada planeta en km^3 i en m^3.
4. Calcula la massa de cada planeta en grams.
5. Calcula la densitat de cada planeta en kg/km^3 i en g/m^3.
6. Troba la proporció entre la massa del Sol i la de cadascun dels planetes.
7. Troba la proporció entre la densitat del Sol i la de cadascun dels planetes.

Argumenta: 1, 2 **Matematitza: 3, 4, 5**

10 AM AL AA Professional Paper per escriure

La forma més habitual del paper que fem servir per escriure és rectangular. Quan la relació entre els seus costats és un nombre racional, s'anomena rectangle estàtic. Si es tracta d'un nombre irracional, és un rectangle dinàmic. Aquest és el cas del rectangle que més fem servir, el DIN A4.

DIN és l'acrònim de l'Institut Alemany de Normalització, que va establir unes normes per elaborar paper acceptades per la resta de països europeus. El format base és el DIN A0, que és un rectangle d'1 m^2 de superfície i en què la relació entre el costat més gran i el més petit és $\sqrt{2}$. La mesura dels seus costats s'arrodoneix als mil·límetres.

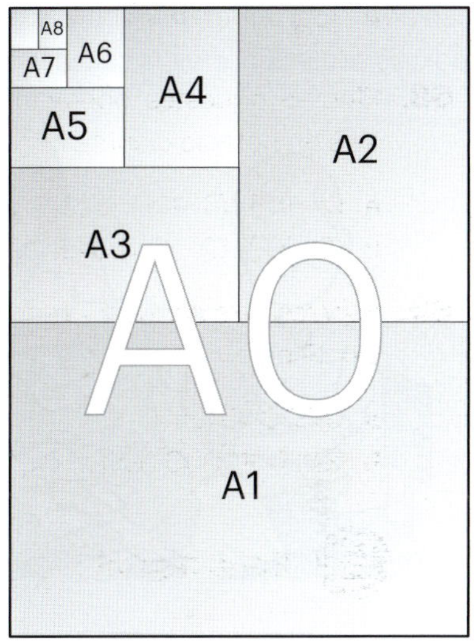

Quan es doblega aquest format per la meitat del costat superior, s'obtenen dos fulls de format DIN A1. Si es repeteix aquest procés, es van obtenint els formats successius. Tots mantenen la mateixa relació entre els seus costats: $\sqrt{2}$.

Problemes

1. Amb les mesures dels diferents formats DIN, comprova que la relació entre els seus costats és $\sqrt{2}$, tal com s'afirma en el text.
2. Troba la diagonal de DIN A0, DIN A1, DIN A2, DIN A3 i DIN A4.
3. La relació entre les diagonals successives també és $\sqrt{2}$?
4. Si un rectangle tingués 1 dm de costat, quant hauria de mesurar l'altre costat perquè fos un rectangle de format DIN?
5. Comprova, amb les mesures dels costats, si l'àrea de DIN A0 és 1 m^2. Com pots explicar el que passa?
6. Construeix la progressió que s'obté en considerar l'àrea de cadascun dels formats DIN. (Fes servir els valors exactes, no els decimals.)
7. Quina relació hi ha entre cada terme i el següent?
8. Quina àrea tindria un DIN A8?

Matematitza: 1, 2, 3, 6 **Argumenta: 4, 5**

11 AM AL AA Personal Ordenar nombres

Avui, en la classe de Matemàtiques de 3r d'ESO els alumnes buscaran informació sobre un tema.

Treballaran en equips de quatre; el primer que aconsegueixi la resposta correcta sumarà un punt a la seva nota final de l'avaluació. Quans'obtingui la resposta al treball proposat, s'haurà d'exposar a l'aula. A més, cada cop que algun equip digui que ha aconseguit la resposta, però no sigui correcta, serà penalitzat amb −0,25 punts en la nota d'avaluació.

Han de buscar informació sobre la manera d'ordenar nombres radicals sense fer servir la calculadora.

Intenta resoldre el repte responent aquestes qüestions.

Problemes

1. Compara dos nombres radicals que tinguin el mateix índex i diferent radicand. Quina conclusió obtens?
2. Ara, compara dos nombres radicals que tinguin diferent índex i diferent radicand. A quina conclusió arribes?
3. Ara, només fa falta estudiar el cas més general: dos radicals amb diferent índex i diferent radicand. Escriu-ne dos que compleixin aquesta condició.

   Ara, segueix aquests passos:

   a Expressa els radicals anteriors en forma de potència.
   b Redueix-ne els exponents a denominador comú.
   c Escriu les noves potències que obtens en forma de radical.
   d Pots comparar aquests radicals que acabes d'escriure?
   e Quina relació tenen aquests nous radicals amb els inicials?
4. Explica com es comparen dos radicals.

Argumenta: 1, 2 | Matematitza: 3 | Comunica: 4

12 AM AL Científic Mesures

Farem servir un foli de 0,01 de gruix.

Problemes

1. Quin gruix obtens si doblegues el foli per la meitat? I si el doblegues un segon cop? I si els doblegues un tercer cop? Escriu la successió de nombres que vas obtenint fins a arribar a vuit plecs.
2. Reconeixes el tipus de successió de què es tracta? Escriu-ne el terme general i calcula la suma dels seus vuit primers termes.
3. Busca la distància de la Terra al Sol. Quants plecs es necessitarien per superar-la? I per superar l'altitud de l'Everest?

Matematitza: 1, 2 | Argumenta: 3

13 AM AL Social Joc dels escacs

Segons la llegenda, fa molt temps, en un indret remot de l'Índia regnava un rei. En una batalla va perdre el seu fill i això el va deixar molt trist. Res no l'animava.

Un dia el savi Sissa li va presentar un joc que li va prometre que permetria que recuperés l'alegria: els escacs. El rei hi va començar a jugar i va aconseguir alleujar el seu dolor. Com a recompensa, va donar a Sissa 1 gra de blat per la primera casella, 2 per la segona, 4 per la tercera, 8 per la quarta...

Problemes

1. Escriu la successió del nombre dels grans de blat que va donar el rei. De quin tipus és? Justifica la resposta.
2. Escriu-ne el terme general. Quin és l'últim terme de la successió?
3. Calcula la suma de tots els termes i expressa-la en forma de potència.

Matematitza: 1, 2, 3

14 AM AL Professional Mundials de futbol

Tot i que el futbol modern va néixer a Anglaterra, el torneig més important de la història d'aquest esport es va celebrar a l'Uruguai. Es va jugar en tres estadis. En un d'aquests camps, el Centenari, només hi van participar 13 equips.

La final, que es va celebrar el 30 de juliol de 1930, va passar a la història. El joc va acabar 4 a 2 a favor dels amfitrions del mundial. Un dels herois del torneig va ser Héctor Castro, l'únic jugador amb discapacitat que va marcar un gol en la fase final d'un mundial.

Problemes

1. Els mundials se celebren cada quatre anys. Quin tipus de successió és? Escriu-ne el terme general.
2. A causa de la Segona Guerra Mundial, no es van celebrar mundials en les edicions 4a i 5a. Quins anys, doncs, no n'hi va haver?
3. Quina és l'edició del mundial d'Alemanya del 2006?
4. Quin any se celebrarà l'edició del mundial?

Matematitza: 1, 2 Argumenta: 3, 4

15 AM AL Social El magatzem de taronges

En un magatzem de fruita hi ha taronges valencianes de dos tipus, envasades també de formes diferents:

Calibre	Diàmetre (mm)	Pes (g)/ unitat	Pes (kg)/ caixa	Preu (€)
Mitjà	65	165	15	20
Mitjà	65	165	20	24
Selecció	75	250	15	22
Selecció	75	250	20	26
Selecció	75	250	30	40

Problemes

1. Calcula la densitat de cada tipus de taronja.
2. Determina quantes taronges, aproximadament, conté cada una de les caixes.
3. Quant costa el quilo de taronges en cada una de les caixes?
4. Quina és la més rendible per a cada tipus de taronja?
5. La pell pesa, aproximadament, la quarta part del pes d'una taronja. Quant pesa cada tipus de taronja sense pell?
6. Les taronges de calibre mitjà tenen 10 grills i les de calibre selecció en tenen 12. Quin és el pes de cada grill (un cop la taronja està pelada)?
7. Quin és el volum d'aquests grills?

S'ha rebut una comanda: s'han d'empaquetar les taronges en caixes petites de 2 kg.

8. Segons el calibre, quantes taronges cabran en cada caixa de 2 kg?
9. Es vol que les caixes siguin al més quadrades possible. Quantes files i columnes tindran en cada cas?
10. Quines seran les dimensions d'aquestes caixes?
11. Calcula el volum de les caixes.
12. Un cop tancades, quina quantitat d'aire contindran les caixes?

També volen envasar 1 kg de taronges en tubs cilíndrics, de manera que quedin alineades.

13. Quines han de ser les dimensions d'aquests tubs?
14. Quin és el volum d'aquests envasos?
15. Quina quantitat d'aire queda a dins dels envasos, un cop s'hi han introduït les taronges?
16. Treball de recerca en grup. La millor manera d'envasar les taronges és la que reflecteix la figura, suposant que vulguem envasar 11 taronges selecció.

Quines dimensions tindrà l'envàs?

Professor a casa. Empaquetem taronges.

Matematitza: 1, 2, 3, 5, 6, 7, 8, 10, 11, 14

Argumenta: 4, 9, 13 Planteja: 12, 15, 16

1. Aplica les propietats de les potències per expressar com una única potència: $\frac{5^9 \cdot (5^2)^{-7}}{5^2 \cdot 5^{-5}}$.

2. Calcula i simplifica tant com puguis aquesta expressió: $\frac{2^3 \cdot 8^{-4}}{4^{-5}}$.

3. Realitza les operacions en notació científica:

a $3{,}2 \cdot 10^7 \cdot 1{,}5 \cdot 10^{-9}$ **b** $8{,}7 \cdot 10^5 : 3 \cdot 10^{-8}$

4. La velocitat de la llum és de $3 \cdot 10^5$ km/s. Quant temps triga la llum a recórrer 1 mm? (Expressa el resultat en notació científica.)

5. Simplifica els radicals quan sigui possible i expressa els resultats en forma de potència:

a $\sqrt[20]{9^{15}}$ **b** $\sqrt[12]{2^{16}}$

6. Introdueix tots els factors en les arrels i expressa'n els radicands amb potències:

a $3\sqrt[4]{5}$ **b** $5\sqrt{2}$ **c** $2^3\sqrt[4]{8}$

7. Extreu tots els factors possibles de les arrels:

a $\sqrt[4]{512}$ **b** $\sqrt[3]{432}$ **c** $\sqrt{300}$

8. Escriu el terme general d'una progressió aritmètica de la qual se sap que:

a $a_1 = 5; a_8 = 19$ **b** $b_{10} = 44; d = 3$

9. Calcula la suma dels 50 primers termes d'una progressió aritmètica de la qual sabem que $a_1 = -20$ i $d = 2{,}5$.

10. Escriu el terme general d'una progressió geomètrica si saps que:

a $a_1 = 5; r = 2$ **b** $b_1 = 2; b_5 = 162$

11. Calcula la suma dels infinits termes d'una progressió geomètrica tal que $a_1 = 100$ i $a_2 = 25$.

12. Quants diners portava per passar les vacances una persona si el primer dia es va gastar 200 €, però va anar disminuint les despeses 5 € cada dia i els diners li van durar 20 dies?

13. Calcula l'àrea total i el volum d'una piràmide quadrangular si el costat de la base fa 14 cm i l'apotema d'una de les cares mesura 25 cm.

14. Troba el volum d'un cilindre si la seva altura és el doble que el seu diàmetre i l'àrea de la base fa 314 cm².

15. Tenim cinc esferes metàl·liques de 10 cm de radi. Les fonem i amb el metall formem una sola esfera. Quin serà el radi de la nova esfera?

	4 punts	3 punts	2 punts	1 punt
1. Potències	Faig tota mena d'operacions amb potències i hi aplico correctament totes les propietats.	Faig tota mena d'operacions amb potències, però m'equivoco en algun càlcul.	Faig operacions amb potències, però no aplico bé alguna de les propietats.	No soc capaç de fer operacions amb potències.
2. Notació científica	Efectuo correctament qualsevol operació que requereix notació científica.	Efectuo correctament qualsevol operació que requereix notació científica, però no n'encerto el resultat.	Efectuo operacions en notació científica, però m'equivoco en els càlculs.	No soc capaç de treballar ni operar amb nombres en notació científica.
3. Radicals	Aplico correctament totes les propietats dels radicals.	Aplico correctament totes les propietats dels radicals, però m'equivoco en els càlculs.	Sé aplicar les propietats dels radicals, però m'equivoco en alguna propietat.	No sé treballar amb els radicals ni amb les seves propietats.
4. Progressions aritmètiques	Sé obtenir el terme general i la suma de *n* elements d'una progressió aritmètica.	Sé obtenir el terme general i la suma de *n* elements d'una progressió aritmètica, però m'equivoco en els càlculs.	Sé obtenir el terme general, però no la suma de *n* elements d'una progressió aritmètica.	No sé obtenir el terme general ni la suma de *n* elements d'una progressió aritmètica.
5. Progressions geomètriques	Sé obtenir el terme general i la suma d'infinits termes d'una progressió geomètrica.	Sé obtenir el terme general i la suma d'infinits termes d'una progressió geomètrica, però m'equivoco en els càlculs.	Sé obtenir el terme general, però no la suma d'infinits termes d'una progressió geomètrica.	No sé obtenir el terme general ni la suma d'infinits termes d'una progressió geomètrica.
6. Àrees i volums	Calculo correctament l'àrea i el volum dels diferents cossos geomètrics.	Calculo correctament l'àrea i el volum dels diferents cossos geomètrics, però m'equivoco en els càlculs.	Calculo correctament l'àrea i el volum d'alguns cossos geomètrics.	No calculo ni les àrees ni els volums dels cossos geomètrics.

PDF

3 En moviment

1. Podem calcular el moment en què ens creuem? Quant triguem?

2. Les figures geomètriques es mouen? Com es repeteixen les coses?

3. Es poden fotografiar les funcions? Quines formes tenen les funcions?

BLOCS DE CONTINGUTS	Situació 1	Situació 2	Situació 3
NOMBRES I ÀLGEBRA			
Equacions de primer grau amb una incògnita. Resolució pel mètode algebraic.	●		
Sistemes d'equacions. Resolució pel mètode de substitució, d'igualació i de reducció.	●		
Resolució de problemes mitjançant l'ús d'equacions de primer grau i de sistemes d'equacions.	●		
GEOMETRIA I MESURA			
Translacions, girs i simetries en el pla.		●	
Frisos i mosaics.		●	
FUNCIONS			
Funcions quadràtiques. Representació gràfica.			●
Utilització de les funcions quadràtiques per representar situacions de la vida quotidiana.			●
Reconeixement de les funcions de proporcionalitat inversa: aplicacions a contextos i situacions reals.			●
Asímptotes.			●

1 Equacions viatgeres

Podem calcular el moment en què ens creuem? Quant triguem?

AM AL AP AS

Social

Aprèn a...

Elaborar i fer servir models matemàtics senzills que permetin la resolució d'un problema.

Formular algebraicament una situació de la vida quotidiana mitjançant equacions i sistemes d'equacions i resoldre-la.

Ítem 1. Intercanvi de cases

Una pràctica cada vegada més estesa per passar les vacances en diversos llocs sense gastar gaires diners consisteix en l'intercanvi de cases. Dues famílies que se'n volen anar de vacances en el mateix període es posen en contacte per intercanviar els seus habitatges durant aquells dies. D'aquesta manera, totes dues s'estalvien l'hotel o el lloguer d'un apartament.

Ítem 2. Les vacances

La família Arregui, de Sant Sebastià, i la família Balaguer, de Barcelona, han decidit intercanviar-se les cases per passar-hi les vacances i, d'aquesta manera, conèixer la cultura i la gastronomia de l'altra ciutat.

Per motius d'horaris, els Arregui viatgen cap a Barcelona en dos cotxes diferents: el primer surt a les 10 del matí i es desplaça a una velocitat mitjana de 90 km/h; l'altre cotxe surt a les 11 del matí i va a una velocitat mitjana de 110 km/h.

La família Balaguer surt cap a Sant Sebastià en un sol cotxe a les 12 del matí i va a una velocitat mitjana de 100 km/h.

Ítem 3. Distància

La distància x recorreguda en un interval de temps t a una velocitat v ve donada per aquesta expressió:

$$x = v \cdot t$$

Construeix amb el que saps

Simbolitza

1. Si la lletra x representa la distància recorreguda pel primer cotxe dels Arregui i t és el temps transcorregut des que ha sortit, quina és l'expressió corresponent a la distància recorreguda per aquest cotxe?

2. Si la lletra x és la distància recorreguda pel segon cotxe dels Arregui i t és el temps transcorregut des que ha sortit, quina és l'expressió corresponent a la distància recorreguda per aquest cotxe?

Matematitza

3. Calcula, a partir de les expressions dels exercicis 1 i 2, la distància recorreguda i l'hora a la qual el segon cotxe atrapa el primer. Tingues en compte que, quan coincideixin, els dos cotxes hauran recorregut la mateixa distància.

4. Calcula a quina hora arribarà cada cotxe a Barcelona. Quin dels dos arribarà abans?

Simbolitza

5. Si la lletra y és la distància recorreguda pel cotxe de la família Balaguer, expressa aquesta distància, en què t és el temps transcorregut des que va sortir el cotxe de Sant Sebastià.

Matematitza

6. Calcula, a partir de les expressions dels exercicis 1 i 5, i 2 i 5, l'hora a la qual s'encreua cada cotxe de la família Arregui amb el cotxe de la família Balaguer. Tingues en compte que la distància recorreguda pel cotxe dels Arregui més la distància recorreguda pel vehicle dels Balaguer ha de ser la distància total entre Barcelona i Sant Sebastià.

Ítem 4. Un viatge a Itàlia

La família Vila fa un viatge a Itàlia. Per arribar-hi, fa servir diversos mitjans de transport, amb cadascun dels quals triga una fracció del total. Primer agafa un taxi des de casa seva fins a l'aeroport del Prat. Aquest trajecte representa una dotzena part del temps total del viatge. En arribar a l'aeroport, ha d'esperar una sisena part del total del temps del viatge. En el vol de Barcelona a Roma inverteix cinc dotzenes parts del temps. Finalment, triga una hora entre l'espera de l'autobús a la terminal i l'estona que el bus triga a portar-los fins a la seva destinació.

Ítem 5. Cotxes de lloguer

Quan arriben a Roma, els membres de la família Vila volen llogar un cotxe. Poden escollir entre un cotxe de benzina o un cotxe dièsel. El de gasolina costa 50 €, més el que gastin en el combustible, mentre que el cotxe dièsel val 55 € més el que gastin en gasoil.

Comparen els preus de la gasolina i el gasoil i el consum de tots dos vehicles. Fan els càlculs i resulta que la gasolina els surt a 0,067 56 €/km, mentre que el gasoil els surt a 0,049 28 €/km.

Construeix amb el que saps

Simbolitza

7 Si la lletra x és el temps total del viatge de la família Vila, expressa els diferents temps de l'ítem 4.

8 Escriu, a partir de les expressions de l'exercici anterior, l'equació que determina el temps total del viatge.

Matematitza

9 Resol l'equació obtinguda en l'exercici anterior per calcular el temps que van trigar a fer el viatge.

Simbolitza

10 Planteja, a partir de les dades de l'ítem 5, les expressions que indiquin els diners que es gasten en total amb cada tipus de cotxe, en funció dels quilòmetres que es recorrin. Representa amb la lletra y el total dels diners i amb la lletra x els quilòmetres recorreguts.

Matematitza

11 Tenint en compte les expressions anteriors, quin cotxe surt més rendible si recorren 250 km? I si recorren 300 km?

12 Planteja, a partir de les equacions obtingudes en l'exercici 10, el sistema d'equacions que determini el nombre de quilòmetres a partir del qual és millor utilitzar un tipus de cotxe o un altre i resol-lo.

El que has construït

Planteges **expressions algebraiques** en funció de situacions donades.

Resols **equacions lineals amb una incògnita**.

Planteges **sistemes d'equacions lineals amb dues incògnites**.

Resols **sistemes d'equacions lineals**.

1. Resolució d'equacions de primer grau

Apunt 1

Elements d'una equació

$\underbrace{3x+2}_{\text{primer membre}}=\underbrace{5x-1}_{\text{segon membre}}$

Els nombres que acompanyen les *x* (el 3 i el 5) s'anomenen **coeficients** i els nombres que estan sols (el 2 i el –1) s'anomenen **termes independents.**

Resoldre una equació de primer grau és esbrinar el valor de la incògnita que fa veritable la igualtat (apunt 1). Per fer-ho, necessitem aïllar la incògnita seguint aquests passos:

1r S'eliminen els parèntesis, si n'hi ha (recorda que aquests signes ens obliguen a realitzar l'operació que hi ha a dins abans que les altres operacions).
2n S'eliminen els denominadors, si n'hi ha. Per fer-ho, es calcula el mínim comú múltiple, s'escriuen les fraccions equivalents i es fan les operacions. D'aquesta manera, s'eliminen els denominadors de tots dos membres.
3r S'agrupen els termes que acompanyen les *x* en un membre i els termes independents en l'altre membre.
4t Es redueixen els termes semblants, és a dir, s'opera amb els dos membres per obtenir una expressió del tipus $ax = b$.
5è S'aïlla la incògnita.

Professora a casa. Equacions de primer grau amb fraccions.

Exemple

1. Troba la solució de l'equació $\dfrac{x+3}{4}-2(x-3)=\dfrac{x-5}{6}-2$.

1. $\dfrac{x+3}{4}-2x+6=\dfrac{x-5}{6}-2$
2. m. c. m. (4, 6) = 12. Per tant, $\dfrac{3x+9}{12}-\dfrac{24x}{12}+\dfrac{72}{12}=\dfrac{2x-10}{12}-\dfrac{24}{12}\rightarrow$
   $\rightarrow\dfrac{(3x+9)-24x+72}{12}=\dfrac{(2x-10)-24}{12}\rightarrow 3x+9-24x+72=2x-10-24$
3. $3x-24x-2x=-10-24-9-72$
4. $-23x=-115$
5. $x=\dfrac{-115}{-23}\rightarrow x=5$

Solució d'un sistema d'equacions

Una solució d'un sistema de dues equacions amb dues incògnites ha de satisfer les dues equacions.

2. Sistemes d'equacions

Apunt 2

Tot i que en un principi les equacions no tinguin aquest aspecte, mitjançant transformacions podem col·locar tots els termes amb incògnita en un costat i els termes independents en l'altre.

Un sistema lineal de dues equacions amb dues incògnites és format per dues equacions (apunt 2). Cadascuna té dues incògnites, normalment anomenades *x* i *y*. Aquestes dues equacions van dins d'unes claus:

$$\begin{cases} ax+by=c \\ a'x+b'y=c' \end{cases}$$

La solució del sistema és un parell (x_0, y_0), tal que si $x = x_0$ i $y = y_0$, aleshores es compleixen les dues equacions.

Exemple

2. Donat el sistema $\begin{cases} x+2y=5 \\ 5x-y=14 \end{cases}$, podem afirmar que (3, 1) n'és la solució, ja que, si $x = 3$ i $y = 1$, tenim que:

$3+2\cdot 1=5$, i per això es compleix la primera equació.

$5\cdot 3-1=14$, i per això es compleix la segona equació.

Com que (3, 1) fa que es compleixin les dues equacions alhora, podem afirmar que és la solució del sistema.

3. Mètodes de resolució de sistemes

Per resoldre sistemes lineals de dues equacions amb dues incògnites, disposem de tres mètodes:

- **Substitució**

  1r S'aïlla una de les incògnites en una de les equacions.
  2n Se substitueix l'expressió obtinguda en l'altra equació.
  3r Es resol l'equació amb una incògnita que hem obtingut.
  4t Es calcula el valor de l'altra incògnita amb l'equació aïllada.

- **Igualació**

  1r S'aïlla la mateixa incògnita en totes dues equacions.
  2n S'igualen les expressions obtingudes.
  3r Es resol l'equació amb una incògnita obtinguda.
  4t Es calcula el valor de l'altra incògnita substituint en una de les expressions aïllades.

- **Reducció**

  1r S'igualen els coeficients d'una de les incògnites de les dues equacions multiplicant cadascuna pel valor corresponent.
  2n Se sumen o es resten les dues equacions del sistema per obtenir, d'aquesta manera, una equació amb una incògnita.
  3r Es resol l'equació amb una incògnita obtinguda.
  4t Es calcula el valor de l'altra incògnita substituint en una de les equacions del sistema.

Professora a casa. Resolució de sistemes pel mètode gràfic.

Exemple

3. Ara, resoldrem un sistema d'equacions fent servir els mètodes de substitució i reducció.

$$\begin{cases} x = \dfrac{3-3y}{2} \\ -x+6=1-2y \end{cases}$$

En primer lloc, independentment del mètode que utilitzem, transformem aquest sistema en un d'equivalent: $\begin{cases} 2x+3y=3 \\ -x+2y=-5 \end{cases}$

Substitució:

1r Aïllem la x de la segona equació:

$x = 2y + 5$

2n $2(2y+5)+3y=3$

3r $4y + 10 + 3y = 3 \rightarrow 4y + 3y = 3 - 10 \rightarrow$
$\rightarrow 7y = -7 \rightarrow y = -1$

4t $x = 2(-1) + 5 = -2 + 5 = 3$

La solució és (3, −1).

Reducció:

1r

$$\begin{cases} 2x+3y=3 \\ -x+2y=-5 \end{cases} \xrightarrow{\text{es multiplica la segona ecuació per 2}} \begin{cases} 2x+3y=3 \\ -2x+4y=-10 \end{cases}$$

2n Es sumen les dues equacions:

$$\begin{array}{rr} & 2x+3y=3 \\ + & -2x+4y=-10 \\ \hline & 7y=-7 \end{array}$$

3r $7y = -7 \rightarrow y = -1$

4t $2x+3(-1)=3 \rightarrow 2x-3=3 \rightarrow 2x=6 \rightarrow x=3$

La solució és (3, −1).

Entrena't

1. Resol les equacions següents:

a $2\cdot\frac{x-1}{3}+x=3x-6$

b $3\cdot(1-x)=\frac{x}{2}-6x$

c $3-2x+\frac{x}{3}=4(6-x)$

d $\frac{3}{2}-(x-2)=\frac{x}{3}-\frac{7}{6}$

2. Comprova quina és la solució correcta en cadascun d'aquests sistemes:

a $\begin{cases} x+y=2 \\ 2x-y=1 \end{cases}$ Solucions: (0, 0), (2, 0), (1, 1).

b $\begin{cases} x+2y=3 \\ 2x+3y=4 \end{cases}$ Solucions: (−1, 2), (2, −1), (1, 1).

c $\begin{cases} -2x-3y=5 \\ 5x+2y=-7 \end{cases}$ Solucions: (2, −1), (−1, 2), (−1, −1).

d $\begin{cases} x+4y=10 \\ 4x-y=23 \end{cases}$ Solucions: (6, 1), (1, 6), (6, 6).

3. Resol els sistemes següents mitjançant el mètode de reducció:

a $\begin{cases} x+2y=4 \\ 2x-y=3 \end{cases}$

b $\begin{cases} -\frac{x}{2}=1-y \\ x+y=1 \end{cases}$

c $\begin{cases} x-4y=-11 \\ 2x=\frac{-7+y}{2} \end{cases}$

d $\begin{cases} \frac{x+4y}{6}=-\frac{1}{2} \\ -x=y-3 \end{cases}$

4. Resol els sistemes següents fent servir el mètode de substitució:

a $\begin{cases} x+y=4 \\ x-y=-2 \end{cases}$

b $\begin{cases} x+2y=1 \\ x-1=\frac{5y}{2} \end{cases}$

c $\begin{cases} x+3y=-7 \\ -x=y+3 \end{cases}$

d $\begin{cases} x=\frac{6-4y}{2} \\ 4x-y=19 \end{cases}$

5. Resol els sistemes següents mitjançant el mètode d'igualació:

a $\begin{cases} x-2y=-1 \\ x-2=\frac{y}{2} \end{cases}$

c $\begin{cases} \frac{7x-9y}{2}-\frac{2x+4}{2}=-15 \\ 5(x-1+y)=25 \end{cases}$

b $\begin{cases} \frac{x+y}{4}=\frac{1}{2} \\ x-3y=-2 \end{cases}$

d $\begin{cases} x+3y=2 \\ y=2x+3 \end{cases}$

6. La suma de tres nombres consecutius és 105. Quins són aquests nombres?

7. Troba dos nombres de manera que es compleixi que el primer sigui el triple que el segon, i que el primer més el doble del segon sigui 30.

a Per determinar aquests nombres, planteja i resol una única equació de primer grau amb una incògnita. Anomena el primer nombre x i expressa el segon nombre en funció del primer.

b Per trobar aquests nombres, planteja un sistema de dues equacions lineals de dues incògnites. Anomena x el primer nombre i y el segon.

8. En el dibuix següent, el segment AB mesura 4 cm, el segment DE mesura 3 cm i el segment AD mesura 14 cm. Calcula quant han de mesurar els segments AC i CD perquè les àrees dels triangles siguin iguals.

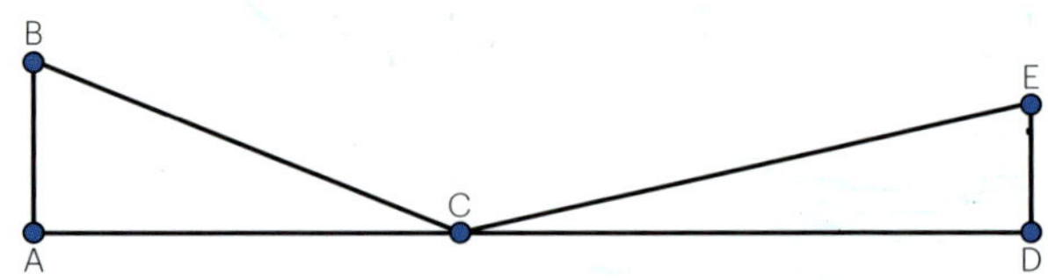

9. Problema resolt. La suma de les xifres d'un nombre de dues xifres és 11. Si invertim les xifres, el nombre que en resulta és 45 unitats més gran que l'original. De quin nombre es tracta?

Anomenem x les desenes del nombre original i anomenem y les unitats. Així, el nombre serà $10x + y$, ja que la x representa les desenes i la y representa les unitats. D'aquesta manera, el nombre que resulta d'invertir-ne les xifres és $10y + x$, i per això tenim dues equacions:

- La suma de les xifres és 11. L'equació resultant és aquesta:
  $$x + y = 11$$
- Si n'invertim les xifres, el nombre resultant és 45 unitats més gran. L'equació resultat és aquesta:
  $$(10x + y) + 45 = 10y + x$$

Per trobar els valors de x i y, resolem el sistema format per aquestes dues equacions:

$$\begin{cases} x+y=11 \\ (10x+y)+45=10y+x \end{cases}$$

El resultat és $x = 3$ i $y = 8$.

10. La suma de les xifres d'un nombre de dues xifres és 8. Si les invertim, el nombre resultant és 36 unitats més petites que l'original. Calcula aquest nombre.

Banc digital

Mates en context

1 AM AL Social L'epitafi de Diofant

Diofant va ser un matemàtic tan apassionat que va encarregar que a la seva tomba es gravés aquest epitafi:

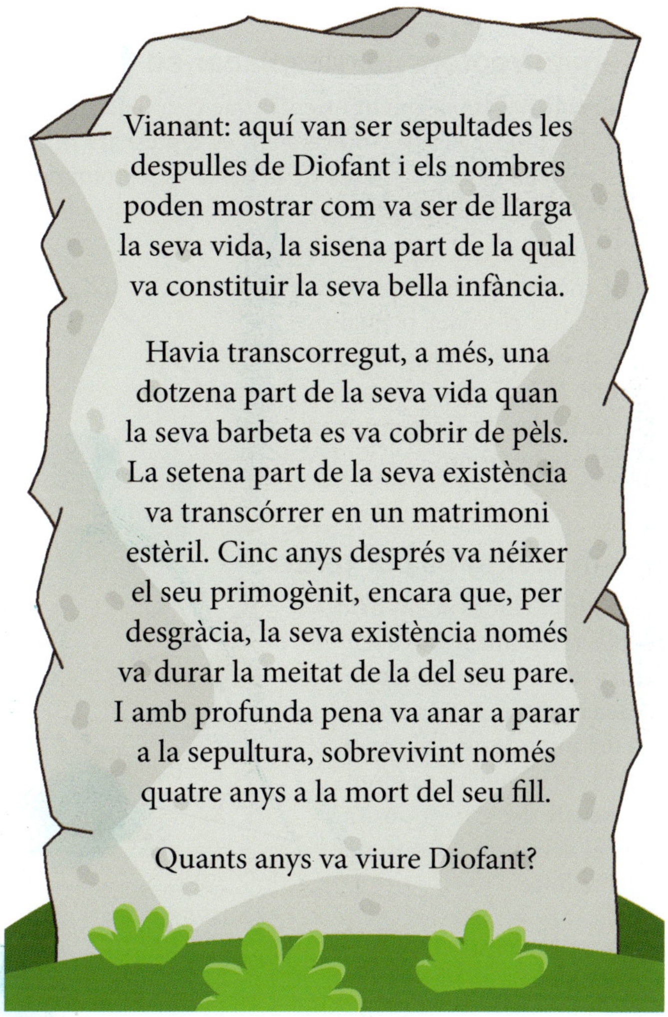

Problemes

1. Si la lletra *x* representa el nombre total d'anys que va viure Diofant, expressa amb fraccions el temps que va viure en cadascuna de les etapes de la seva vida.
2. Escriu, a partir de les expressions de l'exercici anterior, l'equació la solució de la qual dona el nombre total d'anys que va viure i resol-la.
3. Respon les preguntes següents:
   - **a** Quina edat tenia quan li va començar a sortir barba?
   - **b** Quants anys tenia quan es va casar?
   - **c** Quants anys tenia quan va ser pare?
   - **d** Quants anys va viure el seu fill? Quina edat tenia Diofant quan va morir el seu fill?

Matematitza: 1, 2, 3 **Simbolitza: 1, 2**

2 AM AL Social Les notes

El Miquel no és gaire bo en matemàtiques, és per això que sovint fa càlculs per saber les notes que ha de treure en els exàmens per aconseguir l'aprovat. Durant el curs ha de fer un total de sis exàmens, dos en cada trimestre; tots els exàmens valen el mateix per a la nota del trimestre i per a la nota de final de curs.

Problemes

1. Si té un 4 en el primer examen, quina nota ha de treure en el segon examen per poder aprovar el primer trimestre? Planteja el problema amb una equació.
2. Quant han de sumar les notes dels sis exàmens perquè la mitjana final sigui un aprovat? I si es vol que la mitjana sigui un 7?
3. A final de curs, quan només queda un examen per fer, aquestes són les notes del Miquel:

Primer trimestre	Primer examen	5
	Segon examen	3
Segon trimestre	Primer examen	6
	Segon examen	4
Tercer trimestre	Primer examen	4

   - **a** Quina nota ha de treure en l'últim examen per aprovar el tercer trimestre?
   - **b** Amb aquesta nota, en tindria prou per aconseguir una nota mitjana d'aprovat de tot el curs?
   - **c** Calcula la nota que hauria de treure en l'últim examen per aconseguir aprovar el curs.
   - **d** És possible que obtingui com a nota mitjana del curs un 6 o més? En cas afirmatiu, calcula la nota que hauria de treure en l'últim examen perquè això passés.
4. L'últim examen consta de deu preguntes tipus test, i cada encert suma un punt i cada error resta mig punt. A més, cal respondre totes les preguntes i no deixar-ne cap en blanc:
   - **a** Quina nota traurà si respon bé la meitat de les preguntes, però s'equivoca en la resta?
   - **b** Quantes preguntes ha encertat si al final ha tret un 5,5?
   - **c** Quantes preguntes ha d'haver respost bé per aprovar el trimestre?
   - **d** Quantes preguntes ha de tenir bé per aprovar el curs?

Argumenta: 1, 3, 4 **Matematitza: 2, 3, 4**

2 Moviments per a tot

Les figures geomètriques es mouen?

Com es repeteixen les coses?

AM AL AS AP AD Social Personal Professional

Aprèn a...

Identificar els elements més característics dels moviments en el pla que són presents en la natura, en dissenys quotidians o en obres d'art.

Generar creacions pròpies mitjançant la composició de moviments fent servir eines tecnològiques.

Ítem 1. Una aventura en vaixell

L'estiu passat, l'Andrea va fer un creuer amb la seva família. S'ho va passar molt bé. Va parlar amb la tripulació i va aprendre algunes expressions i alguns termes nàutics, com *milla nàutica* (que equival a 1852 km), *proa*, *popa*, *babord*, *estribord*, *rumb veritable* (és l'angle format per la línia proa-popa amb el nord geogràfic), *virar*, etc.

Ara, està preparant una ruta en veler que connecta dues illes imaginàries: Alfa i Omega.

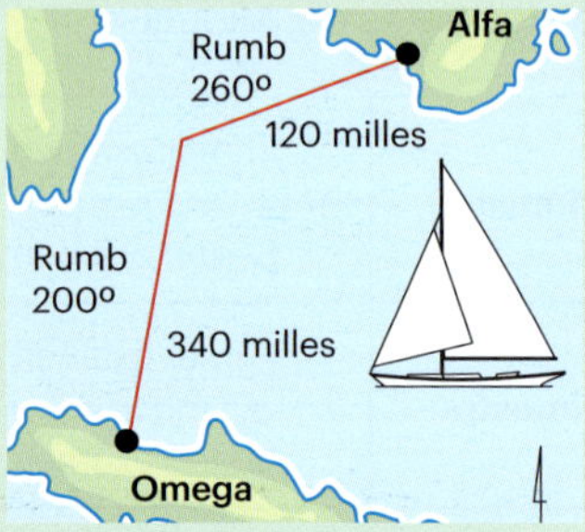

- Sortida el dia 1/07 des del sud d'Alfa.
- Navegació durant 120 milles amb rumb 260º.
- Canvi de rumb a 200º al llarg de 340 milles.
- Arribada al nord d'Omega.

Ítem 2. Vectors per desplaçar-se

Un **vector** és un segment orientat que està determinat per dos punts, *A* i *B*. Gràficament, es representa mitjançant una fletxa. La punta de la fletxa és l'extrem del vector i l'inici n'és l'origen.

La **longitud** del vector és el seu mòdul, la **direcció** és la recta que el conté o qualsevol que hi sigui paral·lela i el **sentit** és la forma de recórrer la recta des de l'origen fins a l'extrem del vector.

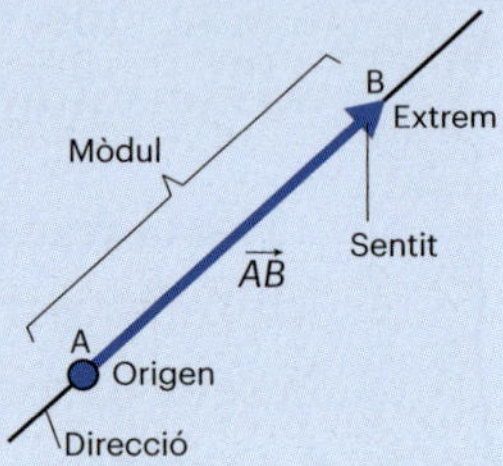

Ítem 3. Angles per girar

Un **gir** és el moviment d'un objecte o d'una figura a l'entorn d'un punt que s'anomena **centre**. A més de l'eix o del punt de gir, cal conèixer l'angle que ha de girar i el **sentit** del gir: és positiu en el sentit de les busques del rellotge.

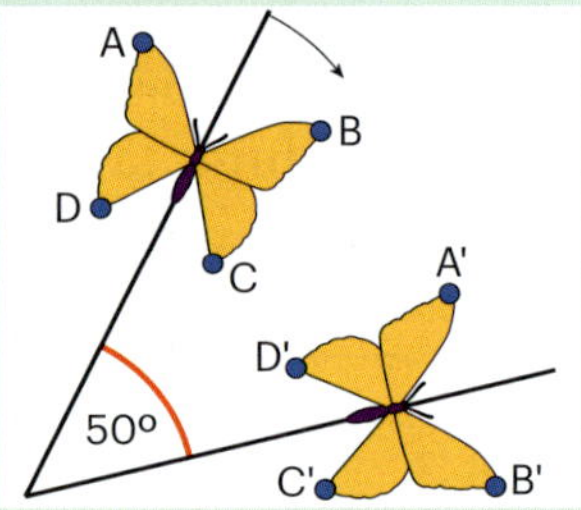

Construeix amb el que saps

Matematitza 1 Observa el dibuix de l'ítem 1 i reprodueix-lo en la llibreta. Dibuixa, a partir de l'ítem 2, dues fletxes en la trajectòria que segueix el vaixell de l'Andrea per anar d'Alfa a Omega.

Argumenta 2 **a** Quin és el mòdul del primer vector, que és el que va cap a Alfa? I quin és el mòdul del vector que arriba a Omega?

b Descriu els vectors: indica'n la direcció i el sentit (ajuda't dels punts cardinals i del rumb del vaixell).

Representa 3 Dibuixa uns eixos cartesians amb origen en el punt de partida. Quines són les coordenades del vaixell en aquest moment? I quan arriba al final del primer vector? I quan arriba al final del recorregut?

Argumenta 4 Quan el vaixell canvia el rumb, quin angle ha de girar? En quin sentit ha de girar, positiu o negatiu?

Matematitza 5 Observa les papallones de l'ítem 3. Unes rectes les divideixen en dues parts iguals, quines rectes són?

Planteja 6 En algun dels canvis del vaixell, se n'ha modificat la forma o la mida?

Ítem 4. Llocs amb encant

Al Lluc, que és el germà de l'Andrea, el que més li ha agradat dels viatges que han fet per vacances ha estat l'Alhambra de Granada. Ha llegit els *Contes de l'Alhambra*, de Washington Irving, i, quan l'ha vista, els ha reviscut amb molta il·lusió.

El que més li ha cridat l'atenció ha estat la decoració de les parets i dels sostres. De vegades hi ha unes franges horitzontals en les quals les figures es repeteixen.

a

b

Altres vegades, les figures cobreixen la paret o el terra, sense deixar buits ni superposar-se les unes amb les altres.

c

d

Ítem 5. Frisos

En matemàtiques, els frisos són regions del pla limitades per dues rectes paral·leles i de longitud il·limitada, que es formen mitjançant moviments aplicats a una o a diverses figures.

a

b

Ítem 6. Llocs amb encant

Els mosaics són recobriments del pla amb figures planes. Les figures s'anomenen **tessel·les** i han d'estar unides de manera que no se solapin ni que quedin buits entre aquestes.

Les úniques figures regulars que recobreixen el pla són les que apareixen en aquests mosaics:

a

b

c

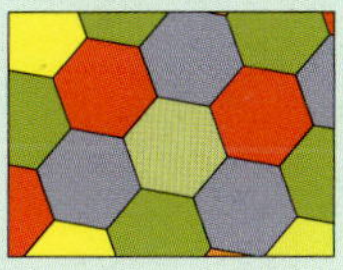

Construeix amb el que saps

Argumenta (7) Observa els frisos de l'ítem 5. Quina és la figura mínima que es repeteix en cada fris?

Matematitza (8) Quins moviments s'apliquen a aquestes figures mínimes per aconseguir la construcció final?

(9) Identifica els mosaics que apareixen en l'ítem 4.

Argumenta (10) Fixa't en els mosaics de l'ítem 6. Quines són les úniques figures regulars que recobreixen el pla?

Matematitza (11) Els mosaics que es formen només amb una figura regular s'anomenen mosaics regulars. N'hi ha algun d'aquest tipus en l'ítem 4? Si és així, digues quina figura regular el crea.

Matematitza Argumenta (12) **a** Fixa't en un vèrtex del primer mosaic de l'ítem 6 (a). Quants triangles hi coincideixen? Quant mesura l'angle que formen tots?

b Fes el mateix que en l'apartat anterior, però ara fixa't en un vèrtex del segon mosaic (*b*).

c I ara fes el mateix amb un del tercer mosaic (c).

d Tenint en compte el que has observat, per què no és possible formar un mosaic amb un pentàgon regular o un octàgon regular?

El que has construït

Identifiques **translacions** i reconeixes el vector que les defineix.

Realitzes **translacions d'una figura plana.**

Reconeixes **girs de figures planes.**

Obtens **l'angle de gir** si en coneixes el centre del moviment.

Trobes la **figura** que s'obté després d'aplicar un gir a una altra figura donada.

Identifiques **simetries axials** d'una figura plana.

Obtens la **figura simètrica** d'una figura plana qualsevol.

4. Moviments en el pla

Una **transformació geomètrica** és una relació que converteix un punt del pla, *P*, en un altre, *P*'. El punt *P*' s'anomena **transformat** de *P*.

Mitjançant aquesta relació, qualsevol figura plana es pot transformar en una altra; aquesta altra s'anomena **homòloga.**

Un **moviment** és una transformació geomètrica que conserva els angles i les distàncies, és a dir, la seva forma i la seva mida (apunt 3).

Apunt 3

Aquesta transformació **no** conserva les distàncies. Per tant, **no** és un moviment.

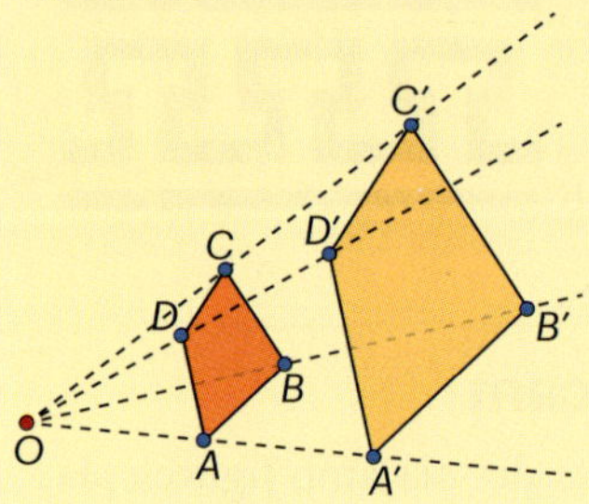

Els moviments poden ser de dos tipus:

Directes: mantenen l'orientació. El triangle original llegit en el sentit de les busques del rellotge és *ABC* i el seu transformat és *A′B′C′*.	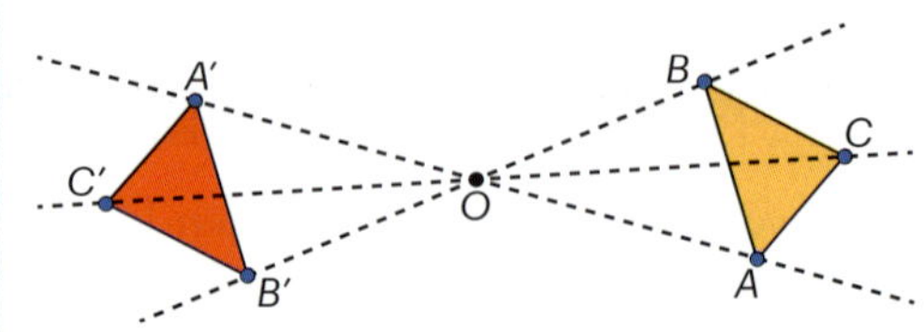
Inversos: no mantenen l'orientació. L'original és *ABC* i el transformat és *A′C′B′*.	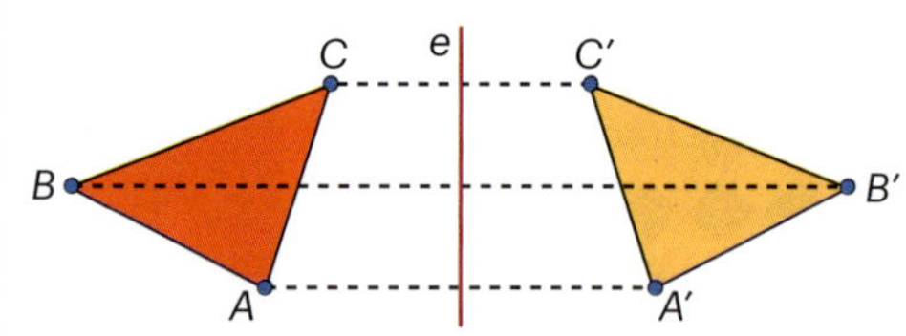

Els **elements invariants** d'un moviment són aquells els elements transformats dels quals són aquests mateixos elements.

Professor a casa. Coordenades d'un vector.

5. Vectors

Un **vector** és un segment orientat. Els punts que el delimiten s'anomenen **origen** i **extrem**. S'escriu $\overrightarrow{AB}$ o $\vec{v}$. Gràficament, es representa mitjançant una fletxa.

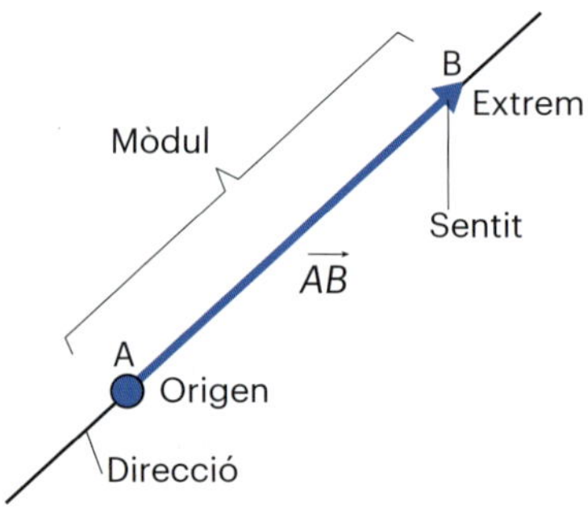

Fig. 1. Elements i característiques d'un vector.

Un vector està delimitat per tres **característiques** (fig. 1):

- **Mòdul**: distància de l'origen a l'extrem del vector.
- **Direcció**: recta que conté el vector o qualsevol que hi sigui paral·lela.
- **Sentit**: forma de recórrer la recta en desplaçar-se de l'origen a l'extrem del vector.

Un vector es pot representar en uns eixos de coordenades. Per referir-nos-hi, indicarem amb nombres el desplaçament horitzontal i vertical que cal fer per anar de l'origen a l'extrem. Aquests nombres són les **coordenades del vector**. S'escriu $\vec{v} = (a, b)$.

Exemple

4. Fixa't en la figura 2.

- Per anar de l'origen del vector $\vec{u}$, *A*, a l'extrem, *B*, cal moure's en horitzontal dues unitats a la dreta i, en vertical, una unitat cap amunt. És a dir: $\vec{u} = (2, 1)$.
- Pel que fa al vector $\vec{v}$, per arribar de l'origen, *C*, a l'extrem, *D*, cal anar tres unitats horitzontals cap a l'esquerra i dues unitats en vertical cap amunt. És a dir: $\vec{v} = (-3, 2)$.

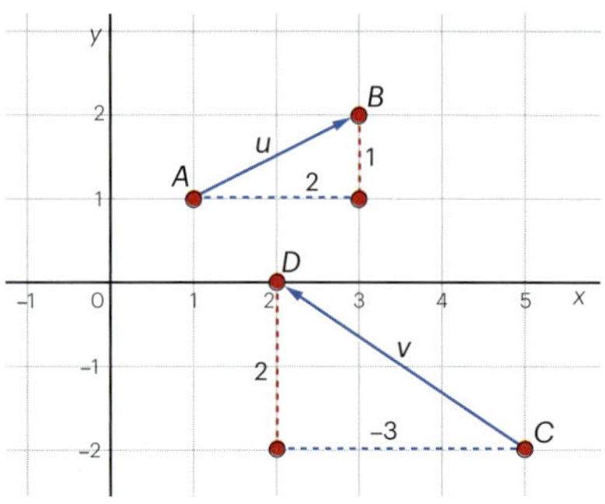

Fig. 2. Coordenades d'un vector.

6. Translacions, girs i simetries

Les **translacions** són moviments directes del pla determinats per un vector $\vec{v}$. Transformen qualsevol punt A en un altre A', de manera que el vector que els uneix $\overrightarrow{AA'}$, és $\vec{v}$.

Els **girs** són moviments directes del pla determinats per un punt i un angle. El punt s'anomena **centre de gir** i s'escriu O; l'angle és α.

Un punt A es transforma en un altre A' de manera que $\widehat{AOA'} = \alpha$. La distància del centre, O, al punt A és igual que la distància de O a A'.

Les **simetries** són moviments inversos. Hi ha dos tipus de simetries:

- **Simetria axial** respecte d'una recta que s'anomena **eix**. Aquest eix es representa mitjançant ***e*** i és la mediatriu entre un punt A i el seu transformat, A'.
- **Simetria central** respecte d'un punt anomenat **centre**. Es representa mitjançant ***O*** i és el punt intermedi entre qualsevol punt A i el seu transformat, A'.

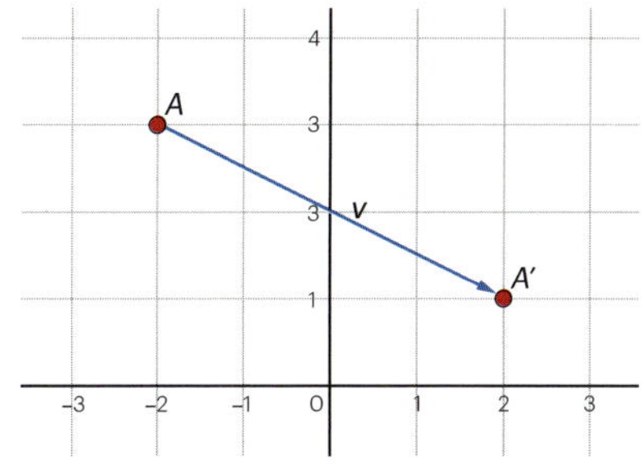

Fig. 3. Exemple de translació.

Professora a casa.
Translació d'un punt.

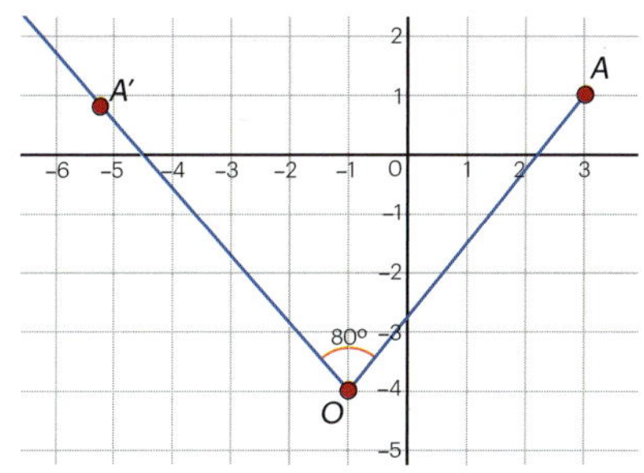

Fig. 4. Exemple de gir.

Professor a casa.
Simetria axial.

Professor a casa.
Simetria central.

Exemples

5. Observa la figura 3. La translació del vector $\vec{v} = (4, -2)$ transforma el punt $A\ (-2, 3)$ en $A'\ (2, 1)$.

Fixa't que no cal fer la representació gràfica per calcular les coordenades de A': $A' = A + \vec{v} = (-2, 3) + (4, -2) = (-2 + 4, 3 - 2) = (2, 1)$.

6. Observa la figura 4. El punt A (3, 1) es transforma, mitjançant un gir de centre **A** (−1, −4) i un angle de 80°, en el punt A'.

7. En la figura 5 es mostren la simetria axial del punt A (−3, 1) respecte d'un eix e i la simetria central del punt A (−3, 1) respecte d'un punt O.

7. Frisos i mosaics

Els **frisos** són regions del pla limitades per dues rectes paral·leles resultants d'aplicar moviments a una o a diverses figures. Aquests moviments poden ser de translació, girs de 180°, simetries axials horitzontals o verticals, de manera individual o en combinació.

Exemple

8. Aquest fris es forma en aplicar a un pentàgon regular una translació de vector $\vec{u}$ i una simetria axial que va canviant el centre.

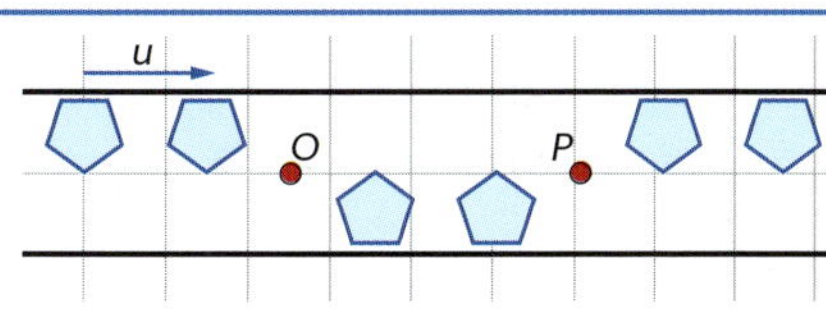

Un **mosaic** és un recobriment del pla amb figures planes anomenades tessel·les.

Els mosaics poden ser de tres tipus:

Regulars: són formats per un únic polígon regular. Només s'aconsegueixen amb triangles equilàters, quadrats o hexàgons regulars (a).	
Semiregulars: són constituïts per més d'un polígon regular (b).	
Irregulars: els formen altres polígons (c).	

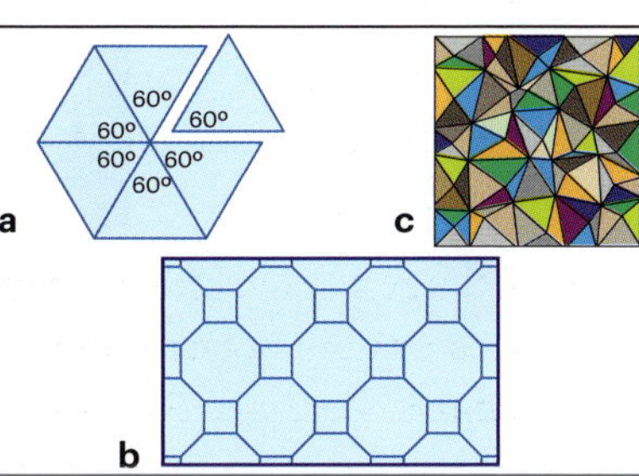

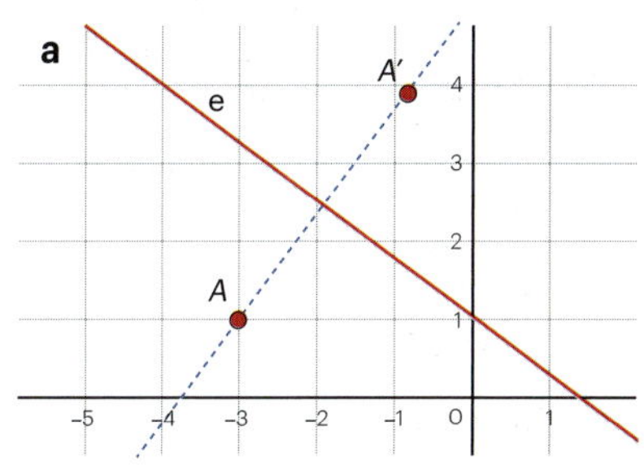

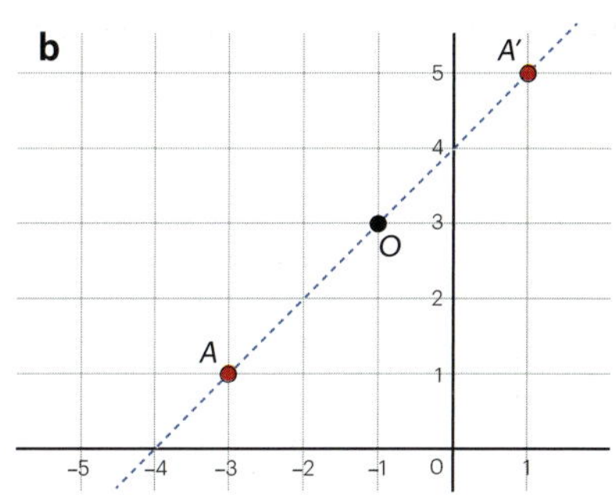

Fig. 5. Simetria axial (**a**) i simetria central (**b**).

Apunt 4

Recorda! Els angles tenen sentit positiu en el sentit contrari de les busques del rellotge.

Entrena't

11. Escriu les coordenades dels vectors del gràfic:

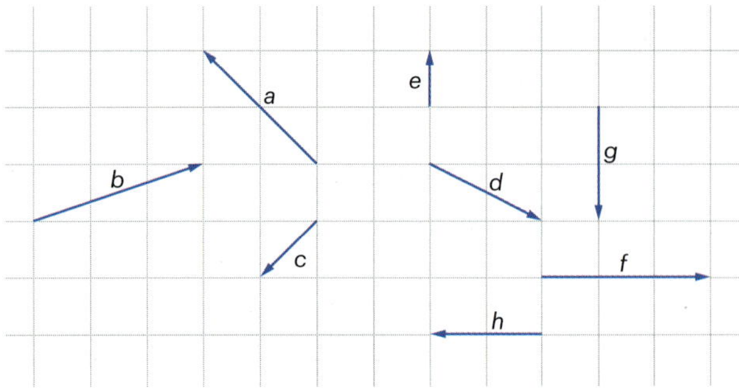

12. Representa gràficament aquests vectors:

$\vec{a}=(-3, 1)$ $\vec{d}=(-1, -4)$ $\vec{g}=(5, -4)$

$\vec{b}=(2, 5)$ $\vec{e}=(-6, 0)$ $\vec{h}=(0, -1)$

$\vec{c}=(4, -3)$ $\vec{f}=(0, 3)$ $\vec{i}=(2, 0)$

13. Efectua les translacions següents segons el vector que s'indica en cada cas. Per fer-ho, trasllada cada vèrtex de la figura i, tot seguit, uneix-los amb segments.

a $\vec{v}=(-2, 0)$ **b** $\vec{v}=(0, 3)$ **c** $\vec{v}=(2, 2)$

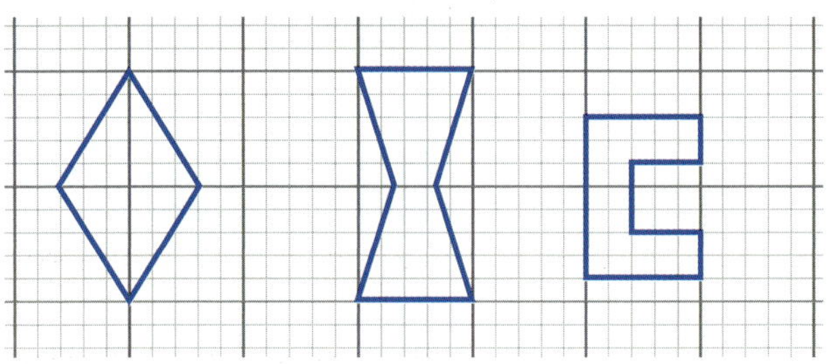

14. Aplica una nova translació de vector $(-\vec{v})$ a les figures que has obtingut en cada translació de l'exercici anterior. Per fer-ho, tingues en compte que si $\vec{v}=(a, b)$, $-\vec{v}=(-a, -b)$. El vector $(-\vec{v})$ és l'oposat de $\vec{v}$.

15. Sense fer la translació gràficament, calcula les coordenades dels transformats dels punts següents mitjançant el vector $\vec{v}=(-3, 5)$:

A (−4, 6) *C* (−1, −5) *E* (8, −3)

B (9, 2) *D* (0, 7) *F* (5, 0)

16. En aplicar al segment següent un gir de centre O, s'han descuidat d'anotar l'angle de gir. Troba'l (recorda el sentit positiu dels angles).

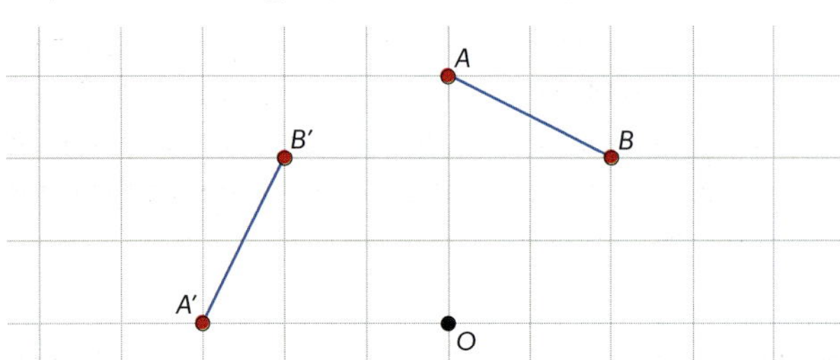

17. Transforma cada figura mitjançant un gir de centre O i l'angle que s'indica en cada cas:

a α = −90° **b** α = 180° **c** α = 100°

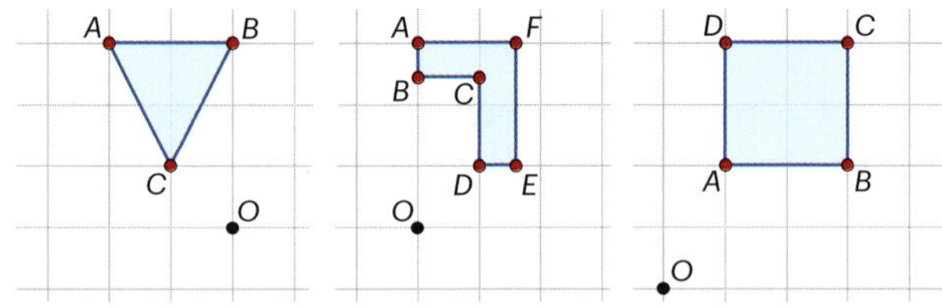

18. a Representa en els eixos cartesians aquests punts:

A (5, 2) *B* (4, −6) *C* (−2, 3) *D* (−1, −2)

b Troba els seus simètrics respecte de l'eix de les ordenades.

c Escriu les coordenades dels seus simètrics.

d Quina relació tenen les coordenades dels punts inicials i les dels seus transformats?

e Tenint en compte la resposta anterior i sense realitzar la simetria, respon: quines són les coordenades del punt *E′*, simètric de *E* (3, −1) respecte de l'eix *Y*?

19. a Representa en els eixos de coordenades:

A (−3, 6) *B* (5, 4) *C* (7, 4) *D* (−2, −3)

b Obtén els seus simètrics respecte de l'eix de les abscisses.

c Quines són les coordenades d'aquests simètrics?

d Escriu la relació entre les coordenades dels punts inicials i les dels seus transformats.

e Tenint en compte la resposta anterior, escriu les coordenades del simètric de *F* (1, 2) respecte de l'eix *X*.

20. Torna a fer els apartats de l'exercici anterior per als punts següents i els seus simètrics respecte de l'origen de coordenades:

A (6, −4) *B* (−1, −2) *C* (−4, 5) *D* (3, 2)

21. Escriu les coordenades dels simètrics dels punts *A* (4, 0), *B* (0, −2), *C* (−3, 0) i *D* (0, 5) respecte de:

a L'eix de les abscisses.

b L'origen de coordenades.

c L'eix de les ordenades.

22. Classifica els mosaics següents segons el tipus i el nombre de figures diferents que els formen:

a

b

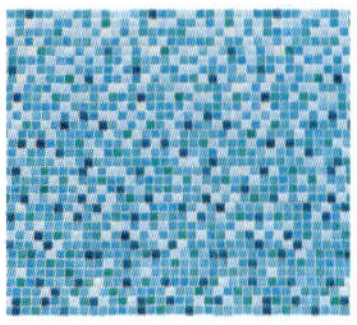

c

Banc digital

Mates en context

3 AM AL AP Professional Obres a casa

Els pares de l'Àlex volen arreglar l'antiga casa dels seus avis. Posaran al menjador un terra nou de rajoles i arreglaran el lavabo i la cuina.

Després de visitar algunes botigues de ceràmica, s'han decidit per aquestes opcions:

	Sanefa per al bany
	Lloses per al terra de la sala
	Rajoles per al terra de la cuina

Problemes

1. Quin nom reben en matemàtiques les sanefes i els enllosats?

2. **a** Quina és la figura principal de la sanefa del lavabo?
   b Explica els moviments que s'hi apliquen per obtenir el disseny final.
   c Imagina't que afegeixes un cercle a la zona triangular inferior. Defineix el moviment que caldria fer perquè estigués en totes les zones posteriors que són com aquesta zona.

3. Al pare de l'Àlex li agraden les sanefes més amples. Se li ha acudit que podria fer una simetria horitzontal a la que han vist. Dibuixa el resultat d'aquest moviment per saber com quedaria.

4. Raona de quin tipus és el recobriment dels diferents terres, segons les figures geomètriques que els formen.

5. Dibuixa en la llibreta una rajola del terra de la cuina. A continuació, transforma-la mitjançant un gir de 90° que tingui com a centre el centre de la figura.

6. Ara, aplica a la rajola i respon:
   a Un gir de 180° amb el centre de la figura.
   b Una simetria el centre de la qual sigui el centre de la figura.
   c Com són les figures que obtens amb els moviments anteriors?

Matematitza: 1, 3, 4 **Argumenta: 2, 6**

4 AM AL AP Científic Simetria en la natura

La setmana passada, la classe de la Carme i el Pau va visitar el museu de ciències naturals i el jardí botànic que hi ha a la seva ciutat. El més sorprenent és que aquesta sortida va ser organitzada pel departament de Matemàtiques. Hi van anar a treballar els moviments directes en el pla.

Van haver de fotografiar i anotar tots aquells elements en què observessin alguna translació, algun gir o alguna simetria. A continuació, per parelles, van haver de preparar una presentació per exposar-la als seus companys i companyes. Aquestes són algunes de les fotografies que van fer la Carme i el Pau:

Problemes

1. **a** Identifica alguna translació en les fotografies de la Carme i el Pau.
   b Escriu les coordenades del vector que la defineix.

2. **a** Indica en quina imatge hi ha un gir.
   b Quin n'és el centre i quin n'és l'angle?

3. **a** En algunes fotografies hi ha simetries. En quines? De quin tipus són?
   b Identifica els elements (eix o centre) que les defineixen.

4. Observa aquestes imatges:

   a Sabries dir com són el peix i l'ocell pel costat que no es veu en les imatges?
   b Quantes aletes veus en el peix? I quantes en té?
   c Quantes ales veus en l'ocell? I quantes en té?
   d Dels moviments que has estudiat, quin et sembla que es produeix més sovint en la natura? Per què penses que és així?

Matematitza: 1, 2, 3 **Argumenta: 4** **Simbolitza: 4**

3 De viatge

Es poden fotografiar funcions? Quina forma tenen les funcions?

AM AL AP AS

Personal Professional

Aprèn a...

Calcular els elements característics d'una funció polinòmica de grau 2 i representar-la gràficament. Identificar i descriure situacions de la vida quotidiana que es puguin modelitzar mitjançant funcions quadràtiques.

Ítem 1. Ponts suspesos

Al Joan i a l'Alba els agrada molt viatjar. Cada any fan diversos viatges a països europeus durant els caps de setmana o aprofitant els ponts. I a les vacances d'estiu visiten altres llocs del món.

Revisant algunes fotografies han recordat el viatge que van fer a Lisboa, on van visitar el pont 25 d'Abril.

Es tracta d'un pont suspès o penjant que travessa el riu Tajo a Lisboa. Fa 2,27 km de longitud i té una alçària màxima de 70 m sobre el riu. És format per 14 obertures, la més llarga de les quals és la central, ja que mesura 1013 m. Als costats hi ha dos pals de 150 m d'altura sobre el nivell de l'aigua.

Ítem 2. Fonts famoses

Tenen també diverses fotografies de fonts famoses: les del palau de Versalles, a França, la de Montjuïc, a Barcelona, i la de l'Alhambra, a Granada.

Ítem 3. Paràbola

Es pot definir la **paràbola** com una corba formada per dues branques simètriques respecte d'un eix.

Construeix amb el que saps

Simbolitza 1 Indica, a partir de la definició de la paràbola que dona l'ítem 3, on es troben aquestes corbes en les fotografies dels ítems 1 i 2. Dibuixa-les en la llibreta.

Matematitza 2 Aquestes paràboles, tenen algun punt màxim o mínim? Si la resposta és afirmativa, marca'ls amb un punt en el teu dibuix i anomena'ls amb la lletra V.

3 Segueix les instruccions i situa l'obertura central del pont suspès de Lisboa en els eixos de coordenades. Pren en consideració aquestes unitats per als eixos: 150 per a x i 15 per a y.

1r Col·loca el pal esquerre en l'eix vertical. Quines són les coordenades de la seva base? I les del seu punt més alt?

2n A quin punt s'ha de col·locar la base del pal dret? I el seu punt més alt? Dibuixa'ls.

3r Afegeix-hi el pont tenint en compte que l'eix de les abscisses és el nivell del riu.

4t La corba que uneix els dos punts superiors dels pals toca el pont pel centre. Quines són les coordenades d'aquest punt?

Simbolitza 4 Calcula a, b i c a partir dels tres punts pels quals passa la gràfica i la fórmula d'aquesta funció, és $y = ax^2 + bx + c$.

Ítem 4. Compartir cotxe

Des de fa un temps, moltes persones que no es coneixen comparteixen cotxe per viatjar. Aquesta opció ofereix diversos avantatges respecte del tren, l'autocar o l'avió. Per exemple, acostuma a ser més còmode i, sovint, molt més econòmic i més ràpid.

L'Emma té el cotxe del seu pare. Com que eren set germans, el nombre màxim de places del vehicle és de nou. Aquest any farà un curs d'estiu i ha de fer un viatge des de Madrid fins a Santander. Són 424 km, aproximadament, i vol aprofitar la capacitat del seu cotxe per anar-hi acompanyada i, així, estalviar despeses. És per això que ha decidit compartir el seu cotxe a través d'una empresa, que farà les gestions. Calcula que es gastarà 300 € en gasoil.

Ítem 5. Relació velocitat-temps

L'Emma ha calculat el temps que poden trigar a fer el recorregut sense tenir en compte les parades. Si circulen a una velocitat mitjana de 90 km/h, trigaran una mica més de 9 hores.

Finalment, ha elaborat aquesta gràfica:

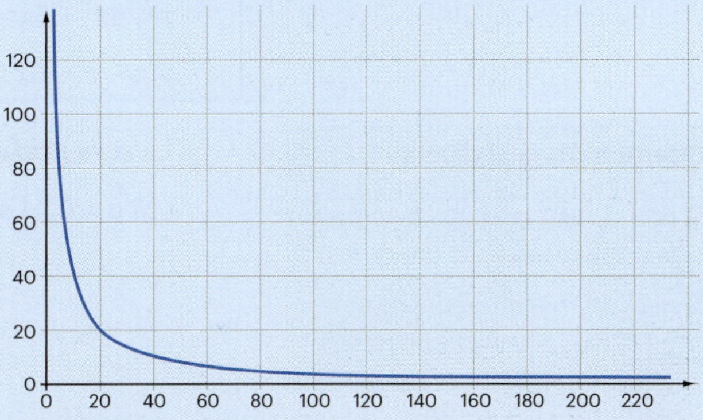

Ha situat en l'eix de les abscisses el valor de la velocitat en km/h i en el de les ordenades el temps en hores que trigarà a arribar a la destinació. D'aquesta manera, no ha de calcular totes les opcions. N'hi ha prou de llegir-les en la gràfica.

Construeix amb el que saps

Matematitza (5) Construeix una taula de valors que expressi la quantitat de diners que pagarà cada ocupant del vehicle de l'ítem 4 en funció del nombre de viatgers.

Representa (6) Elabora la gràfica corresponent a la taula de valors de l'exercici anterior.

Matematitza (7) Escriu la fórmula algebraica que expressi els diners que ha de pagar cada viatger en funció del nombre d'ocupants del cotxe.

Argumenta (8) **a** Quin és el domini de la funció anterior? I el recorregut?
b Explica si és una funció contínua o si no ho és.

Matematitza (9) Fixa't en l'ítem 5 i respon:
a Quina és la variable independent i en quines unitats es mesura? I la dependent?
b Quina és la fórmula de la funció representada?

Argumenta (10) Explica si és possible que la funció de l'ítem 5 talli l'eix de les abscisses. I el de les ordenades?

El que has construït

Representes **funcions quadràtiques** i en reconeixes la fórmula i la gràfica.

Obtens la **fórmula d'una funció quadràtica** a partir de tres punts.

Identifiques i calcules el vèrtex d'una **paràbola** i distingeixes si és el màxim o el mínim de la funció.

Representes **funcions de proporcionalitat inversa**.

Calcules el **domini** i el **recorregut** de les funcions de proporcionalitat inversa.

Obtens la **fórmula** d'una funció de proporcionalitat inversa a partir d'un enunciat.

Reconeixes la **fórmula** i la **gràfica** d'una funció de proporcionalitat inversa.

8. Funció quadràtica

Apunt 5

El coeficient de x^2 no pot ser mai 0.

La **fórmula** d'una **funció quadràtica** és un polinomi de segon grau:

$y = ax^2 + bx + c$, en què a, b i c són nombres reals (apunt 5).

Exemple

9. Les funcions següents són quadràtiques:

$y = 4x^2 + 3x - 2$. Els valors de a, b i c són $a = 4$, $b = 3$ i $c = -2$.

$y = -x^2 - 6x$. Els valors de a, b i c són $a = -1$, $b = -6$ i $c = 0$.

Obertura d'una paràbola

Si |a| > 0, les branques de la paràbola estan més a prop (tancades).

Si |a| < 0, les branques de la paràbola estan més allunyades (obertes).

La seva **gràfica** és una **paràbola.**

- Si $a > 0$, el seu vèrtex és un mínim.

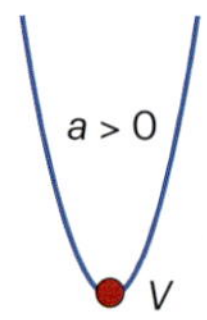

- Si $a < 0$, el seu vèrtex és un màxim.

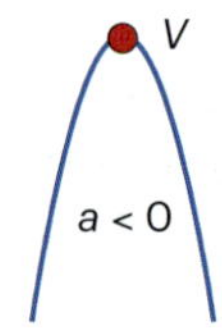

REPRESENTACIÓ DE LA PARÀBOLA

Apunt 6

Si la paràbola no talla l'eix de les abscisses, un cop has trobat el vèrtex, has d'escollir dos punts simètrics respecte d'aquest vèrtex i trobar-ne les coordenades.

Per representar una paràbola, es necessiten tres punts: el **vèrtex** i els **dos punts de tall de la funció amb l'eix de les abscisses** (apunt 6).

- Si anomenem V el vèrtex, les seves coordenades són aquestes (x_V, y_v):
  - La primera coordenada s'obté aplicant la fórmula: $x_V = \dfrac{-b}{2a}$
  - La segona es troba substituint el valor obtingut de x_V en la fórmula de la funció i fent les operacions que en resulten.
- Per trobar els punts de tall de la funció amb l'eix de les abscisses, es resol el sistema format per les seves equacions. En aquest cas:

$$\left.\begin{array}{l} y = ax^2 + bx + c \\ y = 0 \end{array}\right\}$$

Si es resol per substitució, canviant la y de la primera equació per 0 (que és el valor que té en la segona), s'obté una equació de segon grau:

$$ax^2 + bx + c = 0$$

Les seves solucions, x_1 i x_2, proporcionen les primeres coordenades d'aquests punts de tall, que són $(x_1, 0)$ i $(x_2, 0)$.

L'**eix de simetria** de la paràbola és la recta paral·lela a l'eix ***OY*** que passa pel seu vèrtex. La seva equació és $x = \dfrac{-b}{2a}$. En el cas anterior, $x = 1$.

Exemple

10. Calcula el vèrtex i els punts de tall amb l'eix de les abscisses de la funció $y = x^2 + 2x + 3$ i representa-la.

Vèrtex: $V = (x_V, y_v) \rightarrow x_V = \dfrac{-2}{2(-1)} = 1 \rightarrow y_v = -1^2 + 2 \cdot 1 + 3 = 4 \rightarrow V = (1, 4)$

Talls amb l'eix de les abscisses: $\left.\begin{array}{l} y = -x^2 + 2x + 3 \\ y = 0 \end{array}\right\} \rightarrow -x^2 + 2x + 3 = 0 \rightarrow$

$x_1 = -1$, $x_2 = 3$. Per tant, són $(-1, 0)$ i $(3, 0)$.

La gràfica es representa en la figura 6.

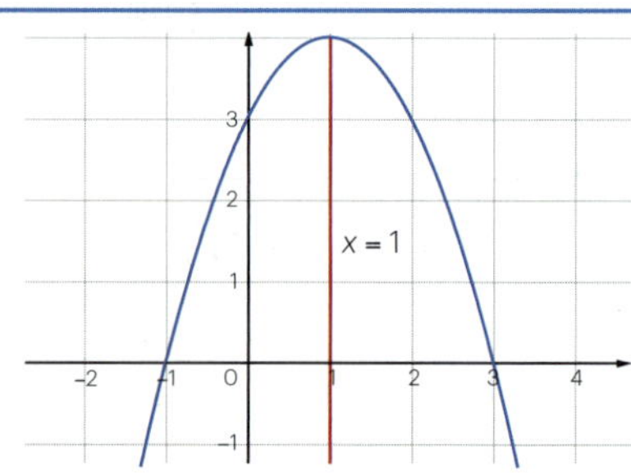

Fig. 6. Representació gràfica de $y = -x^2 + 2x + 3$.

9. Funció de proporcionalitat inversa

La **fórmula** d'una **funció de proporcionalitat inversa** és aquesta:

$$y=\frac{k}{x}, \text{ en què } k\in \mathbb{R} - \{0\}$$

Les **característiques** d'una funció d'aquest tipus són les següents:

- El seu **domini** és $D=\mathbb{R} - \{0\}$.
- **No talla l'eix de les ordenades**, perquè, per fer-ho, $x = 0$ hauria de ser un valor del domini de la funció.
- **No talla l'eix de les abscisses**, perquè el sistema que permet trobar aquests punts,

$$\left.\begin{array}{l} y=\dfrac{k}{x} \\ y=0 \end{array}\right\} \rightarrow \frac{k}{x}=0, \text{ no té solució.}$$

- És **discontínua** en $x = 0$.
- Té una **asímptota vertical** que és una recta paral·lela a l'eix Y. La funció s'aproxima als extrems de la recta, però mai no els toca. Per a aquesta funció, és l'eix de les ordenades, d'equació $x = 0$.
- Té una **asímptota horitzontal** que és una recta paral·lela a l'eix X. La funció s'aproxima als extrems de la recta, però mai no els toca. Per a aquesta funció, és l'eix de les abscisses, d'equació $y = 0$.
- La seva **gràfica** és una **hipèrbola.**

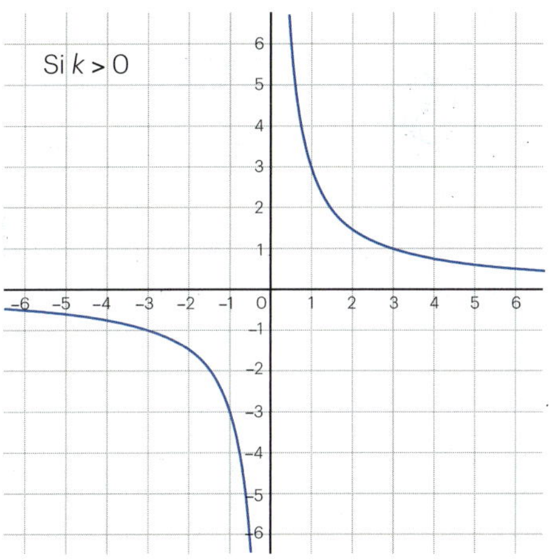

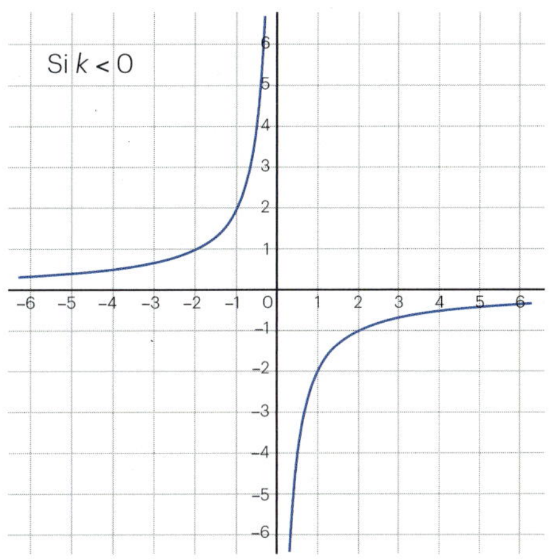

REPRESENTACIÓ DE LA HIPÈRBOLA

Per representar la hipèrbola, en primer lloc cal comprovar si el valor de k en la funció és positiu o negatiu. Així, les branques se situaran en el primer i en el tercer quadrants si és positiu o en el segon i en el quart quadrants si és negatiu.

A continuació, es troben els valors de la funció per a $x = 1$ i per a $x = -1$. D'aquesta manera s'obtindran dos punts pels quals passa.

Exemple

12. Representa les funcions $y=\dfrac{-1}{x}$ i $y=\dfrac{4}{x}$.

La primera es representarà en el segon i en el quart quadrants i passarà pels punts $(1, -1)$ i $(-1, 1)$ (fig. 7a).

La segona s'ha de representar en el primer i en el tercer quadrants i ha de passar pels punts $(1, 4)$ i $(-1, -4)$ (fig. 7b).

Apunt 7

Dues variables relacionades per una funció de proporcionalitat inversa són dues magnituds inversament proporcionals, ja que

$$x \cdot y = k$$

Exemple

11. Són funcions de proporcionalitat inversa:

$$y=\frac{5}{x} \text{ i } y=\frac{-4}{x}.$$

a

b

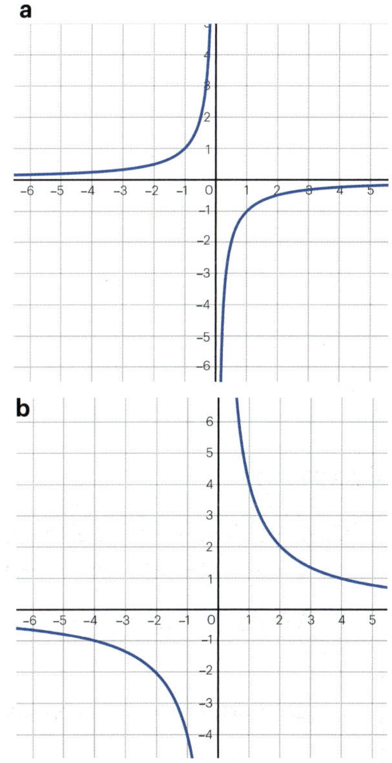

Fig. 7. Representació de les funcions $y=\dfrac{-1}{x}$ (**a**) i $y=\dfrac{4}{x}$ (**b**).

Entrena't

23. Indica quines funcions són quadràtiques:

a $y = 2x - 5$
b $y = x^2 + 5x$
c $y = -x^2$
d $y = \frac{6}{x}$
e $y = 3 - 2x^2$
f $y = x^3 + x^2 - x - 1$

24. Sense representar les funcions, digues en quines el vèrtex és un màxim i en quines és un mínim:

a $y = -x^2 - 5$
b $y = 6x^2 - 2x - 1$
c $y = -2x^2 + 6x$
d $y = 3 + x^2$
e $y = 2 - 3x - x^2$
f $y = 3 - 4x + x^2$

25. Calcula el vèrtex de les paràboles:

a $y = x^2 - 2x + 1$
b $y = -2x^2 - 3x + 2$
c $y = x^2 - 4$
d $y = x^2 + 6x + 5$
e $y = 3x^2 - 6x$
f $y = 6x^2 - 2x - 1$

26. Escriu l'eix de simetria de cada una de les funcions anteriors.

27. Troba els punts de tall de les paràboles amb l'eix de les abscisses:

a $y = -x^2 + 9$
b $y = x^2 + 5x + 6$
c $y = 7 - x^2$
d $y = 3x^2 + 4x$
e $y = x^2 + 2x + 3$
f $y = 2x^2 - x - 3$

28. Calcula els punts necessaris per representar gràficament les funcions següents i representa-les:

a $y = 2x^2 + 8x$
b $y = 8 - 2x - x^2$
c $y = 3x^2 + 1$
d $y = x^2 - 1$
e $y = -2x^2 - x + 1$
f $y = -4x^2 - 8x - 8$

29. Troba la funció quadràtica que passa per aquests punts:

a (1, 0), (–1, 0) i (0, 1)
b (0, 0), (1, 3) i (–1, 3)
c (1, 0), (5, 0) i (3, 4)
d (1, 2), (–1, –3) i (2, 0)

30. Quines d'aquestes funcions són de proporcionalitat inversa?

a $y = \frac{x}{3}$
b $y = \frac{-9}{x}$
c $y = \frac{11}{3x}$
d $y = \frac{x-2}{x}$

Banc digital

31. L'eix de simetria d'una paràbola és $x = -1$ i un dels punts de tall amb l'eix de les abscisses és (2, 0).

a Quin és l'altre punt de tall amb l'eix *X*?
b Troba l'equació de la paràbola si saps que talla l'eix *Y* a l'altura $\frac{2}{3}$.

32. **a** Representa gràficament la funció $y = \frac{1}{x}$.
b En els mateixos eixos, representa les funcions $y = \frac{3}{x}$ i $y = \frac{4}{x}$.
c A continuació, representa les funcions $y = \frac{1}{2x}$ i $y = \frac{2}{5x}$.
d Quina conclusió pots obtenir de la gràfica de les funcions de l'apartat *b* respecte de la funció de l'apartat *a*?
e I què pots dir sobre les funcions de l'apartat *c* respecte de l'apartat *a*?

33. **a** Elabora la gràfica de la funció $y = \frac{-1}{4x}$.
b Escriu-ne les característiques: domini, punts de tall amb l'eix de les abscisses i amb el de les ordenades i asímptotes.

34. Observa la taula següent i resol les activitats:

x	–2	–1	4	8
y	–4	–8	2	1

a Quin tipus de funció és?
b Determina'n la fórmula.
c Representa-la gràficament.

35. Donada la funció $y = \frac{1}{5x}$:

a Construeix una taula de valors (escriu-ne alguns de positius i alguns de negatius).
b A partir de la taula anterior, comprova que és una funció de proporcionalitat inversa.
c Fes-ne la representació gràfica.

36. Troba la fórmula d'una funció de proporcionalitat inversa que passi pel punt indicat en cada cas:

a (2, 6)
b (–3, 3)
c $\left(\frac{1}{5}, -10\right)$

37. En una funció de proporcionalitat inversa, $y = \frac{k}{x}$, quina relació hi ha entre la imatge de la funció en un punt *a*, *f*(*a*) i la del seu oposat, *f*(–*a*)?

Mates en context

5 AM AL AP Professional Juguem a golf

Durant les jornades culturals del centre escolar on estudia l'Àngela, un professor aficionat al golf va oferir una xerrada sobre aquest esport. En acabar, va fer una demostració pràctica per explicar la forma de col·locar-se i d'agafar el pal, la manera de copejar la pilota, etc. A continuació, va convidar tots els participants a efectuar un cop, perquè poguessin comprovar que s'ha de pensar una mica abans de picar la pilota i que la tècnica és molt important.

Va col·locar tres forats: 1, 2 i 3. L'1 estava a 2 m del punt de llançament; el 2, a 100 m, i el 3, a 150 m. A més, hi havia un arbre de 10 m d'alçària a 60 m d'aquest tercer forat.

Problemes

1. Perquè la bola entrés al primer forat, el professor va fer un llançament horitzontal arran de terra. Imagina't que col·loques els eixos de coordenades amb origen en el punt de llançament, de manera que l'eix de les abscisses passa pel forat:

   a Quines són les coordenades del forat 1?
   b Obtén l'equació de la trajectòria recta que va seguir la bola.
   c Perquè la bola entrés al forat, n'hi ha prou que seguís aquesta trajectòria? Raona la resposta.

2. Per arribar al forat 2, va realitzar un cop que va fer que la bola seguís la trajectòria donada per la funció $y = x - 0{,}006\,125x^2$. En aquest cas, l'eix de les abscisses passaria pel forat 2.

   a Quina forma té la gràfica de la trajectòria?
   b La bola va entrar al forat amb un únic llançament? Si la resposta és negativa, indica la distància respecte del forat a la qual va tocar el terra.
   c Quina va ser l'alçària màxima que va assolir la bola?

3. Pel que fa al forat 3, com que hi ha un arbre, la trajectòria de la bola va ser diferent: $y = 1{,}732x - 0{,}01225x^2$.

   a L'altura màxima a la qual va arribar la bola en aquest cop va ser més gran o més petita que en el cop anterior?
   b Va aconseguir superar l'arbre, hi va topar o va caure abans d'arribar a l'arbre?
   c A quina distància del forat va caure la bola?
   d Representa la situació en uns eixos de coordenades adequats.

Matematitza: 1, 2, 3 **Argumenta: 1, 2, 3** **Simbolitza: 3**

6 AM AL AS AP Social Professional Bussegem

Bussejar és una activitat que acostuma a resultar atractiva, potser perquè no es tenen gaires oportunitats de practicar-la. Hi ha diverses modalitats de busseig i gairebé tothom està capacitat per poder dur a terme les més senzilles, com ara l'*snorkel* (que es practica amb un respirador de superfície). En canvi, els professionals han de prendre moltes precaucions perquè, a mesura que la profunditat augmenta, també augmenta la pressió. El volum, en canvi, disminueix. Això fa que els pulmons es comprimeixin.

Fixa't en la relació entre la profunditat i la pressió:

Profunditat (m)	0	10	20	30
Pressió (atm)	1	2	3	4

La gràfica següent mostra la relació entre la pressió i el volum:

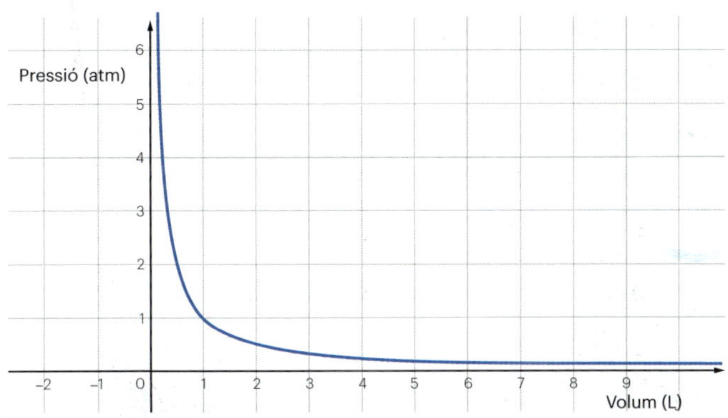

Problemes

1. Quina relació hi ha entre el volum i la pressió? Quin nom rep la gràfica que representa aquesta relació?
2. A una profunditat de 60 m, quin serà el volum?
3. El rècord de profunditat de busseig d'una persona és de 332,35 m. Quina pressió va suportar i quin era el volum a aquesta distància?
4. A partir d'aquesta informació, saps quin és el domini actual de la funció?
5. Busqueu informació sobre aquest rècord i el temps de baixada i pujada i explica-la a classe.

Argumenta: 1, 3 **Matematitza: 2, 4** **Comunica: 5**

EQUACIONS I SISTEMES

Equacions

Resoldre una equació de primer grau és esbrinar el valor de la incògnita que fa veritable la igualtat. Cal seguir aquests passos:

1r Operem amb els parèntesis.
2n Eliminem denominadors, si n'hi ha, fent servir el mínim comú múltiple.
3r Agrupem els termes que tenen una x en un membre i els que no la tenen en l'altre.
4t Reduïm els termes semblants, és a dir, operem amb els dos membres per obtenir una expressió del tipus $ax = b$.
5è Aïllem la incògnita.

Sistemes

Un sistema lineal de dues equacions amb dues incògnites té la forma $\begin{cases} ax+by=c \\ a'x+b'y=c' \end{cases}$

La solució del sistema és un parell (x_0, y_0) que fa possible que es compleixin les dues equacions si $x = x_0$ i $y = y_0$.

Efectuem les operacions necessàries per deixar el sistema de la forma anterior. A continuació, apliquem un dels mètodes de resolució de sistemes:

- **Sustitució**

1r Aïllem una de les incògnites en funció de l'altra en una de les equacions.
2n Substituïm la incògnita aïllada en l'altra equació.
3r Resolem l'equació resultant.
4t Calculem el valor de l'altra incògnita amb la solució calculada.

- **Igualació**

1r Aïllem la mateixa incògnita en les dues equacions.
2n Igualem les expressions obtingudes.
3r Resolem l'equació.
4t Calculem el valor de l'altra incògnita en una de les expressions aïllades.

- **Reducció**

1r Escollim una incògnita i n'igualem els coeficients mitjançant el càlcul d'equacions equivalents.
2n Sumem o restem les dues equacions del sistema per eliminar la variable i, així, obtenir una equació amb una incògnita.
3r Resolem l'equació.
4t Calculem el valor de l'altra incògnita substituint en una de les equacions del sistema.

GEOMETRIA

Moviments en el pla

Un **moviment** és una transformació geomètrica que conserva els angles i les distàncies, és a dir, la seva forma i la seva mida.

Poden ser de dos tipus:

Directes: mantenen l'orientació	**Inversos:** no mantenen l'orientació
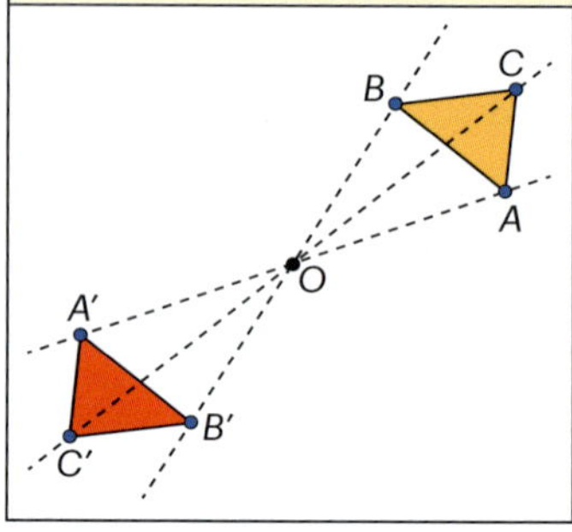	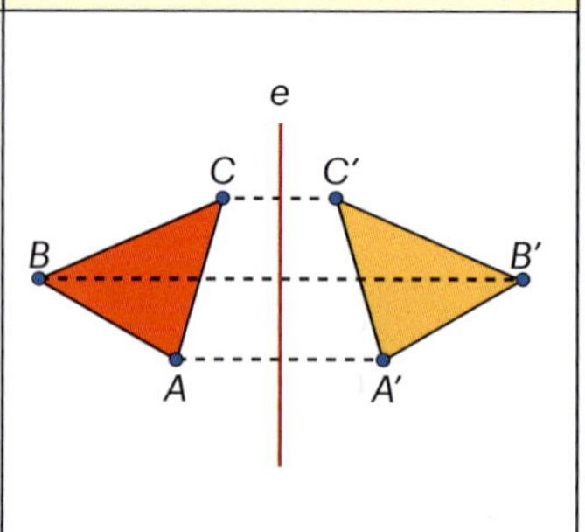

Els **elements invariants** d'un moviment són aquells els transformats dels quals són ells mateixos.

Vectors

Un **vector** és un segment orientat. Els punts que el delimiten s'anomenen **origen** i **extrem**. S'escriu $\overrightarrow{AB}$ o $\vec{v}$. Gràficament, es representa per una fletxa.

Un vector està determinat per tres **característiques**:

- **Mòdul**. Distància de l'origen a l'extrem del vector.
- **Direcció**. Recta que el conté o qualsevol que hi sigui paral·lela.
- **Sentit**. Forma de recórrer la recta en desplaçar-se de l'origen a l'extrem del vector.

Un vector es pot representar en uns eixos de coordenades. Per referir-nos-hi, indicarem amb nombres el desplaçament horitzontal i vertical que cal fer per anar de l'origen a l'extrem. Aquests nombres s'anomenen **coordenades del vector**. S'escriu $\vec{v}=(a,b)$.

Translacions

Són moviments directes del pla determinats per un vector $\vec{v}$. Transformen qualsevol punt A en un altre punt A' de manera que el vector que els uneix, $\overrightarrow{AA'}$, és $\vec{v}$.

Girs

Són moviments directes del pla determinats per un punt i el seu angle. El punt s'anomena **centre de gir** i es representa mitjançant O; l'angle és α.

Simetries

Son moviments inversos. Poden ser de dos tipus:

- **Simetria axial** respecte d'una recta que s'anomena eix. L'eix es representa mitjançant *e* i és la mediatriu entre un punt *A* i el seu transformat, *A'*.
- **Simetria central** respecte d'un punt anomenat **centre**. Es representa mitjançant *O* i és el punt intermedi entre qualsevol punt *A* i el seu transformat, *A'*.

Frisos

Un fris és una regió del pla limitada per dues rectes paral·leles que es forma en aplicar moviments a una o a diverses figures. Aquests moviments poden ser translacions, girs de 180°, simetries axials horitzontals o verticals, de manera individual o en combinació.

Mosaics

Un mosaic és un recobriment del pla amb figures planes anomenades **tessel·les.**

Els mosaics poden ser de tres tipus:

- **Regulars**, formats per un sol polígon regular.
- **Semiregulars**, constituïts per més d'un polígon regular.
- **Irregulars**, formats per altres polígons.

FUNCIONS

Funció quadràtica

La **fórmula** d'una **funció quadràtica** és un polinomi de segon grau:

$$y = ax^2 + bx + c$$

En aquest polinomi, *a*, *b* i *c* són nombres reals i $a \neq 0$.

La seva **gràfica** és una **paràbola.**

- Si $a > 0$, el seu vèrtex és un mínim.
- Si $a < 0$, el seu vèrtex és un màxim.
- Les coordenades del vèrtex són aquestes:

$$V = \left(\frac{-b}{2a}, a\left(\frac{-b}{2a}\right)^2 + b\left(\frac{-b}{2a}\right) + c\right)$$

- Punt de tall amb l'eix de les ordenades: $(0, c)$.
- Punts de tall amb l'eix de les abscisses, resolent: $ax^2 + bx + c = 0$

Hi pot haver dos punts de tall, un o no haver-n'hi cap. Si n'hi ha, tindran la forma $(x_1, 0)$, en què x_1 és la solució de l'equació de segon grau anterior.

Funció de proporcionalitat inversa

La **fórmula** d'una **funció de proporcionalitat inversa** és aquesta:

$$y = \frac{k}{x}, \text{ en què } k \in \mathbb{R} - \{0\}$$

Característiques:

- El seu **domini** són tots els nombres reals llevat del zero. És a dir: $D = \mathbb{R} - \{0\}$.
- **No talla l'eix de les ordenades**, perquè, per fer-ho, $x = 0$ hauria de ser un valor del domini de la funció.
- **No talla l'eix de les abscisses**, perquè el sistema que permet trobar aquests punts, $\left.\begin{array}{l} y = \frac{k}{x} \\ y = 0 \end{array}\right\} \rightarrow \frac{k}{x} = 0$, no té solució.
- És **discontínua** en $x = 0$.
- Té una **asímptota vertical** que és una recta paral·lela a l'eix *Y*. La funció s'aproxima als extrems de la recta, però mai no els toca. Per a aquesta funció, és l'eix de les ordenades, d'equació $x = 0$.
- Té una **asímptota horitzontal** que és una recta paral·lela a l'eix *X*. La funció s'aproxima als extrems de la recta, però mai no els toca. Per a aquesta funció, és l'eix de les abscisses, d'equació $y = 0$.
- La seva **gràfica** és una **hipèrbola.** Si $k > 0$, la gràfica es troba en el primer i en el tercer quadrants. Si $k < 0$, aleshores la gràfica es troba en el segon i en el quart quadrants.

$k > 0$

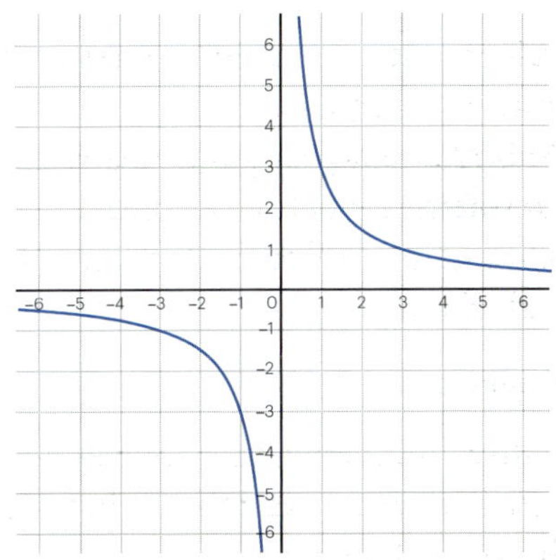

$k < 0$

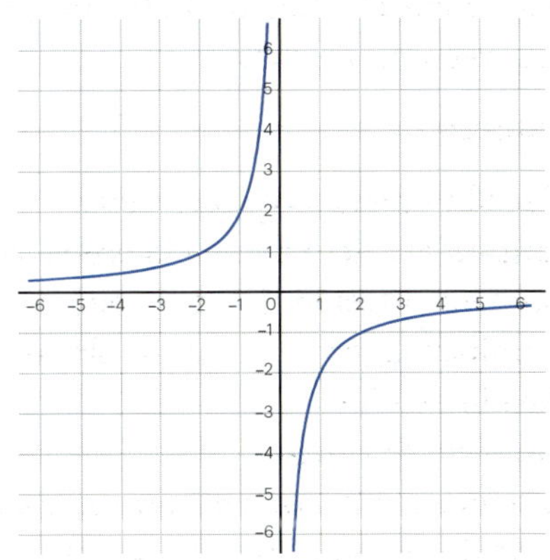

Entrena't +

Equacions i sistemes

38. Resol aquestes equacions:

a $2\frac{x-3}{5}+x=3x-7$

b $\frac{1-x}{2}+\frac{x}{4}-\frac{5x}{3}=-11$

c $3-2x=\frac{3\,(x+3)}{9}$

d $x-2(3-2x)=3(x+1)-3$

39. Resol aquests sistemes:

a $\begin{cases} 3x+5y=15 \\ 2x-3y=-9 \end{cases}$

b $\begin{cases} 2(x+1)-3y=-9 \\ 3(x-y)+3x=-3 \end{cases}$

c $\begin{cases} x+2(1-y)=x \\ y+3=\frac{1-x}{2} \end{cases}$

d $\begin{cases} 4x=3y+5 \\ \frac{2y}{2}=\frac{5+4}{3} \end{cases}$

40. Tres germans reben una herència d'un parent. El germà més gran rep la meitat del total de l'herència, el mitjà en rep un terç i el petit rep 1000 €, que és la resta de l'herència. Calcula la quantitat total de l'herència i quants diners rep cada germà.

41. El perímetre d'un triangle isòsceles és de 19 cm. La longitud de cadascun dels seus costats iguals excedeix en 2 cm el doble de la longitud del costat desigual. Quant mesuren els costats del triangle?

Banc digital

Moviments en el pla

42. Dibuixa el vector de translació en cada cas i, a continuació, escriu-ne les coordenades:

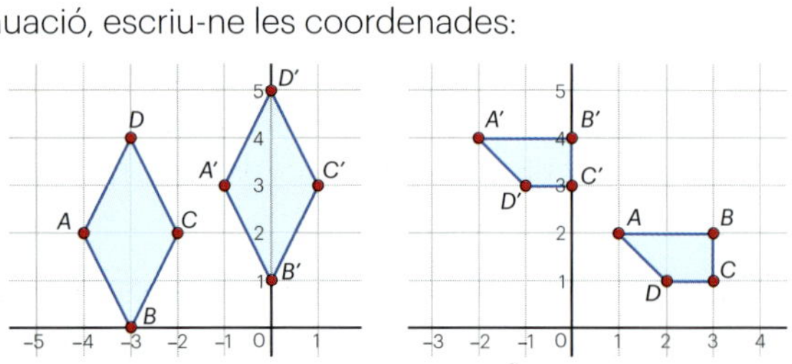

43. **a** Obtén la figura transformada de la següent mitjançant un gir de centre C i angle −180º.

b A quin angle positiu equival el gir anterior?

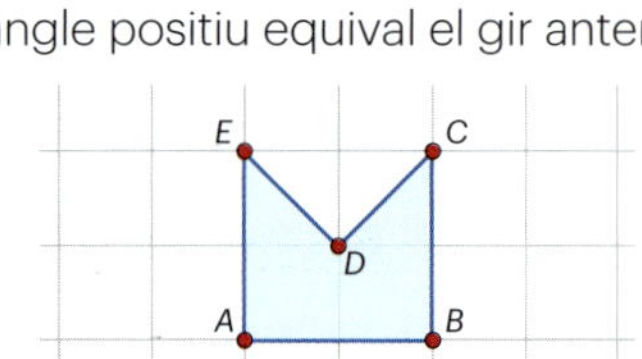

44. Construeix el simètric de cada polígon respecte de l'eix que s'indica en cada cas:

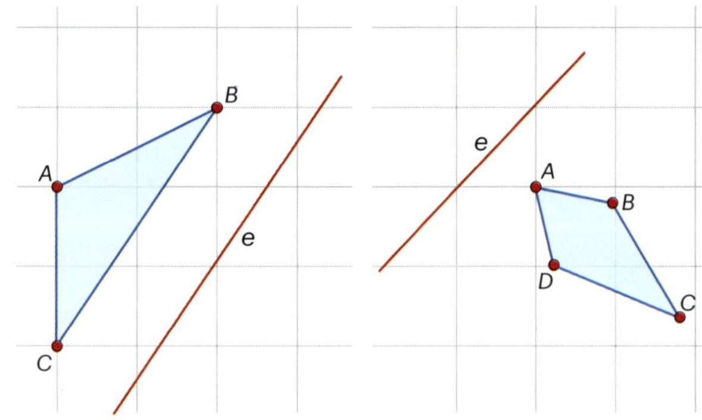

Banc digital

Funcions quadràtiques

45. Troba el vèrtex i l'eix de simetria d'aquestes paràboles:

a $y=-x^2+16$

b $y=3x^2-8x$

c $y=x^2-8x+15$

d $y=4-2x-2x^2$

46. Calcula els punts que determinen aquestes funcions i representa-les:

a $y=2x^2+4x+5$

b $y=x^2+4x-12$

c $y=-4x^2$

d $y=6-7x-3x^2$

47. Associa cada gràfica amb la funció corresponent:

$y=\frac{-2}{x}$	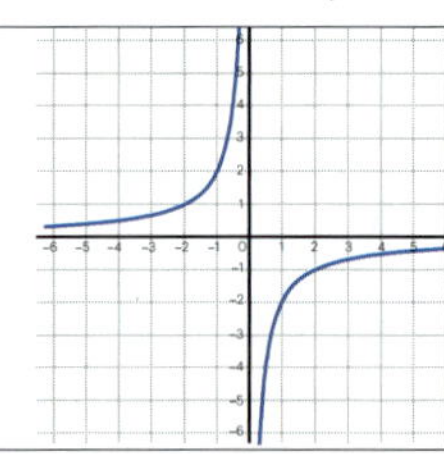
$y=-2x^2+4x$	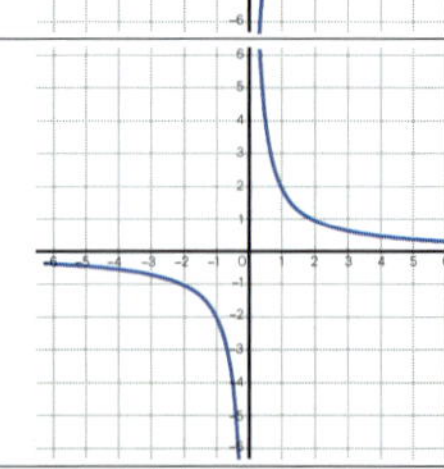
$y=\frac{2}{x}$	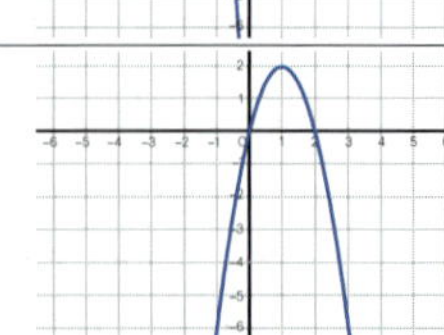
$y=2x^2+4x$	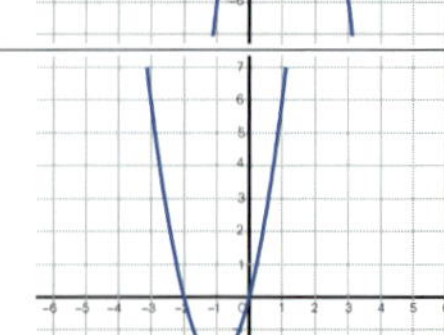

Mates en context

7 AM AL Professional **La granja**

A la granja La Fosca, hi ha diferents tipus d'animals: vaques, cabres i ovelles, de les quals obtenen llet per fer formatge, porcs i gallines i, als estables, cavalls i ases.

Problemes

1. Els porcs i les gallines són al mateix corral, on hi ha un total de 20 caps de bestiar i 50 potes. Esbrina el nombre total d'animals de cada tipus que hi ha al corral.
2. Dels animals que donen llet, un terç correspon a les vaques, dues cinquenes parts corresponen a les ovelles i la resta són 10 cabres. Planteja l'equació que determini el total d'animals que donen llet i resol-la.
3. Per alimentar els animals dels estables, es necessiten 220 kg de farratge cada dia. Sabem que hi ha un ase per cada tres cavalls i que els cavalls mengen 15 kg de farratge, mentre que els ases consumeixen les dues terceres parts del que menja un cavall:
   - **a** Planteja l'equació que relacioni el nombre de cavalls i el d'ases.
   - **b** Planteja l'equació del total de farratge consumit pels animals.
   - **c** Resol el sistema format per les dues equacions anteriors per calcular el nombre de cavalls i d'ases.
4. En una setmana van vendre cinc formatges d'ovella i dos de cabra, pels quals van percebre 220€; la setmana següent van vendre quatre formatges d'ovella i cinc de cabra, pels quals van percebre 295€. Quant val cada tipus de formatge?

Matematitza i simbolitza

8 AM AL Social Professional **Cooperativa d'oli**

Una cooperativa d'oli ha barrejat dos tipus d'olis de diferent acidesa. El primer té un preu de 2,90€/L i el segon, de 2,50€/L, i l'objectiu és obtenir un total de 1000 L a 2,75€/L.

Problemes

1. Si anomenem x la quantitat de litres del primer oli que s'ha fet servir per realitzar la mescla, quina expressió algebraica ens dona a conèixer el nombre de litres del segon tipus d'oli que s'ha fet servir?
2. A partir de la notació de l'apartat anterior, calcula l'expressió dels diners recaptats si només es vengués l'oli del primer tipus.
3. Fes el mateix que en el problema 2, però ara aplicat al segon tipus d'oli.
4. A partir dels resultats dels problemes 2 i 3, troba l'expressió del total de diners que es recaptaria si es venguessin per separat els dos tipus d'oli.
5. Ara, calcula els diners que es recaptarien si es venguessin els 1000 L de la barreja d'olis.
6. Els diners que s'han recaptat han de ser els mateixos si es venen els olis per separat o barrejats. A partir dels resultats dels problemes 4 i 5, determina quants litres de cada tipus d'oli hi havia en la mescla.
7. Torna a fer els problemes 2, 3, 4 i 5, però ara anomena x la quantitat d'oli del primer tipus i y la quantitat d'oli del segon tipus.
8. S'obtenen els mateixos resultats en els problemes 6 i 7?

Simbolitza: 1, 2, 3, 7 **Matematitza: 4, 5, 6, 7**

Argumenta: 8

9 AM AL AA Professional Un artista dels mosaics: Escher

L'artista holandès Maurits Cornelis Escher (1898-1972) va destacar pels seus gravats impossibles, mosaics i dibuixos de mons imaginats.

Va visitar Granada l'any 1922 i va veure-hi un mosaic que li va cridar l'atenció: el mosaic en forma d'avió que hi ha en una de les columnes que envolten el pati dels Lleons.

Mosaic de l'avió.

Mosaic de l'ocellet.

Va començar a treballar i a estudiar el recobriment del pla i va fer les seves creacions pròpies.

Problemes

1. Observa els mosaics de l'Alhambra.
   - **a** El pla es recobreix amb una única figura en els dos casos?
   - **b** Si només és possible formar un mosaic regular amb tres polígons regulars, amb quin es formaria l'ocellet? I amb quin es formaria l'avió?

2. Construeix l'ocellet. Per fer-ho, segueix aquests passos:

1r Dibuixa un triangle equilàter de 8 cm de costat i vèrtexs *A*, *B*, *C*. Marca el punt intermedi de cada costat: *D*, *E*, *F*.	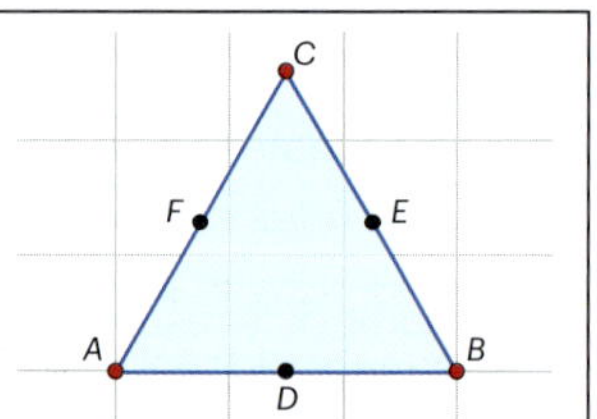
2n Amb centre en *D*, dibuixa l'arc *DE*.	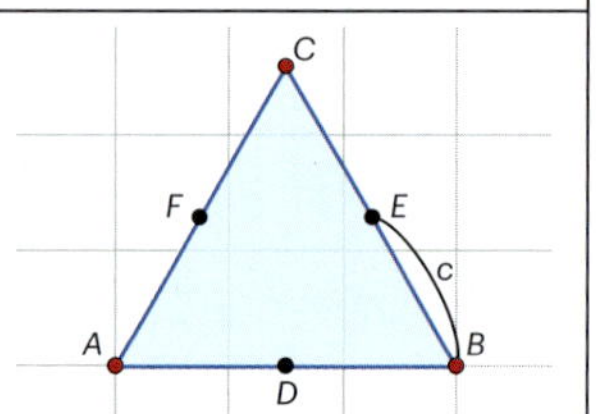
3r Aplica a l'arc *DE* un gir de centre *E* i un angle de 180°.	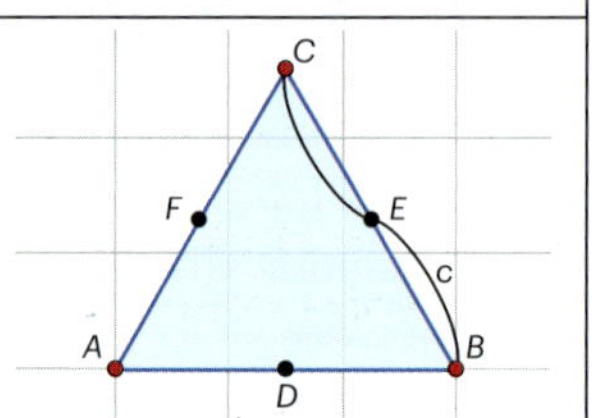
4t Torna a fer els passos tercer i cinquè amb la resta de punts intermedis.	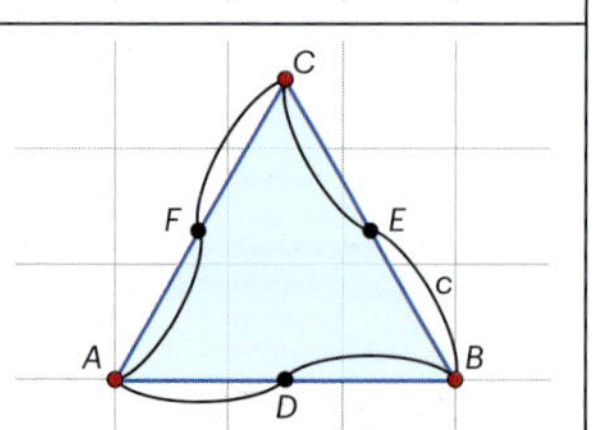

3. Calcula l'àrea del triangle equilàter que has dibuixat.

4. **a** Explica la relació que existeix entre l'àrea del triangle i el de l'ocellet.
   - **b** Quina és, per tant, l'àrea de l'ocellet?
   - **c** Existeix la mateixa relació entre els perímetres de les dues figures? Raona la teva resposta sense fer els càlculs.

5. Construeix el teu mosaic amb l'ocellet. Quin moviment has d'aplicar a la figura per aconseguir el recobriment del pla? Defineix-ne les característiques.

6. Observa una de les maneres d'obtenir l'avió i explica com s'ha construït.

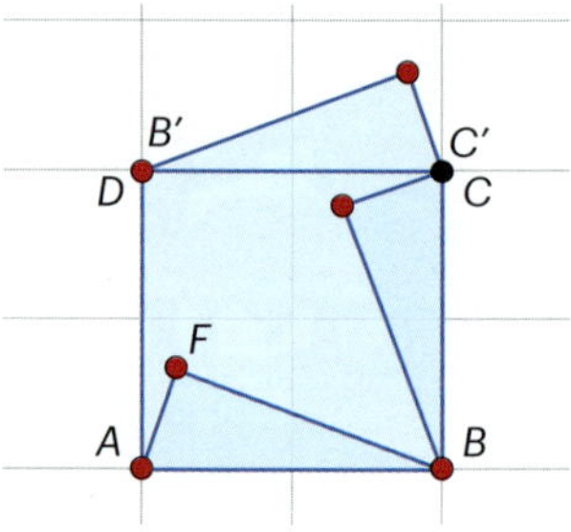

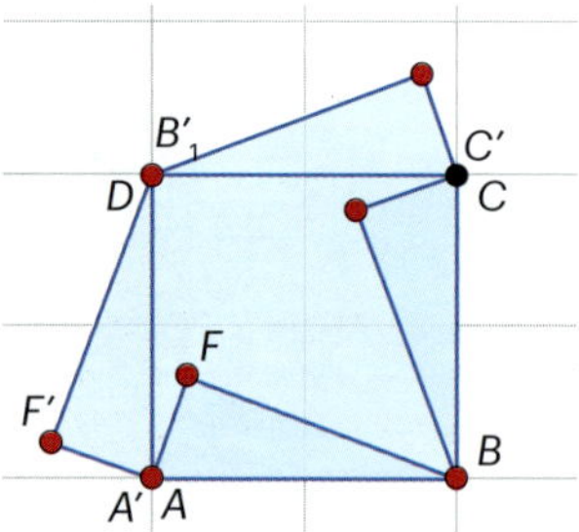

Argumenta: 1, 4, 5, 6 **Matematitza: 2, 3, 6**

10 AD AL AA AP Professional Mosaics nassarites

La dinastia nassarita va ser l'última dinastia musulmana que va dominar el regne de Granada des de 1238 fins a la seva caiguda, el 1492. Durant el seu regnat, especialment ja en l'última època, es van construir edificis emblemàtics, com ara el palau de l'Alhambra (conegut també amb el nom de castell vermell). En aquest palau, s'hi poden trobar la majoria de mosaics nassarites.

En el context anterior, ja has vist alguns d'aquests mosaics. Aquí se'n mostra un altre de molt interessant: l'os nassarita.

Problemes

1. Observa atentament el mosaic. Quantes figures diferents el formen? Quina n'és la figura principal?
2. Quin moviment s'aplica a la figura principal per recobrir el pla?
3. Construeix un quadrat a partir de la figura principal.
4. Quines figures mous? Quin tipus de moviments hi apliques?
5. Explica la relació entre l'àrea del quadrat i la de l'os nassarita i entre els seus perímetres.

Argumenta: 1, 3 **Matematitza: 2, 4, 5**

11 AM AL AP Personal **Una mesura, infinits rectangles**

Avui, a la classe de Matemàtiques, el professor ha fet una pregunta: quants rectangles de 8 m^2 d'àrea es poden formar?

Per obtenir les respostes d'una manera pràctica, ha organitzat la classe en grups i ha demanat als alumnes que facin servir un full quadriculat. En aquest full, hi han de dibuixar rectangles que tinguin 8 quadradets. Així, trasllada el problema a una situació en què cada quadradet és la unitat de mesura, en lloc del metre quadrat, de manera que és més fàcil trobar la solució del problema.

Problemes

1) Imagina't que fas la tasca que indica l'enunciat i completa aquesta taula:

Base (m)				
Altura (m)				

2) Quants rectangles diferents has obtingut? Quants n'heu aconseguit entre tots els companys i companyes de la classe?

3) **a** Podries trobar un quadrat que compleixi aquesta condició? Per què?
b La teva resposta seria la mateixa si busquessis rectangles de 9 m^2 d'àrea?

4) Anomena *x* la mesura de la base i *y* la mesura de l'altura. Obtén una fórmula que les relacioni. Quin tipus de funció és?

5) Elabora'n la representació gràfica. Quin nom rep?

6) Quin és el domini i el recorregut de la funció? (Recorda que, en aquest cas, representen *x* i *y*.)

7) La funció talla els eixos de coordenades? Raona la resposta.

8) Tria un punt de la gràfica que també sigui en la taula de valors del problema 1. Des d'aquest punt, traça paral·leles als eixos fins que els talli. Quina figura formen els eixos i les paral·leles?

9) Fes el mateix amb els altres punts i torna a observar la figura que es forma.

10) Quin significat té cada una d'aquestes figures en relació amb la pregunta inicial de l'enunciat?

11) Respon aquestes qüestions:

a Hi ha cap quadrat l'àrea del qual faci 8 m^2?
b Quants rectangles de 8 m^2 de superfície es poden formar?

Matematitza: 1, 6, 11 | Argumenta: 2, 3, 7, 10 | Simbolitza: 4 | Representa: 5, 8, 9

12 AM AL Professional **Beneficis i costos**

El venedor d'una botiga de fruites i verdures ecològiques ha decidit preparar batuts naturals per augmentar els seus beneficis.

Per començar, n'ha preparat un que ha anomenat *Sorpresa*. Ha calculat que els costos diaris (en euros) per preparar *x* batuts s'expressen mitjançant la funció:

$$C(x) = x^2 + 6x + 20$$

En aquesta funció, *x* és el nombre de batuts que ha de preparar.

A banda d'això, vendrà cada batut a un preu (en euros) de:

$$P(x) = 50 - x$$

Problemes

1) Escriu, a partir del preu de cada batut que vengui, la funció que expressi la quantitat que obtindrà per vendre *x* batuts en un dia.

2) Troba la funció que indica el benefici que aconseguirà cada dia amb la venda d'aquells *x* batuts.

3) Amb quants batuts venuts al dia el benefici és nul?

4) Amb quants batuts obté el màxim benefici? A quants euros correspon aquesta quantitat?

5) Representa'n la funció. És contínua?

6) Quants batuts ha de vendre cada dia, com a mínim, per obtenir beneficis?

7) Què passa si ven més batuts que la quantitat que li dona el benefici màxim?

8) Es podria donar el cas que el benefici fos negatiu? Si fos així, què hauria de fer?

Matematitza: 1, 2, 5 | Argumenta: 3, 4, 6, 7

1. Troba la solució d'aquesta equació:

$$2(3+2x)-\frac{6x+5}{4}=\frac{3x-7}{2}$$

2. Un programa de televisió dedica les $\frac{3}{4}$ parts del temps a reportatges i entrevistes. La tercera part de temps restant és per a publicitat i els 30 minuts que queden són per a actuacions musicals. Quant temps dedica a la publicitat?

3. Resol aquest sistema d'equacions:

$$\begin{cases}\frac{x-1}{3}+\frac{y+2}{4}=1\\ \frac{x+1}{2}-\frac{y-2}{5}=1\end{cases}$$

4. Representa gràficament la funció:

$$y = x^2 - 5x + 6$$

Per fer-ho, abans calcula el vèrtex i els punts de tall amb els eixos.

5. Construeix una taula de valors per a la funció $y=\frac{1}{2x}$ i elabora'n la representació gràfica.

6.

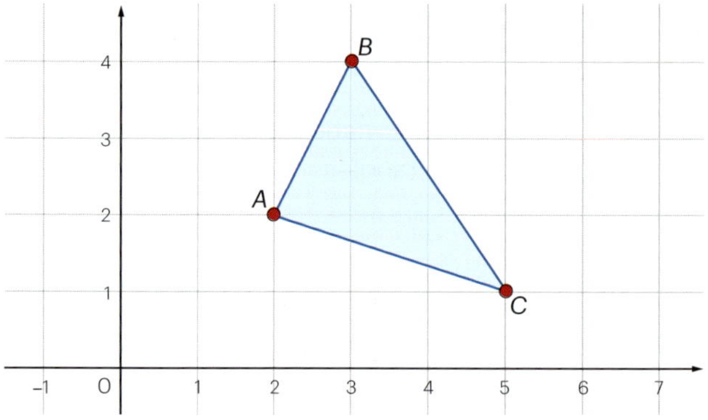

a Escriu les coordenades dels vèrtexs del triangle.

b Escriu les coordenades dels vectors següents: $\overrightarrow{AB}$, $\overrightarrow{BA}$, $\overrightarrow{AC}$, $\overrightarrow{CA}$, $\overrightarrow{BC}$ i $\overrightarrow{CB}$.

c Indica en els eixos de coordenades el punt *D* (–2, 1) i trasllada'l segons el vector $\overrightarrow{CB}$.

d Transforma el triangle en un altre mitjançant un gir amb centre a l'origen i un angle $\alpha = 45°$.

e Calcula el triangle simètric respecte de l'eix de les ordenades i escriu les coordenades dels punts que representen aquest triangle.

f Ara, realitza la simetria del triangle del dibuix respecte de l'eix de les abscisses i escriu-ne les noves coordenades.

	4 punts	3 punts	2 punts	1 punt
1. Equacions. Resolució	Resolc correctament equacions de primer grau.	Resolc correctament equacions de primer grau, tot i que cometo algun error en aïllar la incògnita.	Em confonc amb el signe, però elimino correctament els denominadors en resoldre una equació de primer grau.	No elimino correctament els denominadors en resoldre una equació de primer grau.
2. Equacions. Plantejament	Plantejo i resolc correctament un problema fent servir equacions.	Resolc correctament un problema, tot i que no utilitzo equacions.	Plantejo correctament l'equació per resoldre un problema, però m'equivoco a l'hora de resoldre-la.	No plantejo ni resolc un problema.
3. Sistemes d'equacions	Resolc correctament un sistema d'equacions.	Elimino correctament els denominadors, però m'equivoco en calcular alguna de les solucions d'un sistema.	Elimino correctament els denominadors, però m'equivoco en calcular les dues solucions d'un sistema.	No elimino correctament els denominadors i no resolc un sistema.
4. Funcions. Paràboles	Represento i calculo correctament els elements d'una paràbola.	Elaboro una taula de valors i, tot i que represento correctament una paràbola, em confonc en algun dels seus elements.	Calculo correctament els elements d'una paràbola, però em confonc en la representació.	No represento una paràbola i no en calculo els elements.
5. Funcions. Proporcionalitat inversa	Represento les dues branques d'una hipèrbola i dono valors positius i negatius a la taula.	Construeixo una taula de valors positius i negatius, però em confonc en la representació d'una hipèrbola.	Només represento una de les branques de la hipèrbola.	No represento una hipèrbola i no construeixo la taula de valors correctament.
6. Moviments en el pla	Realitzo correctament cadascun dels apartats de la pregunta.	Realitzo correctament la meitat dels apartats de la pregunta.	Realitzo correctament menys de la meitat dels apartats de la pregunta.	No resolc correctament cap dels apartats de la pregunta.

PDF

PROJECTE 2

COM ÉREM I COM SEREM?

Com puc predir com seré el proper curs?

5 sessions

mou les teves capacitats

Resolució de problemes · **Eines digitals** · **Pensament crític**

PRESENTACIÓ DEL PROJECTE

No existeix una bola de vidre que ens permeti veure el futur, però existeix la possibilitat de fer conjectures sobre què passarà a partir del que ha passat abans. Pots usar les matemàtiques per saber com podries ser l'any vinent? Seràs més alt? Dedicaràs més hores a l'estudi? Quins altres aspectes poden canviar? És fiable, l'estadística?

Amb aquest projecte:

- Estudiaràs conceptes bàsics d'estadística i probabilitat.
- Aplicaràs càlculs de percentatge.
- Usaràs taules i gràfics.
- Faràs un dossier estadístic.

Pots predir el teu futur!

QUÈ HAS DE SABER PER TENIR ÈXIT EN AQUEST PROJECTE?

Per fer un bon projecte, has de fer anar eines i conceptes matemàtics que ja coneixes, i altres de nous que aprendràs durant el procés:

- Fer anar diferents tipus de variables estadístiques i saber com tractar-les.
- Dissenyar una enquesta i fer un bon estudi de camp.
- Calcular paràmetres de centralització i dispersió.
- Fer càlculs de probabilitat i percentatge.
- Treballar amb taules i funcions.

PRODUCTE FINAL

El producte final serà un dossier que recopili el teu estudi estadístic i les conclusions a què arribis.

Has de treballar a fons els coneixements i destreses següents:

- Elaboració d'un estudi estadístic.
- Ús de programes de gestió de fulls de càlcul per tractar i representar les dades.
- Ús de programes d'edició de textos i gràfics per elaborar un bon dossier.

Segur que durant el procés trobes altres dades interessants o altres eines. No dubtis a incorporar-les al projecte!

Què aprendré?

Resolució de problemes

Davant del problema de predir com podrien canviar alguns aspectes que et caracteritzen, usaràs les matemàtiques.

Eines digitals

Usaràs programes de gestió de fulls de càlcul per analitzar i representar automàticament les dades estadístiques, estalviant-te càlculs manuals tediosos.

Pensament crític

En els mitjans de comunicació s'usen sovint els gràfics estadístics. Fins a quin punt són fiables per mostrar la realitat?

QUÈ FAREM?

En grups de 5

Sessió 1 **Definir l'estudi i dissenyar l'enquesta.**	Com érem quan vam començar l'ESO? I com som ara? Si analitzem com són els estudiants de primer i segon de l'ESO i com són els de quart, podrem usar les dades obtingudes per esbrinar la nostra evolució i predir el nostre futur? Per grups, pensem quines variables podem analitzar i ho consensuem amb la resta de la classe. Elaborem un model d'enquesta, tenint en compte la protecció de les dades personals.
Sessions 2 i 3 **Buidar i tractar les dades de les enquestes.**	Individualment, dediquem un temps a aprendre l'ús dels fulls de càlcul, com també les fórmules per calcular paràmetres i obtenir gràfics. Per grups, buidem els resultats de les enquestes en fulls de càlcul. Ens posem d'acord amb el professor o la professora sobre la manera d'analitzar i representar les dades, i de plasmar el resultat del nostre estudi en el dossier. El docent proposa una rúbrica.
Sessió 4 **Analitzar les dades i extreure'n conclusions.**	Un cop que tenim les dades i els gràfics, ens preguntem com evolucionem amb el pas del temps. Com podria ser l'any vinent? Amb quin grau de probabilitat? Podem extreure una funció matemàtica que expressi aquesta variació? Escrivim les nostres conclusions i les posem en comú en el grup.
Sessió 5 **Executar i entregar el dossier.**	Organitzem un dossier amb aspecte professional. Per grups, presentem el nostre estudi. Debatem els resultats.

No existeix una bola de vidre que ens permeti veure el futur, però existeix la possibilitat de fer conjectures sobre què passarà a partir del que ha passat abans, per mitjà de l'estadística i la probabilitat.»

COM ÉREM I COM SEREM?

Un bon dossier ha de contenir les dades de les enquestes, els gràfics comentats i les conclusions sobre cada membre de l'equip. S'ha d'exposar i valorar l'estadística com a eina per representar la realitat i fer prediccions.

QUÈ AVALUAREM?

Per avaluar aquest projecte, heu d'acordar una rúbrica d'avaluació durant la sessió 3 amb la resta dels grups i amb el professor o professora.

Aquesta rúbrica valorarà, com a mínim, aquests aspectes:

- Una bona elecció dels paràmetres de l'enquesta.
- La destresa adquirida en l'ús dels fulls de càlcul.
- Un ús i una anàlisi adequada de les dades per respondre la pregunta inicial.
- Una bona presentació del dossier, amb els aspectes formals que s'acordin.
- Una reflexió sobre l'estadística com a eina per mostrar la realitat.

La tasca s'avaluarà a nivell individual i de grup. Podràs autoavaluar-te i avaluar els altres grups. És interessant guardar els estudis i rescatar-los el curs vinent per comprovar si l'anàlisi estava ben orientat.

4 Històries matemàtiques

1 Com es transformen sumes en productes? Quin és el nombre desconegut?

2 Existeixen les figures perfectes? Què té a veure Plató amb la geometria?

3 Es pot calcular quan tindrà lloc un esdeveniment? De quantes maneres em puc vestir?

BLOC DE CONTINGUTS	Situació 1	Situació 2	Situació 3
NOMBRES I ÀLGEBRA			
Polinomis. Transformacions d'expressions algebraiques. Operacions elementals amb polinomis.	●		
Igualtats notables.	●		
Resolució d'equacions senzilles de grau superior a 2.	●		
GEOMETRIA I MESURA			
Poliedres, poliedres regulars. Vèrtexs, arestes i cares. Teorema d'Euler.		●	
Plans de simetria en els poliedres.		●	
ESTADÍSTICA I PROBABILITAT			
Experiències aleatòries i compostes en casos senzills. Esdeveniments i espai mostral.			●
Càlcul de probabilitats mitjançant la regla de Laplace.			●
Diagrames d'arbre senzills.			●
Permutacions. Factorial d'un nombre.			●
Ús de la probabilitat per prendre decisions fonamentades en diferents contextos.			●

1 Què és una arrel?

Com es transformen sumes en productes?

Quin és el nombre desconegut?

AM AL AP Personal

Aprèn a...

Operar amb polinomis i utilitzar-los en casos de la vida quotidiana.

Conèixer, fer servir i aplicar en contextos adequats les identitats notables.

Factoritzar polinomis de grau 4 amb arrels enteres mitjançant l'ús combinat de la regla de Ruffini.

Ítem 1. Problemes de la vida real

Els mesopotàmics i els egipcis practicaven l'àlgebra per resoldre problemes pràctics d'herències, repartiments, càlcul de superfícies, etc.

Ho feien mitjançant el llenguatge natural: «Si trec la tercera part del blat que hi ha en un munt i cinc mesures més, quedarà mig munt. Quantes mesures té el munt?».

Ítem 2. Problemes més complexos. Factorització

Per resoldre problemes més complexos, s'acostuma a recórrer a l'estratègia que consisteix a dividir el problema donat en seccions més senzilles de solucionar i ajuntar, després, els diferents resultats per obtenir la solució més completa.

Aquesta estratègia, aplicada a la multiplicació de nombres o polinomis, s'anomena **factorització.** Es tracta de trobar nombres o polinomis que, multiplicats, donen el nombre o el polinomi original.

La primera factorització de la història és aportació dels babilonis, que van recórrer al mètode de completar el quadrat perfecte.

Ítem 3. Divisió de polinomis

$$\begin{array}{rrrr|l}
3x^3 & -2x^2 & -5x & -9 & x-2 \\ \cline{5-5}
-3x^3 & +6x^2 & & & 3x^2 \quad +4x \quad +3 \\ \cline{1-2}
 & 4x^2 & -5x & & \\
 & -4x^2 & +8x & & \\ \cline{2-3}
 & & 3x & -9 & \\
 & & -3x & +6 & \\ \cline{3-4}
 & & & \mathbf{-3} &
\end{array}$$

$3x^3 - 2x^2 - 5x - 9 = (x - 2)\,(3x^2 + 4x + 3) + (-3)$

Observa que, si el residu de la divisió és zero, el polinomi queda escrit com a producte d'uns altres dos.

Construeix amb el que saps

Simbolitza (1) Llegeix el problema plantejat en l'ítem 1 i digues quina n'és la incògnita. Planteja l'equació que resolgui el problema i calcula el valor de la incògnita.

Matematitza (2) Descompon el nombre 160 en factors primers. Quants factors té la descomposició? Quina operació has anat realitzant per fer aquesta descomposició?

Argumenta (3) Llegeix atentament l'ítem 2 i indica quines de les expressions següents són factoritzades i quines no ho són.

a $x(x + 1)$ **b** $(x^2 + 1)x + 3$ **c** $(x - 3)(x + 5)$ **d** $5x + 3x(x - 5)$

Matematitza (4) Escriu sense factoritzar les expressions de l'exercici 3 que estiguin factoritzades.

(5) Recorda la divisió de polinomis amb l'ítem 3 i divideix $(x^2 - 5x + 6)$ entre $(x - 2)$. Quin és el dividend? I el divisor? I el residu? Quin és el polinomi quocient?

Argumenta (6) Recorda: dividend = divisor · quocient + residu. Escriu d'aquesta manera el resultat de la teva divisió anterior. Et sembla que d'aquesta manera has factoritzat $x^2 - 5x + 6$? Raona la resposta.

Matematitza (7) Ara, divideix $(x^2 - 5x + 6)$ entre $(x - 1)$ i escriu el resultat amb la prova de la divisió. Has factoritzat? Quin valor té el residu?

Argumenta (8) Factoritza els següents polinomis com a productes dels quocients que donen residu zero en dividir per $(x - a)$ Comprova que el resultat obtingut és correcte multiplicant els factors.

a $P(x) = x2 - 3x + 2$ **b** $Q(x) = x2 - 4x + 3$ **c** $R(x) = x2 - 6x + 8$

Ítem 4. Arrel d'un polinomi

Donat un polinomi $P(x)$, diem que el valor a n'és l'arrel si el valor numèric de $P(x)$ per a $x = a$ és 0, és a dir, si $P(a) = 0$.

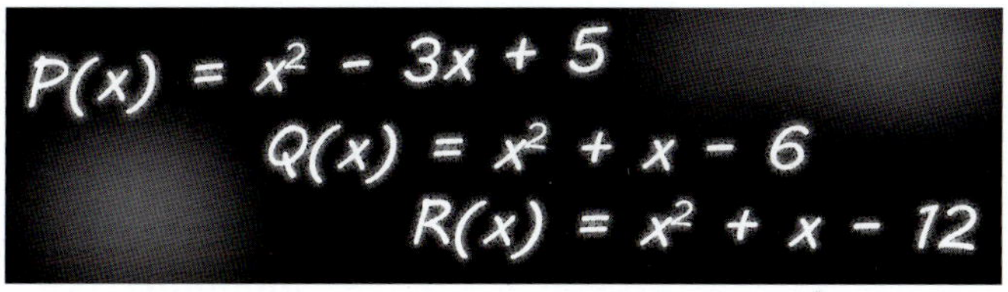

Construeix amb el que saps

Argumenta

(9) Calcula el valor numèric de $x^2 - 5x + 6$ per a $x = 2$. Què obtens? Aquest valor coincideix amb el residu de la divisió de l'exercici 5? Segons l'ítem 4, com s'anomena el nombre $x = 2$?

(10) Ara, troba el valor numèric de $x^2 - 5x + 6$ per a $x = 1$. Aquest valor coincideix amb el residu de la divisió de l'exercici 7? Pots dir que $x = 1$ és arrel del polinomi $x^2 - 5x + 6$?

Matematitza

(11) Calcula el valor numèric dels polinòmies següents per a $x = 3$ i digues per a quins és arrel. En els casos en què ho sigui, escriu-lo factoritzat. En els casos en què no ho sigui, fes la divisió del polinomi entre $(x - 3)$ i comprova si el valor numèric coincideix amb el residu de la divisió.

a $P(x) = x^2 - 3x + 5$ **b** $Q(x) = x^2 + x - 6$ **c** $R(x) = x^2 + x - 12$ **d** $R(x) = x^2 - 7$

Comunica

(12) Observa el terme independent de cadascun dels polinomis de l'exercici 11 i busca una relació entre el fet que sigui arrel del polinomi i aquest terme independent. Comenta amb els teus companys i companyes les idees que vagin sorgint.

Matematitza

(13) Fes les activitats següents per a cadascun dels polinomis següents:

a $P(x) = x^2 - 5x - 6$ **b** $Q(x) = x^2 + 5x + 6$ **c** $R(x) = x^2 - 7x + 10$ **d** $R(x) = x^2 - 12$

I Prepara una llista de possibles arrels amb la relació obtinguda en l'apartat anterior (no et descuidis les negatives).
II Comprova de dues maneres diferents per a cada arrel possible si és arrel o no.
III Escriu el factor corresponent per a cada arrel trobada.
IV Escriu el polinomi factoritzat i comprova'n el resultat multiplicant.

Argumenta

(14) El procediment de càlcul d'arrels enteres de l'exercici 13 serveix per trobar-les en polinomis de qualsevol grau. Se t'acut alguna manera més ràpida d'obtenir-les per als polinomis de grau 2?

Matematitza

(15) Determina totes les arrels enteres del polinomi $P(x) = x^3 + 4x^2 - x - 4$. Per a cada arrel, escriu el factor corresponent i, tot seguit, la factorització. Comprova que la factorització és correcta multiplicant els factors. El resultat ha de coincidir amb el polinomi original.

(16) Tenim el polinomi $P(x) = (x - 1)(x + 1)(x - 2)(2x - 3)$.

a Quines són les arrels del polinomi?
b Escriu el polinomi sense factoritzar i comprova que la teva resposta de l'apartat anterior és correcta.
c Quin mètode has escollit per a la comprovació?

El que has construït

Entens que una **factorització** és un producte.

Coneixes el concepte d'**arrel d'un polinomi** i entens que, si $x = a$ n'és l'arrel, aleshores $(x - a)$ és factor d'aquest polinomi.

Coneixes la relació que hi ha entre el **terme independent** d'un polinomi i les seves **arrels.**

Saps **factoritzar polinomis.**

Evolució del llenguatge algebraic

1r Els **mesopotàmics** i els **egipcis** van recórrer a l'àlgebra per resoldre problemes pràctics fent servir el llenguatge natural.

2n Al segle III, **Diofant d'Alexandria** va millorar la notació simbòlica i es van desenvolupar tècniques per resoldre equacions.

3r Al-Hwārizmī va donar un gran impuls a l'àlgebra i va anomenar la incògnita com «la cosa».

4t L'àlgebra té la forma que coneixem actualment gràcies als estudis de **Vieta** i **Descartes.**

1. Expressions algebraiques

Una expressió algebraica és una combinació de lletres (variables) i nombres relacionats pels signes de les operacions. Els principals tipus d'expressions són aquests:

- **Monomis**. Les úniques operacions que apareixen entre les variables són el producte i la potència d'exponent natural. Exemple: $3 \cdot x \cdot y^3$, que escrivim $3xy^3$.
- **Polinomis**. Són formats per sumes i restes de monomis. Exemple: $3xy^3 + 5x^2$.
- **Identitats**. Contenen el símbol d'igualtat (=) i un dels membres s'obté fent operacions en l'altre. Exemple: $6(3x - 2) = 18x - 12$.
- **Equacions**. Contenen el símbol d'igualtat (=), les lletres s'anomenen *incògnites* i la igualtat només és certa per a algun valor en concret de la incògnita. Exemple: $6(3x - 2) = 6 \rightarrow 18x - 12 = 6 \rightarrow 18x = 18 \rightarrow x = 1$.

2. Característiques dels polinomis

Apunt 1

Si el **terme independent** és 0, aleshores una de les arrels és el 0. Es treu factor comú i s'obté un nou terme independent.

- El **grau** d'un polinomi és el més gran dels valors dels seus monomis.
- El **valor numèric** d'un polinomi resulta en substituir les lletres per nombres i efectuar les operacions.
- Es diu que un nombre és **arrel** d'un polinomi si, en calcular el valor numèric d'aquell polinomi per aquell nombre, el resultat és 0.
- Si es volen trobar **arrels d'un polinomi**, s'ha de resoldre l'equació resultant d'igualar-lo a 0. Les arrels enteres d'un polinomi es troben entre els **divisors del terme independent** (apunt 1).

Exemples

1. $3xy^3 + 5x^2y^3 \rightarrow 3xy^3$ (grau 1 + 3 = 4), $5x^2y^3$ (grau 2 + 3 = 5). Grau = 5.

2. Per trobar el valor numèric de $P(x) = x^2 - 5x + 6$ per a $x = 3$, s'escriu: $P(3) = 3^2 - 5 \cdot 3 + 6 = 9 - 15 + 6 = 0$. Aleshores, 3 és arrel del polinomi.

Apunt 2

Recorda-ho!

Dos **monomis** són **semblants** si tenen les mateixes lletres amb els mateixos exponents. Així, $3x^2yz^3$ és semblant a $4yz^3x^2$, però no és semblant a xyz^3.

Apunt 3

L'**oposat d'un polinomi** és un altre polinomi amb els signes de tots els seus termes canviats. Per tant, l'oposat de $P(x) = 2x^3 - 3x + 1$ és: $-P(x) = -(2x^3 - 3x + 1) = -2x^3 + 3x - 1$.

2.1 Operacions amb polinomis

- **Suma**. S'agrupen els monomis semblants i se'n sumen els coeficients (apunt 2).
- **Resta**. Se suma al minuend l'oposat del subtrahend (apunt 3).
- **Producte**. Es multiplica cada monomi d'un dels factors per tots i cadascun dels monomis de l'altre factor. A continuació, se sumen els monomis semblants que s'hagin obtingut.
- **Productes notables.** $(a \pm b)^2 = (a \pm b) \cdot (a \pm b) = a^2 \pm 2ab + b^2$
  $(a + a) \cdot (a - \mathrm{b}) = a^2 - b^2$

Exemple

3. Si tenim els polinomis $A(x) = x^3 - 5x^2$ i $B(x) = 4x^2 - 2$.

$A(x) \cdot B(x) = (x^3 - 5x^2) \cdot (4x^2 - 2) = 4x^5 - 2x^3 - 20x^4 + 10x^2$

$(A(x))^2 = (x^3 - 5x^2)^2 = (x^3)^2 - 2x^3 5x^2 + (5x^2)^2 = x^6 - 10x^5 + 25x^4$

- **Quocient d'un polinomi entre un altre de la forma ($x \pm a$).** La divisió es pot fer de la manera tradicional, però en aquest cas existeix una manera abreujada de fer-la, a través de l'aplicació de la **regla de Ruffini**.

Professora a casa. Divisió de polinomis.

Exemple

4. Per dividir $P(x) = x^4 - 7x^2 + x - 3$ entre $(x - 3)$ se segueixen aquests passos:

1. Col·loquem els coeficients del polinomi dividend ordenats pel grau i el terme independent del divisor canviat de signe.

$$\begin{array}{c|ccccc} & 1 & 0 & -7 & 1 & -3 \\ 3 & & & & & \\ \hline & & & & & \end{array}$$

2. Baixem el primer coeficient i el multipliquem pel divisor; col·loquem el resultat a sota del següent coeficient i sumem.

$$\begin{array}{c|ccccc} & 1 & 0 & -7 & 1 & -3 \\ 3 & & 3 & & & \\ \hline & 1 & 3 & & & \end{array}$$

3. Repetim el procés del pas anterior fins al final.

$$\begin{array}{c|ccccc} & 1 & 0 & -7 & 1 & -3 \\ 3 & & 3 & 9 & 6 & 21 \\ \hline & 1 & 3 & 2 & 7 & 18 \end{array}$$

4. El residu és l'últim nombre i els coeficients del quocient (que té un grau menys que el dividend) són els nombres anteriors.

Residu: 18
$C(x) = x^3 + 3x^2 + 2x + 7$
$P(x) = C(x)\,(x - 3) + 18$

Important

Si hem escrit

$P(x) = C(x)(x - a) \rightarrow$

$\rightarrow P(a) = C(a)(a - a) = 0$

En aquest cas, a és **arrel** del polinomi.

Així, si $x = a$ és arrel, llavors un dels factors del polinomi serà $(x - a)$.

Si $x = -a$ és arrel del polinomi, el factor és $(x + a)$.

3. Factorització de polinomis

Un factor és un element d'una multiplicació; per tant, factoritzar un polinomi consisteix a expressar-lo com un producte d'altres polinomis del grau més petit possible. Observa que si el residu de dividir $P(x)$ entre $(x - a)$ és 0, aleshores podem escriure $P(x) = C(x)\,(x - a)$; d'aquesta manera, l'hem factoritzat.

Passos per factoritzar un polinomi	Exemples
1. Si és possible, n'extraiem el factor comú.	$P(x) = x^2 + x = x\,(x + 1)$
2. Comprovem si tenim una identitat notable.	$P(x) = x^2 - 9 = (x - 3)(x + 3)$
3. Si el polinomi és de grau 2, en calculem les arrels amb la fórmula de l'equació de segon grau. Si el coeficient principal és diferent d'1, l'haurem d'escriure en la factorització.	$P(x) = 2x^2 - x - 1$. Les seves arrels són $x = \frac{1}{2}$ i $x = 1$, després: $P(x) = 2\left(x - \frac{1}{2}\right)(x - 1)$
4. Si el polinomi és de grau superior a 2: **a** Busquem arrels entre els divisors del terme independent. **b** Si $x = a$ és arrel, $(x - a)$ és factor. **c** Repetim el procés fins a esgotar les possibles arrels o obtenir un polinomi quocient de grau 1, que també s'escriu en la factorització.	$P(x) = x^4 + 3x^3 + x^2 - 3x - 2$ Div$(-2) = \{\pm 1, \pm 2\}$ $P(x) = (x - 1)(x + 1)^2(x + 2)$ $\begin{array}{c\|ccccc} & 1 & 3 & 1 & -3 & -2 \\ 1 & & 1 & 4 & 5 & 2 \\ \hline & 1 & 4 & 5 & 2 & 0 \\ -1 & & -1 & -3 & -2 & \\ \hline & 1 & 3 & 2 & 0 & \\ -2 & & -2 & -2 & & \\ \hline & 1 & 1 & 0 & & \end{array}$

Nota important: Observa que amb el procediment anterior es poden resoldre equacions de grau superior a 2. Així, aquest mètode ens permet saber que les arrels de $x^4 + 3x^3 + x^2 - 3x - 2 = 0$ són 1, -1 (doble) i -2.

Apunt 4

Observa que el **valor numèric del polinomi** per a $x = a$, és a dir, $P(a)$, coincideix amb el residu de la divisió de $P(x)$ entre $(x - a)$.

Així, si els coeficients de $P(x)$ sumen 0, aleshores $x = 1$ és arrel.

Apunt 5

La **factorització de polinomis** permet simplificar fraccions amb polinomis en el numerador i el denominador. A més, amb la factorització es pot calcular el m. c. d. i el m. c. m. de polinomis.

Entrena't

1. Troba el valor numèric dels polinomis següents per a $x = 2$ i $x = -1$:

a $P(x) = x^4 - 5x^3 + 3x^2 - 7x + 10$
b $P(x) = 2x^7 - 3x^5 + 6x^4 - 5x^2 + 4x + 1$

2. Donats aquests polinomis, calcula i simplifica tant com puguis:

$P(x) = 3x^5 + 2x^3 - 4x^2 + 2x - 3$
$Q(x) = -3x^5 - x^3 + 2x^2 + 6x$
$R(x) = 2x^5 - x^4$

a $Q(x) - [P(x) - R(x)]$
b $Q(x) \cdot R(x)$
c $3 \cdot Q(x) - 2 \cdot P(x)$
d $2x \cdot Q(x) - [R(x)]^2$

3. Copia aquesta taula en la llibreta i completa-la:

Expressió	Significa	Operacions	Identitat notable
$(x + 3)^2$	$(x + 3) \cdot (x + 3)$	$x^2 + 3x + 3x + 9 = x^2 + 6x + 9$	$x^2 + 2 \cdot 3 \cdot x + 3^2 = x^2 + 6x + 9$
$(2x - 5y)^2$			
$(3x^2 + y)^2$			
$(-2x^2 - 5)^2$			

4. Aplica les identitats notables i calcula:

a $(x + 5)^2$
b $(x^3 + 2)^2$
c $(3x - 2)^2$
d $(5c^4 + 2c^3)^2$
e $(8x^2 + 5) \cdot (8x^2 - 5)$
f $(5x^2 - 2x) \cdot (5x^2 + 2x)$

5. Completa el terme que falta en aquestes identitats:

a $(4x - 1)^2 = 16x^2 - ..... + 1$
b $(5x^2 + 6)^2 = 25x^4 + 60x^2 + ...$
c $(2x^3 - 5)^2 = ... - 20x^3 + 25$
d $(3x^2 + 4x)^2 = 9x^4 + ... + 16x^2$
e $(9 - 7x) \cdot (9 + 7x) = ... - 49x^2$

6. Opera i simplifica:

a $(5 - x^2)^2 - 4(2x + 3)^2$
b $(x^2 + 2)^2 - 2(3x - 4)^2$

7. Extreu factor comú d'aquestes expressions algebraiques:

a $3x - 4x + 5x - x + 8x^2$
b $5a^2 - 7a^3 + 2a^2b - a^2b^2$
c $2a^2 + 4a^2b - 6ab$
d $4x^3y^2 - 8xy^3 + 14x^3y^4 - 18x^2y^2$

8. Divideix per la regla de Ruffini aquests polinomis:

a $(x^3 - 7x^2 + 2x - 3) : (x - 1)$
b $(3x^3 - 4x^2 + 5x - 4) : (x - 2)$
c $(-2x - 4x^2 + x^4 + 6) : (x + 2)$
d $(x^5 - 1) : (x - 1)$

Banc digital

9. Escriu els polinomis quocient, $C(x)$, i el residu, R, de l'exercici anterior. Fes la prova de la divisió per a cada apartat. Per exemple, per a l'apartat *a* s'ha de complir que:

$$x^3 - 7x^2 + 2x - 3 = C(x) \cdot (x - 1) + R$$

10. Calcula el valor numèric dels polinomis de l'exercici 8 per als valors que s'especifiquen:

a $P(x) = x^3 - 7x^2 + 2x - 3$ per a $x = 1$.
b $P(x) = 2x^3 + 5x^2 + 3x - 2$ per a $x = -1$.
c $P(x) = 3x^3 - 4x^2 + 5x - 4$ per a $x = 2$.
d $P(x) = -2x - 4x^2 + x^4 + 6$ per a $x = -2$.

Compara en cada cas el valor numèric amb el residu de la divisió. Què hi observes?

11. Escriu per a cada polinomi totes les possibles arrels i comprova de dues formes diferents si ho són o no: mitjançant el residu de la divisió i mitjançant el valor numèric del polinomi.

a $P(x) = x^4 + 3x^3 + x^2 - 3x - 2$
b $P(x) = x^4 + x^3 - 4x^2 - 4x$
c $P(x) = x^4 - 10x^2 + 9$

12. Quin d'aquests polinomis té com a arrels $x = -2$ o $x = 1$?

a $P(x) = x^4 - 2x^3 + x^2 - 3x - 2$
b $P(x) = x^4 - 2x^3 + x^2 - 3x + 5$
c $P(x) = (x - 2) \cdot (x - 1) \cdot (x + 2)^2$
d $P(x) = x^4 + x^3 - 2x^2 + x + 2$

13. Quin ha de ser el valor de *m* perquè 3 sigui arrel del polinomi $P(x) = 2x^3 - mx^2 - 9$?

14. Quines són les arrels del polinomi?

$P(x) = (x + 1)^2 \cdot (2x - 3) \cdot (x + 5) \cdot (x - 4) \cdot (x^2 + 1)$

15. Factoritza aquests polinomis:

a $P(x) = x^3 - 7x + 6$
b $P(x) = 16x^2 - 25$
c $P(x) = x^3 - 4x$
d $P(x) = x^3 - 2x^2 - 5x + 6$
e $P(x) = x^4 + 4x^3 + 3x^2 - 4x - 4$

16. Resol aquestes equacions:

a $x^4 + 5x^3 + 5x^2 - 5x - 6 = 0$
b $x^4 + 5x^3 + 5x^2 - 5x - 6 = 0$
c $x^5 + 2x^4 - 7x^3 - 20x^2 - 12x = 0$
d $x^5 - 9x^3 - 4x^2 + 12x = 0$
e $2x^6 - 6x^4 - 4x^3 = 0$

17. Escriu un polinomi que tingui com a arrels –1, 2 doble i –3. Primer, fes-ho factoritzant i, després, sense factoritzar.

Mates en context

1 AM AL Social L'equació de segon grau

Amb la destrucció de la biblioteca d'Alexandria, les matemàtiques no van poder avançar a Europa fins al Renaixement. Mentrestant, a l'Índia i als països àrabs sí que van continuar evolucionant. El matemàtic i astrònom indi Brahmagupta (598-670 dC) va ser el primer a referir-se explícitament als nombres negatius com a solució de les equacions: nombres negatius per als deutes i nombres positius per a les fortunes.

Al segle VII, aquest matemàtic va escriure el llibre *Brāhmasphuasiddhānta*, en què es va ocupar de la resolució d'equacions de primer i de segon grau. En aquest llibre, hi apareixia el problema següent:

«Dos ascetes vivien al cim d'un penya-segat de 100 metres d'alçària.

La base del penya-segat es trobava a 200 metres d'una població propera a la qual tots dos volien anar.

El primer asceta va baixar del penya-segat amb una corda i, des d'allà, va caminar fins al poble. L'altre, que era mag, es va elevar verticalment una altura x i, des d'allà, va volar en línia recta fins a la població. Calcula l'altura a la qual es va elevar si els dos ascetes van recórrer la mateixa distància».

Problemes

1. Busca en un diccionari el significat de la paraula *asceta*.
2. Representa en un dibuix la situació que planteja l'enunciat del problema.
3. Si uneixes el punt fins al qual es va elevar el mag, la base del penya-segat i el poble, quina figura geomètrica obtens? Quin nom reben els seus costats? Coneixes algun teorema important sobre aquesta figura?
4. Escriu en la figura les dades que aporta el problema.
5. Tens dades sobre algun costat de la figura? Se t'acut com es poden escriure en funció de les altres dades?
6. Calcula la distància que recorre el primer asceta.
7. Troba la distància que recorre el mag.
8. Planteja una equació i deixa sola l'arrel en un dels termes. Per resoldre-la, eleva els dos membres al quadrat; d'aquesta manera aconseguiràs treure'n l'arrel.
9. A quina altura es va elevar el mag?

Comunica: 1 **Representa: 2**

Matematitza: 3, 5, 6, 7, 9 **Simbolitza: 4, 8**

2 AM AL Personal La drecera de les arrels

Gerolamo Cardano (1501-1576) va aprendre matemàtiques del seu pare, Fazio Cardano, a qui Leonardo da Vinci feia consultes sobre temes de geometria.

Es va enfrontar amb un altre matemàtic eminent, Niccolò Fontana (conegut també amb el nom de Tartaglia), per la resolució de l'equació de tercer grau. En la seva obra més important, *Ars magna*, expressa diversos teoremes que relacionen arrels i coeficients, així com la divisibilitat d'un polinomi per factors $(x - a)$, en què a és arrel d'aquest polinomi.

Quina relació mantenen els coeficients de l'equació de segon grau amb les seves arrels?

Les solucions, x_1 i x_2, d'una equació de segon grau ($ax^2 + bx + c = 0$ amb $a \neq 0$) es calculen mitjançant aquestes fórmules:

$$x_1 = \frac{-b+\sqrt{b^2-4ac}}{2a} \text{ i } x_2 = \frac{-b-\sqrt{b^2-4ac}}{2a}$$

Problemes

1. Suma les dues solucions, és a dir, calcula $x_1 + x_2$. Què has obtingut?
2. Ara, multiplica les dues arrels, és a dir, x_1x_2. Fixa't que en el numerador hi ha una diferència de quadrats. A quin resultat arribes?
3. Debateu a l'aula sobre els resultats que heu obtingut, feu una cerca sobre el nom d'aquesta relació i penseu si pot ser útil en el càlcul d'arrels quan el coeficient principal, a, és 1.
4. Copia i completa aquesta taula en la llibreta i analitza'n els resultats:

Equació	Arrels	$x_1 + x_2$	$x_1 x_2$
$x^2 - 3x + 2 = 0$			
$x^2 + x - 6 = 0$			
$x^2 - 8x + 15 = 0$			
$x^2 - 9x + 14 = 0$			
$x^2 - 6x - 16 = 0$			

5. Calcula d'una manera ràpida la solució de les equacions següents fent servir l'activitat anterior:
   - **a** Les arrels de $x^2 + 7x + 12 = 0$ són dos nombres que multiplicats donen 12 i sumats, –7.
   - **b** $x^2 - 9x + 24 = 0$
   - **c** $x^2 - 14x + 48 = 0$
   - **d** $x^2 - 2x - 35 = 0$
   - **e** $x^2 - 2x - 24 = 0$

Matematitza: 1, 2, 4, 5 **Comunica: 3**

2 Figures perfectes

Existeixen les figures perfectes?

Què té a veure Plató amb la geometria?

AM AL AP AS Història

Aprèn a...

Identificar els principals poliedres o cossos platònics.

Identificar plans de simetria en figures planes, en poliedres, en la natura, en l'art i en construccions humanes.

Ítem 1. Els grecs i la geometria

Els antics grecs van estudiar que la divisió d'un espai de terra mitjançant línies rectes dona lloc a les figures que anomenem *polígons*. De totes aquestes figures, sentien fascinació per les regulars (o perfectes), que eren aquelles els costats de les quals mesuraven el mateix i els angles de les quals eren iguals.

Després de dominar aquests elements en dues dimensions (els polígons), van començar a investigar els cossos tridimensionals, que eren formats per diverses cares tridimensionals. Justament per aquesta manera d'entendre-les, aquestes figures tridimensionals són anomenades *poliedres* (diverses cares).

Ítem 3. Fórmula d'Euler

Al segle XVIII, Leonhard Euler va divulgar una fórmula que relaciona el nombre de cares, vèrtexs i arestes d'un poliedre:

$$C + V = A + 2$$

Aquesta fórmula només és vàlida per a poliedres convexos.

Ítem 2. Poliedres

Construeix amb el que saps

Argumenta

1 Observa els polígons següents. Quins són regulars? Els que no són regulars, per què no ho són?

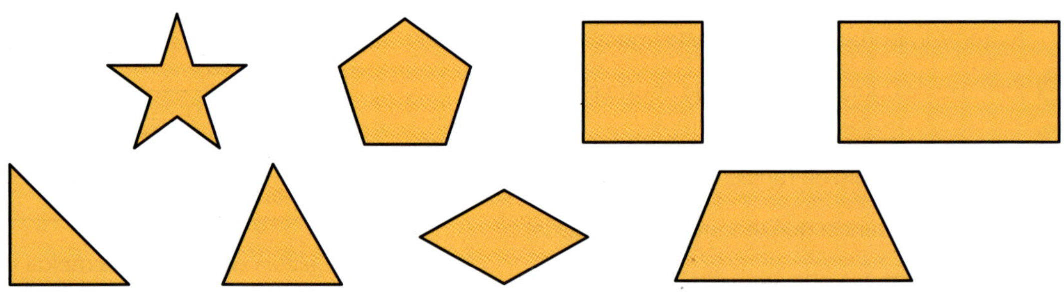

2 Donats els poliedres de l'ítem 2, respon aquestes preguntes:

a Quina forma presenten les seves cares? (Un poliedre pot tenir cares amb diferents formes.)
b Quantes cares concorren en cada vèrtex? En tots els vèrtexs concorre el mateix nombre de cares?
c Quantes cares, arestes i vèrtexs hi ha en cada poliedre?
d Es compleix la fórmula d'Euler en tots els poliedres?
e Quines diferències observes entre els poliedres que compleixen la fórmula anterior i els que no la compleixen?

Ítem 4. Els grecs i la perfecció

L'antiga Grècia va ser el bressol de la filosofia i de les matemàtiques, i les dues disciplines estaven molt relacionades amb les creences religioses. Precisament per això, la majoria dels filòsofs s'ocupaven de qüestions religioses i els matemàtics es vinculaven a diversos corrents religiosos ja que tenien en compte el suposat caràcter diví dels nombres.

Un dels temes que més va interessar als estudiosos de les tres disciplines (filosofia, matemàtiques i religió) va ser el concepte de perfecció. En l'àmbit de les matemàtiques s'havien trobat figures «perfectes» en dues dimensions: els polígons regulars, que tenen tots els costats iguals. Hi ha una infinitat de polígons regulars; per això, quan van buscar també figures perfectes en tres dimensions i es van adonar que no eren infinites, van quedar sorpresos. De fet, només existeixen cinc figures «perfectes» en tres dimensions.

Construeix amb el que saps

Argumenta

3. Identifica cada poliedre amb el seu desenvolupament pla:

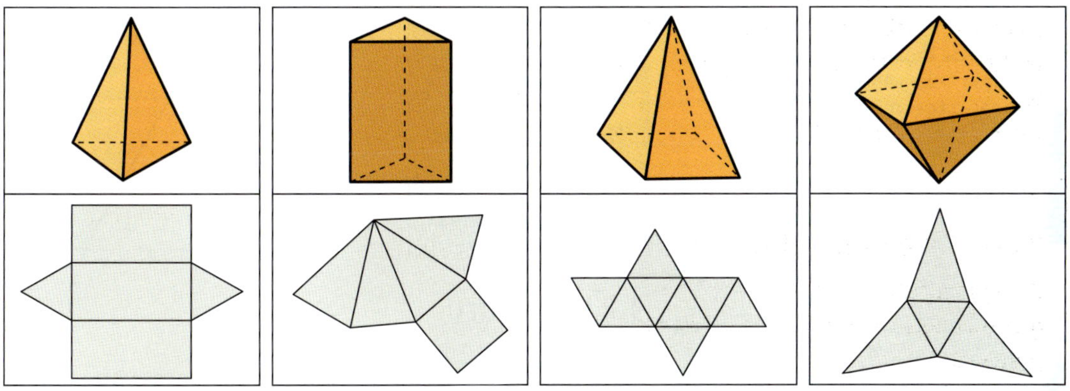

Representa

4. Dibuixa en la teva llibreta el desenvolupament pla d'aquests poliedres:

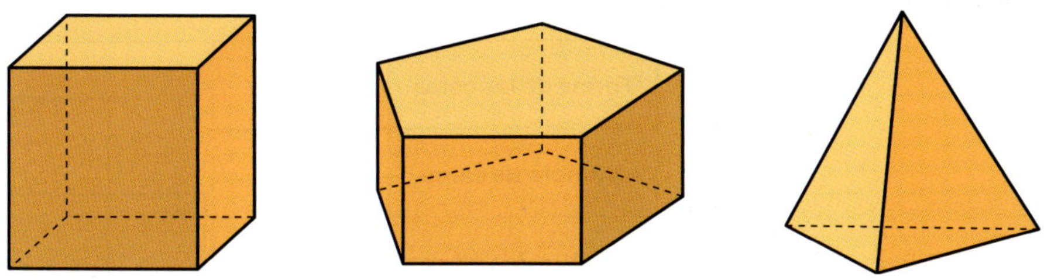

5. Dibuixa en la llibreta el poliedre al qual donarien lloc aquests desenvolupaments:

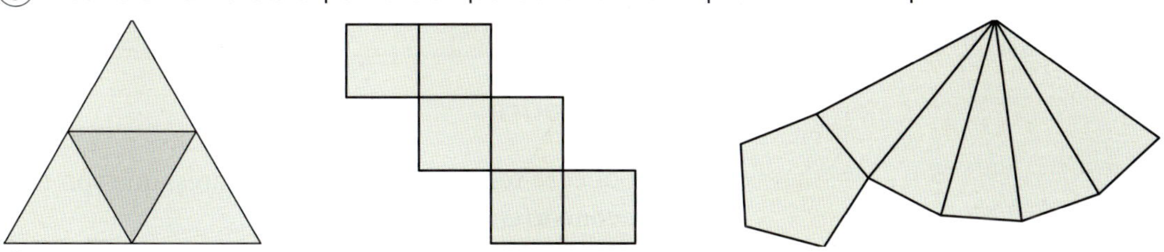

Comunica

6. Esbrina per què només existeixen cinc poliedres regulars.

El que has construït

Identifiques **polígons regulars.**

Identifiques els **poliedres** i en saps extreure informació.

Verifiques si els poliedres compleixen la **fórmula d'Euler.**

Relaciones els poliedres amb la seva **representació en el pla.**

4. Poliedres regulars

Plató (427-347 aC)

Va ser un filòsof grec seguidor de Sòcrates i mestre d'Aristòtil.

L'any 387 aC va fundar **l'Acadèmia,** escola filosòfica que va continuar la seva trajectòria durant més de nou-cents anys i a la qual Aristòtil va acudir, des d'Estagira, per estudiar-hi filosofia, cap a l'any 367.

A l'entrada de l'Acadèmia hi havia una inscripció que deia: «Aquí no hi entra ningú que no sàpiga geometria».

Un poliedre regular ha de complir dues condicions:

- Que les seves cares siguin polígons regulars (els seus costats i els seus angles han de ser iguals).
- Que en cada vèrtex concorri el mateix nombre de cares.

Només existeixen cinc poliedres regulars, que reben el nom de **sòlids platònics.** Són el tetraedre, l'hexaedre, l'octaedre, el dodecaedre i l'icosaedre.

4.1 Tetraedre

És el poliedre regular format per quatre cares, que són triangles equilàters. En cada vèrtex concorren tres cares. El tetraedre és una **piràmide de base triangular.**

Forma de les cares	Triangles rectangles
Nombre de cares	4
Nombre de vèrtexs	4
Nombre d'arestes	6

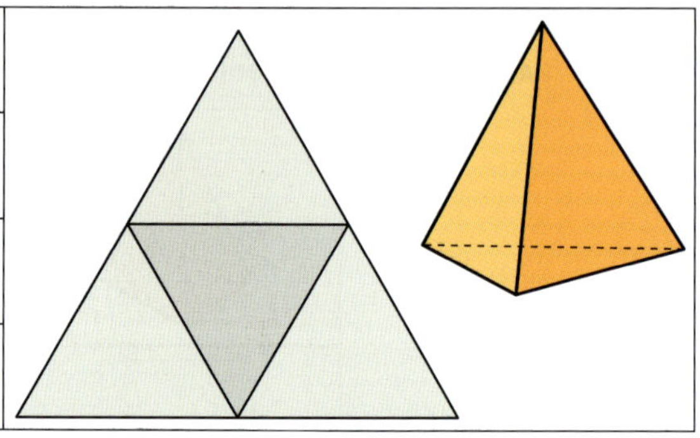

4.2 Hexaedre

És el poliedre regular format per sis cares, que són quadrats. En cada vèrtex concorren tres cares. L'hexaedre és un **prisma rectangular**; també rep el nom de **cub.**

Forma de les cares	Quadrats
Nombre de cares	6
Nombre de vèrtexs	8
Nombre d'arestes	12

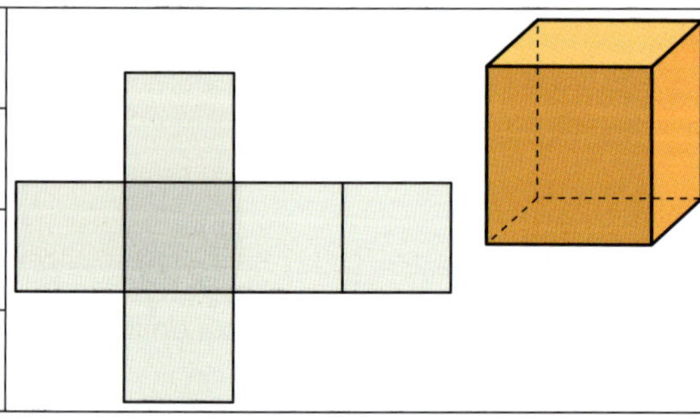

4.3 Octaedre

És el poliedre regular format per sis cares, que són triangles equilàters. En cada vèrtex concorren quatre cares.

Forma de les cares	Triangles rectangles
Nombre de cares	8
Nombre de vèrtexs	6
Nombre d'arestes	12

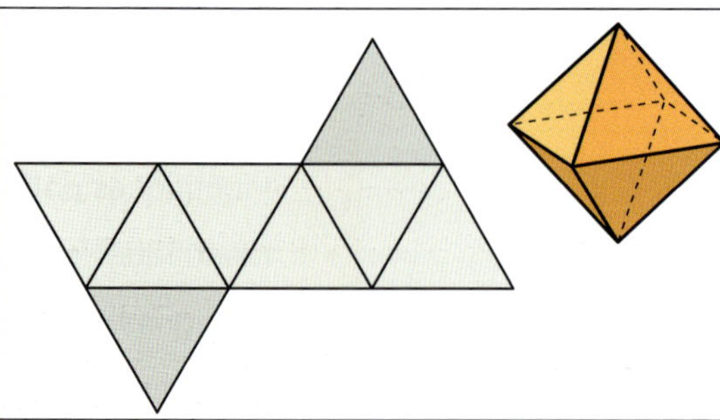

4.4 Dodecaedre

És el poliedre regular format per dotze cares, que són pentàgons regulars. En cada vèrtex concorren tres cares.

Forma de les cares	Pentàgons regulars
Nombre de cares	12
Nombre de vèrtexs	20
Nombre d'arestes	30

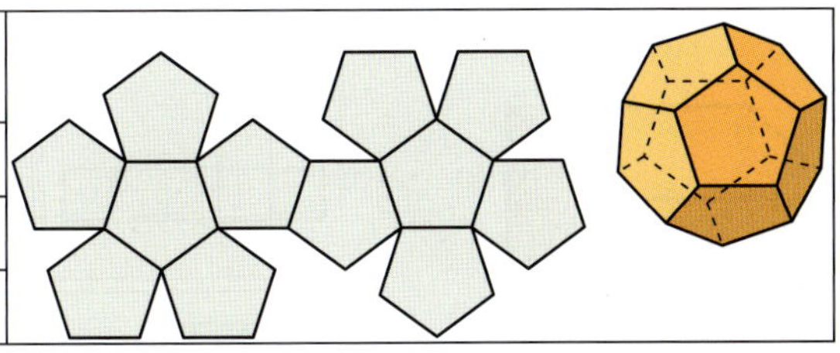

4.5 Icosaedre

És el poliedre regular format per vint cares, que són triangles equilàters. En cada vèrtex concorren cinc cares.

Forma de les cares	Triangles rectangles
Nombre de cares	20
Nombre de vèrtexs	12
Nombre d'arestes	30

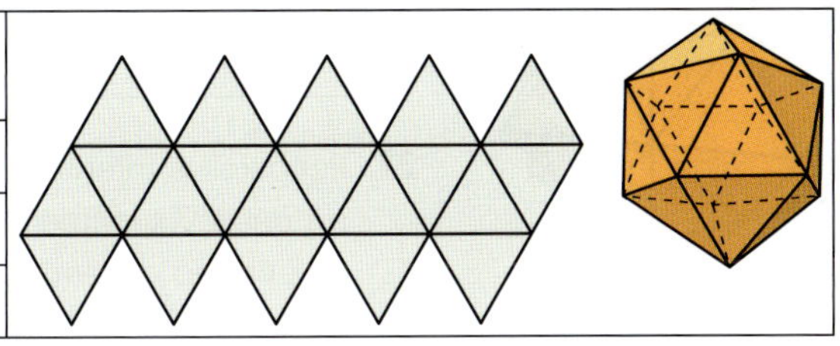

5. Fórmula d'Euler

En qualsevol poliedre convex es compleix sempre la relació descoberta per Leonhard Euler: el nombre de cares més el nombre de vèrtexs és igual al nombre d'arestes més 2. S'acostuma a representar d'aquesta manera:

$$C + V = A + 2$$

En aquesta fórmula, C representa el nombre de cares, V és el nombre de vèrtexs i A és el nombre d'arestes.

Nota

Un políedre convex és aquell que es troba en el mateix semiespai respecte al pla de cada una de les seves cares; és a dir, si perllonguem qualsevol de les cares del políedre, aquestes no el tallen. Es pot definir d'una altra manera: en un poliedre convex, la línia recta que uneix dos punts de l'espai interior d'aquest cos mai surt del políedre.

Exemple

5. Verificar que els poliedres regulars, en ser poliedres convexos, compleixen la fórmula d'Euler:

- Tetraedre: $C = 4$, $V = 4$, $A = 6 \rightarrow 4 + 4 = 6 + 2 \rightarrow 8 = 8$
- Hexaedre: $C = 6$, $V = 8$, $A = 12 \rightarrow 6 + 8 = 12 + 2 \rightarrow 14 = 14$
- Octaedre: $C = 8$, $V = 6$, $A = 12 \rightarrow 8 + 6 = 12 + 2 \rightarrow 14 = 14$
- Dodecaedre: $C = 12$, $V = 20$, $A = 30 \rightarrow 12 + 20 = 30 + 2 \rightarrow 32 = 32$
- Icosaedre: $C = 4$, $V = 4$, $A = 6 \rightarrow 4 + 4 = 6 + 2 \rightarrow 8 = 8$

6. Poliedres duals

Quan s'uneixen els punts mitjans de les cares d'un poliedre mitjançant arestes, s'obté un altre poliedre anomenat **poliedre dual.**

Així, el dual d'un tetraedre torna a ser un altre tetraedre, el dual d'un hexaedre és un octaedre, el dual d'un octaedre és un hexaedre, el dual d'un dodecaedre és un icosaedre i el dual d'un icosaedre és un dodecaedre.

Entrena't

18. Observa aquests poliedres, identifica'n els regulars i escriu-ne els noms. Digues quins no són regulars i explica per què no ho són:

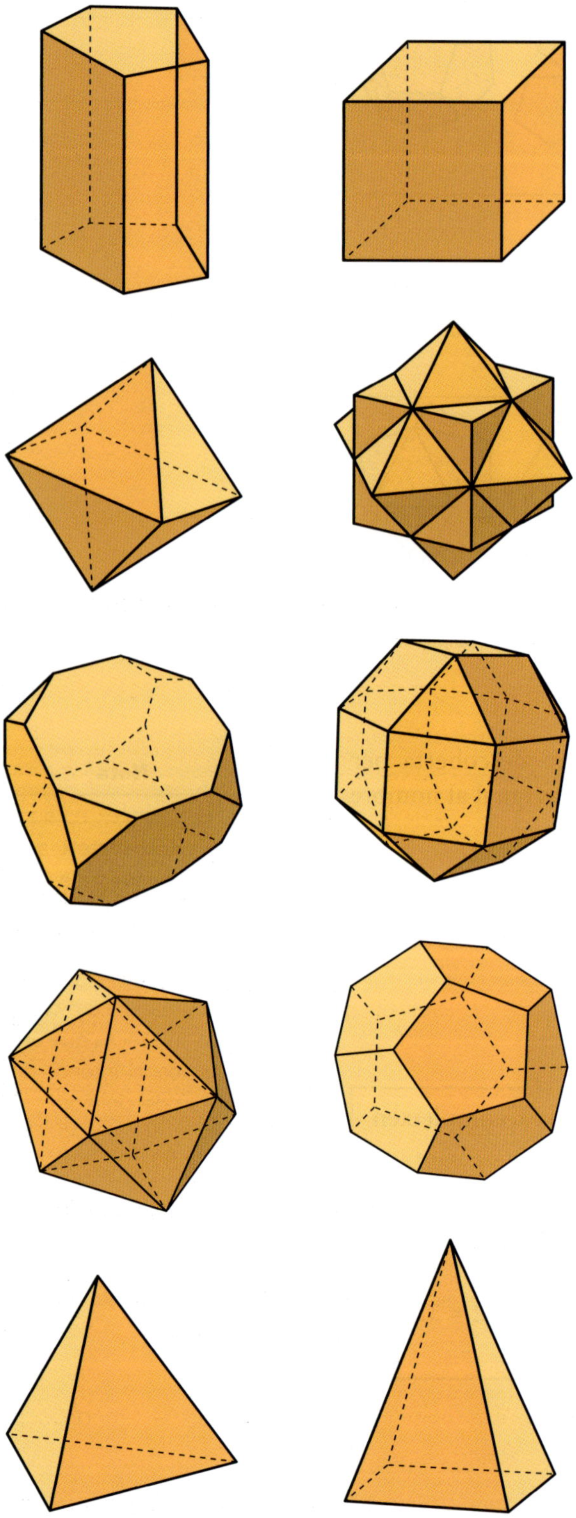

19. Troba, a partir del teorema de Pitàgores, la diagonal d'una de les cares d'un hexaedre de costat 1. Un cop coneguis aquesta longitud, utilitza-la per calcular la diagonal interior de l'hexaedre.

20. Digues quins d'aquests desenvolupaments plans corresponen a un hexaedre. Els pots copiar en un full, retallar-los i comprovar si pots construir hexaedres.

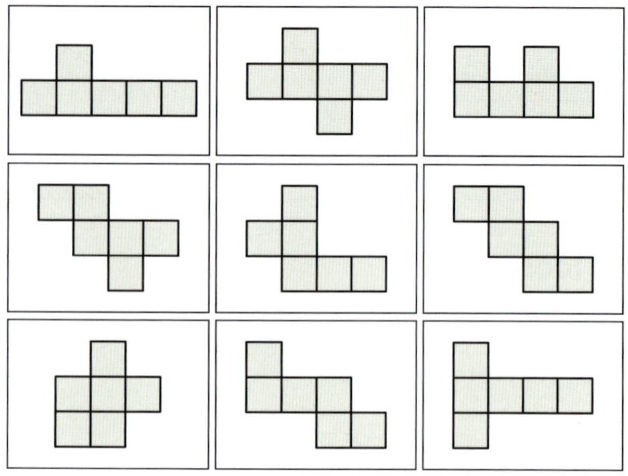

21. Per parelles, intenteu trobar la quantitat més gran possible de desenvolupaments plans de l'hexaedre. Procureu no repetir cap desenvolupament, però girat. A continuació, poseu en comú a l'aula els desenvolupaments que heu trobat i comproveu si entre tots heu estat capaços de trobar els 11 desenvolupaments diferents d'un hexaedre.

22. Per parelles, jugueu amb els desenvolupaments plans anteriors corresponents a un hexaedre. Agafeu un full quadriculat i dibuixeu-hi un quadrat de 12 x 12 quadradets. Comenceu cadascú per un cantó i, per torns, dibuixeu un desenvolupament pla de l'hexaedre, de manera que cada desenvolupament estigui enganxat a un altre de vostre i els desenvolupaments no se superposin. Competiu per veure qui és capaç de dibuixar més desenvolupaments sense que l'altre li prengui espai per emplenar.

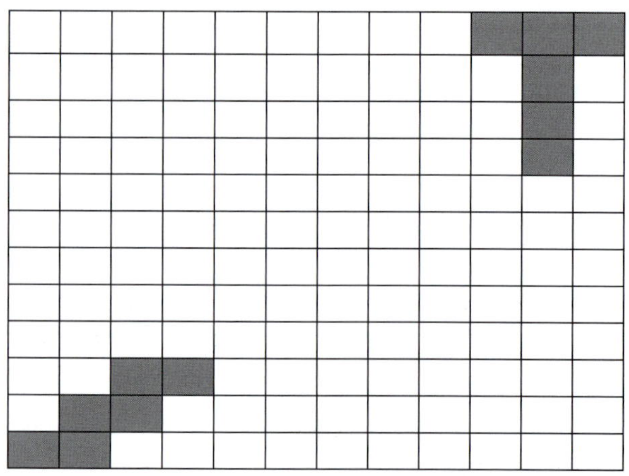

Banc digital

Professor a casa. Exemple del joc de desenvolupament d'un cub.

Mates en context

3 AM AL Personal Les joies

La Marta acaba d'estudiar, a classe, els poliedres regulars i li han semblat molt interessants. Com que els seus pares tenen una joieria, els ha demanat si pot dissenyar penjolls que tinguin les formes dels diferents poliedres regulars. Els pares s'han adonat que, efectivament, amb poliedres, llevat de l'hexaedre, es poden crear joies molt boniques, i per això han decidit posar fil a l'agulla i dissenyar-ne. Han de decidir si les joies seran només el contorn dels poliedres, si seran sòlides (però buides) o figures massisses.

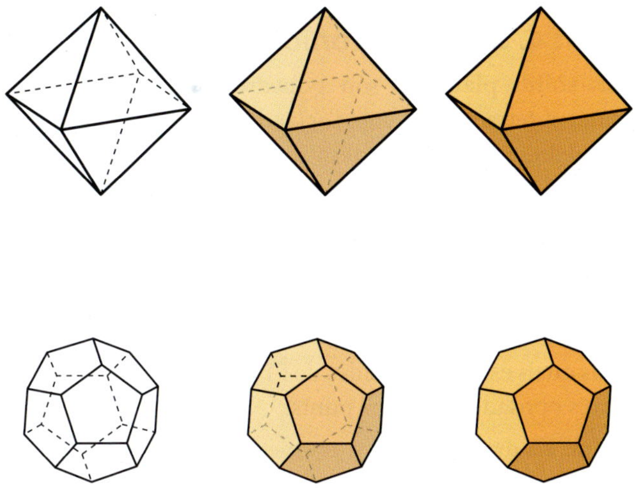

Problemes

1. Si es decideixen per la primera opció, quina part geomètrica constituirà les diverses varetes que formen la figura?
2. Decideixen fer les figures de manera que les arestes siguin varetes d'or d'1 cm de longitud. Calcula la longitud total de les varetes d'or que han de fer servir per a cada un dels poliedres regulars.
3. Si cada vareta d'or d'1 cm de longitud costa 2€, quant costarà el material de cada joia?
4. Si, a més, volen posar en els vèrtexs unes petites pedres precioses, quantes en necessitaran per a cada tipus de joia?
5. Si cada petita pedra preciosa costa 3€, quant valdrà el material total de cada joia, incloent-hi les varetes d'or i les pedres precioses?
6. Quina joia serà la més barata?
7. Si volen obtenir un benefici del 20% en la venda de cada joia, a quin preu les hauran de vendre?

Per tal de calcular el material que necessiten per posar en pràctica les opcions segona i tercera, fan servir les dades de la taula següent, en què *a* representa la longitud de l'aresta:

Figura	Àrea	Volum
Tetraedre	$\sqrt{3}\cdot a^2$	$\frac{\sqrt{2}}{12}\cdot a^3$
Octaedre	$2\sqrt{3}\cdot a^2$	$\frac{\sqrt{2}}{3}\cdot a^3$
Dodecaedre	$20{,}65\cdot a^2$	$7{,}66\cdot a^3$
Icosaedre	$5\sqrt{3}\cdot a^2$	$2{,}18\cdot a^3$

8. Utilitza les dades de la taula i calcula la superfície de cada figura. Tingues en compte que les arestes tenen 1 cm de longitud.
9. Si cada centímetre quadrat d'or val 2,5€, determina quants diners costaria fabricar cada joia si triessin la segona opció, és a dir, la de les figures sòlides, però buides (sense tenir en compte les arestes).
10. I quant costaria cada peça si posessin en cada vèrtex una pedra preciosa que costa 3€?
11. Amb aquest disseny, quina seria la peça més llarga?
12. Si volen obtenir un 20% de beneficis, quin haurà de ser el preu de cada joia?
13. A l'hora de fer els càlculs anteriors, els pares de la Marta no han tingut en compte que la unió entre les cares de les figures costa 0,5€. Tingues en compte aquesta dada i calcula quant costaria cada peça i a quin preu l'haurien de vendre.
14. Si, en comptes de dissenyar totes les figures amb la mateixa longitud d'aresta, les dissenyessin de manera que les cares de cada figura mesuressin 1 cm^2, quant els costaria cada joia? (Tingues en compte el cost de les pedres precioses dels vèrtexs i el cost de la unió de les cares.)
15. Fes servir les dades de la taula del problema 7 per determinar el volum de les joies, si la longitud de les arestes és d'1 cm.
16. Si opten pel tercer disseny, és a dir, fer les peces massisses, quant els costarà fabricar cada peça si el centímetre cúbic d'or costa 7€?
17. Calcula el cost de fabricació d'aquest model si posessin una pedra preciosa de 3€ en cada vèrtex.
18. A quin preu haurien de vendre cada joia per obtenir un benefici del 20% en aquest cas?

Argumenta: 1, 4, 6, 11

Matematitza: 2, 3, 5, 7, 8, 9, 10, 12, 13, 14, 15, 16, 17, 18

3 Laplace i l'equiprobabilitat

Es pot calcular quan tindrà lloc un esdeveniment? De quantes maneres em puc vestir?

AM AL AS AP Social Professional

Aprèn a...

Estimar la possibilitat que passi un esdeveniment, calculant-ne la probabilitat a partir de la regla de Laplace o els diagrames d'arbre.

Assignar probabilitats a esdeveniments en experiments aleatoris senzills.

Ítem 1. Equiprobabilitat

Un espai mostral és equiprobable si tots els elements que el conformen tenen les mateixes oportunitats de ser escollits i, per tant, la mateixa probabilitat.

Ítem 2. Regla de Laplace

La regla de Laplace serveix per calcular la probabilitat quan els esdeveniments són equiprobables:

$$P(A) = \frac{\text{nombre d'esdeveniments favorables}}{\text{nombre de casos possibles}}$$

Ítem 3. Daus

Un dau és un objecte de forma polièdrica preparat per mostrar un **resultat aleatori** quan es llança; totes les cares tenen la mateixa probabilitat de sortir.

Els daus es van fer servir molt a Grècia i a Roma, tant per als jocs com per a les arts endevinatòries.

En altres temps, els daus amb formes que no eren cúbiques es feien servir gairebé exclusivament per a pràctiques ocultes i per a l'endevinació, tot i que, amb el temps, es van convertir en elements lúdics i, actualment, són molt habituals en els jocs de rol.

Ítem 4. Sòlids platònics

Els **sòlids platònics** són poliedres regulars. N'hi ha cinc: el tetraedre, el cub, l'octaedre, el dodecaedre i l'icosaedre. En tots els vèrtexs concorre el mateix nombre de cares i d'arestes.

Ítem 5. Més daus

Els daus més habituals són cubs (hexaedres) les cares dels quals estan numerades de l'1 al 6, de manera que les cares oposades sumen 7 punts.

Entre els daus no cúbics, els més habituals són de 4, 8, 12 i 20 cares; és a dir, els cossos platònics, que garanteixen l'equiprobabilitat.

A més dels cossos platònics, hi ha daus de 10, 30 i fins a 100 cares.

Construeix amb el que saps

Argumenta

1. Quan es llança un dau de 12 cares, tots els esdeveniments són equiprobables? Per què?

2. Quan es llança un dau de 6 cares i un altre de 20 cares, en quin dau és més probable obtenir un 5? Per què?

Matematitza

3. Es llança un dau que és un icosaedre:

a Quants casos possibles hi ha (nombre de cares)?
b Quantes cares són múltiples de 3?
c Quina és la probabilitat d'obtenir un múltiple de 3?

4. Es llança un dau de 100 cares. Calcula aquestes probabilitats:

a Treure un nombre parell.
b Treure un múltiple de 5.
c Treure un nombre que acabi en 7.
d Treure un nombre que contingui el dígit 6.

Matematitza Planteja

5. Llancem dos daus de 6 cares i en restem els resultats.

a Quins resultats es poden obtenir?
b Són equiprobables?
c Calcula la probabilitat d'obtenir 1 en la resta.

Ítem 6. Pierre-Simon Laplace (1749-1827)

Aquest matemàtic francès va impartir classes en molts centres d'estudis. El seu alumne més conegut va ser Napoleó, que el va nomenar canceller en el període en què va governar França i, més tard, ministre de l'interior (tot i que només va ocupar el càrrec sis mesos).

L'any 1785 va ser nomenat també membre de l'Acadèmia de Ciències de França, que va presidir diverses vegades. El 1816 va ser nomenat membre de l'Acadèmia Francesa de la Llengua.

Va ser un polític hàbil, ja que sempre va adaptar les seves idees a la situació política del país, la qual cosa li va proporcionar poques amistats entre els seus col·legues.

Va treballar i va fer recerca en matemàtiques, astronomia, física i química.

Va elaborar la definició de probabilitat per a esdeveniments equiprobables, que es coneix amb el nom de **regla de Laplace.**

Ítem 7. Diagrama d'arbre

Un diagrama d'arbre és una eina que permet analitzar i avaluar cadascuna de les possibilitats que poden existir entorn de la resolució d'un problema. És especialment útil per resoldre problemes amb experiments compostos, és a dir, aquells en què hi ha més d'un experiment aleatori.

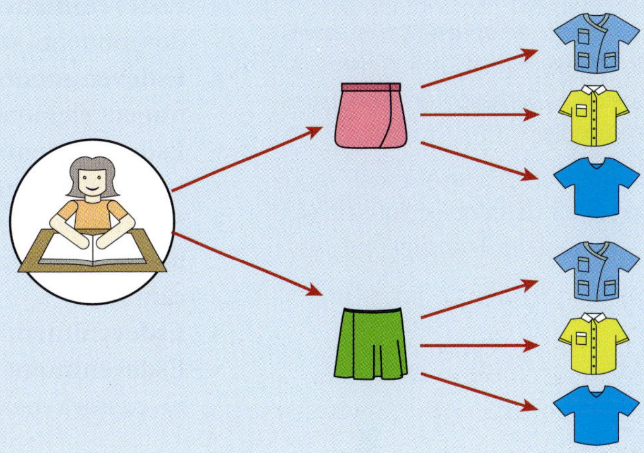

Construeix amb el que saps

Representa

(6) L'Àngel té tres pantalons (uns de color negre, uns de blaus i uns altres de color marró), dues camises (una de verda i una de blava) i tres jerseis (un de color taronja, un de blau i un de lila).

a Dibuixa un diagrama d'arbre per determinar de quantes maneres diferents pot anar vestit si es posa uns pantalons i una camisa. Quantes combinacions hi ha?

b Dibuixa un diagrama d'arbre per saber de quantes maneres diferents pot anar vestit si es posa les tres peces de roba. De quantes maneres diferents es pot vestir?

Argumenta

(7) Llancem una moneda a l'aire i observem què passa:

a Quants resultats poden sortir? **b** Són equiprobables?

Matematitza

(8) Llancem dues monedes a l'aire i comprovem quantes cares han sortit.

Argumenta **Representa**

a Elabora un diagrama d'arbre per determinar els casos possibles.

b Quants resultats diferents són possibles?

c Són equiprobables?

d Calcula la probabilitat d'obtenir una cara i una creu.

Representa

(9) Ara, llancem tres monedes a l'aire:

Matematitza

a Elabora el corresponent diagrama d'arbre per comprovar els diversos resultats.

b Calcula la probabilitat d'obtenir dues cares i una creu.

Matematitza

(10) Dins d'una urna hi ha 5 boles de color blau, 3 de vermelles i 2 de blanques. Traiem una bola de l'urna i en comprovem el color. Determina la probabilitat que el seu color sigui:

a Blanc. **b** Vermell. **c** Blau.

El que has construït

Distingeixes els **esdeveniments equiprobables** dels que no ho són.

Dibuixes **diagrames d'arbre** per al recompte d'esdeveniments.

Assignes probabilitats a esdeveniments senzills aplicant la **regla de Laplace.**

7. Espai mostral i esdeveniments

Apunt 6

Atenció!

Els elements que formen qualsevol esdeveniment s'escriuen entre claus { } i se separen mitjançant comes.

Els esdeveniments elementals s'acostumen a representar a través de lletres minúscules i els compostos es representen amb lletres majúscules.

Perquè un esdeveniment sigui segur, ha de contenir tots els elements de l'espai mostral.

En un experiment aleatori, anomenem:

- **Esdeveniment** cadascun dels possibles resultats d'un fenomen aleatori.
- **Espai mostral** (***E***) el conjunt de tots els possibles resultats del nostre experiment aleatori.
- **Esdeveniment elemental** cadascun dels possibles resultats del nostre experiment aleatori. Es tracta de cadascun dels elements que formen l'espai mostral.
- **Esdeveniment compost** un conjunt d'esdeveniments elementals. Aquests esdeveniments s'acostumen a representar mitjançant lletres majúscules.
- **Esdeveniments compatibles** aquells esdeveniments que tenen algun esdeveniment elemental comú.
- **Esdeveniments incompatibles** aquells esdeveniments que no tenen cap esdeveniment elemental comú.
- **Esdeveniment contrari** d'un esdeveniment A el conjunt de tots els esdeveniments elementals que no es troben en l'esdeveniment A. Es representa mitjançant $\overline{A}$.
- **Esdeveniment segur** aquell esdeveniment que sabem del cert que passarà.
- **Esdeveniment impossible (∅)** aquell esdeveniment que sabem del cert que no passarà mai.

8. Propietats de la probabilitat

- Probabilitat d'un esdeveniment segur A: $0 \leq P(A) \leq 1$. Com més a prop estigui de l'1, més probable serà que tingui lloc A, i a l'inrevés, és a dir, com més a prop estigui del 0, menys probable serà.
- Probabilitat de l'esdeveniment segur: $P(E) = 1$.
- Probabilitat de l'esdeveniment impossible: $P(\emptyset) = 0$.
- Probabilitat d'un esdeveniment contrari: $P(\overline{A}) = 1 - P(A)$. $P(A)+P(\overline{A})=1$.

Exemple

6. La probabilitat que un alumne aprovi l'assignatura de Música és de 0,85. Quina és la probabilitat que suspengui?

Suspendre és el cas contrari a aprovar; per tant, la seva probabilitat és:

$$P(\text{suspendre}) = 1 - P(\text{aprovar}) = 1 - 0{,}85 = 0{,}15$$

Apunt 7

Recorda que la regla de Laplace només es pot aplicar quan tots els esdeveniments són equiprobables.

9. Regla de Laplace

La probabilitat d'un esdeveniment A, format per esdeveniments elementals equiprobables, és igual al nombre de casos favorables dividit entre el nombre de casos possibles (apunt 7).

$$P(A)=\frac{\text{nombre d'esdeveniments favorables}}{\text{nombre de casos possibles}}$$

Exemple

7. Si un experiment aleatori consisteix a llançar un dau de 6 cares, per calcular la probabilitat de l'esdeveniment A = treure un nombre múltiple de 3, haurem de comptar (o calcular) el nombre de casos favorables ({3, 6}), és a dir, hi haurà 2 casos possibles. I l'haurem de dividir entre el nombre de casos possibles, és a dir, 6 (cadascuna de les cares del dau: {1, 2, 3, 4, 5, 6}). Per tant:

$$P(A)=\frac{\text{nombre d'esdeveniments favorables}}{\text{nombre de casos possibles}}=\frac{2}{6}=0{,}3333$$

10. Diagrama d'arbre

Un **diagrama d'arbre** és una representació gràfica dels possibles resultats d'un experiment. Consta de diferents passos, cadascun dels quals representa un nombre finit de maneres de dur-se a terme. Es fa servir en els problemes de comptatge i de probabilitat.

Per elaborar un diagrama d'arbre, es comença dibuixant una branca per a cadascuna de les possibilitats, acompanyada de la probabilitat respectiva. Cadascuna d'aquestes branques es coneix com a branca de primera generació.

Al final de cada branca de primera generació es constitueix un nus del qual parteixen branques noves, que són les branques de segona generació. Al final d'aquestes branques es pot crear un altre nus —llevat que el nus representi un possible final de l'experiment (nus final)— i tornar a construir noves branques. Aquest procés es pot repetir tantes vegades com calgui (apunt 8).

Apunt 8

Dels diversos nusos, en pot sortir una quantitat diferent de branques.

Exemple

8. Elabora un diagrama d'arbre de l'experiment consistent a llançar una moneda a l'aire tres vegades.

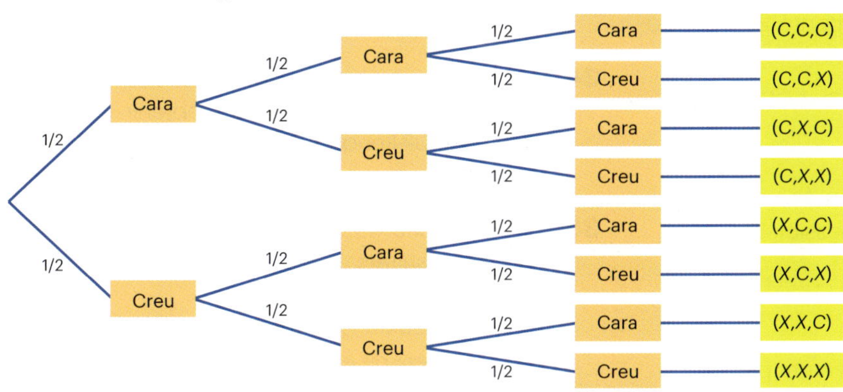

L'espai mostral és format per 8 esdeveniments elementals:

E = { (C,C,C),(C,C,X),(C,X,C),(C,X,X),(X,C,C),(X,C,X),(X,X,C),(X,X,X)}

Professora a casa. Propietats del diagrama d'arbre.

Propietat dels diagrames d'arbre

Hi ha un principi senzill que fa que els diagrames d'arbre siguin molt útils per als càlculs ràpids de probabilitat: multipliquem les probabilitats si es tracta de branques adjacents (contigües) o les sumem si són branques separades que neixen d'un mateix punt.

11. Permutacions

Anomenem **permutacions ordinàries** (o simplement **permutacions**) de m elements el nombre de totes les diferents agrupacions que es poden formar amb els m elements, de manera que es compleixin aquestes propietats:

- En una agrupació hi ha d'haver tots els elements.
- Dues agrupacions es distingeixen entre si només en l'ordre de col·locació dels elements.

Les permutacions s'escriuen P_m i la fórmula per calcular-les és aquesta (apunt 9):

$$P_m = m \cdot (m-1) \cdot (m-2) \cdot \ldots \cdot 3 \cdot 2 \cdot 1$$

Apunt 9

Factorial

S'anomena **factorial** d'un nombre n el producte dels n primers nombres naturals. Es representa mitjançant $n!$

Observa que $P_m = m!$

Exemple

9. De quantes maneres es poden asseure cinc persones en un banc de cinc places?

La primera podrà seure en cinc llocs diferents; la segona, només en quatre (un ja estarà ocupat); la següent persona ja només tindrà disponibles tres llocs lliures, i així successivament.

Per tant:
$P_5 = 5 \cdot 4 \cdot 3 \cdot 2 \cdot 1 = 120$

Entrena't

23. Tenim un dau de quatre cares. Indica si els enunciats següents són veritables o falsos:

- **a** És impossible que surti 5.
- **b** És segur que sortirà un valor inferior a 6.
- **c** El contrari de sortir parell és sortir 1 o 3.
- **d** No és possible que surtin 1 i 4 alhora.
- **e** És possible que surti 3 i parell a la vegada.
- **f** El contrari de sortir parell és que surti un nombre senar.

24. Escriu l'espai mostral dels experiments següents:

- **a** Llançar una moneda a l'aire.
- **b** Tirar un dau de 12 cares.
- **c** Treure una carta d'un joc de cartes i fixar-se en el coll.
- **d** Tirar dues monedes a l'aire.
- **e** Treure una bola d'una urna que conté 2 boles grogues, 3 boles vermelles i 5 de verdes.
- **f** Tirar dos daus de quatre cares i sumar-ne els resultats.

25. En llançar una moneda a l'aire, quin és un esdeveniment segur? I un esdeveniment impossible?

26. Si es tira un dau de parxís:

- **a** Quin és l'esdeveniment contrari a sortir parell?
- **b** I el contrari a sortir més gran que 4?

27. Es tira un dau de deu cares. Indica:

- **a** Un esdeveniment segur.
- **b** Un esdeveniment impossible.
- **c** Un esdeveniment poc probable.
- **d** Un esdeveniment força probable.

28. Assigna probabilitats als esdeveniments següents:

- **a** Que surti cara en llançar una moneda a l'aire.
- **b** Que surti 5 en tirar un dau de sis cares.
- **c** Treure l'as d'oros quan s'agafa una carta de la baralla espanyola.
- **d** Treure 7 en llançar un dau de quatre cares.
- **e** Treure una copa en agafar una carta de la baralla espanyola.

29. Dins d'una urna hi ha 7 boles blanques i 3 de negres. Se'n treu una a l'atzar. Quina és la probabilitat que sigui blanca? I que sigui negra?

30. Llancem un dau de sis cares. Calcula la probabilitat d'obtenir:

- **a** Un 5.
- **b** Un nombre inferior a 5.
- **c** Un nombre parell.
- **d** Un nombre primer.

31. Tenim un dau de dotze cares amb els valors següents: 1, 2, 2, 3, 3, 3, 4, 4, 5, 6, 6, 6. Es llança una vegada. Determina la probabilitat d'obtenir:

a Un 6. **b** Un nombre parell. **c** Un Un múltiple de 3.

32. Es llancen dos daus, l'un de vuit cares i l'altre de dotze. Calcula la probabilitat que surti un múltiple de 3 en cadascun.

33. En un dau de vint cares es considera l'esdeveniment A = {Obtenir un múltiple de 3 o de 4}. Calcula'n la probabilitat.

34. Es tiren dos daus de quatre cares i se'n resten els resultats. Què és més probable, obtenir com a resultat 1 o obtenir 0? Per què? (Et pot servir d'ajuda elaborar un diagrama d'arbre.)

35. Es tira un dau de quatre cares dos cops i es multipliquen els resultats.

- **a** Quins resultats poden sortir?
- **b** Construeix-ne el diagrama d'arbre.
- **c** Calcula la probabilitat d'obtenir 4 (després de la multiplicació).
- **d** Quina és la probabilitat d'obtenir un nombre parell?
- **e** Quin és l'esdeveniment contrari a l'apartat anterior? Quina n'és la probabilitat?

36. S'extreu una carta d'una baralla espanyola (40 cartes). Determina la probabilitat d'obtenir:

- **a** Una espasa.
- **b** Un as o un 3.
- **c** Una carta que no sigui de copes.

37. Calcula aquestes permutacions:

a P_4

b P_7

c $\frac{P_6}{P_3}$

d $\frac{P_8}{P_3 \cdot P_5}$

38. Quants nombres de quatre xifres es poden formar amb les xifres 2, 4, 6, 8 sense que se'n repeteixi cap?

Banc digital

Mates en context

4 AM AL AP Social Camí de Daganzo

La família Vaquer va cap a Daganzo, que és el poble on viuen els seus cosins. Quan arriben a una rotonda hi ha tres camins possibles, però han desaparegut els senyals que indiquen per on s'ha d'anar.

Les carreteres porten cap a aquestes poblacions:

La família sap que, després de la rotonda, si van cap a Torres i Loeches, es trobaran una altra rotonda des de la qual podran anar cap a cadascun d'aquests dos pobles. Passa el mateix amb l'altra direcció: es trobaran una altra rotonda amb tres carreteres que porten cap a cadascuna d'aquestes tres poblacions. Aquestes rotondes tampoc no tenen els cartells indicadors.

Com que no saben el camí, quan arriben a cada rotonda, la família tria el camí a l'atzar.

Problemes

1. És igual de probable arribar a Guadalajara que a Loeches? Per què?
2. És igual de probable arribar a Daganzo que a Ajalvir? Per què?
3. És igual de probable arribar a Loeches que a Torres? Per què?
4. Elabora un diagrama d'arbre que reculli totes les possibilitats d'anar als diferents llocs.
5. A partir d'aquell diagrama, calcula la probabilitat d'arribar a:

   a Guadalajara.
   b Loeches.
   c Daganzo.
6. Si només han desaparegut els senyals de la primera rotonda, hi ha la mateixa probabilitat d'arribar a Guadalajara que d'arribar a Daganzo? Per què?

Argumenta: 1, 2, 3, 6 | Representa: 4 | Matematitza: 5

5 AM AL Social Personal Molts jocs de cartes

La baralla espanyola consisteix en un joc de 40 cartes que es divideixen en quatre colls (oros, copes, espases i bastos). Cada coll té unes cartes numerades de l'1 al 7 (cartes numèriques) i tres cartes anomenades *figures*: la sota, el cavall i el rei.

La baralla anglesa, en canvi, consta de 54 cartes: 52 es reparteixen en quatre colls (cors, diamants, trèvols i piques) i dos jòquers o comodins. Cada coll té cartes numerades de l'1 al 10 i tres cartes anomenades *figures*: J (*jack*), Q (*queen*) i K (*king*).

La baralla francesa és igual que l'anglesa, però consta de 52 cartes (no té comodins). En aquesta baralla, les figures s'anomenen V (*valet*), D (*dame*) i R (*roy*).

Problemes

1. Digues què és més probable: treure l'as de copes en la baralla espanyola, el 2 de cors en la baralla anglesa o el 3 de piques en la francesa. Per què?
2. Es treu una carta de la baralla espanyola. Troba les probabilitats següents:

   a Que sigui un 5.
   b Que sigui una figura d'espases.
   c Que sigui un 3 o un rei.
3. Es treu una carta de la baralla anglesa. Calcula aquestes probabilitats:

   a Que sigui un 10.
   b Que sigui un diamant.
   c Que sigui una figura.
   d Que sigui un comodí.
4. Es treu una carta de la baralla francesa. Determina aquestes probabilitats:

   a Que sigui una V.
   b Que sigui un trèvol.
   c Que sigui l'as de piques.
   d Que sigui un comodí.
5. D'una baralla francesa, en traiem una carta que resulta ser un cor. Quina és la probabilitat que sigui l'as de cors?
6. D'una baralla anglesa, en traiem una carta i resulta que és de piques. Si en traiem una altra (sense tornar a introduir la primera en la baralla), quina és la probabilitat que també sigui de piques?

Argumenta: 1 | Matematitza: 2, 3, 4, 5, 6

ÀLGEBRA

Expressions algebraiques

Són combinacions de lletres (variables) i nombres relacionats pels signes de les operacions. Els principals tipus d'expressions són aquests:

- **Monomis.** Les úniques operacions que apareixen entre les variables són el producte i la potència d'exponent natural.
- **Polinomis.** Són formats per sumes i restes de monomis.
- **Identitats.** Contenen el símbol d'igualtat (=) i un dels membres s'obté fent operacions en l'altre.
- **Equacions.** Contenen el símbol d'igualtat (=), les lletres s'anomenen *incògnites* i la igualtat només és certa per a algun valor en concret de la incògnita.

Polinomis

El **grau** d'un polinomi és el més gran dels graus dels monomis que el formen.

El **valor numèric** d'un polinomi és el resultat de substituir les lletres per nombres i efectuar les operacions.

Un nombre és **arrel** d'un polinomi si, en calcular el valor numèric d'aquest polinomi per a aquest nombre, el resultat és 0.

Per calcular les **arrels d'un polinomi**, s'ha de resoldre l'equació resultant d'igualar-lo a 0. Les arrels enteres d'un polinomi es troben entre els **divisors del terme independent.**

Operacions amb polinomis

- **Suma.** S'agrupen els monomis semblants i se'n sumen els coeficients.
- **Resta.** Se suma al minuend l'oposat del subtrahend.
- **Producte.** Es multiplica cada monomi d'un dels factors per tots els monomis de l'altre factor. A continuació, se sumen els monomis semblants que s'han obtingut.
- **Quocient d'un polinomi entre un altre de la forma ($x \pm a$).** S'obté seguint aquests passos:

1r Es col·loquen tots els coeficients del polinomi dividend ordenats pel grau i el terme independent del divisor canviat de signe.
2n Es baixa el primer coeficient i es multiplica entre el divisor; el resultat es col·loca a sota del següent coeficient i se suma.
3r Es repeteix el procés del pas anterior fins al final.
4t El residu és l'últim nombre i els nombres anteriors són els coeficients del quocient, que té un grau menys que el dividend.

Productes notables

$(a \pm b)^2 = (a \pm b) \cdot (a \pm b) = a^2 \pm 2ab + b^2$
$(a + a) \cdot (a - \mathrm{b}) = a^2 - b^2$

Factorització de polinomis

Un factor és un element d'una multiplicació; per tant, factoritzar un polinomi consisteix a expressar-lo com el producte d'altres polinomis del grau més petit possible.

Passos per factoritzar un polinomi

1r Si és possible, n'extraiem factor comú.
2n Comprovem si tenim una identitat notable.
3r Si el polinomi és de grau 2, en calculem les arrels amb la fórmula de l'equació de segon grau. Si el coeficient principal és diferent d'1, l'haurem d'escriure en la factorització.
4t Si el polinomi és de grau més gran que 2:
  a En busquem les arrels entre els divisors del terme independent.
  b Si $x = a$ és arrel, $(x - a)$ és factor.
  c Repetim el procés fins a esgotar les possibles arrels o obtenir un polinomi quocient de grau 1, que també s'escriu en la factorització.

GEOMETRIA

Poliedres regulars

Un poliedre regular ha de complir dues condicions:

- Que les seves cares siguin polígons regulars (els seus costats i els seus angles han de ser iguals).
- Que en cada vèrtex concorri el mateix nombre de cares.

Només hi ha cinc poliedres regulars, que reben el nom de **sòlids platònics.** Són els següents:

- **Tetraedre.** És el poliedre regular format per quatre cares, que són triangles equilàters. En cada vèrtex concorren tres cares. És una piràmide de base triangular.
- **Hexaedre.** És el poliedre regular format per sis cares, que són quadrats. En cada vèrtex concorren tres cares. És un prisma rectangular.
- **Octaedre.** És el poliedre regular format per vuit cares, que són triangles equilàters. En cada vèrtex concorren quatre cares.

- **Dodecaedre.** És el poliedre regular format per dotze cares, que són pentàgons regulars. En cada vèrtex concorren tres cares.
- **Icosaedre.** És el poliedre regular format per vint cares, que són triangles equilàters. En cada vèrtex concorren cinc cares.

Fórmula d'Euler

En qualsevol poliedre convex es compleix sempre la relació descoberta per Leonhard Euler: el nombre de cares més el nombre de vèrtexs és igual al nombre d'arestes més 2. Es representa així:

$$C + V = A + 2$$

Poliedres duals

En unir els punts mitjans de les cares d'un poliedre mitjançant arestes, s'obté un altre poliedre anomenat **poliedre dual.**

Així, el dual d'un tetraedre torna a ser un altre tetraedre, el dual d'un hexaedre és un octaedre, el dual d'un octaedre és un icosaedre i el dual d'un icosaedre és un dodecaedre.

PROBABILITAT

Espai mostral i esdeveniments

En un esdeveniment aleatori, anomenem:

- **Esdeveniment o esdeveniment elemental** cadascun dels possibles resultats d'un fenomen aleatori.
- **Espai mostral (*E*)** el conjunt de tots els possibles resultats d'un experiment aleatori.
- **Esdeveniment compost** un conjunt d'esdeveniments elementals. Aquests esdeveniments s'acostumen a representar mitjançant lletres majúscules.
- **Esdeveniments compatibles** aquells esdeveniments que tenen algun esdeveniment elemental comú.
- **Esdeveniments incompatibles** els esdeveniments que no tenen cap esdeveniment elemental comú.
- **Esdeveniment contrari** d'un esdeveniment A el conjunt de tots els esdeveniments elementals que no es troben en l'esdeveniment A. Es representa per $\overline{A}$.
- **Esdeveniment segur** aquell esdeveniment que sabem del cert que passarà.
- **Esdeveniment impossible (Ø)** aquell esdeveniment que sabem del cert que no passarà mai.

Propietats de la probabilitat

- Probabilitat d'un esdeveniment: A: $0 \leq P(A) \leq 1$.
- Probabilitat d'un esdeveniment segur: $P(E) = 1$.
- Probabilitat d'un esdeveniment impossible: $P(\emptyset) = 0$.
- Probabilitat d'un esdeveniment contrari: $P(\overline{A}) = 1 - P(A)$.

Regla de Laplace

La probabilitat d'un esdeveniment A, format per esdeveniments equiprobables, és aquesta:

$$P(A) = \frac{\text{nombre d'esdeveniments favorables}}{\text{nombre de casos possibles}}$$

Diagrama d'arbre

Un **diagrama d'arbre** és una representació gràfica dels possibles resultats d'un experiment. Consta de diferents passos, cadascun dels quals representa un nombre finit de maneres de dur-se a terme. Es fa servir en els problemes de comptatge i de probabilitat.

Es comença dibuixant una branca per a cadascuna de les possibilitats, acompanyada de la probabilitat respectiva. Cadascuna d'aquestes branques es coneix com a branca de primera generació. Al final de cada branca de primera generació es constitueix un nus del qual parteixen branques noves (de segona generació). Al final d'aquestes branques es pot crear un altre nus —llevat que el nus representi un possible final de l'experiment (nus final)— i tornar a construir noves branques. Aquest procés es pot repetir tantes vegades com calgui.

Propietat dels diagrames d'arbre

Els diagrames d'arbre són molt útils per fer càlculs ràpids de probabilitat: si es tracta de branques adjacents (contigües), es multipliquen les probabilitats; si són branques separades que surten d'un mateix punt, se sumen.

Permutacions

Anomenem **permutacions ordinàries** (o simplement **permutacions**) de m elements el nombre de totes les diferents agrupacions que es poden formar amb els m elements, de manera que es compleixin aquestes propietats:

- En una agrupació hi ha d'haver tots els elements.
- Dues agrupacions es distingeixen entre si només en l'ordre de col·locació dels elements.

La fórmula per calcular les permutacions és aquesta:

$$P_m = m \cdot (m-1) \cdot (m-2) \cdot \ldots \cdot 3 \cdot 2 \cdot 1$$

Entrena't +

Àlgebra

39. Troba el valor numèric dels polinomis següents per a $x = 1$ i per a $x = -2$:

a $P(x) = -x^4 - 2x^3 - x^2 + 7x + 1$
b $P(x) = 3x^6 - x^5 + 2x^4 - 2x^2 - 5x + 6$

40. Donats els polinomis següents, calcula i simplifica tant com puguis:

$P(x) = -x^5 - 2x^3 + 3x^2 - 4x + 1$
$Q(x) = x^4 - 2x^3 - 5x^2 + x$
$R(x) = -x^5 + 2x^4$

a $P(x) - [R(x) - Q(x)]$
b $Q(x) \cdot R(x)$
c $-2Q(x) + 3P(x)$
d $x \cdot P(x) - [R(x)]^2$

41. Aplica les identitats notables i calcula:

a $(x - 2)^2$
b $(x^4 - 1)^2$
c $(2x - 1)^2$
d $(6c^4 + 4c^3)^2$
e $(3x^2 + 2) \cdot (3x^2 - 2)$
f $(2x^2 - 4x) \cdot (2x^2 + 4x)$

42. Opera i simplifica:

a $(3 - 2x^3)^2 - 2(3x + 1)^2$
b $(x^2 - 2)^2 - 2(-2x - 3)^2$

43. Extreu factor comú d'aquestes expressions algebraiques:

a $-x^3 - 2x^2 + 5x - x^4 + 3x^2$
b $3x^3y^2 - 6xy^3 + 12x^3y^4 - 18x^2y^2$

44. Divideix per la regla de Ruffini aquests polinomis:

a $(-x^3 + 2x^2 + x - 1) : (x + 1)$
b $(-3x + 5x^2 - x^4 + 2) : (x + 2)$
c $(x^4 - 16) : (x - 1)$

45. Quin dels polinomis següents té com a arrels $x = 2$ o $x = 1$?

a $P(x) = x^4 - 2x^3 + x^2 - 3x + 3$
b $P(x) = x^4 - 2x^3 + x^2 - x - 2$
c $P(x) = (x - 2) \cdot (x + 1) \cdot (x - 3)^2$
d $P(x) = x^4 + x^3 - 2x^2 - x + 1$

46. Factoritza aquests polinomis:

a $P(x) = x^3 - 5x^2 + 6x$
b $P(x) = 36x^4 - 49x^2$
c $P(x) = x^4 - x^3 - 10x^2 - 8x$

47. Resol aquestes equacions:

a $x^3 + 3x^2 - 4 = 0$
b $x^5 + x^4 - 5x^3 + 3x^2 = 0$
c $(x^2 - 3x - 10) \cdot (x^2 - 9x + 18) \cdot (x + 1) = 0$

Banc digital

Geometria

48. Completa aquesta taula:

Poliedre regular	Forma de les cares	C	V	A	Poliedre dual
octaedre					
	pentàgon				
					dodecaedre
		6			
			4		

49. Comprova si els poliedres següents compleixen la fórmula d'Euler:

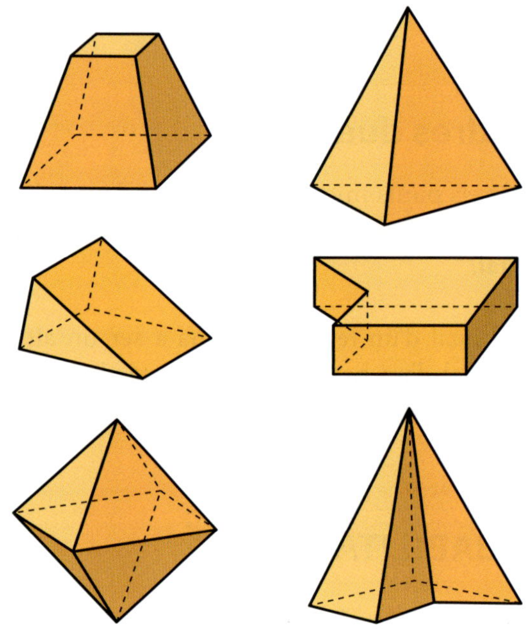

Banc digital

Probabilitat

50. Indica si les afirmacions següents són vertaderes (V) o falses (F):

a En un experiment amb tres esdeveniments, cap no pot tenir una probabilitat més gran que 0,5.
b Si $P(A)$ és més gran que $P(B)$, això vol dir que és més fàcil que passi A a que no pas que passi B.
c Com més probable sigui un esdeveniment, més a prop de l'1 se situarà la seva probabilitat.

51. Una urna conté 8 boles blanques, 6 boles negres, 4 de vermelles i 2 de verdes. Se n'extreu una bola a l'atzar. Determina la probabilitat d'obtenir:

a Una bola vermella.
b Una bola negra.
c Una bola blanca.
d Una bola blava.

Banc digital

Mates en context

6 AM AL AA Social **Sentit geomètric de l'àlgebra**

Al segle VI aC, als grecs els resultava difícil el tractament aritmètic de magnituds, àrees i volums. És per aquest motiu que recorrien a les figures geomètriques per representar magnituds i operaven mitjançant construccions geomètriques. Seguien aquestes pautes:

- Els nombres van ser substituïts per segments de recta.
- La suma de dos nombres era igual a la prolongació d'un segment de la mateixa longitud que la de l'altre.
- La resta consistia a retallar a un primer segment la longitud d'un segon segment.
- La divisió s'indicava a través de la raó dels segments que la representaven.
- El producte de dos nombres es va convertir en l'àrea del rectangle els costats del qual tenien com a longituds aquells dos nombres.
- El producte de tres segments era un volum.

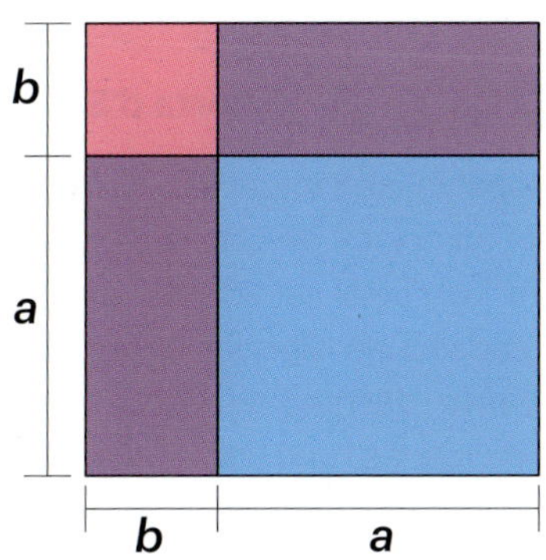

Problemes

1. Dibuixa en la teva llibreta un segment. Tot seguit, fes-hi una marca a l'atzar: l'hauràs dividit en dues parts. Anomena a i b aquests dos nous segments.
2. Forma un quadrat amb el segment més gran. Quina és l'àrea d'aquest quadrat en funció de a i b?
3. Amb la mesura de a i de b, traça-hi paral·leles tal com mostra el dibuix anterior; calcula la suma de les àrees dels quadrats i els rectangles interiors. Opera tant com puguis.
4. Geomètricament, les àrees dels exercicis 2 i 3 han de coincidir. Escriu-ne la igualtat. T'és familiar aquesta igualtat?
5. Formeu grups i penseu la manera de demostrar geomètricament que $(a - b)\cdot(a + b) = a^2 - b^2$.

Representa: 1 **Simbolitza: 2, 4**

Matematitza: 3 **Comunica: 5**

7 AM AL AP Social **Missatges secrets**

La finalitat de la criptografia és fer possible l'intercanvi d'informació secreta entre dues o més persones.

La criptografia es basa en diverses àrees complexes de les matemàtiques i manté una estreta relació amb el residu de la divisió de polinomis.

Un dels encriptats més coneguts és el codi de Juli Cèsar. És un tipus d'encriptat per substitució en què una lletra del text original és reemplaçada per una altra que es desplaça un nombre fix de posicions en l'alfabet.

El Xavi i la Ció han decidit crear un codi secret, de manera que en cada missatge s'envien una divisió de polinomis. El residu d'aquesta divisió estableix el nombre fix de posicions que fan servir en el codi de Juli Cèsar. Per exemple:

	a	b	c	d	e	…	v	w	x	y	z
+3	↓	↓	↓	↓	↓		↓	↓	↓	↓	↓
	d	e	f	g	h	…	y	z	a	b	c

	a	b	c	d	e	…	v	w	x	y	z
−4	↓	↓	↓	↓	↓		↓	↓	↓	↓	↓
	w	x	y	z	a	…	r	s	t	u	v

Problemes

1. El Xavi vol dir el següent a la Ció: «Aquesta tarda anirem al cinema»:

   $(x^5 - 2x^3 + 3x^2 - 12x - 3) : (x - 2)$

   Què li escriurà?
2. La Ció vol respondre això: «Accepto anar al cinema si em convides a sopar».
   La divisió que li vol enviar és $(x^4 - x^3 + 2x^2 - mx - 3) : (x + 1)$, el residu de la qual és 7, però li falta un nombre. La pots ajudar?
3. El Xavi li envia la divisió $(x^2 - 5x + 6) : (x - m)$, el residu de la qual és 12. Quant val m? Li vol dir: «Ok, perfecte». Escriu el missatge encriptat.
4. La Ció li escriu «WULD EH HO UHVWXUDQW» i li envia la divisió $(2x^5 - x^4 + 3x^2 - 4x + 3) : (x - 1)$. Què diu en el missatge?
5. Per parelles, intercanvieu-vos missatges fent servir aquest sistema.

Matematitza: 1, 2, 3, 4 **Comunica: 5**

8 AM AL Professional Les palletes d'or

Dos amics miners exploren una cova i troben que és plena de palletes d'or. Les palletes presenten moltes mides i tenen formes molt definides: algunes són tetraedres, d'altres són hexàgons i d'altres són octaedres.

Com que són molt amics i no es volen barallar a l'hora de repartir-se el tresor, decideixen que el millor és dividir per la meitat cada palleta que trobin; d'aquesta manera, el repartiment serà equitatiu.

Problemes

1. De quines maneres es poden dividir les palletes en forma d'hexaedre per obtenir-ne dos trossos idèntics? Hi ha més d'una manera de fer-ho?
2. De quines maneres es poden dividir les palletes que tenen forma de tetraedre per obtenir-ne dos trossos idèntics? Hi ha més d'una manera de fer-ho?
3. Com poden dividir les palletes en forma d'octaedre per obtenir-ne dos trossos idèntics? Hi ha més d'una manera de fer-ho?
4. Se t'acut algun altre procediment diferent de repartir-se les palletes? Quin?

Argumenta: 1, 2, 3, 4

9 AM AL Social La piràmide d'hexaedres

En una empresa de joguines volen dissenyar una piràmide formada per cubs (hexaedres) cada cop més petits col·locats l'un a sobre de l'altre. Aquests hexaedres només tindran cinc de les sis cares, perquè sigui possible recollir-los d'una forma compacta ficant-ne un dins d'un altre. Cada cara de l'hexaedre té un gruix de 3 mm i l'hexaedre més gran té una cara de 5 cm. A més, per evitar que els nens més petits es puguin empassar les peces, el costat de la peça més petita fa 20 mm.

Problemes

1. Dibuixa el desenvolupament pla d'un hexaedre d'aquest joc. Tingues en compte que hi falta una cara.
2. Quant ha de mesurar el costat del segon hexaedre més gran perquè càpiga en l'anterior?
3. Quants hexaedres podrem obtenir? Quant mesurarà cada costat?
4. Amb les dades de l'apartat anterior, calcula l'alçària que tindrà la piràmide si es col·loquen tots els hexaedres l'un a sobre de l'altre.
5. Calcula la superfície total de les peces de la joguina.
6. Determina el volum que ocupa el joc quan està recollit.
7. Troba el volum que ocupa la piràmide quan està muntada tota sencera.

Representa: 1 | **Argumenta: 2, 3** | **Matematitza: 4, 5, 6, 7**

10 AM AL AV Professional Porta d'Europa

La Porta d'Europa la constitueixen dos gratacels inclinats d'oficines situats a la plaça de Castella de Madrid. Tenen una alçària de 114 m i un total de 26 plantes, l'àrea de les quals és de 1170 m^2 cadascuna. Són les segones torres bessones més altes d'Espanya, després de les torres de Santa Cruz de Tenerife. Estan inclinades l'una cap a l'altra 14,3° respecte de la vertical i són els primers gratacels inclinats del món.

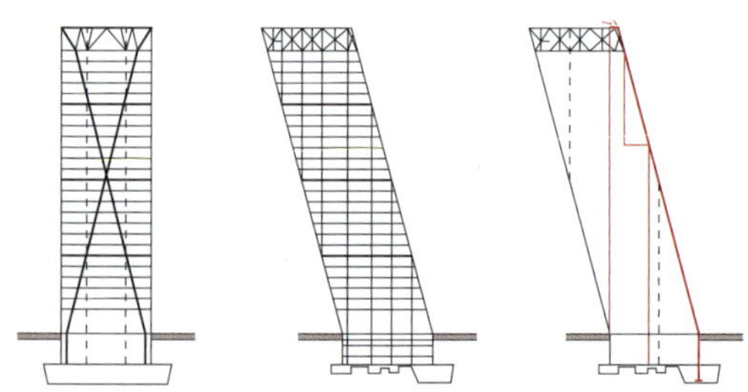

Problemes

1. Suposant que la planta de l'edifici sigui quadrada, quant en mesurarà el costat?
2. Al sostre de cada torre hi ha un heliport de 20 m x 20 m. Si està situat al centre del sostre, quina distància hi ha entre la vora de l'heliport i la vora de l'edifici?
3. Quina és l'altura de cada pis?
4. Dibuixa el desenvolupament pla d'aquests prismes. Tingues en compte que algunes cares laterals no són rectangles.
5. Té plans de simetria? Argumenta la resposta.

Matematiza: 1, 2, 3, 7 | **Representa: 4** | **Argumenta: 5**

11 AM AL AP Social Personal Al cinema

La Rosa, la Lola i la Pilar són tres amigues que volen anar al cinema per veure la darrera pel·lícula del seu director preferit. Ho proposen també als seus amics, el David, el Ferran i el Salvador, que estan indecisos.

El cinema on van té 12 fileres de 24 butaques cadascuna.

Problemes

1. Si els donen les entrades a l'atzar, però juntes, quina és la probabilitat que els toqui seure en la fila 9? I que els correspongui una de les tres últimes files?

2. Només hi van les tres amigues (seients 1, 2 i 3).

   a Elabora un diagrama d'arbre per determinar totes les formes possibles que tenen d'asseure's.
   b De quantes maneres poden seure en els tres seients que els corresponen?
   c Quina és la probabilitat que la Rosa s'assegui en el seient 2?

3. A més de les tres amigues, també hi va el Salvador (seients 1, 2, 3 i 4).

   a Elabora un diagrama d'arbre per veure totes les formes possibles que tenen d'asseure's. De quantes maneres poden seure en els quatre seients que els corresponen?
   b Quina és la probabilitat que el Salvador s'assegui al seient 4?
   c Si les tres amigues volen seure juntes, de quantes maneres ho poden fer?
   d En aquest últim cas, quina és la probabilitat que el Salvador s'assegui al seient 4?
   e Decideixen seure a l'atzar. Quina és la probabilitat que el Salvador i la Lola s'asseguin l'un al costat de l'altre?

4. A última hora, el David i el Ferran decideixen anar també al cinema (seients 1, 2, 3, 4, 5 i 6).

   a De quantes maneres poden seure en els sis seients que els corresponen?
   b Quina és la probabilitat que el Ferran segui en el seient 5?
   c Si les tres amigues volen seure juntes i els tres amics també, de quantes maneres ho poden fer?
   d En aquest cas, quina és la probabilitat que té el Salvador de seure en el seient 5?
   e Les tres amigues volen seure juntes, però als nois els és igual. De quantes maneres podran seure?

Matematitza: 1, 2, 3, 4 **Representa: 2, 3** **Argumenta: 4**

12 AM AL AP Social Personal La rifa

Els alumnes de 3r d'ESO de l'institut Lluís Vives volen fer un viatge de cap de setmana a Barcelona per conèixer l'obra d'Antoni Gaudí. Per recollir diners, han decidit fer un sorteig d'una tauleta (valorada en 180 €), i, amb aquest propòsit, han preparat 4000 paperetes numerades del 0001 al 4000, que venen a 1,5 € cadascuna.

Problemes

1. Si venen totes les paperetes, quin és el benefici total que obtenen?

2. Calcula les probabilitats següents del número premiat:

   a Que l'última xifra sigui un 5.
   b Que surti un nombre parell.
   c Que les dues primeres xifres siguin iguals.
   d Que totes les xifres siguin iguals.
   e Que la suma de les quatre xifres sigui 10.

3. L'Eugènia ha comprat 10 paperetes. Quina és la probabilitat que li toqui la tauleta?

   Malauradament, no han pogut vendre totes les paperetes: els n'han quedat sense vendre el 8% del total, que corresponen als darrers números.

4. Quantes paperetes s'han venut? Quin ha estat el benefici total?

5. Quin és l'últim número que s'ha venut?

6. En aquest cas, calcula la probabilitat que el número premiat:

   a Comenci per 3.
   b Sigui un múltiple de 4.
   c Tingui iguals les dues xifres del mig.
   d Tingui la primera xifra més gran que l'última.
   e Tingui com a xifres primera i segona nombres que sumin 10.

7. El professor de Matemàtiques proposa als seus alumnes fer paperetes sense que es repeteixi cap nombre. Quantes paperetes de quatre xifres poden fer com a màxim?

Matematitza: 1, 2, 3, 4, 5, 6, 7 **Argumenta: 7**

Competències matemàtiques: 1, 3, 2, 5, 7 (act. 11, 12).

1. Classifica en identitats i en equacions les igualtats següents:

a $3x + 9y^2 = 3(x + 3y^2)$
b $2x + 4 = 2(x + 2)$
c $(a + b) \cdot (a - b) = a^2 - 2ab$
d $a(b + c) = ab + ac$
e $(x + 3)^2 = x^2 + 9$
f $7 + a = 2$

2. Troba el valor numèric dels polinomis següents per als valors que s'indiquen:

a $P(x) = -x^3 + 2x + 6$ per a $x = -1$ i $x = 3$.

b $P(x) = x^5 + 3x^4 - 2x - 1$ per a $x = -2$ i $x = 1$.

3. Calcula el quocient i el residu d'aquestes divisions de polinomis:

a $(x^4 + 2x^3 - x^2 + 3x - 1) : (x - 2)$

b $(2x^3 + x^2 - 4) : (x - 1)$

c $(-x^5 + x^3 + 3x^2 + 5) : (x + 1)$

d $(-3x^4 + 4x^2 - 3x) : (x + 2)$

4. Estudia si $x = 1$, $x = 0$, $x = -1$ i $x = 2$ són arrels dels polinomis següents:

a $P(x) = 3x^4 - x^3 + 3x^2 + x$

b $P(x) = -x^6 + 9x^3 + 8$

5. Troba les arrels dels polinomis i, tot seguit, factoritza'ls:

a $3x^3 + 6x^2 + 3x$
b $2x^4 - 10x^2 + 12$
c $x^3 + x^2 - 9x - 9$
d $x^4 + 2x^3 - 13x^2 - 38x - 24$

6. El Pere està indecís i no sap quina roba posar-se. Té dos pantalons texans, un de blau i un altre de gris; dues samarretes, una de ratlles i una de quadres, i dos parells de sabatilles esportives, unes de negres i unes de blanques.

Troba de quantes maneres diferents pot combinar les peces de roba. Quantes són?

7. Escriu l'espai mostral de cadascun dels experiments aleatoris següents:

a Tirar una moneda a l'aire tres vegades.
b Triar quatre nombres entre els cinc primers (de l'1 al 5).

8. Calcula la probabilitat que, en tirar tres monedes a l'aire, s'obtingui:

a Creu en totes tres.
b Almenys una cara.

9. Calcula de quantes maneres possibles podem:

a Ordenar set llibres d'una prestatgeria.
b Escoltar les dotze cançons d'un disc.

10. L'edifici més característic de Brussel·les és l'Atomium. El va construir André Waterkeyn per a l'Exposició Universal de 1958. Representa un àtom de ferro augmentat 165 000 milions de vegades.

a Quina forma polièdrica té?
b Tenint en compte l'esfera central, quins són els seus plans de simetria?

	4 punts	3 punts	2 punts	1 punt
1. Identitats i equacions	Identifico identitats i equacions correctament.	Identifico identitats i equacions, però cometo algun error.	Identifico només identitats o només equacions.	No identifico ni una identitat ni una equació.
2. Valor numèric d'un polinomi	Trobo correctament el valor numèric d'un polinomi.	Sé trobar el valor numèric d'un polinomi, però cometo errors en operar.	De vegades no substitueixo bé el valor de la variable.	No sé com es calcula el valor numèric d'un monomi.
3. Divisió per Ruffini	Faig les divisions pel mètode de Ruffini correctament.	Col·loco bé els termes per dividir pel mètode de Ruffini, però opero amb errors.	De vegades no col·loco bé algun terme quan divideixo pel mètode de Ruffini.	No sé fer una divisió de polinomis pel mètode de Ruffini.
4. Arrels d'un polinomi. Factorització	Identifico i calculo les arrels d'un polinomi i, tot seguit, el factoritzo sense errors.	Identifico i calculo bé les arrels d'un polinomi, però no el factoritzo sense errors.	Identifico les arrels d'un polinomi, però m'equivoco a l'hora de trobar-les i no factoritzo bé.	No entenc què és una arrel, no la sé calcular i no sé factoritzar polinomis.
5. Diagrama d'arbre	Obtinc l'espai mostral d'un experiment aleatori amb un diagrama d'arbre.	Obtinc bé l'espai mostral amb un diagrama d'arbre en, almenys, el 50% dels exercicis.	Obtinc bé l'espai mostral amb un diagrama d'arbre en, almenys, el 25% dels exercicis.	No construeixo bé l'espai mostral de cap experiment aleatori amb un diagrama d'arbre.
6. Càlcul de probabilitat d'un esdeveniment	Trobo bé la probabilitat de qualsevol esdeveniment.	Trobo la probabilitat d'un esdeveniment, però m'equivoco en calcular.	A vegades m'equivoco en trobar la probabilitat d'un esdeveniment.	No sé calcular la probabilitat d'un esdeveniment.
7. Permutacions	Utilitzo i calculo correctament les permutacions.	Utilitzo adequadament les permutacions, però m'equivoco en calcular.	Sé quan cal usar les permutacions.	No sé quan s'han d'utilitzar les permutacions.
8. Sòlids platònics i els seus plans de simetria	Reconec els sòlids platònics i els seus plans de simetria.	Reconec els sòlids platònics, però no n'identifico tots els plans de simetria.	Reconec els sòlids platònics, però no els seus plans de simetria.	No reconec els sòlids platònics ni els seus plans de simetria.

5 Temps lliure i oci

1 Aigua i matemàtiques? On pots pujar?

2 Quines equacions hi ha en les atraccions?

3 Com va utilitzar Cervantes les matemàtiques per escriure *El Quixot*?

4 Què fas durant el teu temps lliure?

BLOCS DE CONTINGUTS

	Situació 1	Situació 2	Situació 3	Situació 4
NOMBRES I ÀLGEBRA				
Representació de nombres en la recta real. Intervals.	●			
Transformació de fraccions en decimals i viceversa.	●			
Nombres decimals exactes i periòdics. Fracció generatriu.	●			
Operacions amb fraccions i decimals. Càlcul aproximat i arrodoniment.	●			
Equacions de segon grau amb una incògnita. Resolució d'equacions de segon greu pel mètode algebraic.		●		
Resolució de problemes amb equacions de segon grau.		●		
Progressions aritmètiques i geomètriques.			●	
ESTADÍSTICA I PROBABILITAT				
Càlcul de probabilitats mitjançant la regla de Laplace.				●
Diagrames d'arbre senzills.				●
Permutacions, factorial d'un nombre.				●
Ús de la probabilitat per prendre decisions fonamentades en diferents contextos.				●

1 En remull!

Aigua i matemàtiques? On pots pujar?

AM AL AP

Personal

Aprèn a...

Analitzar i entendre l'enunciat dels problemes.

Fer servir nombres racionals per resoldre problemes de la vida quotidiana i analitzar la coherència de la solució.

Representar nombres en la recta real. Entendre i fer servir intervals.

Ítem 1. Parcs aquàtics

El Siam Park, a Tenerife, ha estat escollit el millor parc aquàtic del món pels viatgers durant cinc anys consecutius.

Un grup d'amics ha decidit passar el dia en un parc aquàtic, l'Aquadàlia. Aquest parc ofereix tres tipus d'atraccions, que s'anomenen Relax, Família i Adrenalina.

També hi ha tres tipus d'entrades, segons l'alçada de les persones:

- Fins a 110 cm d'alçada.
- Entre 110 cm i 140 cm.
- A partir de 140 cm d'alçada.

Ítem 2. Les entrades del parc

L'Eva ha comprat les entrades per Internet: $\frac{1}{7}$ de les entrades és per a persones que fan menys de 110 cm d'alçada (aquestes entrades costen la quarta part del preu d'una entrada ordinària), $\frac{2}{5}$ de la resta corresponen a entrades per a persones que fan entre 110 cm i 140 cm d'alçada (costen la meitat d'una entrada normal) i 18 entrades són per a la resta dels integrants del grup.

Construeix amb el que saps

Matematitza

1. Llegeix l'ítem 1 i expressa la informació que proporciona mitjançant intervals. Escriu aquests intervals i dibuixa'ls en la recta real.

Argumenta

2. En el tercer interval, quin extrem dret has posat per a les persones que mesuren més de 140 cm? Compara'l amb el que han posat els teus companys i companyes i explica els motius de la teva elecció.

Matematitza

3. Realitza la unió dels intervals dos a dos i, després, la unió tres a tres.

4. Ara, fes la intersecció dos a dos i, després, tres a tres. Expressa'n matemàticament el resultat. A partir d'aquest resultat, com es diu que són els intervals? Si no saps quina és la resposta, esbrina-ho.

5. Llegeix l'ítem 2 i respon les preguntes:

a Si $\frac{1}{7}$ de les entrades correspon a persones que fan menys de 110 cm d'alçada, quina fracció representen les entrades restants?
b Quina fracció compra l'Eva per a les persones que fan entre 110 cm i 140 cm d'alçada?
c Quina fracció d'entrades compra per a les persones més altes del grup?
d Quantes entrades ha comprat l'Eva en total? I de cada tipus?

Planteja

6. L'Eva ha pagat 1010 € per totes les entrades. Si anomenem x el preu de l'entrada:

a Escriu amb una fracció el preu de cada entrada tenint en compte l'alçada.
b En funció de x, escriu la quantitat que paga l'Eva per totes les entrades de cada tipus.
c Quin és el preu d'una entrada ordinària? I el de les altres?
d Calcula quant han costat en total les entrades de cada tipus.

Matematitza

7. Posteriorment, l'Eva s'ha assabentat que, com que es tracta d'un grup nombrós, les entrades li haurien pogut costar menys diners, concretament, 909 €. Quina és la rebaixa que s'aplica per a grups nombrosos? Troba el preu per entrada amb la rebaixa i el que hauria pagat cada grup.

Ítem 3. Tipus d'atraccions

Atracció	Relax (capacitat: $\frac{3}{5}$)	Família (capacitat: $\frac{1}{6}$ del residu)	Adrenalina (capacitat: 2520 persones)
1	Entre 16 i 50 anys.	Més grans de 7 anys.	Entre 7 i 40 anys.
2	10 anys o més.	Entre 3 i 15 anys.	16 anys o més.
3	Entre 3 i 8 anys, tots dos inclosos.	Totes les edats.	Més grans de 14 anys.
4	De 6 a 12 anys.	3 anys o més.	Entre 18 i 30 anys, tots dos inclosos.

Ítem 4. Piscina avariada

Una de les piscines està avariada. Sembla que té una fuita i ha perdut aigua durant sis hores.

Els operaris s'han afanyat per arreglar-la i han posat dues mànegues per tornar-la a emplenar al més aviat possible. La mànega més ampla l'omplirà en dues hores i la més estreta, en tres hores.

Construeix amb el que saps

Matematitza

8 Llegeix l'ítem 4 i respon aquestes preguntes:

a Quina fracció de la piscina omple en una hora la mànega ampla? I l'estreta?
b Quina fracció de la piscina omplen juntes?
c Quant temps triguen a omplir-la del tot?

Argumenta

9 Imagina't que no han pogut arreglar la fuita de la piscina.

a Quina fracció d'aigua perd la piscina cada hora?
b Aconseguiran omplir la piscina tot i la fuita? Quant trigaran?

Matematitza

10 Suposa que la piscina perd menys aigua que en el supòsit anterior i que es buida en tres hores.

a Quant triguen ara les mànegues a omplir-la?
b Què passa si es malmet la mànega estreta? Quant temps trigarà a omplir-se la piscina? I si es fa malbé la mànega ampla?

11 Analitza l'ítem 3 i escriu en forma d'interval la informació que recull la taula. Expressa-la, també, com a desigualtat i dibuixa-la en la recta real.

12 Digues el nom de les atraccions en les quals podrien pujar persones que tinguessin 3, 7, 15, 40 i 60 anys.

13 Un nen o una nena de 7 anys pot pujar en les atraccions de Relax 3 i 4? A partir de quina edat es pot pujar en totes les atraccions d'Adrenalina? Hi ha cap interval d'edat en què sigui possible pujar en totes les atraccions de Relax? I en les de Família? I en les d'Adrenalina? I en totes?

14 Calcula la unió i la intersecció de les atraccions següents:

a Relax 1 i Adrenalina 2. **b** Relax 3 i Família 2. **c** Relax 1, Adrenalina 2 i Adrenalina 4.

Planteja

15 A partir de la informació de l'ítem 3, calcula l'aforament del parc aquàtic. Quin és l'aforament de les activitats de Relax? I l'aforament de les activitats d'Adrenalina?

El que has construït

Resols problemes de la vida quotidiana fent servir **fraccions.**

Uses els **intervals** per expressar i calcular informació del món real.

1. Classificació dels nombres reals

Exemples

1. -2; $\sqrt{4}$; $\frac{4}{5}$; 0,65; 1,666…
són nombres racionals.
2. π; e; $\sqrt{2}$; 1,010010001…
són nombres irracionals.

Reals ($\mathbb{Q}$) = Racionals ($\mathbb{Q}$) ∪ Irracionals

- **Racionals**: es poden escriure en forma de fracció. Aquesta fracció s'anomena **fracció generatriu.**
- **Irracionals**: tenen infinites xifres decimals i no es poden escriure en forma de fracció.

Racionals ($\mathbb{Q}$) = Fraccionaris ∪ Enters ($\mathbb{Z}$)

- **Fraccionaris**: tenen xifres decimals.
- **Enters**: no tenen xifres decimals.

1.1 Operacions amb racionals

Suma i resta	Producte	Quocient
$\frac{2}{4}+\frac{1}{12}-\frac{4}{3} \underset{\text{m.c.m. }(3,12,8)=12}{=} \frac{6+1-16}{12}=\frac{-9}{12}$	$\frac{3}{8}\cdot\frac{4}{9}=\frac{12}{72}=\frac{1}{6}$	$\frac{5}{3}:\frac{4}{6}=\frac{5}{3}\cdot\frac{6}{4}=\frac{30}{12}=\frac{5}{2}$

Enters ($\mathbb{Z}$) = Enters positius ($\mathbb{Z}^+$) ∪ Enters negatius ($\mathbb{Z}^-$) ∪ {0}

- **Enters positius**: són els naturals ($\mathbb{N}$).

Fraccionaris = Periòdics ∪ Exactes

- **Exactes**: tenen un nombre finit de xifres decimals.
- **Periòdics**: tenen un nombre infinit de xifres decimals que es repeteixen.

Fraccions generatrius		
Periòdics		Exactes
Purs El període (la part que es repeteix) es troba després de la coma. $3,\widehat{65}=\frac{365-3}{99}=\frac{362}{99}$ Part entera: 3. Període: 65.	**Mixtos** El període no comença després de la coma. $3,11\widehat{65}=\frac{31165-311}{9900}=\frac{30854}{9900}=\frac{15427}{4950}$ Part entera: 3 Anteperíode: 11 Període: 65	$3,25=\frac{325}{100}=\frac{13}{4}$

Classificar un nombre real consisteix a dir el conjunt més petit de tots els anteriors al qual pertany.

Exemples

3. -6 és racional, però també és enter; per tant, direm que és enter.
4. $\frac{1}{3}$ és racional, però $1:3 = 0,3333\ldots$, per tant, direm que és periòdic pur.,

Apunt 1

Un irracional molt important és el nombre auri (Φ), que és el nombre més bonic del món.

$$\Phi=\frac{1+\sqrt{5}}{2}$$

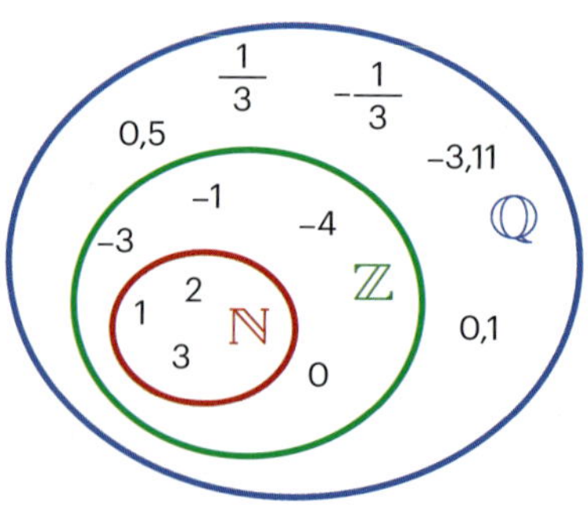

$\mathbb{N}$: Nombres naturals
$\mathbb{Z}$: Nombres enters
$\mathbb{Q}$: Nombres racionals

2. Intervals i entorns

Els nombres reals es representen en la recta real. Quan ens volem referir a un conjunt de nombres reals, ho podem fer de diverses maneres:

- **Amb un dibuix en la recta real**. El punt buit vol dir que l'extrem no hi està inclòs i el punt ple indica que sí que hi està inclòs (apunt 3).
- **Amb una condició**. Si l'extrem hi està inclòs, farem servir ≤ o ≥; si no hi està inclòs, farem servir < o >.
- **En forma d'interval**. Si l'extrem hi està inclòs, posarem claudàtors, [o]; si no hi està inclòs, escriurem parèntesis, (o).
- **En forma d'entorn.** $E_r(c)$ és l'entorn de centre c i radi r; és el conjunt de nombres reals equivalent a l'interval (c − r, c + r). Per exemple, $E_3(4)=(4-3,4+3)=(1,7)$
  Un interval (a, a) es pot escriure com un entorn de centre $c=\dfrac{a+b}{2}$ i radi $r=\dfrac{b-a}{2}$. Per exemple, $(-4,2)=E_{\frac{2-(-4)}{2}}\left(\dfrac{-4+2}{2}\right)=E_3(-1)$

Apunt 2

Recorda-ho!

Un **interval** és el conjunt de tots els nombres compresos entre dos nombres més que s'anomenen **extrems.**

Quan un dels extrems és ± ∞, es tracta d'una **semirecta.**

Exemple

5.

Conjunt de nombres	Dibuix en la recta	Condició	Interval
Més grans que 3 i més petits que 7		$3 < x < 7$	(3, 7)
Més grans o iguals que −5 i més petits que 6		$-5 \le x < 6$	[−5, 6)
Més grans que −2		$x > -2$	(−2, ∞)
Més petits o iguals que 3		$x \le 3$	(−∞, 3]
De centre 3 i de radi 2, $E_2(3)$		$1 < x < 5$	(1, 5)

Apunt 3

(a, b) ∪ (c, d) són els nombres que estan compresos **entre *a* i *b* o entre *c* i *d*.**

(a, b) ∩ (c, d) són els nombres que estan compresos **entre *a* i *b* i entre *c* i *d*.**

Observa el **truc:**

INTERSECCIÓ	UNIÓ
● ∩ ● = ●	● ∪ ● = ●
● ∩ ○ = ○	● ∪ ○ = ●
○ ∩ ● = ○	○ ∪ ● = ●
○ ∩ ○ = ○	○ ∪ ○ = ○

○ = OBERT ● = TANCAT

3. Operacions amb intervals

- Donats dos intervals reals qualssevol, la seva **unió** (∪) és un conjunt format per tots els elements que pertanyen al primer interval i tots els elements que pertanyen al segon interval.
- Donats dos intervals reals qualssevol, la seva **intersecció** (∩) és un conjunt format per tots els elements que pertanyen a tots dos intervals.

Professor a casa.
Operacions amb intervals.

Exemple

6.

Intervals	Unió	Intersecció
Se solapen: (−1, 3) i (2, 5] 	(−1, 3) ∪ (2, 5] = (−1, 5] Extrem esquerre, el més petit, i extrem dret, el més gran	(−1, 3) ∩ (2, 5] = (2, 3) Extrem esquerre, el més gran dels esquerres, i extrem dret, el més petit dels drets
L'un comprès en l'altre: (−1, 3) i (0, 2] 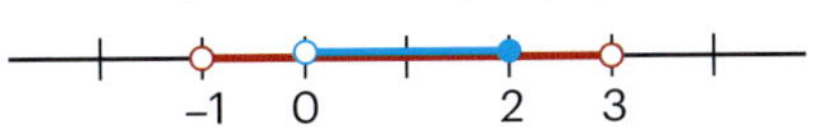	(−1, 3) ∪ (0, 2] = (−1, 3) El més gran	(−1, 3) ∩ (2, 5] = (2, 5] El més petit
No coincideixen: (−1, 3) i (4, 7] 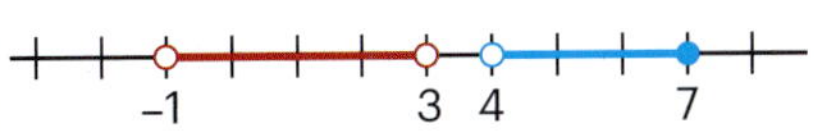	(−1, 3) ∪ (4, 7] La unió queda indicada	(−1, 3) ∩ (4, 7] = ∅ El conjunt buit

Entrena't

1. Escriu dos nombres que estiguin compresos entre els següents:

a 2,3 i 2,6 **c** $3,\widehat{6}$ i 3,7 **e** 1,1 i 1,2
b −0,02 i 0 **d** −3,6 i −3,5 **f** $\sqrt{3}$ i 1,73

2. Ordena els nombres següents del més petit al més gran:

$\sqrt{6}$ −4,36 2,4 2,424 $2,\widehat{4}$ π 3,1402

3. Digues si aquests nombres són racionals o irracionals:

a $\frac{25}{4}$ **d** e **f** 2π **h** $\sqrt{11}$
b 1,1333... **e** $\sqrt{3}$ **g** $\sqrt{81}$ **i** Φ
c 2,303003000300003000003...

4. Indica si els resultats de les operacions següents són racionals o irracionals:

a 0,018 + 2,333333 **e** $1{,}186+\sqrt{5}$
b 0,2020... + 1,0505... **f** $7+\pi$
c $7-\pi$ **g** $(7+\pi)+(7-\pi)$
d $\frac{25}{4}$ + 1,21212121... **h** $\sqrt{2}\cdot\sqrt{8}$

5. Classifica aquests nombres decimals. Identifica'n les parts i calcula'n la fracció generatriu de dues formes diferents:

a 0,36 **c** 3,111... **e** −2,155555 **g** 1,1616...
b 2,466 **d** 0,23636... **f** 2,345345... **h** 0,273636

6. Digues si les afirmacions següents són vertaderes o falses. Justifica les respostes:

a La suma de dos nombres racionals sempre és un nombre racional.

b La suma de dos nombres irracionals sempre és un nombre irracional.

c La diferència d'un racional i un irracional sempre és un nombre irracional.

d El quadrat d'un nombre racional sempre és un nombre racional.

e El quadrat d'un nombre irracional sempre és un nombre irracional.

f El producte de dos irracionals sempre és un nombre irracional.

7. És possible construir un nombre irracional només amb dos dígits, usats tantes vegades com faci falta? I només amb un dígit?

8. Calcula i simplifica:

$$-\frac{1}{4}-\frac{2}{5}:3+\frac{1}{3}\cdot\left[3-\frac{4}{5}:\left(1-\frac{3}{4}\right)+2\right]$$

Banc digital

9. Efectua les operacions següents. Per fer-ho, expressa, en primer lloc, els decimals en forma de fraccions irreductibles:

a $3,\widehat{6}-5\cdot\frac{1}{9}+1,0\widehat{4}$

b $-1+\dfrac{0,\widehat{3}}{1-\frac{2}{3}}-\frac{13}{9}-\frac{10}{7}\cdot 0,6\widehat{2}$

10. Resol les operacions següents, simplifica en cada pas i expressa els resultats com a fraccions irreductibles:

a $\dfrac{\dfrac{\frac{1}{3}+\frac{2}{6}}{\frac{3}{5}-\frac{1}{5}\cdot\frac{3}{2}}-2}{1+\frac{2}{3}}$ **b** $\dfrac{2-\dfrac{5}{2-\frac{3}{4}}}{5-3\cdot\frac{15}{9}-\frac{1}{9}:\left(1-\frac{2}{9}\right)}$

11. Copia la taula i completa-la:

Conjunts de nombres	Dibuix	Condició	Interval
Més grans que −3			
		$x \leq -2$	
			[−1, 7)
		$0 < x \leq 5$	
$E_5(-2)$			

12. Expressa mitjançant intervals els següents conjunts de nombres i busca'n tres que pertanyin a cada interval:

a Nombres més grans que menys sis i més petits o iguals que zero.
b Nombres més grans que sis o més petits que dos.
c Nombres més grans que zero i més petits que u.
d Nombres que estan a tres de distància del menys dos.

13. Calcula la intersecció i la unió dels intervals següents:

a (−3, 2] i (0, ∞) **c** (−∞, −3) i [−3, 1)
b (−2, −1) i (−1, 6] **d** (−∞, 2] i [2, ∞)

14. Escriu en forma d'interval i desigualtat els entorns següents i representa'ls en la recta real:

a $E_2(0)$ **b** $E_1(-1)$ **c** $E_4(-6)$ **d** $E_{\frac{1}{2}}\left(\frac{5}{3}\right)$

15. Escriu en forma d'entorn aquests intervals i representa'ls en la recta real:

a (−2, 3) **b** (0, 7) **c** $\left(\frac{1}{2},\frac{7}{3}\right)$ **d** $\left(-\frac{8}{5},\frac{13}{7}\right)$

Mates en context

1 AM AL Social Del fred a la calor

Aquesta taula recull dades històriques del temps a Europa (temperatures mitjanes).

Temperatura mínima (°C)	gen. -8,6	feb. -8,3	març -4,5	abr. 1,5	maig 6,9	juny 10,4
	jul. 11,9	ag. 11,2	set. 7,5	oct. 3,4	nov. -0,7	des. -5,6
Temperatura màxima (°C)	gen. -2,8	feb. -1,8	març. 3	abr. 10,9	maig 18,1	juny 21,2
	jul. 22,5	ag. 22	set. 16,8	oct. 10,7	nov. 3,9	des. -0,5

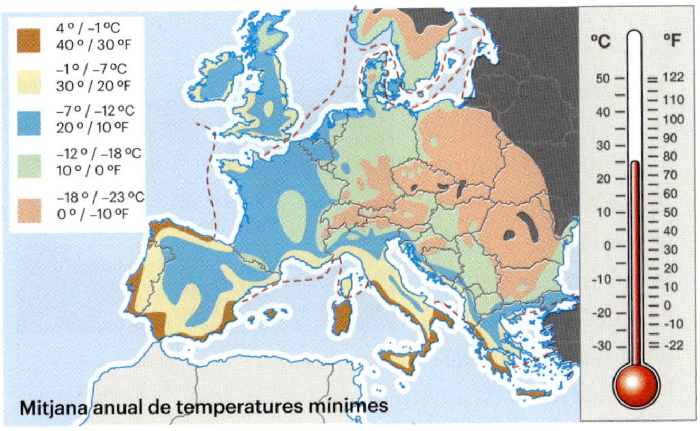

Mitjana anual de temperatures mínimes

Problemes

1. Escriu un interval que contingui totes les temperatures del mes de gener. Fes el mateix per a la resta dels mesos. Expressa els intervals en forma d'igualtat.
2. Calcula la unió dels intervals de gener i de febrer.
3. Quin és l'interval de temperatures comunes a gener i febrer? I el de temperatures comunes a març i maig? I el de temperatures comunes a gener i agost?
4. Quins mesos la variació de temperatura és més gran?
5. Quina és la temperatura més baixa? I la més alta?
6. Si diem que un mes la temperatura és de 2 °C amb una variació de 5 graus amunt o avall, quin interval representa? Escriu-lo en format d'entorn.
7. Ara, considerem oberts els intervals de l'exercici 1. Escriu-los en forma d'entorn.
8. Escriu un interval que contingui les temperatures de gener a agost. Fes el mateix per a les temperatures de setembre a desembre.
9. Escriu un interval que representi la variació general de temperatura durant tot l'any.

Matematitza: 1, 2, 4, 5, 7, 8, 9 **Argumenta: 3, 6**

2 AM AL Social El joc de la cucanya

En el joc de la cucanya o del pal ensabonat hi ha un pal disposat o bé horitzontalment o bé verticalment, que abans s'ha ensabonat o recobert amb alguna substància greixosa. Els jugadors hi han de caminar o s'hi han d'enfilar fins a arribar a l'altre extrem, i només fent servir els braços i les cames. Aquest joc va sorgir com a passatemps a Nàpols al segle XVI i actualment es practica a Espanya, en molts països de l'Amèrica Llatina i a les Filipines.

A la plaça del poble d'Orgaz (Toledo) s'han col·locat dues cucanyes verticals, una per a nens i l'altra per a adults.

Les dues cucanyes tenen $\frac{2}{7}$ de la seva longitud soterrats; $\frac{3}{4}$ de la resta arriben a una marca blava. Els jugadors que hi arriben reben un premi més petit.

Problemes

1. La cucanya per a nens mesura 14 m.
   - **a** Quants metres hi ha soterrats?
   - **b** I quants metres hi ha fins a la marca blava? Calcula els metres totals que un nen o una nena ha de recórrer.
2. La cucanya per a adults mesura 5 m des de la marca blava fins al final.
   - **a** Quina fracció de la longitud del pal s'ha de pujar?
   - **b** Quina fracció del pal s'ha de pujar fins a arribar a la marca blava?
   - **c** Quina fracció del total representa la distància des de la marca blava fins a la vermella?
   - **d** Quant mesura en total el pal d'aquesta cucanya?
3. La cucanya més gran és per a persones de més de 10 anys; l'altra és per a les persones que en tenen menys de 10. La població d'Orgaz té, aproximadament, uns 2700 habitants; $\frac{2}{3}$ dels habitants tenen menys de 50 anys i $\frac{3}{8}$ d'aquests, menys de 10 anys.
   - **a** Expressa amb intervals i desigualtats les condicions d'edat.
   - **b** Quantes persones poden pujar només a la cucanya petita? Quantes persones tenen entre 10 i 50 anys? I quantes persones tenen més de 10 anys?

Matematitza: 1, 2, 3

Competències matemàtiques: 1, 2 (act. 1); 1, 6 (act. 2).

2 Pugem a les atraccions!

Quines equacions hi ha en les atraccions?

AM AL AP AS Social

Aprèn a...

Fer servir el llenguatge algebraic per expressar una propietat o una relació donada mitjançant un enunciat.

Formular algebraicament una situació de la vida quotidiana a través d'equacions de segon grau, resoldre-les i interpretar críticament el resultat obtingut.

Ítem 1. Un dia a PortAventura

La Paula i el Marc han anat amb els seus pares a PortAventura. Els ha sorprès la tematització del parc i els seus ambients: Mediterrani, la Xina, la Polinèsia, Mèxic... Com que són una família molt aventurera, s'animen a provar les atraccions més fortes del parc. Mentre fan cua per pujar-hi, llegeixen les descripcions de cada atracció.

Ítem 2. Furius Baco

En l'atracció Furius Baco, un geni prepara una màquina nova que serveix per recol·lectar raïm, però si el mico que té com a ajudant s'equivoca de palanca, convertirà la màquina en una llançadora descontrolada.

Aquesta increïble llançadora posa a prova els més agosarats, ja que passa de 0 a 135 km/h en només 3 segons. En el seu recorregut vertiginós, llisca pràcticament arran de terra, travessa rases i túnels i, fins i tot, passa fregant l'aigua del llac mediterrani.

Ítem 3. Tutuki Splash

Amagada enmig de la selva de PortAventura, a la Polinèsia –on només els aborígens saben arribar–, hi ha latent una de les forces més devastadores de la natura: un terrible volcà que està a punt de despertar-se de la seva llarga letargia.

Els més valents poden desafiar el volcà i navegar a bord d'una barcassa per unes aigües que amaguen una infinitat de sorpreses.

Textos i imatges extrets i adaptats de PortAventura World.

Construeix amb el que saps

Argumenta

(1) Furius Baco: aquesta atracció t'impulsa a una gran velocitat des del principi.

a En la descripció d'aquesta atracció s'explica que accelera de 0 a 135 km/h només en 3 segons. Sabem que 135 km/h són 37,5 m/s (en unitats del SI) i que $v = a \cdot t$, en què v és la velocitat en m/s, a és l'acceleració en m/s^2 i t és el temps en segons. Calcula l'acceleració d'aquesta atracció.

b A partir d'aquesta acceleració, i sabent que l'atracció que parteix del repòs compleix l'equació $x = \frac{1}{2} \cdot a \cdot t^2$, en què x és la distància en metres, determina la distància que recorre durant l'acceleració inicial de 3 segons.

c A partir d'aquesta acceleració, troba el temps que trigaria a assolir el doble de la distància calculada en l'exercici anterior (fes servir la mateixa fórmula de l'apartat anterior).

Representa

(2) Tutuki Splash: a bord d'una barcassa grossa, es puja lentament per una rampa a la part més alta d'un volcà, des d'on després es baixa per una rampa amb una inclinació molt més accentuada.

a La rampa de descens forma un triangle rectangle isòsceles. Dibuixa el triangle que es forma i calcula quant mesuren l'altura i la base (és a dir, els catets), si se sap que la rampa (la hipotenusa) té una longitud de 19,8 m.

b La rampa d'ascens és menys inclinada que la de baixada, però forma igualment un triangle rectangle (tot i que ja no és isòsceles). Si se sap que la base (un catet) mesura el doble que l'altura (l'altre catet) i que l'àrea del triangle és de 225 m^2, dibuixa el triangle i calcula l'altura i la longitud de la rampa.

Ítem 4. Hurakan Condor

Quan s'arriba a la zona de Mèxic de PortAventura, es pot contemplar una gran torre de més de 100 metres d'alçària, que converteix l'atracció Hurakan Condor en la més imponent del parc. En aquesta atracció, el déu Hurakan desfermarà una gran fúria sobre els intrèpids aventurers que gosin pujar-hi.

L'ascens proporcionarà als valents que hi pugin unes vistes espectaculars del parc temàtic i de la costa mediterrània; però, un cop arribin a dalt i quan menys s'ho esperin, cauran al buit i notaran una sensació única que tan sols aquest déu podrà aturar.

Ítem 5. Shambhala

Hi ha una llegenda que explica que en una vall de l'Àsia central, entre les inexpugnables muntanyes de l'Himàlaia, hi ha una ciutat que és el bressol de l'eterna joventut, un centre de felicitat i un regne de pau i saviesa. Aquesta ciutat és Shambhala.

Es tracta de la muntanya russa més alta i amb la caiguda més llarga de PortAventura. Els seus cinc *camelbacks* (elevacions durant el recorregut) ofereixen al visitant la sensació d'haver perdut el contacte amb el seient. Qui hi pugi voldrà repetir el viatge un cop i un altre.

Textos i imatges extrets i adaptats de PortAventura World

Construeix amb el que saps

Representa

(3) Hurakan Condor: aquesta atracció t'eleva verticalment i, després, et deixa anar en caiguda lliure.

a Encara que en la descripció d'aquesta atracció s'explica que la torre fa més de 100 m d'altura, la caiguda lliure no fa tants metres, entre la frenada i la decoració superior de la torre. Si saps que es compleix l'equació $x = \frac{1}{2} \cdot g \cdot t^2$, en què x és l'altura en metres, g és la gravetat i t és el temps de caiguda lliure en segons, calcula la distància de caiguda lliure. Considera que el valor aproximat de g = 10 m/s2 i tingues en compte que es triga a caure 4 segons.

b Calcula el temps de caiguda, si realment fossin 100 m de caiguda lliure, mitjançant la fórmula anterior.

Comunica

(4) Shambhala: aquesta atracció és plena de *camelbacks* de diferents mides que creen la sensació de surar en l'aire.

a Un dels *camelbacks* compleix l'equació $y = -0{,}2x^2 + 6x$, en què y representa l'altura en metres. Calcula per a quins valors de x l'atracció està al nivell del terra (l'altura és 0).

b Els punts calculats en l'apartat anterior són els punts d'inici i final d'aquest *camelback*. Quina amplada fa?

c Calcula l'altura màxima d'aquest *camelback mitjançant* l'equació que el defineix i la seva amplada (determinada en l'apartat anterior). Tingues en compte que està just al mig del recorregut del *camelback*.

d Fes els mateixos càlculs dels apartats anteriors per al *camelback* més alt de tots, que compleix l'equació $y = \frac{-1}{3}x^2 + 10x$

El que has construït

Plantejes i resols **equacions de segon grau**.

Plantejes i resols **equacions de segon grau incompletes**.

Trobes el **valor numèric d'un polinomi**.

4. Equacions de segon grau

Apunt 4

Observa que si $a = 0$, aleshores no apareixeria el terme de x^2, i per això no es tractaria d'una equació de segon grau.

Una **equació de segon grau** és una igualtat que es pot expressar com a $ax^2 + bx + c = 0$, en què a, b i c són nombres reals, $a \neq 0$ i la lletra x és la incògnita el valor de la qual volem determinar (apunt 4).

Per trobar les solucions d'una equació de segon grau expressada d'aquesta manera, fem servir la fórmula següent:

$$x = \frac{-b \pm \sqrt{b^2 - 4ac}}{2a}$$

El símbol ± indica que tindrem dues possibles solucions: una quan hi apliquem la suma i l'altra quan hi apliquem la resta. Per tant, les dues solucions d'una equació de segon grau són aquestes:

$$x_1 = \frac{-b + \sqrt{b^2 - 4ac}}{2a} \qquad x_2 = \frac{-b - \sqrt{b^2 - 4ac}}{2a}$$

Exemple

7. Troba les solucions de l'equació: $2x^2 - x = 6 + 2x - x^2$.

En primer lloc, passem tots els termes a un membre (per exemple, a l'esquerre) perquè quedi la forma $ax^2 + bx + c = 0$:

$2x^2 - x - 6 - 2x + x^2 = 0 \quad \rightarrow \quad 3x^2 - 3x - 6 = 0$

Tot seguit, identifiquem els nombres que corresponen als coeficients a, b i c:

$a = 3, b = -3, c = -6$

Finalment, hi apliquem la fórmula de les equacions de segon grau amb aquestes dades:

$$x = \frac{-(-3) \pm \sqrt{(-3)^2 - 4 \cdot 3 \cdot (-6)}}{2 \cdot 3} = \frac{3 \pm \sqrt{9 + 72}}{6} = \frac{3 \pm 9}{6}$$

Ja tenim les solucions: $x_1 = \dfrac{3+9}{6} = 2$ i $x_2 = \dfrac{3-9}{6} = -1$.

5. Equacions de segon grau incompletes

Apunt 5

Recorda que les equacions incompletes també es poden resoldre amb la fórmula general.

Professora a casa. Equacions de segon grau incompletes.

Les equacions de segon grau que tenen la forma $ax^2 + bx + c = 0$, si $b = 0$ o $c = 0$, són **equacions de segon grau incompletes** (apunt 5).

Aquestes equacions es poden resoldre mitjançant la fórmula de les equacions de segon grau, però hi ha altres maneres de trobar-ne més ràpidament les solucions:

- Si $\boldsymbol{b = 0}$, aleshores l'equació es pot expressar com a $\boldsymbol{ax^2 + c = 0}$; per tant, si l'aïllem, quedarà $x^2 = \dfrac{-c}{a}$. Si això s'aplica a arrels quadrades, tindrem que: $x = \pm\sqrt{\dfrac{-c}{a}}$. Per tant, les solucions seran aquestes:

$$x_1 = \sqrt{\frac{-c}{a}} \qquad x_2 = -\sqrt{\frac{-c}{a}}$$

- Si $c = 0$, aleshores l'equació es pot expressar com a $ax^2 + bx = 0$; per tant, es pot extreure x com a factor comú i queda una expressió del tipus $x(ax + b) = 0$. Com que el producte de x per $(ax + b)$ ha de ser 0, llavors un dels factors ha de ser igual a 0. Així doncs, tenim que:

$$\begin{cases} x = 0 \\ \text{o} \\ ax + b = 0 \end{cases} \Leftrightarrow \begin{cases} x_1 = 0 \\ \text{o} \\ x_2 = \dfrac{-b}{a} \end{cases}$$

Exemples

8. Resol l'equació $x^2 - 8 = 10$.

En primer lloc, passem tots els termes al primer membre: $2x^2 - 8 - 10 = 0 \Leftrightarrow 2x^2 - 18 = 0$

Com que és una equació de segon grau incompleta en què $b = 0$, aïllem la x: $2x^2 = 18 \Leftrightarrow x^2 = 9 \Leftrightarrow x = \pm\sqrt{9}$

Per tant, les solucions són: $x_1 = 3$ i $x_2 = -3$.

9. Resol l'equació $2x^2 = -4x$.

Primer, passem tots els termes al primer membre:

$2x^2 + 4x = 0$

Com que és una equació de segon grau incompleta en què $c = 0$, extraiem la x com a factor comú:

$$x(2x+4) = 0 \Leftrightarrow \begin{cases} x = 0 \\ \text{o} \\ 2x + 4 = 0 \end{cases} \Leftrightarrow \begin{cases} x_1 = 0 \\ \text{o} \\ x_2 = \dfrac{-4}{2} = -2 \end{cases}$$

6. Discriminant

Una equació de segon grau té dues solucions, encara que de vegades no siguem capaços de trobar-les, ja que aquestes solucions no seran nombres reals. Altres cops les dues solucions seran el mateix nombre.

Abans d'intentar resoldre una equació de segon grau, podem esbrinar quantes solucions reals té. Per fer-ho, s'utilitza el **discriminant**, que s'expressa per mitjà de la lletra grega delta (apunt 6):

$$\Delta = b^2 - 4ac$$

- Si el discriminant $\Delta > 0$, tindrem **dues solucions reals diferents.**
- Si el discriminant $\Delta = 0$, tindrem **una solució doble.**
- Si el discriminant $\Delta < 0$, no tindrem **cap solució real.**

Apunte 6

Δ és la lletra grega delta en majúscula. Equival a la nostra lletra *d*.

Professor a casa. Nombre de solucions de les equacions de segon grau.

Exemple

10. Determina, sense resoldre-les, quantes solucions reals té cada equació:

a $3x^2 - 6x + 3 = 0 \rightarrow \Delta = (-6)^2 - 4 \cdot 3 \cdot 3 = 36 - 36 = 0$. L'equació té una solució doble.

b $2x^2 - x + 5 = 0 \rightarrow \Delta = (-1)^2 - 4 \cdot 2 \cdot 5 = 1 - 40 = -39 < 0$. L'equació no té cap solució real.

c $x^2 + 5x + 6 = 0 \rightarrow \Delta = 5^2 - 4 \cdot 1 \cdot 6 = 25 - 24 = 1 > 0$. L'equació té dues solucions reals.

Entrena't

16. Digues si els valors indicats són solucions per a cada una de les equacions:

a $x = 1$ per a:

$x^2 + 5x - 6 = 0$, $x^2 + x - 2 = 0$, $x^2 + 1 = 0$

b $x = -2$ per a:

$x^2 + x - 2 = 0$, $x^2 - 2x = 0$, $x^2 - x - 6 = 0$

c $x = 2$ per a:

$x^2 - 3x + 3 = 0$, $x^2 - 2x = 0$, $x^2 + x + 6 = 0$

d $x = -1$ per a:

$x^2 - 2x - 3 = 0$, $3x^2 + 3x - 3 = 0$, $x^2 + x = 0$

e $x = \frac{1}{2}$ per a:

$4x^2 + 2x - 2 = 0$, $6x^2 - 5x + 1 = 0$, $4x^2 + 1 = 0$

f $x = \frac{-1}{2}$ per a:

$2x^2 - 3x - 2 = 0$, $2x^2 + 2x + 1 = 0$, $4x^2 - 1 = 0$

17. Resol les equacions següents:

a $x^2 + x - 6 = 0$
b $2x^2 + 8x - 10 = 0$
c $6x^2 + 23x + 7 = 0$
d $3x^2 - 25x + 28 = 0$
e $x^2 + 6x + 9 = 0$
f $2x^2 - 4x + 1 = 0$
g $-x^2 + 3x + 28 = 0$
h $-2x^2 - 6x - 4 = 0$
i $x^2 - 5x = -6$
j $3x^2 + 3 = x^2 + 7x$
k $x^2 + 7x - 10 = -2x^2$
l $2x - 3 = 1 -2x + x^2$
m $x(x + 5) = 2x + 4$
n $(x + 1)(x - 2) = -3x$

18. Resol aquestes equacions de segon grau incompletes i comprova que les solucions són les mateixes que si fessis servir la fórmula de les equacions de segon grau:

a $x^2 - 5x = 0$
b $2x^2 - 6x = 0$
c $x^2 - 25 = 0$
d $2x^2 + 8 = 0$
e $12x^2 - 3x = 0$
f $4x^2 = x$
g $2x^2 + 3x = -5x$
h $7x^2 -x = 2x - x^2$
i $3x - 6x^2 = 2x^2 - 5x$
j $2(2x^2 - 5) = 3(2 -3x^2)$

19. Sense resoldre-les, digues quantes solucions reals tenen aquestes equacions de segon grau:

a $9x^2 + 6x + 10 = 0$
b $3x^2 - 9x + 0 = 0$
c $-6x^2 + 10x + 10 = 0$
d $x^2 + 1 = 0$
e $x^2 + x + 1 = 0$
f $x^2 - 2x + 5 = 0$
g $x^2 + 4x + 4 = 0$
h $2x^2 - 4x + 1 = 0$
i $5x^2 + x + 10 = 0$
j $x^2 -6x + 9 = 0$

20. Calcula el valor de k perquè les equacions següents tinguin una arrel (solució) doble:

a $4x^2 + 12x + 4k = 0$
b $5x^2 + 5kx + 80 = 0$
c $3x^2 + 5x + k = 0$
d $6x^2 + 3kx + 6 = 0$
e $4x^2 - 2kx + 9 = 0$
f $5kx^2 - 10x + 15 = 0$
g $x^2 - 6x = k$
h $x^2 + 12x + k = 0$
i $x^2 - kx + 25 = 0$

21. Troba dos nombres naturals consecutius el producte dels quals sigui 506.

22. Busca dos múltiples de 4 consecutius la suma dels quadrats dels quals sigui 400.

23. Determina dos nombres la diferència dels quals sigui 3 i la diferència dels quadrats dels quals sigui 117.

24. Calcula dos múltiples de 6 consecutius la suma dels quadrats dels quals sigui 900.

25. Si al doble d'un nombre s'hi suma la meitat del seu quadrat, s'obté 16. De quin nombre es tracta?

26. Troba els costats d'un triangle rectangle si saps que la hipotenusa fa 20 cm i que el seu perímetre mesura 48 cm.

27. Calcula la base i l'altura d'un rectangle tenint en compte que l'altura té 12 cm menys que la base i que l'àrea fa 160 cm^2.

28. Se sap que el perímetre d'un rectangle fa 46 cm i que la seva diagonal mesura 17 cm. Calcula les dimensions del rectangle. Quant fa l'àrea?

Banc digital

Mates en context

3 AM AL Personal Els plànols

L'Anna i l'Ernest es volen comprar una casa. Van a una immobiliària i analitzen els plànols dels habitatges que s'ajusten al seu pressupost. N'han vist un que els agrada molt: té 72 m², l'amplada és el doble que la longitud i té una terrassa que ocupa una de les cares i que fa 1 m d'ample, cosa que els permetria posar-hi una tauleta i unes cadires per a quan faci bon temps. Al cap d'uns dies, quan estudien una mica més a fons l'oferta, no recorden si la terrassa es trobava en una de les parets llargues o en una de les curtes; tampoc no recorden si l'espai de la terrassa estava inclòs en els 72 m² de la casa.

Problemes

1. Si anomenem x el costat curt de l'habitatge, però sense incloure-hi la terrassa, dibuixa les dues possibilitats de la disposició de la terrassa i acota'n les dimensions, és a dir, anota quant mesura cada costat de la casa i de la terrassa.
2. Fes servir la primera disposició (la terrassa es troba en un dels costats curts de la casa) per plantejar dues equacions que et permetin esbrinar les dimensions de l'habitatge: en la primera equació, es consideren els 72 m² sense comptar-hi la terrassa; en la segona, els 72 m² són la superfície de la casa, incloent-hi la terrassa.
3. Planteja les equacions equivalents a l'exercici anterior, però ara parteix de la segona disposició (la terrassa es troba en un dels costats llargs de la casa).
4. Resol les quatre equacions que has obtingut en els problemes 2 i 3.
5. Si l'Anna i l'Ernest saben que les longituds de les parets són nombres enters, quina és la disposició de la terrassa finalment? Quant mesura cada paret? Quina superfície té l'habitatge, sense comptar la terrassa? I comptant la terrassa?

Representa: 1 **Simbolitza: 2, 3** **Matematitza: 4, 5**

4 AM AL Professional L'empresa

Una empresa vol obrir una nova seu, però els seus amos han dut a terme un estudi de mercat per saber si els resultarà rendible. Aquest estudi evidencia que els ingressos totals depenen del nombre de productes que es venguin, d'acord amb el polinomi $0{,}3x^2 + 50x$, en què x és el nombre total d'unitats venudes. També han de tenir en compte el preu de fabricació d'aquests productes, el cost dels quals ve determinat pel polinomi $0{,}2x^2 + 250x$, en què x és el nombre d'unitats produïdes.

Problemes

1. Determina els ingressos totals (sense tenir en compte els costos) que tindrà l'empresa si es venen 10, 100, 1000 i 10 000 unitats.
2. Calcula quant li costarà a l'empresa produir 10, 100, 1000 i 10 000 unitats.
3. El benefici d'una empresa són els diners que guanya. Per conèixer aquest benefici, s'ha de restar el cost de producció dels ingressos totals. Planteja el polinomi que expressa el benefici de l'empresa.
4. Calcula el benefici de l'empresa quan produeixi i vengui 10, 100, 1000 i 10 000 unitats.
5. Com has pogut comprovar en el problema anterior, hi ha situacions en què el benefici és negatiu. Això és possible? Quina n'és la causa?
6. Calcula quantes unitats s'han de produir i vendre perquè el benefici comenci a ser positiu (és a dir, determina quan el benefici és 0).
7. Interpreta les solucions de l'exercici anterior i digues quina serà la resposta correcta.
8. Quantes unitats s'han de produir i vendre per obtenir un benefici de 200 000 €?
9. Interpreta les solucions de l'apartat anterior. Són possibles totes dues?

Matematitza: 1, 2, 4, 6, 8 **Simbolitza: 3**
Argumenta: 5, 7, 9

3 El Quixot de les matemàtiques

Com va utilitzar Cervantes les matemàtiques per escriure *El Quixot*?

AM AL AP AV AA

Social

Personal

Aprèn a...

Identificar progressions aritmètiques i geomètriques.

Expressar-ne el terme general, calcular la suma dels *n* primers termes i fer-les servir per resoldre problemes.

Ítem 1. *El Quixot*

El Quixot és una novel·la escrita per Miguel de Cervantes Saavedra, el títol original de la qual és *El ingenioso hidalgo don Quijote de la Mancha.*

Consta de dues parts, la primera es va publicar el 1605 i la segona, el 1615.

És considerada la primera novel·la moderna i la primera novel·la polifònica, i per això va exercir una gran influència en tota la narrativa europea.

Molts experts la consideren la millor novel·la que s'ha escrit mai i encapçala la llista de les millors obres literàries de la història. És el segon llibre més traduït del món, només per darrere de la Bíblia.

Ítem 2. *El Quixot* (part II, capítol 35)

«[...] si a tu, enemic del gènere humà, et demanessin que et mengessis **una dotzena** de gripaus, **dos** llangardaixos i **tres** colobres [...]»

Ítem 3. *El Quixot* (part I, capítol 17)

«La mala sort del malaurat Sancho va voler que, entre la gent que hi havia a l'hostal, hi hagués **quatre** paraires de Segòvia, **tres** agullers del Potro de Còrdova i **dos** veïns de l'Heria de Sevilla.»

Ítem 4. Progressió aritmètica

Una col·lecció de nombres és una **progressió aritmètica** si cada terme s'obté sumant un nombre fix a l'anterior.

Construeix amb el que saps

Matematitza
Comunica
Argumenta

(1) Llegeix l'ítem 2 i fes les activitats:

a Escriu amb nombres la successió que presenta el text.
b Com s'obté un nombre a partir de l'anterior?
c Com s'anomena la sèrie de nombres que compleixen la propietat que es descriu en l'apartat **b**?
d Si Cervantes hagués continuat la progressió, quin nombre de dotzenes hauria escrit a continuació? Per què?
e Escriu la progressió anterior, però, en lloc de fer-ho per dotzenes, fes-ho pel nombre de vegades. Escriu la progressió fins al terme desè.
f Inventa't un text en què aparegui una progressió aritmètica creixent.

(2) Ara, llegeix l'ítem 3 i resol les activitats:

a Escriu amb nombres la successió que presenta el fragment.
b Com s'obté un nombre a partir de l'anterior?
c Si Cervantes hagués continuat la progressió, quin nombre hauria escrit? Per què?
d Podria haver continuat amb més nombres?
e Inventa't un text en què apareguin nombres de forma descendent.

Ítem 5. Miguel de Cervantes Saavedra

Novel·lista, poeta i dramaturg espanyol que va néixer el 1547 (probablement el 29 de setembre) a Alcalá de Henares i va morir el 22 d'abril de 1616 a Madrid, tot i que va ser enterrat el 23 d'abril, que és la data en què se'n commemora popularment la mort.

És considerat la màxima figura de la literatura espanyola. És conegut universalment per ser l'autor de l'obra *El ingenioso hidalgo don Quijote de la Mancha* (*El Quixot*, en català), per la qual va rebre el sobrenom de príncep dels enginys.

Va escriure altres obres cèlebres, entre les quals destaquen *Galatea*, les *Novelas ejemplares* i *Los trabajos de Persiles y Sigismunda*.

Ítem 6. *El Quixot* (part I, capítol 15)

«I, deixant anar **trenta** ais, i **seixanta** sospirs, i **cent vint** malediccions i renecs de qui l'havia portat fins allà, es va alçar. [...]

—Jo ja fa **cinc** anys que soc a galeres per no tenir **deu** ducats. Jo en donaré **vint** de bon grat —va dir don Quixot— per alliberar-vos d'aquesta condemna.»

Ítem 7. *El Quixot* (part II, capítol 69)

«—Aneu-hi els uns rere els altres i segelleu el rostre de Sancho amb **vint-i-quatre** carícies i **dotze** pessics i **sis** punxades als braços i a l'esquena!»

Ítem 8. Progressió geomètrica

Una col·lecció de nombres és una **progressió geomètrica** si cada terme s'obté a partir de l'anterior, multiplicant-lo per un nombre fix.

Construeix amb el que saps

Matematitza
Comunica
Argumenta

(3) Llegeix l'ítem 6 i resol:

a Escriu amb nombres les successions que presenta el text.
b Com s'obté un nombre a partir de l'anterior?
c Quin tipus de progressió formen aquests nombres?
d Escriu els tres nombres següents en cadascuna de les progressions del fragment.
e Inventa't un text en què aparegui una progressió geomètrica en la qual els diferents nombres s'obtinguin multiplicant l'anterior per 3.

(4) Ara, llegeix l'ítem 7 i resol les activitats:

a Escriu amb nombres les successions que presenta el fragment.
b Com s'obté un nombre a partir de l'anterior?
c De quin tipus de progressió es tracta?
d Creix o decreix? Per què?
e Escriu els tres nombres següents d'aquesta progressió.
f Si continues escrivint la progressió, quin serà l'últim nombre?
g Inventa't un text en què aparegui una progressió decreixent.

El que has construït

Reconeixes i distingeixes les **progressions aritmètiques i geomètriques**.
Coneixes els **termes** de les progressions aritmètiques i geomètriques.
Calcules diferents termes de les progressions.

7. Successions

Una **successió** és una seqüència de nombres reals donats ordenadament, de tal manera que es puguin numerar: primer, segon, tercer...

Cadascun dels elements de la successió s'anomena **terme** i per referir-nos al lloc que ocupa en la successió es fan servir **subíndexs** (apunt 7). Si ens volem referir a un terme qualsevol de la successió, l'anomenem terme ***n***-èsim i l'escrivim $\boldsymbol{a_n}$.

L'expressió algebraica (fórmula que permet trobar qualsevol terme d'una successió) s'anomena **terme general** i es representa per mitjà de $\boldsymbol{a_n}$.

Apunt 7

El **subíndex d'una successió** sempre és un nombre natural.

8. Progressions aritmètiques

Una successió de nombres reals $\{a_1, a_2, a_3... a_n...\}$ és una **progressió aritmètica** si cada terme s'obté sumant una quantitat fixa a l'anterior.

Aquesta quantitat constant s'anomena **diferència** i es representa amb la lletra d (apunt 8).

Segons el valor de la diferència, les progressions aritmètiques poden ser creixents (si $d > 0$), decreixents (si $d < 0$) o constants (si $d = 0$).

Apunt 8

Els **termes** d'una progressió aritmètica són aquests:

- Primer terme: a_1.
- Segon terme: a_2.
- Tercer terme: a_3.

I així successivament.

La **diferència** pot ser tant un nombre positiu com un nombre negatiu.

8.1 Terme general d'una progressió aritmètica

El **terme general** d'una progressió aritmètica ve donat per aquesta fórmula:

$$a_n = a_1 + (n - 1) \cdot d$$

8.2 Suma dels *n* primers termes d'una progressió aritmètica

La **suma dels *n* primers termes d'una progressió aritmètica** ve donada per la fórmula (apunt 9):

$$S_n = \frac{a_1 + a_n}{2} \cdot n$$

Apunt 9

L'alemany Carl Friedrich Gauss (1777-1855) va descobrir la fórmula de la suma dels termes d'una progressió quan el seu professor li va encarregar sumar els primers 100 nombres naturals.

Només tenia 8 anys!

Exemples

11. Donada la successió $a_n = 3n + 2$, calcula els termes que ocupen la cinquena posició i la vuitena.

Ens demanen a_5 i a_8; per tant: $a_5 = 5^2 - 3 \cdot 5 + 2 = 12$ i $a_8 = 8^2 - 3 \cdot 8 + 2 = 42$.

12. La successió {10, 7, 4, 1, –2, –5...} és una progressió aritmètica? Si ho és, indica'n la diferència i identifica el tipus de progressió.

Cada terme s'obté de sumar –3 al terme anterior (en restem 3):

$10 + (-3) = 10 - 3 = 7; 7 + (-3) = 7 - 3 = 4; 4 + (-3) = 4 - 3 = 1...$

Per tant, la diferència és $d = -3$ i es tracta d'una progressió decreixent.

13. Calcula el terme general de la progressió aritmètica de l'exemple anterior.

$a_1 = 10$ i $d = -3$; per tant, $a_n = 10 + (n - 1) \cdot (-3) = 10 - 3n + 3 = 13 - 3n$

14. Calcula la suma dels 25 primers termes de la progressió aritmètica dels exemples anteriors:

$a_1 = 10$, $n = 25$ i $d = -3$; per tant, $a_{25} = a_1 + 24 \cdot d = 10 - 14 \cdot (-3) = -32$

Així, $S_{25} = \frac{a_1 + a_{25}}{2} \cdot 25 = \frac{10 - 32}{2} \cdot 25 = -275$

9. Progressions geomètriques

Una successió de nombres reals és una **progressió geomètrica** si cada terme s'obté multiplicant l'anterior per un nombre fix.

Aquest nombre constant s'anomena **raó** i es representa amb la lletra ***r***.

9.1 Terme general d'una progressió geomètrica

Igual que en les progressions aritmètiques, en les progressions geomètriques el terme general ve donat per una fórmula:

$$a_n = a_1 \cdot r^{n-1}$$

9.2 Producte dels *n* primers termes d'una progressió geomètrica

El producte dels n primers termes d'una progressió geomètrica es calcula amb aquesta fórmula:

$$P_n = \sqrt{(a_1 \cdot a_n)^n}$$

9.3 Suma dels *n* primers termes d'una progressió geomètrica

La **suma dels *n* primers termes d'una progressió aritmètica** es calcula amb aquesta fórmula:

$$S_n = \frac{a_n \cdot r - a_1}{r-1} = \frac{a_1 \cdot r^n - a_1}{r-1} \text{ amb } r \neq 1$$

Les dues fórmules de la suma es fan servir indistintament, segons les dades que tinguem.

Exemple

15. Donada la progressió geomètrica {3, 6, 12, 24, 48...}, escriu-ne el terme general i calcula el producte dels sis primers termes i la suma dels deu primers termes.

Cada terme s'obté multiplicant per 2 l'anterior: $a_1 = 3$ i $r = 2 \Rightarrow a_n = 3 \cdot 2^{n-1}$.

Si s'apliquen les fórmules del producte i de la suma (apunt 11), s'obté que):

$$P_6 = \sqrt{(a_1 \cdot a_6)^6} = \sqrt{(3(3 \cdot 2^5))^6} = \sqrt{(3(3 \cdot 32))^6} = 23887872$$

$$S_{10} = \frac{a_1 \cdot r^n - a_1}{r-1} = \frac{3 \cdot 2^{10} - 3}{2-1} = 3069$$

9.4 Suma de tots els termes d'una progressió geomètrica

Quan sumem tots els termes d'una progressió geomètrica, el més lògic és que el resultat sigui infinit, és a dir, impossible de calcular.

Tanmateix, hi ha un cas en què sí que es pot calcular: quan $-1 < r < 1$.

En aquest cas, els termes són cada cop més petits i se'n pot fer la suma mitjançant aquesta fórmula: $S = \frac{a_1}{1-r}$.

Perquè la suma dels infinits termes d'una progressió tingui sentit, ha de complir que: $|r| < 1$.

Apunt 10

Dos termes qualssevol d'una progressió geomètrica compleixen que:

$$a_n = a_m \cdot r^{n-m}$$

Observa que:

$$r = \frac{a_{n+1}}{a_n}$$

Professora en casa. Suma dels termes d'una progressió geomètrica.

Apunt 11

Per fer els càlculs de les progressions geomètriques, sovint hem de recórrer a la calculadora (o a l'ordinador), ja que els nombres que hi apareixen són molt grans.

Exemple

16. Calcula la suma de tots els termes d'aquesta progressió geomètrica:

$$4, 2, 1, \frac{1}{2}, \frac{1}{4} \ldots$$

Tenim: $a_1 = 4$ i $r = 0,5$; per tant:

$$S = \frac{a_1}{1-r} = \frac{4}{1-0,5} = 8$$

Entrena't

29. Escriu els cinc primers termes de les següents progressions aritmètiques:

a $a_1 = -13, d = 6$ **b** $b_1 = -9, d = -3$

30. Escriu el terme general d'una progressió aritmètica, si saps que:

a $a_1 = -14, d = 5$ **b** $b_1 = -14, b_9 = 10$

31. Escriu el terme general d'aquestes progressions aritmètiques:

a 2, 6, 10, 14, 18...
b 25, 22, 19, 16, 13...
c –23, –13, –3, 7, 17...
d –2, –3, –4, –5, –6...

32. Escriu els termes setè i desè de les progressions aritmètiques següents:

a $a_n = 5 + 3 \cdot (n - 1)$ **c** $c_n = -18 + 5 \cdot (n - 1)$
b $b_n = 9 - 2 \cdot (n - 1)$ **d** $d_n = -3 - 4 \cdot (n - 1)$

33. Calcula el terme general d'una progressió aritmètica la diferència de la qual és –7 i $a_7 = 17$.

34. El primer terme d'una progressió aritmètica és 8 i la suma dels termes cinquè i setè és –14. Escriu-ne el terme general.

35. Se sap que la suma dels termes tercer i sisè d'una progressió aritmètica és 10 i que la suma dels termes segon i vuitè és 14. Escriu-ne el terme general i els cinc primers termes d'aquesta progressió.

36. La suma dels tres primers termes d'una progressió aritmètica és 66 i la dels tres següents és 21. Calcula'n el terme general.

37. Troba la suma dels cinquanta primers termes d'una progressió aritmètica que compleixi que $a_1 = -11$ i $d = 4$.

38. Calcula S_5 en una progressió aritmètica si $a_1 = 7$ i $a_2 = 11$.

39. Escriu la progressió aritmètica que compleix que: $a_1 = 1$ i $S_8 = 100$.

40. Determina la suma dels vuitanta primers termes d'una progressió aritmètica si saps que el tercer terme és 8 i l'onzè, 64.

41. Escriu els cinc primers termes de les progressions geomètriques següents:

a $a_1 = 2; r = 3$ **b** $b_1 = 64; r = 0{,}5$

42. Escriu el terme general d'una progressió geomètrica, si saps que:

a $a_1 = 100; r = 0{,}25$ **b** $b_1 = 3; b_3 = 147$

43. Escriu el terme general d'aquestes progressions geomètriques:

a 2, 6, 18, 54... **c** –3, 6, –12, 24...
b 125, 25, 5, 1... **d** –1, –3, –9, –27...

44. Escriu el cinquè terme de cadascuna d'aquestes progressions geomètriques:

a $a_n = 5 \cdot 3^{(n-1)}$ **c** $c_n = -1 \cdot 5^{(n-1)}$
b $b_n = 9 \cdot (-2)^{(n-1)}$ **d** $d_n = -3 \cdot (-4)^{(n-1)}$

45. Calcula la suma dels dotze primers termes de les progressions geomètriques següents:

a $a_1 = 3, r = 5$ **b** $b_1 = 160, b_2 = 40$

46. Troba la suma dels infinits termes d'aquestes progressions geomètriques:

a $a_1 = 100; r = 0{,}25$ **b** $b_1 = 80; b_2 = 40$

47. Determina la suma dels infinits termes d'una progressió geomètrica si saps que el segon terme és 540 i el cinquè terme és 20.

Banc digital

Mates en context

5 AM AL Personal Social **Equip ciclista**

Dos equips ciclistes comencen la pretemporada. Dedicaran vuit hores a entrenar i treballaran de dilluns a divendres.

En una fase inicial, el primer equip comença corrent 100 km el primer dia i va augmentant 5 km cada dia.

El segon equip també comença corrent 100 km el primer dia i recorre aquesta distància cada dia de la setmana, però cada dilluns augmenta 30 km la distància recorreguda el dilluns anterior.

En una segona fase, comencen a recórrer tandes de distàncies. El primer equip comença amb 12 km la primera tanda i augmenta 2 km en cada una.

El segon equip comença amb 18 km i augmenta només mig quilòmetre en cada tanda.

L'entrenament s'acabarà quan els dos equips hagin dut a terme el mateix nombre total de quilòmetres en les seves tandes.

Problemes

Sobre la primera fase del primer equipo:

1 Quina mena de progressió determina el nombre de quilòmetres que recorre cada dia?

2 Quin és el primer terme i la diferència d'aquesta progressió?

3 Escriu el terme general de la progressió (diària) que du a terme.

4 Quina distància va recórrer el dilluns de la tercera setmana?

5 Quants quilòmetres més va córrer el dimecres de la setena setmana respecte del divendres de la quarta setmana?

6 Calcula els quilòmetres recorreguts en la primera fase de la pretemporada.

Sobre la primera fase del segon equip:

7 Quin tipus de progressió determina el nombre de quilòmetres que recorre cada setmana?

8 Quin és el primer terme i la diferència d'aquesta progressió?

9 Escriu el terme general de la progressió (setmanal) que porta a terme.

10 Quant va recórrer la tercera setmana? I la sisena setmana?

11 Quants quilòmetres més va córrer la setena setmana respecte de la quarta setmana?

12 Calcula els quilòmetres recorreguts en la primera fase de la pretemporada.

13 Quin equip ha fet més quilòmetres en la primera fase de la pretemporada?

14 Quina ha estat la diferència de quilòmetres entre els dos equips?

Sobre la segona fase de la pretemporada:

15 Escriu els termes generals de les progressions dels dos equips i la distància que recorren en cadascuna de les cinc primeres tandes.

16 Quantes tandes farà cada equip perquè el nombre de quilòmetres recorreguts sigui el mateix?

17 Quants quilòmetres hauran recorregut en acabar les tandes?

Argumenta: 1, 7, 13 | Matematitza: 2, 4, 5, 6, 8, 10, 11, 12, 14, 17

Simbolitza: 3, 9, 15 | Planteja: 16

6 AM AL AP Professional Social Fem botar pilotes

La Llúcia, que és la professora d'Educació física de l'institut, busca pilotes de bàsquet i de tenis per a les seves classes. Les especificacions sobre les dimensions i el rebot que han de tenir les pilotes perquè es considerin oficials són aquestes:

	Diàmetre	Massa
Bàsquet	23 cm-24 cm	567 g-650 g
Tenis	6,35 cm-6,67 cm	> 58,5 g

	Altura de la caiguda	Rebot
Bàsquet	180 cm	120 cm-140 cm
Tenis	254 cm	135 cm-145 cm

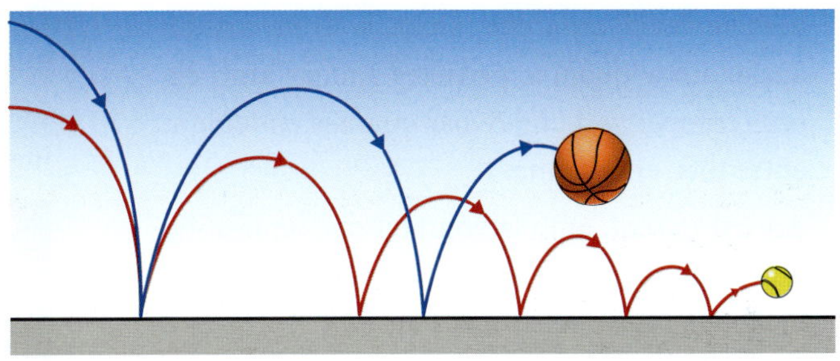

Ha trobat unes pilotes a bon preu que tenen aquestes especificacions:

	Diàmetre	Pes	Rebot
Bàsquet	24 cm	600 g	70 %
Tenis	6,5 cm	55 g	55 %

Problemes

1 Calcula el percentatge que ha de rebotar oficialment una pilota de tenis i una altra de bàsquet. Quina bota més alt?

2 Compleixen els requisits oficials, les pilotes que ha trobat la Llúcia?

3 Calcula la densitat ($D = m : V$) d'aquestes pilotes.

4 Agafem una pilota de bàsquet i la deixem caure des d'una altura de 2 m:

- **a** Quina altura assolirà en el primer rebot?
- **b** Quant botarà en el segon rebot? I en el tercer? I en el quart?
- **c** Quin tipus de progressió has obtingut?
- **d** Escriu la fórmula del terme general d'aquesta progressió.
- **e** Quants bots farà fins que deixarà de botar? Per què no podrà continuar botant?

5 Agafem una pilota de tenis i la llancem també des d'una altura de 200 cm. Ara, respon les mateixes preguntes que en la qüestió anterior.

Matematitza: 1, 3, 4, 5 | Argumenta: 1, 2, 4, 5

Simbolitza: 4, 5

4 Jocs i temps lliure

Què fas durant el teu temps lliure?

AM AL AP AS AA Social Professional

Arpèn a...
Fer servir el vocabulari adequat en situacions relacionades amb l'atzar.
Assignar probabilitats a esdeveniments, mitjançant la regla de Laplace, taules, arbres o altres estratègies personals.
Prendre la decisió correcta tenint en compte les probabilitats per resoldre problemes contextualitzats.

Ítem 1. Un joc d'origen espanyol

Un descendent del pastor lleonès Felipe Valdeón Triguero explica que aquest pastor va inventar el joc del punyet pels volts del 1787. Mentre tenia cura del ramat, se li va acudir agafar unes quantes pedretes i jugar amb els seus companys a endevinar quantes en tenien, entre tots, en una mà.

Aquest parent, amb la voluntat que aquest joc no desaparegui, n'ha organitzat un campionat nacional que se celebra des del 1987.

Tot i que les normes sobre qui comença o qui guanya les poden pactar els participants, la idea del joc és senzilla. Cada jugador té tres pedretes; amb les mans a l'esquena, es posa a la mà dreta 0, 1, 2 o 3 pedretes. A continuació, tots els jugadors ensenyen la mà tancada a tothom i, per torns, han d'endevinar quantes pedretes sumen entre tots.

Ítem 2. Ens ho juguem al joc del punyet

La Maria, l'Anna, la Pietat i el Jesús són germans i cada dia ajuden en les tasques de casa. Quan un d'ells es posa malalt, els altres es juguen al joc del punyet qui farà les seves tasques.

Qui guanya una partida surt del joc, i acaba fent la feina aquell que no n'ha pogut sortir.

El primer que comença a endevinar és el més gran i continuen jugant per ordre d'edat.

Construeix amb el que saps

Matematitza

(1) Avui el Jesús està malalt i les noies es jugaran les seves tasques al joc del punyet.

a Quantes sumes diferents es poden formar amb les tres monedes que agafa cada una? Com es formen? (Fes servir un diagrama d'arbre.)
b Quants elements té l'espai mostral?
c Quants casos són favorables al fet que la suma de les monedes sigui 0? I quants són favorables al fet que la suma sigui 9?

(2) Si la Maria diu que hi ha cinc monedes, l'Anna diu que n'hi ha tres i la Pietat afirma que n'hi ha dues, quina probabilitat té cadascuna d'elles de guanyar el joc?

Argumenta

(3) Quin és el nombre de monedes més probable?

(4) Determina la probabilitat que en una jugada:

a La suma no sigui 0. **b** La suma sigui 5 o 3.

Matematitza
Argumenta

(5) Quan li toca començar el joc a l'Anna, agafa una moneda.

a Quina probabilitat té de guanyar si diu que la suma és 0?
b Quines altres sumes permeten que la Maria tingui la mateixa probabilitat de guanyar que la vegada anterior?
c Què ha de dir perquè la probabilitat que guanyi sigui la més gran possible?

Argumenta

(6) Si comença l'Anna i la seva resposta és 1, com que la Pietat no ha agafat cap moneda, quines respostes faran que no guanyi? I quines determinaran just el contrari?

Ítem 3. Probabilitat i percentatge

Un percentatge es pot fer servir per calcular la probabilitat d'un esdeveniment.

El Centre d'Investigacions Sociològiques (CIS) va informar que aproximadament el 40 % dels espanyols dediquen el seu temps lliure a navegar per Internet, a fer servir les xarxes socials, els xats..., i que el 30 % dedica el temps lliure a fer esport. Una interpretació de la primera dada és que, de 100 persones enquestades, 40 van respondre que passen el seu temps d'oci a navegar per Internet.

En termes de probabilitat, diem que:

A = dedica el seu temps lliure a fer servir Internet, les xarxes socials, etc.

Segons la regla de Laplace, la probabilitat que passi A és

$$P(A) = \frac{40}{100} = 0{,}4$$

Ítem 4. L'oci dels adolescents

Segons els darrers informes, el 60 % dels adolescents fan servir les aplicacions mòbils per organitzar el seu temps d'oci.

La plataforma The App Dat ha elaborat un estudi que diu que, entre els adolescents que fan servir aquestes aplicacions, el 44 % ho fa per obtenir descomptes.

Si A és l'esdeveniment «És un adolescent que fa servir les aplicacions mòbils per organitzar el seu temps lliure» i B és l'esdeveniment «Fa servir les aplicacions per aconseguir descomptes», la situació es pot simplificar d'aquesta manera:

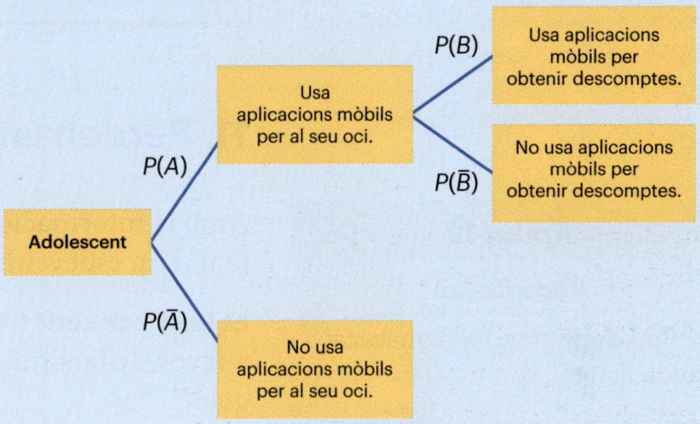

Construeix amb el que saps

Matematitza

7. Segons el CIS (ítem 3), quina és la probabilitat que un espanyol dediqui el seu temps d'oci a fer esport?

8. Si per fer l'estudi de què es parla en l'ítem 3 s'haguessin seleccionat 150 persones, quantes haurien respost de forma favorable a l'esdeveniment A? I quantes a l'esport?

Argumenta

9. Torna a llegir l'ítem 4 i resol les activitats:

a Quina és la probabilitat que un adolescent faci servir les aplicacions mòbils per a l'oci? I quina és la probabilitat que no les faci servir per a aquesta finalitat?
b Si un adolescent fa servir les aplicacions mòbils per organitzar el seu temps lliure, quina probabilitat hi ha que ho faci per obtenir descomptes? I que sigui per a una altra activitat?

10. Copia el diagrama d'arbre de l'ítem 4, però substitueix les probabilitats dels esdeveniments pel seu valor numèric.

11. Si s'escull un adolescent, es pot afirmar que fa servir les aplicacions mòbils amb el propòsit d'aconseguir descomptes en els seus plans d'oci? Raona la resposta.

El que has construït

Fas servir un **diagrama d'arbre** per construir l'espai mostral d'un experiment aleatori i calcular la probabilitat d'un esdeveniment.

Utilitzes el percentatge per trobar la **probabilitat d'un esdeveniment**.

Saps argumentar si un esdeveniment depèn o no d'un altre.

Calcules la **probabilitat d'un esdeveniment que depèn d'un altre**.

Trobes l'opció més probable en un **joc d'atzar**.

10. Probabilitat d'un esdeveniment. Regla de Laplace

Quan els esdeveniments elementals de l'experiment aleatori són equiprobables (és a dir, tenen la mateixa probabilitat de passar), per trobar la probabilitat de qualsevol esdeveniment es fa servir aquesta fórmula:

$$P(A)=\frac{\text{nre. de casos favorables}}{\text{nre. de casos possibles}}$$

Exemple

17. Quan s'escull una carta d'una baralla espanyola, la probabilitat que sigui una figura és $P(A)=\frac{12}{48}=0{,}25$.

11. Percentatge i probabilitat

Apunt 12

Recorda-ho!

No has de confondre probabilitat i percentatge.

La probabilitat només adquireix valors compresos entre 0 i 1.

Amb la informació que aporta un **percentatge** també es pot calcular la probabilitat d'un esdeveniment (apunt 12).

El **tant per cent** (%) indica que, de cada 100 enquestats, *t* són tots els que estan a favor de la situació estudiada. Per tant, si s'aplica la regla de Laplace, s'obté que:

$$P(A)=\frac{t}{100}$$

Exemple

18. Segons un estudi de l'OCU (Organització de Consumidors i Usuaris) sobre els hàbits alimentaris a Espanya, el 32 % dels espanyols manté una dieta sana. Quina és la probabilitat que un espanyol escollit a l'atzar no segueixi una dieta sana?

La probabilitat que un espanyol tingui una dieta sana és $P(A)=\frac{32}{100}=0{,}32$.

Per tant, la probabilitat inversa, $\overline{A}$, és $P(\overline{A})=1-P(A)=1-0{,}32=0{,}68$.

12. Diagrama d'arbre

Els resultats d'experiments aleatoris que es duen a terme en diverses etapes es poden expressar mitjançant un **diagrama d'arbre**. La primera etapa es representa en una branca i de cadascuna de les opcions que en resulten (nusos) surten noves branques, que representen l'etapa següent. En cada branca s'escriu la probabilitat de l'esdeveniment corresponent.

Aquest mètode permet veure clarament la situació i calcular la probabilitat d'un esdeveniment d'una manera senzilla. Així, per trobar la probabilitat d'un esdeveniment cal tenir en compte que:

- Si s'han de seguir branques contigües per arribar-hi, es multipliquen les probabilitats de cadascuna.
- Si les branques parteixen del mateix nus, estan separades; en aquest cas, se'n sumen les probabilitats.

Exemple

19. En un centre d'estudis d'Educació secundària, hi han arribat tres alumnes nous. Calcula aquestes probabilitats:

a Que tots tres siguin dretans, esquerrans o ambidextres.
b Que cap dels tres no sigui ambidextre.

Els esdeveniments són aquests: D = «És dretà», E = «És esquerrà» i A = «És ambidextre».

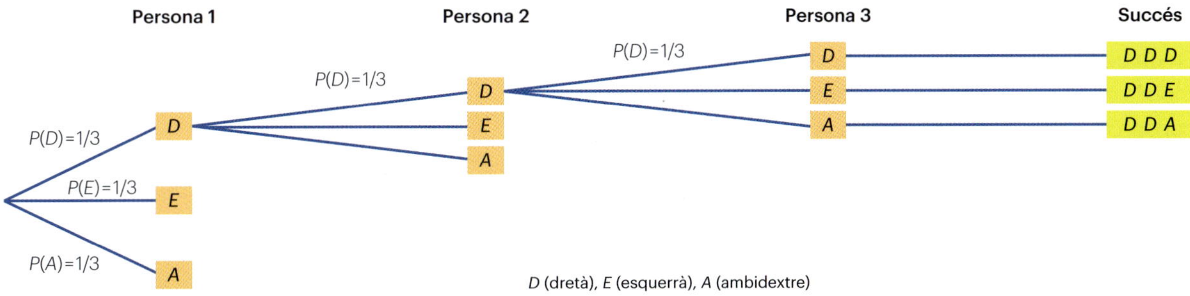

a Els casos favorables són *DDD*, *EEE* i *AAA*. La probabilitat de cadascun és $\frac{1}{3}\cdot\frac{1}{3}\cdot\frac{1}{3}$, perquè són branques contigües. I la probabilitat de l'esdeveniment que s'ha d'obtenir és la suma de les probabilitats dels tres anteriors, ja que es tracta de branques separades.

Aleshores, si C és l'esdeveniment que es demana, la seva probabilitat és: $P(C)=\frac{1}{3}\cdot\frac{1}{3}\cdot\frac{1}{3}+\frac{1}{3}\cdot\frac{1}{3}\cdot\frac{1}{3}+\frac{1}{3}\cdot\frac{1}{3}\cdot\frac{1}{3}=\frac{3}{27}=\frac{1}{9}$.

b Si B és l'esdeveniment que es demana, només hi ha un cas favorable perquè passi, $\overline{A}\overline{A}\overline{A}$:

$$P(B)=P(\overline{A}\overline{A}\overline{A})=\left(1-\frac{1}{3}\right)\cdot\left(1-\frac{1}{3}\right)\cdot\left(1-\frac{1}{3}\right)=\frac{8}{27}$$

13. Probabilitat condicionada

Sovint, la probabilitat d'un esdeveniment, A, depèn del que hagi passat en l'etapa anterior. En aquest cas, es diu que **l'esdeveniment *A* està condicionat.**

Exemple

20. En l'exemple anterior, si se sap que el segon alumne no és ambidextre, la situació canvia i queda d'aquesta manera:

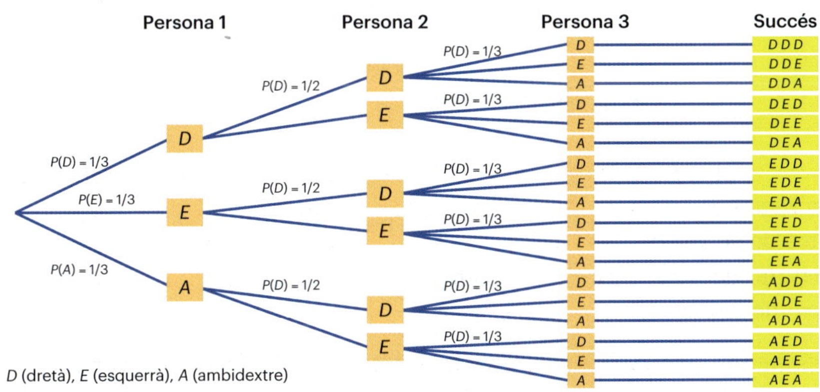

a Només hi ha dues opcions: *DDD* i *ZZZ* $\Rightarrow P(A)=\frac{1}{3}\cdot\frac{1}{2}\cdot\frac{1}{3}+\frac{1}{3}\cdot\frac{1}{2}\cdot\frac{1}{3}=\frac{2}{18}=\frac{1}{9}$.

b En aquest cas, com que se sap que el segon no és ambidextre,

$$\Rightarrow P(B)=P(\overline{A}\overline{A}\overline{A})=\left(1-\frac{1}{3}\right)\cdot 1\cdot\left(1-\frac{1}{3}\right)=\frac{4}{9}.$$

Entrena't

48. En un estoig hi ha 5 bolígrafs blaus, 4 de negres i 3 de vermells. Si es tria a l'atzar un bolígraf, calcula la probabilitat que:

a Sigui blau.
b No sigui blau.
c Sigui blau o negre.
d Sigui verd.

49. En un centre per a la gent gran han recollit els telèfons mòbils que ja no utilitzen per donar-los a una ONG. La capsa on s'han dipositat és opaca, però se sap que conté 5 Samsung, 8 Nokia, 2 LG, 12 Sony, 3 Alcatel i 6 Apple. Si s'agafa un telèfon sense mirar, quina és la probabilitat que sigui d'una marca el nom de la qual...

a ... comença per la lletra *s*?
b ... conté la lletra *a*?
c ... comença per les lletres *a* o *s*?
d ... no conté la lletra *l*?

50. Per aconseguir diners per al viatge de final de curs, els estudiants d'un institut han preparat paperetes amb números de cinc xifres amb els dígits 1, 2, 3, 4 i 5. El portador del número guanyador rebrà, de premi, un pernil.

a Quantes paperetes diferents han preparat?
b Quantes acaben en 2? I en 4?
c Quina és la probabilitat que el número guanyador acabi en 0?
d Quina probabilitat té una persona de guanyar el pernil?
e Quina és la probabilitat que el número guanyador sigui parell?
f Si poguessis triar un número en comprar la papereta, el demanaries parell o senar? Raona la resposta.

51. D'un grup de persones que practica esport, el 53% ho fa a l'aire lliure, el 32%, practica esport a casa i la resta ho fa en un gimnàs. Si s'escull una d'aquestes persones, calcula la probabilitat que:

a Practiqui esport al gimnàs.
b Faci esport a l'aire lliure o a casa.
c No practiqui esport a l'aire lliure.

52. En una ciutat, el 80% de les persones llegeix les notícies en algun diari nacional. D'aquestes persones, el 35% ho fa en premsa en paper i la resta ho fa en format digital. Determina la probabilitat que, en triar una persona d'aquesta ciutat:

a No llegeixi el diari.
b Llegeixi el diari en format digital.

Banc digital

53. En un gerro d'una floristeria hi ha 7 margarides, 5 tulipes i 8 roses. Un client vol comprar 2 flors i no sap quines triar, de manera que ho fa amb els ulls tancats. Troba la probabilitat que les flors escollides siguin:

a Una margarida i una tulipa.
b Una margarida i una rosa.
c Una tulipa i una rosa.
d Dues flors diferents.
e Dues margarides.
f Dues tulipes.
g Dues roses.
h Dues flors iguals.

(Nota: tingues en compte que, en triar la segona flor, abans ja n'ha tret una del gerro.)

54. Imagina't que el client de l'exercici anterior vol que les dues flors siguin iguals. Seria convenient agafar-les a l'atzar? Raona la resposta.

55. Tres persones van a un centre de donació de sang a la mateixa hora. Troba la probabilitat que:

a Totes tres tinguin el mateix grup sanguini.
b Una tingui sang del tipus 0.
c Totes tres tinguin un grup sanguini diferent.

56. En un tast d'oli d'oliva verge, hi participen tres persones, que han de marcar les seves preferències segons l'oliva que s'ha fet servir per elaborar l'oli: picual, arbequina i de fulla blanca. Troba la probabilitat que:

a Les tres persones escullin la mateixa oliva.
b Dues persones triïn la picual.
c Cada persona triï una oliva diferent.

57. En una peixera d'una botiga d'animals, hi conviuen 3 peixos disc, 5 guppies, 4 tetra neons i 6 peixos zebra. Un nen vol formar la seva pròpia peixera i, com que no s'acaba de decidir, agafa a l'atzar dos peixos. Calcula la probabilitat que:

a El primer que esculli sigui un guppy i el segon, un peix disc.
b Un sigui un peix zebra i l'altre, un tetra neó.
c Els dos peixos siguin iguals.
d Els dos peixos siguin diferents.
e Si vol que un dels peixos sigui un tetra neó, quina és la probabilitat que l'altre sigui un guppy?

58. Tenim una baralla espanyola (40 cartes) i escollim quatre cartes a l'atzar. Calcula la probabilitat que:

a Totes quatre siguin asos.
b Totes quatre siguin espases.

Mates en context

7 AM AL AP Científic Juguem amb altres daus

Per ajudar els seus companys i les seves companyes de 1r d'ESO a practicar les operacions amb nombres enters, l'alumnat de 3r d'ESO ha construït uns daus especials.

En dos dels daus, hi han posat els nombres +1, +2, +3, −1, −2 i −3.

Per practicar la multiplicació, llancen els daus i troben el resultat de la multiplicació amb els dos nombres que apareixen en la cara superior.

Problemes

1) Per obtenir tots els resultats possibles, completa la taula següent i, en cada cel·la, escriu-hi el resultat del producte dels nombres que coincideixen.

×	+1	+2	+3	−1	−2	−3
+1						
+2						
+3						
−1						
−2						
−3						

2) Quina és la probabilitat que el producte sigui un nombre positiu? I que sigui negatiu?

3) Troba la probabilitat que:

a El nombre obtingut coincideixi amb un dels que apareixen en un dels daus.
b El resultat sigui el quadrat d'un nombre.

4) Si en un dau surt −2, quina és la probabilitat que el resultat sigui un nombre més petit que 3?

5) Quin és el resultat més probable?

6) Si els nombres dels daus són 0, +2, +3, −1, −2 i −3:

a Què és més probable, que el resultat sigui positiu o que sigui negatiu?
b I què és més probable, que el resultat sigui 0 o que no ho sigui?

Matematitza: 1, 2, 3 **Argumenta: 5, 6**

8 AM AL Social El set i mig

El set i mig és un joc de cartes en què es fa servir la baralla espanyola de 40 cartes. L'objectiu és aconseguir 7 punts i mig o el valor més proper a aquesta puntuació, però sense superar-lo. Cada carta té el valor que indica, llevat de les figures, que valen mig punt.

No hi ha límit màxim de jugadors, tot i que no és aconsellable que n'hi hagi més de nou. Un dels jugadors fa de banca, és a dir, és qui barreja les cartes i les va repartint. Aquest jugador agafa una carta i la col·loca cap per avall. A continuació, reparteix una carta a un jugador, que, després de mirar-la, pot demanar més cartes a la banca, d'una a una, fins que aconsegueixi obtenir 7 punts i mig o la xifra més aproximada possible. Si aconsegueix l'objectiu, guanya la partida, sempre que la banca no obtingui set i mig. El guanyador que guanya passa a ser la banca en la partida següent.

Problemes

1) Escriu totes les opcions que poden fer que un guanyador obtingui un set i mig.

2) Si la carta que agafa la banca és un 7:

a Quina probabilitat té el primer jugador que li toqui un altre 7?
b Si la primera carta del primer jugador és un 7, què és més probable, que aconsegueixi el valor exacte en la segona carta o que superi el 7? Convé que es planti? Raona la resposta.
c Si la primera carta d'aquest jugador és una figura, quina probabilitat té que la segona que demani sigui un 7?

3) Imagina't que, a més del jugador que fa de banca (a qui ha sortit un 7), hi ha tres jugadors més. El primer aconsegueix 7 i mig; el segon té cinc cartes, dues de les quals són figures, i el tercer té una carta que no és una figura. Quina és la probabilitat que guanyi el jugador que fa de banca?

Matematitza: 1 **Argumenta: 2, 3**

NOMBRES

Classificació dels nombres reals

Reals ($\mathbb{R}$) = Racionals ($\mathbb{Q}$) ∪ Irracionals

- Els **racionals** es poden escriure en forma de fracció, que s'anomena **fracció generatriu.**
- Els **irracionals** tenen infinites xifres decimals i no es poden escriure en forma de fracció.

Racionals ($\mathbb{Q}$) = Fraccionaris ∪ Enters ($\mathbb{Z}$)

- Els **fraccionaris** tenen xifres decimals.
- Els **enters** no tenen xifres decimals.

Enters ($\mathbb{Z}$) = Enters positius ($\mathbb{Z}^+$) ∪
∪ **Enters negatius** ($\mathbb{Z}^-$) ∪ {0}

- Els **enters positius** són els naturals ($\mathbb{N}$).

Fraccionaris = Periòdics ∪ Exactes

- Els **exactes** tenen un nombre finit de xifres decimals.
- Els **periòdics** tenen un nombre infinit de xifres decimals que s'acaben repetint.

Intervals i entorns

Els nombres reals es representen en la recta real. Quan ens volem referir a un conjunt d'aquests nombres, ho podem fer de diferents maneres:

- **Amb un dibuix en la recta real.** El punt buit indica que l'extrem no hi està inclòs i el punt ple vol dir que sí que hi està inclòs.
- **Amb una condició.** Si l'extrem hi està inclòs, farem servir ≤ o ≥; si no hi està inclòs, farem servir < o >.
- **En forma d'intervals.** Si l'extrem hi està inclòs, farem servir claudàtors, [o]; si no hi està inclòs, farem servir parèntesis, (o).
- **En forma d'entorn.** $E_r(c)$ és l'entorn de centre c i radi r i és el conjunt de nombres reals equivalent a l'interval $(c - r, c + r)$.

Operacions amb intervals

- Donats dos intervals reals qualssevol, la seva **unió (∪)** és un conjunt format per tots els elements que pertanyen al primer interval i tots els elements que pertanyen al segon.
- Donats dos intervals reals qualssevol, la seva **intersecció (∩)** és un conjunt format per tots els elements que pertanyen a tots dos intervals a la vegada.

EQUACIONS

Equacions de segon grau

Una equació de segon grau és una igualtat que es pot expressar com a $ax^2 + bx + c = 0$, en què a, b i c són nombres reals, $a \neq 0$ i la lletra x és la incògnita el valor de la qual es vol determinar. Per trobar les solucions d'una equació de segon grau expressada d'aquesta manera, apliquem la fórmula $x = \dfrac{-b \pm \sqrt{b^2 - 4ac}}{2a}$.

Equacions de segon grau incompletes

Una equació de segon grau expressada de la forma $ax^2 + bx + c = 0$, si $b = 0$ o $c = 0$, és una **equació de segon grau incompleta.**

- Si $\boldsymbol{b = 0}$, aleshores l'equació es pot expressar com a $\boldsymbol{ax^2 + c = 0}$, i per això, si aïllem, ens quedarà $x^2 = \dfrac{-c}{a}$ i, si hi apliquem arrels quadrades, obtindrem que $x = \pm\sqrt{\dfrac{-c}{a}}$
- Si $\boldsymbol{c = 0}$, aleshores l'equació es pot expressar com a $\boldsymbol{ax^2 + bx = 0}$, i per això es podrà extreure x com a factor comú i queda una expressió del tipus $x(ax + a) = 0$. Com que tenim el producte de x per $(ax + a)$, que ha de ser 0, llavors un dels factors ha de ser igual a 0, de manera que tenim que:

$$\begin{cases} x = 0 \\ \text{o} \\ ax + b = 0 \end{cases}$$

Discriminant

Una equació de segon grau té dues solucions, tot i que, de vegades, no serem capaços de trobar-les, ja que aquestes solucions no seran nombres reals. També es pot donar el cas que les solucions siguin el mateix nombre.

Abans d'intentar resoldre una equació de segon grau, es pot saber quantes solucions reals té. Per saber-ho, farem servir el discriminant, que es representa amb la lletra grega delta i s'expressa com a $\Delta = b^2 - 4ac$.

- Si el discriminant $\Delta > 0$, tindrem **dues solucions reals diferents.**
- Si el discriminant $\Delta = 0$, tindrem **una solució doble.**
- Si el discriminant $\Delta < 0$, no tindrem **cap solució real.**

SUCCESSIONS

Successions

Una **successió** és una seqüència de nombres reals ordenats de tal manera que es puguin numerar: primer, segon, tercer...

Cadascun dels elements de la successió s'anomena **terme** i per referir-nos al lloc que ocupa en la successió es fan servir **subíndexs.** Si ens volem referir a un terme qualsevol d'una successió, l'anomenarem terme ***n*-èsim** i l'escriurem com a $\boldsymbol{a_n}$.

L'expressió algebraica (fórmula que permet trobar qualsevol terme d'una successió) s'anomena **terme general** i es representa $\boldsymbol{a_n}$.

Progressions aritmètiques

Una successió de nombres reals és una **progressió aritmètica** si cada terme s'obté sumant una quantitat fixa a l'anterior. Aquesta quantitat constant és la **diferència** i es representa mitjançant la lletra ***d*.**

- El **terme general d'una progressió aritmètica** ve donat per la fórmula:

$$a_n = a_1 + (n - 1)\cdot d$$

- La **suma dels *n* primers termes d'una progressió aritmètica** ve donada per l'expressió:

$$S_n = \frac{a_1 + a_n}{2}\cdot n$$

Progressions geomètriques

Una successió de nombres reals és una **progressió geomètrica** si cada terme s'obté multiplicant l'anterior per un nombre fix.

Aquest nombre constant s'anomena **raó** i es representa amb la lletra ***r*.**

- El **terme general d'una progressió geomètrica** ve donat per la fórmula:

$$a_n = a_1 \cdot r^{n-1}$$

- El **producte dels *n* primers termes d'una progressió geomètrica** ve donat per la fórmula:

$$P_n = \sqrt{(a_1 \cdot a_n)^n}$$

- La **suma dels *n* primers termes d'una progressió geomètrica** ve donada per la fórmula:

$$S_n = \frac{a_n \cdot r - a_1}{r-1} = \frac{a_1 \cdot r^n - a_1}{r-1} \text{ con } r \neq 1$$

Suma de tots els termes d'una progressió geomètrica. En una progressió geomètrica, quan la raó pertany a l'interval (−1, 1), se'n poden sumar tots els termes. En aquest cas, els termes són cada cop més petits i els podem sumar mitjançant aquesta fórmula: $S = \frac{a_1}{1-r}$.

PROBABILITAT

Probabilitat d'un esdeveniment. Regla de Laplace

Quan els esdeveniments elementals d'un experiment aleatori són equiprobables, per trobar la probabilitat de qualsevol esdeveniment es fa servir aquesta fórmula:

$$P(A) = \frac{\text{nre. de casos favorables}}{\text{nre. de casos possibles}}$$

Percentatge i probabilitat

Amb la informació que aporta un percentatge, també es pot calcular la probabilitat d'un esdeveniment.

El tant per cent (%) indica que, de cada 100 enquestats, *t* estan a favor de la situació estudiada. Per tant, si s'aplica la regla de Laplace, s'obté que $P(A) = \frac{t}{100}$.

Diagrames d'arbre

Els resultats d'experiments aleatoris que es fan en diverses etapes es poden expressar mitjançant un **diagrama d'arbre**. La primera etapa es representa en una branca i de cadascuna de les seves opcions resultants (nusos) surten noves branques, que representen l'etapa següent. En cada branca s'escriu la probabilitat de l'esdeveniment corresponent.

Aquest mètode permet veure clarament la situació i calcular la probabilitat d'un esdeveniment d'una manera senzilla. Així, per trobar la probabilitat d'un esdeveniment, cal tenir en compte que:

- Si s'han de seguir branques contigües per arribar-hi, es multipliquen les probabilitats de cadascuna d'aquestes branques.
- Si les branques parteixen del mateix nus, estan separades; en aquest cas, se'n sumen les probabilitats.

Probabilitat condicionada

Sovint, la probabilitat d'un esdeveniment, *A*, depèn del que hagi passat en l'etapa anterior. En aquest cas, es diu que **l'esdeveniment *A* està condicionat.**

Entrena't +

Nombres

59. Indica si els nombres següents són racionals o irracionals. En el cas que siguin racionals, classifica'ls:

a $\frac{17}{15}$ **b** e^2 **c** 2,3333... **d** $\sqrt{7}$ **e** $\sqrt{49}$ **f** 4,3

60. Calcula i simplifica: $\frac{9}{2}-\frac{3}{2}\cdot 3+3-\frac{2}{3}:\left(1-\frac{-2}{3}\right)$.

61. Troba la intersecció i la unió d'aquests intervals:

a (−1, 0] i (−2, ∞) **b** (−5, −3) i [−5, −3]

62. Escriu en forma d'interval i desigualtat aquests entorns:

a $E_4(-4)$ **b** $E_0(0)$ **c** $E_{0,25}(1,\hat{3})$ **d** $E_{\frac{1}{3}}(0,\hat{3})$

63. Escriu en forma d'entorn aquests intervals i representa'ls en la recta real:

a (−3, 3) **b** (0, 4) **c** $\left(\frac{1}{3},\frac{5}{3}\right)$ **d** $\left(-0{,}25,\frac{1}{4}\right)$

Banc digital

Equacions

64. Fes servir el discriminant per esbrinar el nombre de solucions que té cadascuna d'aquestes equacions:

a $x^2+x-6=0$
b $x^2-9=0$
c $x^2-4x+5=0$
d $2x^2+4x+20=0$
e $9x^2+3x-2=0$
f $2x^2-6x=0$
g $-x^2+4x-20=0$
h $-x^2-8x-16=0$
i $-x^2+6x-34=0$
j $2x^2+20x+50=0$
k $-x^2+3x+10=0$
l $x^2=0$

65. Resol les següents equacions de segon grau:

a $2x^2-4x=-2$
b $-6x^2+15=27x$
c $7x^2-10x+3=x^2+x$
d $10x^2+12x=x-4$

Banc digital

Progressions

66. Escriu el terme general de les progressions aritmètiques següents:

a 1, 6, 11, 16... **b** 17, 11, 5, −1, −7...

67. Escriu el terme general i els cinc primers termes d'una progressió aritmètica si el segon terme és 11 i el cinquè terme és 2.

68. Escriu el vuitè terme de les progressions aritmètiques següents:

a $a_n=-5+2\cdot(n-1)$ **b** $b_n=7-8\cdot(n-1)$

69. Calcula la suma dels seixanta primers termes d'una progressió aritmètica si el primer terme és 5 i el segon terme és 1.

70. Determina la suma dels cent primers nombres senars.

71. Escriu el terme general i el setè terme de les progressions geomètriques següents:

a 3, 6, 12, 24... **b** 2, −4, 8, −16...

72. Troba la suma dels dotze primers termes d'una progressió geomètrica si el segon terme és 24 i el tercer terme és 36.

73. Calcula la suma de tots els termes d'una progressió geomètrica si el segon valor és 15 i la raó és 0,6.

Banc digital

Probabilitat

74. En una capsa de bombons, n'hi ha 6 d'avellana, 2 de cafè, 8 de trufa i 10 d'ametlla. Troba la probabilitat que en agafar-ne un a l'atzar:

a Sigui d'avellana.
b No sigui de trufa.
c Sigui de trufa o de cafè.
d Tingui alguna fruita seca.

75. Sis amics es jugaran quin dels sis preguntarà a una persona la manera d'arribar fins a un carrer determinat. Han agafat sis palets de diferents longituds i han decidit que ho farà aquell que, sense mirar, agafi el pal més curt.

a Quina probabilitat té cada amic d'agafar el pal més curt?

b Si cada cop que un dels amics agafa un dels pals el mostra als companys i si quan arriba el torn al tercer amic encara no ha sortit el pal més curt, quina probabilitat té aquest tercer amic que li toqui preguntar?

76. En els canals de televisió, el temps que es dedica a la publicitat varia. En el canal de televisió local és del 18 %, en la televisió autonòmica és del 23 % i en el canal infantil és del 16 %.

a Troba la probabilitat que una persona que engega la televisió trobi minuts de publicitat en cadascun dels tres canals.

b Imagina't que només es pogués accedir a aquests tres canals de televisió. Elabora un diagrama d'arbre que mostri les opcions que té una persona, en engegar la televisió, de trobar publicitat.

Banc digital

Mates en context

9 AM AL Científic IMC

Per determinar si una persona té un pes per sobre del que seria convenient o si bé és massa prima, es fa servir l'índex de massa corporal (IMC), que també es coneix amb la sigla BMI (de l'anglès *body mass index*) o IQ (*índex de Quételet*).

El càlcul consisteix a dividir el pes (en quilograms) entre l'alçada (en metres) elevada al quadrat: kg/m^2.

L'IMC és vàlid només per a persones més grans de 18 anys; no és aplicable a adolescents si no s'hi introdueix un factor de correcció.

- Si una persona té un IMC inferior a 18,5, possiblement estigui massa prima.
- En general, es considera satisfactori un IMC que se situï entre 18,5 i 24,9.
- Si és igual a 24,9 i inferior a 30, a la persona li sobren uns quants quilets.
- Si l'IMC és igual a 30 o superior, però inferior a 35, es pot parlar d'obesitat de grau 1.
- Si l'IMC és superior a 35, però inferior a 40, l'obesitat és de grau 2.

$$\text{IMC} = \frac{\text{PES}}{\text{ALÇADA}^2}$$

Nota: Recorda que l'adolescència és una època de canvis i l'IMC en aquestes edats no és el definitiu. És una època en què és important l'alimentació sana i l'exercici.

Problemes

1. Escriu en forma d'intervals i desigualtats els rangs que classifiquen l'IMC.
2. Escriu en forma d'entorns els intervals oberts de l'exercici anterior.
3. Escriu un interval que representi tota la variació de l'IMC.
4. Si calcules la intersecció de dos intervals qualssevol, què passa? Explica per què.
5. Troba la longitud dels intervals de l'exercici 1.
6. Calcula l'IMC per a una persona que pesa 68,5 kg i que fa 1,45 m d'alçada. A quin grup pertany? Pregunta el pes i l'alçada a cinc parents teus de més de 18 anys, calcula'n l'IMC i especifica el grup al qual pertanyen.

Matematitza: 1, 2, 3, 4, 5 **Argumenta: 4**

10 AM AL Social Els canons

La invenció del canó va suposar un avenç important en les tàctiques de setge a l'edat mitjana, ja que el seu gran abast i el seu poder destructiu van convertir aquesta arma en la més efectiva enfront de les estructures defensives enemigues. Per poder-los fer funcionar bé, calia la presència d'un enginyer que en conegués el funcionament i que pogués controlar la trajectòria del projectil. L'equació que determina l'altura d'un projectil que es llança des d'un canó fins a terra és $y = x - \frac{1}{250}x^2$, en què y és l'altura del projectil i x és la distància recorreguda horitzontalment.

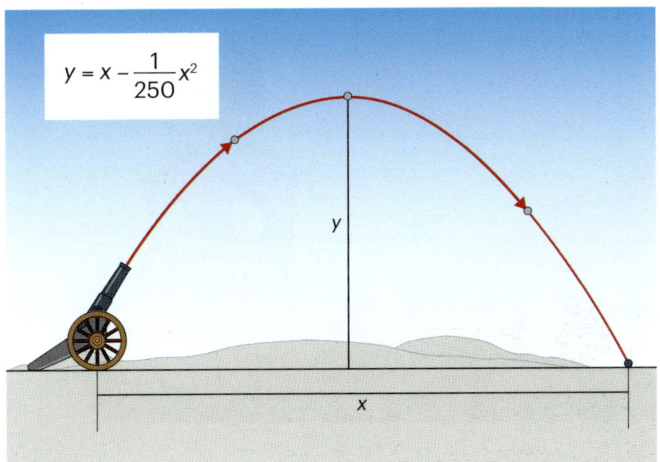

Problemes

1. Calcula quin serà l'abast del projectil, és a dir, quina distància recorrerà fins que arribi un altre cop a terra. Tingues en compte que l'altura, quan arriba a terra, és 0.
2. Interpreta les solucions del problema anterior.
3. Si el nostre objectiu es troba a una altura de 30 m, s'hi podrà arribar? És a dir, hi haurà alguna solució (o diverses) a l'equació? Comprova-ho fent servir el discriminant.
4. Obtén les solucions del problema anterior.
5. Interpreta les solucions del problema anterior responent aquestes preguntes: Té sentit obtenir dues solucions? Quines diferències hi ha entre l'una i l'altra? A quina distància s'ha de posar el canó per arribar a l'objectiu?
6. L'altura més gran del projectil s'assoleix en el punt mitjà de la seva trajectòria. A partir d'aquesta dada i de l'abast obtingut en el problema 1, calcula el moment en què el projectil assoleix la seva altura màxima i determina quina és. Podrà superar un mur de 50 m d'alt?

Matematitza: 1, 3, 4, 6 **Argumenta: 2, 5**

11 AM AL AS Social **El rellotge de la Puerta del Sol**

La maquinària del rellotge de la Puerta del Sol de Madrid no marca solament les hores, sinó que també marca els quarts, cada quinze minuts.

Per tant, doncs, cada hora marca amb un nombre de campanades successives l'hora corresponent. A més, però, cada quinze minuts les campanes fan sonar els quarts. Així, a un quart se sent un toc; a dos quarts se senten dos tocs; a tres quarts, tres tocs, i, finalment, quan es completa una altra hora sencera, sonen quatre tocs i, tot seguit, les campanades de la nova hora, que, si són les dotze, seran dotze.

Problemes

1. Calcula quantes campanades sentirem entre:
   - **a** Tres quarts de sis i deu minuts i les set i deu minuts.
   - **b** Dos quarts de tres i deu minuts i un quart de cinc i cinc minuts.
   - **c** La una i deu minuts i tres quarts de dues i cinc minuts.
   - **d** Un quart de dotze i cinc minuts i un quart d'una i deu minuts.
2. Quantes campanades farà tocar el rellotge entre la una i les dues (sense comptar les de les dues en punt)?
3. Escriu la successió que indica el nombre de campanades que se senten cada seixanta minuts, començant per la una, és a dir, d'una a dues (sense comptar les dues), de dues a tres (sense comptar les tres) i així successivament.
4. Quin tipus de successió és?
5. Escriu el terme general d'aquesta progressió.
6. Calcula el nombre de campanades que toca en un dia sencer.
7. L'Eduard té un rellotge de pèndol que només toca les campanades a les hores en punt. Calcula quantes campanades tocarà al llarg de tot un dia (fes-ho utilitzant progressions).

Matematitza: 1, 2, 3 **Argumenta: 4**

Simbolitza: 5 **Planteja: 6, 7**

12 AM AL AS Social **El mural**

El Tomeu és un gran artista de la pintura i li han encarregat un mural de 8 m x 8 m per a una exposició matemàtica. Ha elaborat un mural com el que es veu en la imatge:

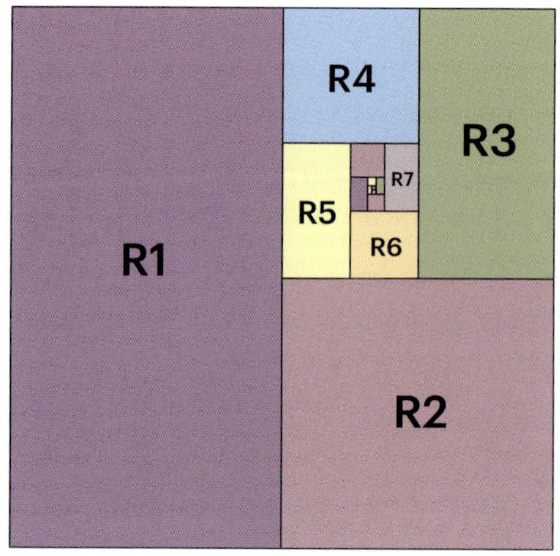

Va començar pintant el rectangle R1, que ocupa la meitat del mural; a continuació, va fer el rectangle R2, que és la meitat del que quedava pendent de pintar; més tard, el rectangle R3, que tornava a ser la meitat del que faltava per pintar, i així successivament, fins que li va ser impossible continuar pintant més rectangles ja que eren molt petits.

Problemes

1. Quina és l'àrea del mural?
2. Calcula l'àrea del rectangle R1.
3. Quina àrea quedava pendent de pintar després d'haver pintat el rectangle R1?
4. Troba l'àrea del rectangle R2.
5. Quina és la relació entre les àrees dels dos rectangles més grans?
6. Determina l'àrea dels rectangles R3, R4 i R5.
7. Les àrees dels rectangles formen algun tipus de progressió? Quin?
8. Escriu el terme general d'aquesta progressió i indica quin és el valor del primer terme i quina n'és la raó.
9. Calcula l'àrea del rectangle R10.
10. Quan va acabar de pintar el rectangle R10, quina àrea del mural quedava encara pendent de pintar?
11. Ara, suposem que el Tomeu té pinzells tan fins que és capaç de pintar qualsevol rectangle. Calcula, mitjançant la fórmula de la suma infinita de les progressions geomètriques, la suma de les àrees de tots els rectangles. Coincideix amb l'àrea total del mural?

Matematitza: 1, 2, 4, 6, 9 **Argumenta: 3, 5, 7, 10**

Planteja: 6, 11 **Simbolitza: 8**

13 AM AL AA Social Un premi a l'atzar

Per l'aniversari del Toni faran un joc perquè cada convidat es pugui emportar un record. Els regals són de diferents tipus i també de valors diversos, i s'adjudicaran segons la sort de cadascú.

Els assistents hauran de tirar un dau gros que han preparat el Toni i els seus germans.

Si surt un nombre senar, agafaran un regal d'una cistella que conté 10 bossetes amb 3 bolígrafs blaus i 8 bossetes amb 3 bolígrafs negres.

I si surt un nombre parell, agafaran un regal d'una altra cistella, que conté 12 bossetes amb un llapis i una goma d'esborrar, i 10 bossetes amb un llapis i una maquineta de fer punta.

Problemes

1 Elabora un diagrama d'arbre que mostri les diferents situacions que es poden donar quan es llança un dau.

2 Què és més probable, que els convidats hagin d'escollir de la cistella de bolígrafs o de la cistella de llapis?

3 Si surt un nombre senar, és més probable agafar una bosseta amb bolígrafs blaus o una bosseta amb bolígrafs negres?

4 I si surt un nombre parell, és més probable que el llapis vagi amb una maquineta de fer punta o amb una goma d'esborrar?

5 Un dels amics ha aconseguit una bosseta de bolígrafs negres. Quina probabilitat hi ha que, en tirar el dau, hagi sortit un 2? I que hagi sortit un 5?

6 Hi ha dues situacions que tenen la mateixa probabilitat de passar. Quines són?

7 Quan existeixen dos esdeveniments (com en aquest cas), la probabilitat final és el producte de les dues probabilitats (si els esdeveniments són independents l'un de l'altre). Calcula aquestes probabilitats:

a Obtenir tres bolígrafs blaus.
b Obtenir només un llapis.
c Aconseguir una maquineta de fer punta.

Simbolitza: 1 | Argumenta: 2, 3, 4 | Matematitza: 5, 6, 7

14 AM AL AA AP Científico Social Un estudi sobre la grip

El nombre de persones que fa servir l'avió com a mitjà de transport és tan elevat que la transmissió de malalties comença a ser un problema greu de salut, especialment en el cas d'algunes afeccions respiratòries, com la grip, que es poden encomanar en distàncies curtes.

Un grup d'investigadors dels Estats Units va dur a terme un estudi sobre la probabilitat que una persona amb la grip contagiï la malaltia a la resta dels passatgers de l'avió en el qual viatgen.

Els resultats revelen que la probabilitat que es contagiï un passatger de la mateixa fila que el malalt és del 80 %; pel que fa a la resta de passatgers, la probabilitat és del 3 %. Si la persona que té la grip és membre de la tripulació, la probabilitat augmenta, ja que es mou per tot l'avió.

Problemes

1 Escriu la probabilitat que una persona amb la grip que està asseguda a la fila 8 contagiï una altra persona que seu:

a A la fila 15.
b Dos seients a la seva dreta.
c A la fila 9.

2 Si a l'avió també viatja una altra persona malalta i seu a la fila 15, quina és la probabilitat de contagi per a aquelles persones que estan a la seva dreta? És la mateixa que la probabilitat del problema 1?

3 Si una persona que està malalta et demana un bitllet per viatjar en avió, quin seient li assignaràs perquè el nombre de persones que es contagiïn sigui el mínim possible?

4 Si arriben a l'avió dues persones amb la grip, on les faràs seure perquè la probabilitat de contagi sigui la mínima possible?

5 A les files 8 i 9 hi ha dues persones amb la grip. Quina és la probabilitat que una persona de la fila 9 es contagiï? I que encomanin la grip a una persona de la fila 10?

Matematitza: 1, 2, 3 | Argumenta: 4, 5

1. Resol les operacions següents. Per fer-ho, comença expressant els decimals en forma de fracció irreductible: $1,\hat{6}:\left(\frac{3}{2}-0,8\hat{3}\right)-\frac{2}{3}\cdot 2,25=$.

2. Escriu en forma d'interval l'entorn $E_5(-2)$ i com a entorn l'interval (−7, −2).

3. Calcula la intersecció i la unió dels intervals (−5, 7] i (−3, 11).

4. Sense resoldre-les, indica el nombre de solucions que té cadascuna d'aquestes equacions:

a $x^2 - 7x + 12 = 0$ **c** $x^2 - 3x + 5 = 0$
b $-x^2 + x - 1 = 0$ **d** $x^2 + 6x + 9 = 0$

5. Resol aquestes equacions de segon grau:

a $3x^2 + 5 = 8x$ **b** $x^2 + 5x = 14$

6. Els costats d'un triangle rectangle són nombres parells consecutius. Troba la mesura dels costats.

7. En una progressió aritmètica, la suma dels termes segon i quart és 8 i el vuitè terme és 19. Escriu-ne el terme general.

8. Calcula la suma dels dotze primers termes d'una progressió geomètrica si el segon terme és 8 i el tercer terme és 12.

9. Troba la suma de tots els termes d'una progressió geomètrica si el segon valor és 10 i la raó és 0,75.

10. En una classe de 30 estudiants, 12 practiquen futbol, 7 juguen a bàsquet, 4 juguen a tenis i la resta no practica cap esport. Si s'escull un alumne o una alumna a l'atzar, calcula la probabilitat que:

a Jugui a futbol. **b** No practiqui cap esport.

11. En una cafeteria ofereixen aquestes opcions per esmorzar: amb suc o sense suc; cafè, infusió o xocolata; brioix o torrada. Elabora un diagrama d'arbre per analitzar totes les opcions possibles d'esmorzar que es poden formar. Quantes opcions diferents hi ha?

	4 punts	3 punts	2 punts	1 punt
1. Operacions amb fraccions i decimals	Realitzo correctament el pas de decimal a fracció i opero amb les fraccions sense equivocar-me.	No realitzo correctament el pas de decimal a fracció, però opero amb les fraccions sense equivocar-me.	Cometo algun error en el pas de decimal a fracció i en les operacions amb fraccions.	No sé passar de decimal a fracció ni operar amb fraccions.
2. Intervals i entorns	Soc capaç de passar d'interval a entorn i d'entorn a interval correctament.	Soc capaç de passar d'interval a entorn i d'entorn a interval, però cometo algun error de càlcul.	No soc capaç de passar d'interval a entorn o d'entorn a interval.	No soc capaç de passar d'interval a entorn ni d'entorn a interval.
3. Operacions amb intervals	Calculo amb precisió la unió i la intersecció d'intervals.	Sé calcular la unió i la intersecció d'intervals, però cometo errors de càlcul.	No calculo amb precisió la unió o la intersecció d'intervals (però sí que faig l'altra operació).	No sé calcular ni la unió ni la intersecció d'intervals.
4. Nombre de solucions d'una equació	Utilitzo correctament el discriminant per saber el nombre de solucions reals d'una equació.	Utilitzo el discriminant per descobrir el nombre de solucions d'una equació, però cometo errors de càlcul.	Utilitzo el discriminant per conèixer el nombre de solucions, però no n'extrec conclusions.	No sé fer servir el discriminant.
5. Resolució d'equacions de segon grau	Resolc correctament equacions de segon grau per mitjà de la fórmula.	Utilitzo la fórmula per resoldre equacions de segon grau, però cometo errors de càlcul.	Conec la fórmula de les equacions de segon grau, però no soc capaç d'usar-la correctament.	No sé resoldre equacions de segon grau.
6. Càlcul de progressions aritmètiques	Sé resoldre correctament problemes de sumes de progressions aritmètiques.	Sé resoldre problemes en què intervenen progressions aritmètiques, però cometo errors de càlcul.	Plantejo adequadament problemes de progressions, però no els sé resoldre.	No sé resoldre problemes amb progressions geomètriques.
7. Càlcul de progressions geomètriques	Resolc correctament problemes de sumes de progressions geomètriques.	Resolc problemes de sumes de progressions geomètriques, però cometo errors de càlcul.	Plantejo problemes de progressions geomètriques, però no els sé resoldre.	No sé resoldre problemes amb progressions geomètriques.
8. Regla de Laplace	Resolc adequadament problemes de probabilitat fent servir la regla de Laplace.	Resolc problemes de probabilitat fent servir la regla de Laplace, però m'equivoco en els càlculs.	No faig servir correctament els esdeveniments favorables i possibles en la regla de Laplace.	No sé calcular probabilitats fent servir la regla de Laplace.
9. Diagrama d'arbre	Elaboro correctament un diagrama d'arbre amb els nusos i les branques corresponents.	Sé elaborar un diagrama d'arbre, però cometo errors amb les branques.	Sé elaborar un diagrama d'arbre, però no tinc en compte totes les possibilitats.	No sé elaborar un diagrama d'arbre.

6 El món de la publicitat

1 Quin és el preu per poder obtenir el màxim benefici?

2 Hi ha geometria en els dissenys publicitaris?

3 És cara la publicitat? Quant costen els bànzers a Internet?

BLOCS DE CONTINGUTS	Situació 1	Situació 2	Situació 3
NOMBRES I ÀLGEBRA			
Operacions amb fraccions i decimals.			●
Arrels quadrades.		●	
Arrels no exactes. Expressió decimal.		●	
Resolució d'equacions senzilles de grau superior a dos.	●		
GEOMETRIA			
Teorema de Tales.		●	
Aplicació a la resolució de problemes.		●	
Escales.		●	
Ús de les noves tecnologies per estudiar formes, configuracions i relacions geomètriques.		●	
FUNCIONS			
Anàlisi i descripció qualitativa de gràfiques que representen fenòmens de l'entorn quotidià i d'altres matèries.	●		
Anàlisi d'una situació a partir de l'estudi de les característiques locals i globals de la gràfica.	●		
Anàlisi i comparació de situacions de dependència funcional donades per mitjà de taules i enunciats.	●		
Ús de models lineals per estudiar situacions provinents dels diferents àmbits de coneixement i de la vida quotidiana.	●		
Expressions de l'equació de la recta.	●		
Funcions quadràtiques. Representació gràfica. Aplicació per representar situacions de la vida quotidiana.	●		
Funció de proporcionalitat inversa. Asímptotes.	●		
ESTADÍSTICA I PROBABILITAT			
Freqüències. Agrupació de dades en intervals.			●
Anàlisi i comparació de situacions de dependència funcional donades per mitjà de taules i enunciats.			●
Gràfiques estadístiques.			●
Paràmetres de posició i de dispersió. Diagrama de caixa.			●
Interpretació conjunta de la mitjana i la desviació típica.			●

1 Negocis

Quin és el preu per obtenir el màxim benefici?

AM AL AP Professional

Arprèn a...

Associar expressions analítiques a funcions i construir-ne la gràfica.

Obtenir l'expressió analítica de la funció lineal associada a un enunciat.

Calcular els elements característics d'una funció polinòmica de grau 2.

Ítem 1. Màrqueting i publicitat

No és el mateix el màrqueting que la publicitat, tot i que les dues disciplines pertanyen a l'àmbit de la comunicació. El màrqueting s'encarrega de detectar les necessitats del consumidor, presentar un producte al mercat i obtenir-ne un benefici. A partir dels indicadors del màrqueting, la publicitat s'ocupa de fer arribar al consumidor potencial els avantatges d'un producte. La publicitat crea el missatge.

Ítem 2. Relacions

Dues magnituds estan relacionades quan, a partir d'una, se'n pot calcular l'altra.

La que calculem s'anomena **variable dependent** i es designa per mitjà de la lletra y. L'altra és la **variable independent**; habitualment es representa amb la lletra x.

Ítem 3. Un petit negoci

La família Puig-Pujol té un apartament a la platja i el vol llogar. Escriu un anunci amb les tarifes següents:

- Tarifa 1: preu fix de 50 € per cada nit d'estada.
- Tarifa 2: preu fix de 100 € pel lloguer i 45 € per cada nit d'estada.

Construeix amb el que saps

Matematitza 1 Calcula'n el preu fent servir la tarifa 1 per a 1, 2, 3, 4 i 5 nits.

Argumenta 2 Identifica les dues magnituds que has fet servir en l'exercici anterior.

Segons l'ítem 2, es pot afirmar que aquestes dues magnituds estan relacionades? Si és així, quina és la magnitud dependent? I la independent?

3 Quina relació hi ha entre aquestes magnituds?

Simbolitza 4 Escriu l'expressió algebraica que et permeti calcular la quantitat que pagues per x nits.

Representa 5 Dibuixa en la teva llibreta la funció que has obtingut en l'apartat anterior. És contínua? És creixent?

Matematitza 6 Ara, troba el preu fent servir la tarifa 2 per a 1, 2, 3, 4 i 5 nits.

Simbolitza 7 Escriu l'expressió algebraica que et permet calcular la quantitat que pagues per x nits.

Representa 8 Dibuixa la funció que has obtingut en l'apartat anterior. És contínua? Creix?

Argumenta 9 Si uneixes tots els punts en les dues gràfiques, quin tipus de funció en resulta? Quina de les dues té un pendent més gran? Escriu el valor del pendent de les dues rectes.

10 Quina tarifa interessa més a una família que vulgui estar-se 15 nits a la platja, la tarifa 1 o la 2?

Planteja 11 Resulta sempre més rendible una tarifa que una altra? Si això no fos així, indica a partir de quin nombre de nits és convenient canviar de tarifa. Pensa en un mètode per fer el càlcul.

Simbolitza 12 Escriu una funció que relacioni el nombre de nits i la diferència de preu entre la tarifa 1 i la tarifa 2. Creix o decreix?

Ítem 4. Estratègies

Durant el primer any de lloguer de l'apartament, a la família Puig-Pujol li va anar molt bé, perquè el van tenir sempre ocupat. Això va ser, sobretot, gràcies a la publicitat que van fer en diferents portals d'Internet. Aquest any, ha elaborat un estudi de màrqueting amb el propòsit d'ajustar-ne el preu.

El benefici que obté cada dia en relació amb el preu per nit ve donat per aquesta funció:

$$f(x)=-\frac{x^2}{50}+\frac{16}{5}x-78$$

Ítem 5. Domini i recorregut

Donada una funció $y = f(x)$:

- El **domini** d'una funció és el conjunt de valors que pot tenir una variable independent (variable x).
- El **recorregut** és el conjunt de valors que s'obtenen per a la variable dependent (variable y).

Construeix amb el que saps

Matematitza

13 Troba el domini i el recorregut de les funcions obtingudes en els exercicis 4 i 7.

14 El Rafael i la Rosa han decidit llogar l'apartament per anar-hi amb uns amics. L'apartament té una capacitat màxima de 8 persones. Han decidit anar-hi 15 dies. Calcula els diners que ha de pagar cada llogater en el cas que hi vagin 2, 3 o 4 persones.

Argumenta

15 Mantenen alguna relació les magnituds «nombre de persones» i «preu per persona»? De quin tipus és aquesta relació?

Simbolitza

16 Escriu una funció que vinculi el nombre de persones amb el preu que paga cadascuna. Dibuixa-la. Creix o decreix? És contínua? Calcula'n el domini i el recorregut.

Argumenta

17 Imagina't que no hi hagués límit pel que fa al nombre de persones que poden ocupar l'apartament. Cap a quin valor tendiria la funció?

Matematitza

18 Calcula funcions com l'anterior, però tenint en compte que, en lloc de 15 dies, el temps d'estada a l'apartament és de:

a 17 dies. **b** 25 dies. **c** Un mes.

19 La funció de l'ítem 4 relaciona el preu i el benefici per nit. Determina el benefici que s'obté cada nit si el preu per nit és de 40 €.

20 Troba els preus en què no es guanyin ni es perdin diners. Escriu en forma d'interval la franja de preus amb els quals s'obté algun benefici.

21 Copia en la llibreta aquesta taula de valors i completa-la:

x	25	30	40	50	60	70	80	90	100	110	120	130	140
$f(x)$													

Representa

22 Fes servir la taula de valors de l'exercici 21 per representar la funció. És contínua? Escriu en forma d'interval quan creix i quan decreix. Quin tipus de funció és? Quina forma té?

Interpreta

23 Amb quin preu de lloguer s'obté el màxim benefici? Quin és aquest benefici? Escriu els intervals de preus en què es registren pèrdues.

Matematitza

24 Calcula els preus d'un producte x per als quals no s'obté benefici si les funcions són aquestes:

a $f(x)=2(x-10)\cdot(x-20)\cdot(x-30)$ **b** $f(x) = x^3 - 9x^2 + 23x - 15$

El que has construït

Identifiques i descrius situacions de la vida quotidiana que es poden modelitzar mitjançant **funcions lineals, quadràtiques i de proporcionalitat inversa.**

Representes gràficament les funcions anteriors i n'extreus conclusions.

1. Solució d'una equació

Apunt 1

Recorda-ho!

Una **equació** és una igualtat entre dues expressions algebraiques que només es verifica per a alguns valors concrets de les lletres. Aquests valors són les **solucions o arrels** de l'equació. Les lletres són les **incògnites**.

Resoldre una equació és trobar-ne les arrels o les solucions (apunt 1). La majoria de les vegades es fa servir un mètode algorítmic, que permet trobar la solució. Tot i això, però, hi ha equacions que no es poden resoldre d'aquesta manera i, aleshores, cal recórrer a altres estratègies, com, per exemple, aquestes:

- **Resolució d'equacions per tempteig.** Si la solució d'una equació és entera, se'n pot trobar la solució provant nombres.
- **Resolució d'equacions factoritzades.** Si una equació està escrita amb factors, per resoldre-la haurem d'igualar a 0 cadascun dels factors:

$$a(x-x_1)(x-x_2)...(x-x_n)=0 \rightarrow \begin{cases} x-x_1=0 \rightarrow x=x_1 \\ x-x_2=0 \rightarrow x=x_2 \\ ... \\ x-x_n=0 \rightarrow x=x_n \end{cases}$$

Professor a casa. Equacions de grau superior a 2.

- **Resolució d'equacions de grau superior a 2.** S'escriuen factoritzades i, tot seguit, es fa servir el mètode que s'acaba d'explicar.

Exemples

1. Resolem l'equació: $3x(2x+1)(x-5)(x^2-5x+6)=0$.

Com que l'equació està escrita amb factors, els igualem a 0 i obtenim que: $\begin{cases} 3x=0 \rightarrow x=0 \quad 2x+1=0 \rightarrow x=\dfrac{-1}{2} \\ x-5=0 \rightarrow x=5; \quad x^2-5x+6=0 \rightarrow x=2 \quad x=3 \end{cases}$

Així doncs, té cinc solucions, que sòn $x=0$, $x=\dfrac{-1}{2}$, $x=5$, $x=2$ i $x=3$.

2. Resol l'equació: $x^4+x^3-7x^2-x+6=0$.

- Factoritzem: $x^4+x^3-7x^2-x+6=(x-1)(x+1)(x-2)(x+3)=0$.
- Si igualem a 0 cada factor, obtenim que : $x=1$, $x=-1$, $x=2$ i $x=-3$.

2. Intervals i entorns

Una **funció** és una **relació** entre dues magnituds, de manera que a cada valor de la primera magnitud li correspon, com a molt, un valor de la segona.

L'**expressió algebraica** d'una funció indica les operacions que s'han de fer amb la variable independent per calcular el valor relacionat de la variable dependent (apunt 2).

Apunt 2

Recorda-ho!

La **variable independent** s'acostuma a representar amb la lletra *x*, a la qual s'assignen valors.

A partir de *x*, es calcula el valor de la **variable dependent**, que normalment s'anomena *y*.

$y = f(x)$ vol dir que el resultat de substituir *x* en la funció és *y*.

2.1 Funció lineal

La seva representació gràfica és una recta. Se'n distingeixen tres tipus:

- **Funció constant,** $f(x)=k$. És un recta horitzontal a una altura k.
- **Funció de proporcionalitat directa**. Dues magnituds són directament proporcionals quan la raó entre els valors de l'una i els corresponents de l'altra és una constant. És a dir: $\dfrac{y}{x}=m$ per a $m \neq 0$, constant de proporcionalitat per a cada parell de valors (x, y). Així, l'expresió de la funció és $\boldsymbol{y=f(x)=mx}$. La seva gràfica és una recta que passa per l'origen de coordenades.

- **Funció afí.** Representa una part proporcional (mx) més una de fixa (n). La seva expressió és $f(x) = mx + n$. La gràfica és una recta el pendent de la qual és m (apunt 3). Talla en el punt $(0, n)$ l'eix de les ordenades; n s'anomena ordenada a l'origen. Els parells de valors (x, y) que s'obtenen en una funció lineal compleixen l'equació de la recta, que es pot escriure de diverses maneres:

  $\boldsymbol{y = mx + n}$. Equació en forma explícita.
  $\boldsymbol{y = y_0 + m(x - x_0)}$. Equació en forma punt-pendent, en què (x_0, y_0) és un punt de la recta.

  Per representar una recta, cal elaborar una taula de valors.

2.2 Funció quadràtica

Aquesta funció s'expressa així: $f(x) = ax^2 + bx + c$ $(a \neq 0)$. La seva representació gràfica és una paràbola.

- Si $a > 0$, la funció és oberta cap amunt i té un mínim. Si $a < 0$, és oberta cap avall i té un màxim. El màxim i el mínim s'anomenen *vèrtexs*.

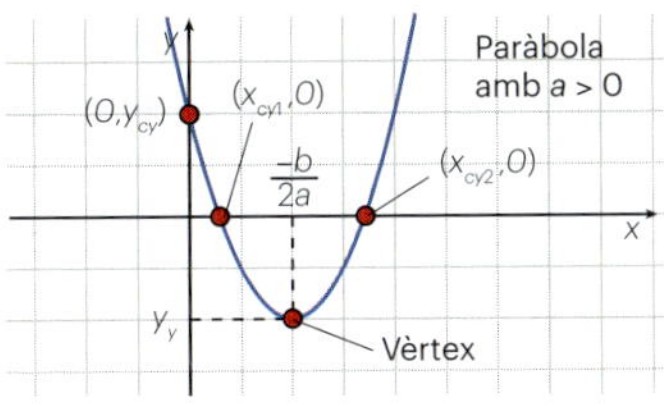

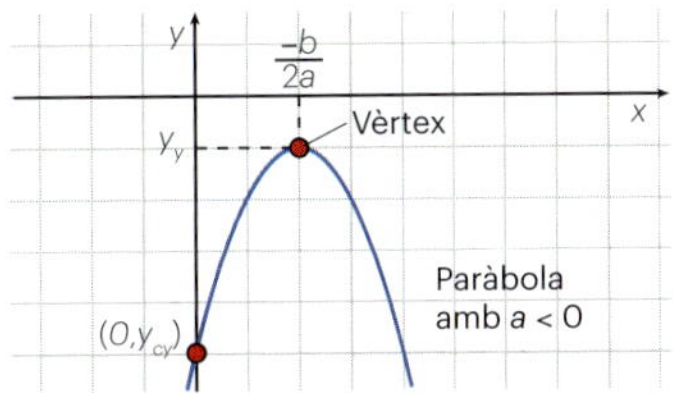

- Les coordenades del vèrtex són $x = \dfrac{-b}{2a}$ i $y = a\left(\dfrac{-b}{2a}\right)^2 + b\left(\dfrac{-b}{2a}\right) + c$.
- Talla l'eix y en el punt $(0, c)$ i l'eix x en els punts $(x_1, 0)$ i $(x_2, 0)$, en què x_1 i x_2 són les solucions de l'equació $ax_2 + bx + c = 0$, en cas que en tingui.

2.3 Funció de proporcionalitat inversa

Dues magnituds són inversament proporcionals quan el seu producte és un valor constant, $xy = k$.

Per tant, $y = \dfrac{k}{x}$. La seva representació gràfica és una hipèrbola equilàtera. No podem assignar el valor $x = 0$ a la variable independent, ja que no és possible dividir-la entre 0.

Apunt 3

El **pendent d'una recta** és la inclinació d'aquesta recta. Pot ser:

- Creixent si $m > 0$.
- Decreixent si $m < 0$.
- Horitzontal si $m = 0$ (ni creix ni decreix).

Càlcul del pendent d'una recta

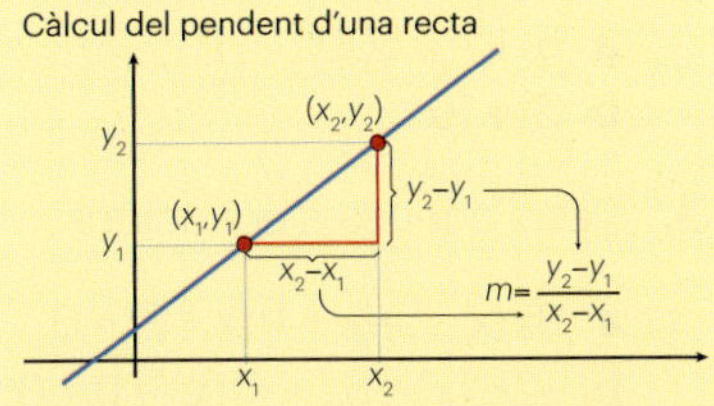

Recorda que el pendent d'una recta és el coeficient de la x quan la y està aïllada.

Professora en casa.
Càlcul de l'equació d'una recta dibuixada.

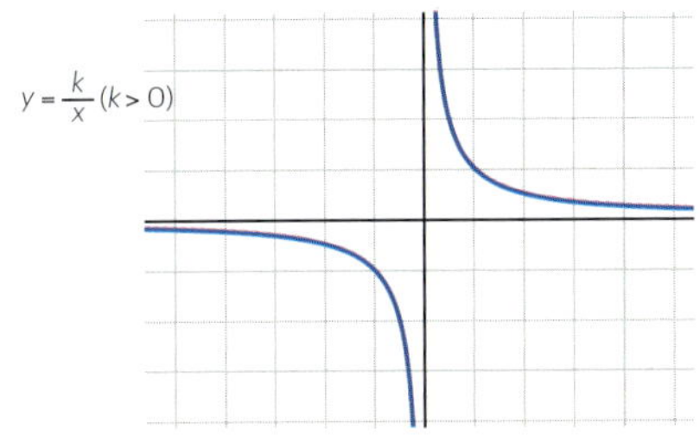

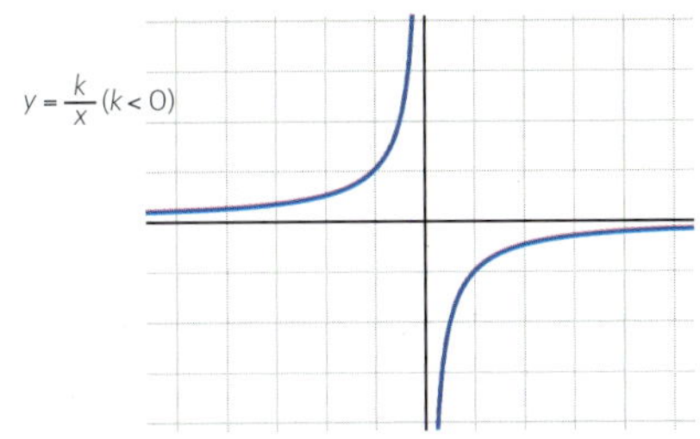

Exemples

3. A l'institut s'ha organitzat una excursió que costa 200 €. Quant paga cada estudiant si n'hi van 20? I si n'hi van 50? x és el nombre d'alumnes i y és la quantitat que paga cada estudiant.

Observa que, com més estudiants hi vagin, menys pagarà cada un. Si n'hi van 20, pagaran 200 : 20 = 10 €. Si n'hi van 50, pagaran 200 : 50 = 4 €. La funció és $y = \dfrac{200}{x}$.

4. $y = x^2 - 6x + 8$

Vèrtex $V = (3, -1)$, ja que $x = \dfrac{-(-6)}{2 \cdot 1} = 3$ i $y = 3^2 - 6 \cdot 3 + 8 = -1$

Talla en el punt $(0, 8)$ l'eix de les ordenades i en els punts $(2, 0)$ i $(4, 0)$ l'eix de les abscisses.

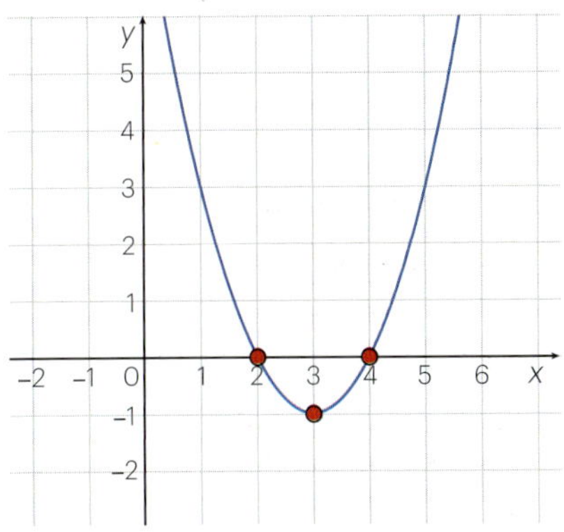

Entrena't

1. Donades les equacions següents, demostra si $x = 2$ és solució d'alguna:

a $x^3 - 2x - 4 = 0$
b $4x = x^3$
c $(x + 2)\,3x = 0$
d $2x^4 - 8 = 3 \cdot 2^{2x-1}$

2. Resol per tempteig la solució entera d'aquestes equacions:

a $5 \cdot 10^x = 500$
b $2^x = 16$
c $3^{(x-5)} = 1$
d $(x - 2)^{(x-8)} = 64$

3. Resol aquestes equacions:

a $3x(x - 5)(x + 1)(x + 2) = 0$
b $-2x^2(x^2 - 5x + 4)(x^2 - 1) = 0$

4. Multiplica els factors de les equacions de l'exercici anterior i comprova si les solucions obtingudes són correctes.

5. Resol aquestes equacions:

a $x^5 + 2x^4 - 16x^3 - 2x^2 + 15x = 0$
b $x^5 + 3x^4 - 7x^3 - 27x^2 - 18x = 0$

6. Escriu una equació les solucions de la qual siguin 3, –2, 1, –1 i 0. De quin grau és? Escriu una equació amb les mateixes solucions que l'anterior i el coeficient de la qual sigui igual a 3. Quantes equacions existeixen amb les solucions anteriors?

7. Indica si les gràfiques següents es corresponen a funcions:

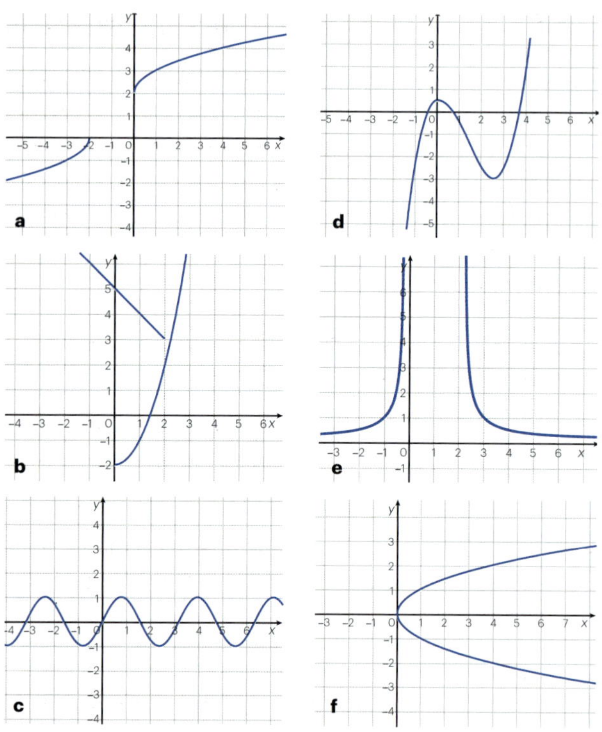

8. Donades les funcions $f(x) = 3x - 2$, $g(x) = x^2 - 1$ i $h(x) = 5 - x$, indica a quina o a quines pertanyen els punts següents:

a (1, 4) **b** (2, 3) **c** (0, –5) **d** (1, 0) **e** (–1, –5) **f** (–1, 0) **g** (–2, 7) **h** (0, –1)

9. Representa aquestes funcions:

a $f(x) = 2x - 3$ **b** $f(x) = 3 - x$ **c** $f(x) = -x - 1$

10. Exercici resolt

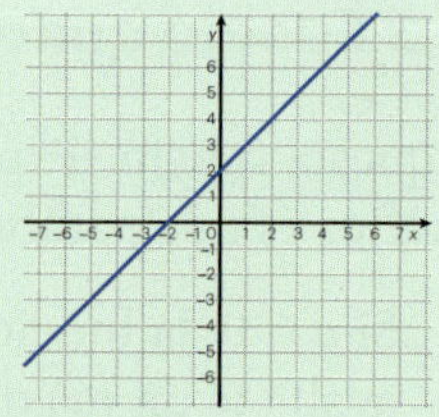

Escriu l'equació corresponent a la recta següent:

1. Triem dos punts: (–2, 0) i (1, 3).
2. En trobem el pendent: $m = \dfrac{y_2 - y_1}{x_2 - x_1} = \dfrac{3-0}{1-(-2)} = 1$
3. L'equació és $y = y_0 + m(x - x_0) \rightarrow y = 3 + 1(x - 1) \rightarrow$ $\rightarrow y = x + 2$

11. Escriu l'equació d'aquestes rectes:

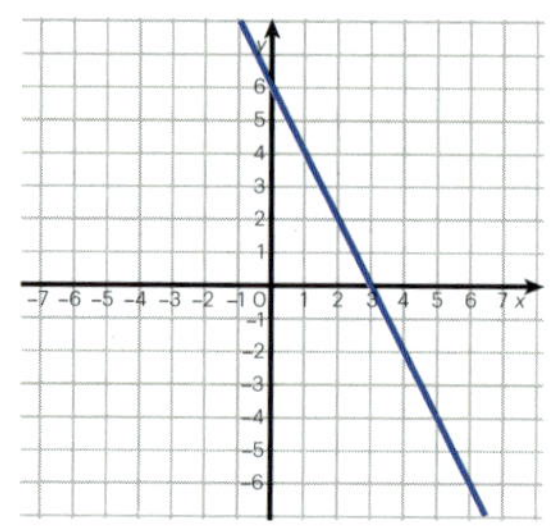

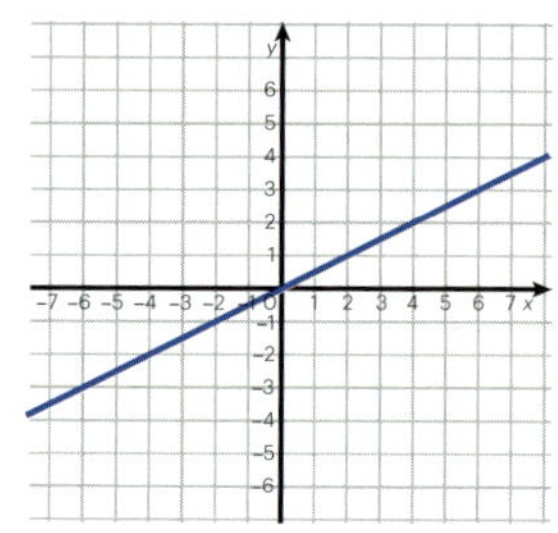

12. Determina les coordenades del vèrtex i dels punts de tall amb els eixos de les paràboles següents:

a $f(x) = x^2 - 4x + 2$
b $f(x) = 2x^2 + 12x$
c $f(x) = 10 - 6x - 3x^2$
d $f(x) = x^2 + 5x + 4$

13. Dibuixa les paràboles de l'exercici anterior.

14. La gràfica de la funció $f(x) = 3x^2 - 2x + k$ passa pel punt (–1, 3). Aquesta paràbola talla l'eix de les abscisses?

15. La gràfica de la funció $f(x) = ax^2 + bx + c$ passa pel punt (0, 3) i té un màxim en el punt (–2, 6). Determina els coeficients *a*, *b* i *c* i, després, representa-la gràficament.

16. Indica els quadrants en què es troba la gràfica de cadascuna de les funcions següents. Completa, per a cada cas, la taula de valors i representa les funcions gràficament:

x	1	2	3	4	5	–1	–2	–3	–4	–5
y										

a $f(x) = \dfrac{60}{x}$ **b** $f(x) = \dfrac{30}{x}$ **c** $f(x) = \dfrac{-60}{x}$

Banc digital

Mates en context

1 AM AL Professional Bustiada

La bustiada consisteix a introduir en les bústies de les cases particulars impresos publicitaris, com revistes, fullets, díptics, fulls comercials, etc.

Dues empreses de bustiada necessiten treballadors. Els anuncis que han publicat són aquests:

Problemes

1. Fixa't en l'anunci de l'empresa Correcamins. Hi ha cap relació entre les magnituds que hi intervenen? De quin tipus de relació es tracta?
2. Quina és la variable independent? I la dependent? Escriu una funció que les vinculi. Quin tipus de funció és?
3. Quant es guanya a la setmana a l'empresa Correcamins si, de mitjana, es reparteixen 4000 fullets cada dia?
4. Escriu la funció que relaciona el nombre de fullets repartits amb els diners que l'empresa Carta mòbil guanya setmanalment.
5. Quants fullets haurien de repartir cada dia per guanyar 300 € setmanals en una de les empreses?
6. Quina de les dues empreses interessa més al treballador? Quants fullets cal repartir en cada una de les empreses per obtenir la mateixa quantitat de diners?
7. Dibuixa la gràfica de les dues funcions.

Matematitza: 1, 5, 7 | Argumenta: 2, 3, 6 | Simbolitza: 4

2 AM AL Professional Beneficis

El cost de fabricació d'una sèrie de forns de microones ve donat per la funció $C(x) = x^2 + 40x + 30\,000$, en què x representa el nombre de forns fabricats. Suposem que cada forn es ven per 490 €.

Problemes

1. Calcula el cost de fabricació de 90 forns.
2. Quants diners rep l'empresa per 90 forns?
3. Troba el benefici que obté l'empresa pels 90 forns.
4. Determina la funció de beneficis. De quin tipus de funció es tracta?
5. Dibuixa la funció de beneficis.
6. Quants microones s'han de fabricar i s'han de vendre perquè els beneficis siguin màxims? Quin és l'import d'aquest benefici màxim?
7. Troba els enters entre els quals s'aconsegueixen beneficis.
8. Calcula el nombre de forns fabricats i venuts amb el qual s'obté el benefici més baix i la pèrdua més petita.

Matematitza: 1, 2, 3, 7, 8 | Simbolitza: 4
Representa: 5 | Argumenta: 6

3 AM AL Professional Les dimensions d'un anunci

La Maria vol publicar un anunci en un diari i li han dit que ha de ser rectangular i que, com a molt, ha d'ocupar 22 cm²; també li han dit que el contorn del perímetre ha de ser l'enter més petit possible. Pots ajudar la Maria a calcular les dimensions del seu anunci? (Tingues en compte que han de ser nombres enters.)

Problemes

1. Si anomenem x l'amplada del rectangle i y la longitud, escriu-ne l'àrea en funció dels costats.
2. Aïlla la longitud en funció de l'amplada. Quin tipus de relació existeix entre totes dues? Com s'anomena aquesta funció?
3. Si les dimensions del rectangle són nombres enters, entre quins nombres les hauràs de buscar? Escriu una llista amb els possibles candidats.
4. A partir de cadascun dels nombres candidats de l'exercici anterior, calcula el perímetre que en resulta. Quines són les dimensions de l'anunci?

Simbolitza: 1 | Argumenta: 2, 3 | Matematitza: 4

2 Arts gràfiques

Hi ha geometria en els dissenys publicitaris?

AM AL AP AV AS Social Professional

Arprèn a...

- Factoritzar expressions numèriques amb arrels.
- Reconèixer triangles semblants i en situació de semblança.
- Fer servir el teorema de Tales.
- Calcular dimensions reals de mesures en situacions de semblança.

Ítem 1. Anuncis als supermercats

Quan anem a comprar a un supermercat, trobem molts rètols que anuncien productes i, sobretot, ofertes.

La mida d'aquests cartells s'expressa amb la mesura de longitud i l'amplada.

Ítem 2. Publicitat digital

Cada vegada és més habitual que la publicitat s'ofereixi en pantalles. Destaquen dues formes de presentació amb aquest rang de pantalles:

Mural: de 42" a 56".

Tòtem: de 32" a 70".

Ítem 3. Fullets informatius

Una altra manera de fer-nos arribar publicitat és per mitjà de la bustiada. Generalment, es preparen fullets amb la informació de totes les ofertes de la botiga durant un temps determinat.

Construeix amb el que saps

Matematitza

1. Tenim un tòtem publicitari de cartró de 55 cm d'ample per 175 cm d'alt.

   a Quant mesura la diagonal? Indica'n el valor aproximat amb dues xifres decimals.
   b A quantes polzades equival? Tingues en compte que 1" (1 polzada) = 2,54 cm.
   c Com és respecte del tòtem que apareix en l'ítem 2?

2. Les mesures estàndards per als cartells de gran format són 50 cm × 70 cm, 64 cm × 88 cm i 70 cm × 100 cm. Calcula'n les diagonals. Coincideixen amb alguna de les mesures del mural de l'ítem 2?

Argumenta

3. En un mural de 42", quins valors, en centímetres, tenen els costats del rectangle que el formen? Aproxima'ls amb dues xifres decimals. (Observa que la diferència entre els costats no és tan gran com en el tòtem.)

4. En un tòtem de 70", quina mesura en centímetres poden tenir els seus costats? Presenta els valors amb dos decimals.

Matematitza

5. En un fullet publicitari de l'estil d'un full de mà (DIN A5), de 148 mm × 210 mm, s'informa dels plats que ofereix un restaurant xinès. La fotografia d'un plat mesura 23 mm de diàmetre i apareix en un quadrat de 3 cm de costat.

   a Escriu la raó entre el costat de la foto i el diàmetre del plat.
   b Tenint en compte aquesta relació, quina serà la mesura del quadrat que correspongui a un plat de postres de 18 mm?

Ítem 4. Logotips

Un logotip és un símbol gràfic que permet identificar visualment una marca, un producte, una empresa o una commemoració.

Els logotips poden ser de diversos tipus:

Logotip pròpiament dit (nom o paraula)	
Isotip (símbol o dibuix)	
Símbol (símbol i text separats)	
Logosímbol (símbol i text barrejats)	

Ítem 5. El significat de les formes

El logotip és la primera presentació visual d'una empresa, una marca o una commemoració. Per això, la seva forma i els seus colors han d'estar relacionats amb allò que es vol transmetre.

Així doncs, el **cercle** suggereix protecció, suavitat; el **quadrat**, fortalesa i seguretat, i el **triangle**, vitalitat i creixement.

Construeix amb el que saps

Comunica 6 Tenint en compte la classificació que es presenta en l'ítem 4, identifica cadascuna de les imatges que apareixen en l'ítem 5.

Matematitza 7 Escriu els noms de les figures geomètriques que es fan servir en els logotips dels ítems 4 i 5.

Argumenta 8 Respon aquestes preguntes:

a Quants triangles veus en el logotip de Google Play?
b Mesuren el mateix els angles dels triangles verd i blau?
c I els costats, són iguals o proporcionals?
d Fixa't una altra vegada en els logotips dels ítems 4 i 5. N'hi ha cap que tingui els angles iguals a algun dels triangles anteriors? Si la resposta és afirmativa, quina relació mantenen els seus costats?

Matematitza 9 El logotip de Mountain Resort és format per dos triangles, un d'interior a un altre. Com són els seus angles? Quina relació mantenen els seus costats?

Representa 10 **a** Dibuixa la figura exterior que delimita les formes blanques i negres del logotip d'Adidas. Quant mesuren els seus angles i els seus costats?

b Afegeix-hi les línies interiors d'aquestes formes. Respecte del costat dret de la figura exterior, com són? En les figures geomètriques que es formen, quina relació tenen els angles i els costats respecte de la figura exterior?

Tecnifica 11 Copia en la llibreta el logotip d'El Corte Inglés. Movent només un dels costats del logotip, construeix un altre triangle. Els seus angles han de tenir la mateixa mesura que els angles de partida i els costats hi han de ser proporcionals.

El que has construït

Calcules una aproximació decimal per a **arrels quadrades no exactes**.

Trobes la **relació de proporcionalitat** entre la mesura real d'una figura i la seva representació gràfica.

Obtens la **mesura de la figura representada** si en coneixes la relació amb la figura real i també fas el procés invers.

Identifiques **triangles semblants** i construeixes un triangle semblant a un altre.

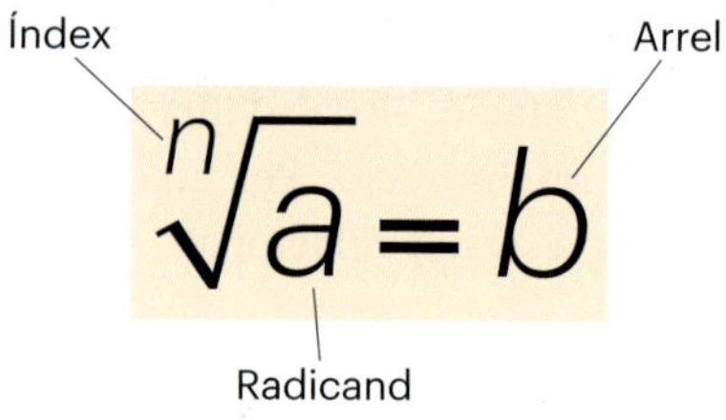

Fig. 1. Elements d'una arrel.

3. Aproximar arrels quadrades no exactes

- **Acotar** una arrel quadrada consisteix a trobar dos nombres enters, un de més gran i un altre de més petit que el de l'arrel. Per fer-ho, s'han de buscar dos nombres els quadrats dels quals siguin, respectivament, més gran i més petit que el radicand. Aquests nombres s'anomenen **cota superior** i **cota inferior**.
- **Aproximar** una arrel quadrada no exacta és trobar un valor decimal tan acostat al real com es vulgui (apunt 4). Per fer-ho, s'han de seguir aquests passos:

1. Es busquen dos valors que siguin les cotes superior i inferior més properes a l'arrel.
2. A partir de la cota inferior, es busquen dos nombres decimals (amb una sola xifra decimal) que també siguin les cotes superior i inferior més pròximes a l'arrel.
3. Es repeteix aquest pas, però s'hi afegeix un decimal més, fins a tenir l'aproximació que es vulgui.

Apunt 4

El **radical** és el **valor exacte** del nombre irracional. El **decimal** n'és el **valor aproximat**.

Professor a casa. Aproximació d'una arrel quadrada no exacta.

Exemples

5. La $\sqrt{40}$ està acotada per 6 i 7, ja que $6^2 < 40$ i $7^2 > 40$ (apunt 5). Aquesta relació s'escriu d'aquesta manera:

$6 < \sqrt{40} < 7$, ja que $6^2 < 40$ i 7^2

6. Aproxima $\sqrt{62}$ amb dos decimals (apunt 6).

1. Les cotes enteres més pròximes són 7 i 8, ja que $7^2 < 62 < 8^2$. És a dir: $7 < \sqrt{62} < 8$.
2. Es tria el valor inferior, 7, i s'hi afegeix un decimal per trobar dos nombres, per defecte i per excés, els quadrats dels quals siguin molt pròxims a 62:

   $7{,}6^2 = 57{,}76$; $7{,}7^2 = 59{,}29$; $7{,}8^2 = 60{,}84$; $7{,}9^2 = 62{,}41$

   $7{,}8 < \sqrt{62} < 7{,}9$
3. Es repeteix el pas 2, però s'afegeix una altra xifra al decimal més petit:

   $7{,}86^2 = 61{,}7796$; $7{,}87^2 = 61{,}9369$; $7{,}88^2 = 62{,}0944$

   $7{,}87 < \sqrt{62} < 7{,}88$

Per tant, l'aproximació amb dues xifres de $\sqrt{62}$ és 7,87 → $\sqrt{62} = 7{,}87$.

Apunt 5

Els valors que acoten una arrel no són únics.

Altres cotes de $\sqrt{40}$ són 1 i 9, 2 i 8.

Exemples

7. Figures semblants.

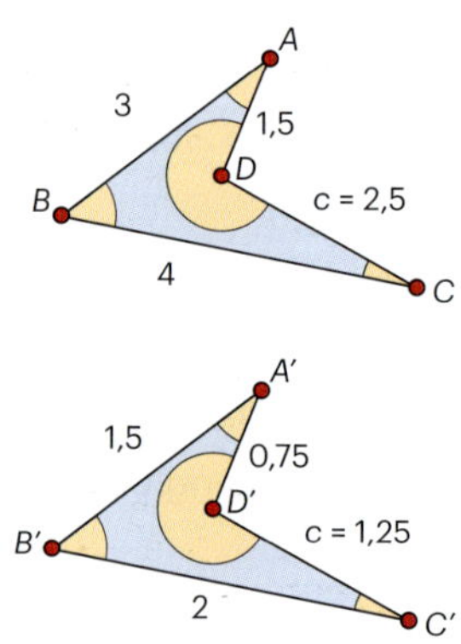

8. En l'exemple 6, la raó de semblança és $k = \frac{A'B'}{AB} = \frac{1{,}5}{3} = \frac{1}{2} = 0,$

Per obtenir la mesura d'un costat de la figura inicial, aquest costat es multiplica per la raó: $D' = D \cdot 0{,}5 = 1{,}5 \cdot 0{,}5 =$ $= 0{,}75$ cm.

4. Figures semblants

Dues **figures** són **semblants** si els seus angles són iguals i els seus costats són proporcionals.

La figura que s'obté per semblança d'una altra, *F*, s'escriu *F*'. Cada punt inicial, *A*, es transforma en un altre punt que s'escriu *A*".

S'anomena **raó de semblança** el quocient indicat (raó) entre la mesura del costat de *F*' i el seu corresponent de *F*. Es representa amb la lletra *k*.

Si la raó de semblança de dues figures és *k*, la relació entre les seves àrees és k^2.

5. Triangles semblants

Dos triangles són semblants si compleixen alguna de les condicions següents:

1. Tenen els tres angles iguals.
2. Tenen dos angles iguals.
3. Tenen un angle igual i els costats que el formen són proporcionals.

6. Teorema de Tales

Si dues rectes secants són tallades per rectes paral·leles, els segments corresponents que es formen en cadascuna de les rectes són proporcionals (apunt 6).

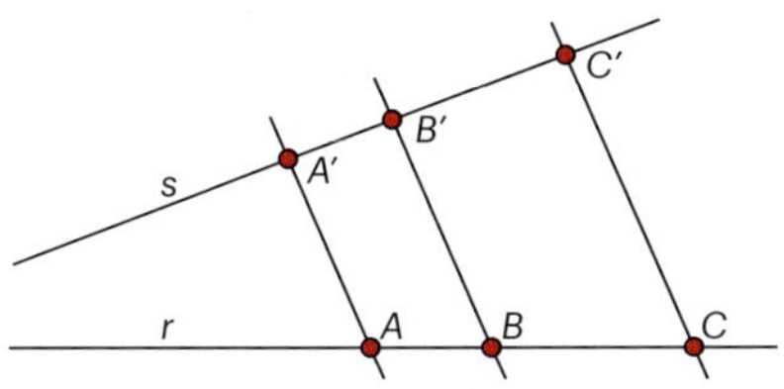

$$\frac{AB}{A'B'}=\frac{BC}{B'C'}=\frac{AC}{A'C'}$$

7. Triangles en posició de Tales

Dos triangles es troben en posició de Tales si tenen un angle comú i els costats oposats d'aquest angle són paral·lels (apunt 7).

8. Escala

L'escala es fa servir per fer representacions de la realitat en plànols, mapes i maquetes. Es defineix com la raó entre la longitud que es representa i la longitud corresponent en la realitat, expressades en les mateixes unitats:

$$E=\frac{\text{Mesura representada}}{\text{Mesura real}}$$

L'escala s'escriu de la forma 1:500. Això vol dir que 1 cm del dibuix, el plànol o el mapa equival a 500 cm de la realitat (5 m).

Exemples

9. Dos angles d'un triangle mesuren 75° i 36° i dos angles d'un altre fan 36° i 70°. Són semblants?

Com que els angles coneguts no són iguals, cal trobar el tercer d'un dels triangles: 180° – (75° + 36°) = 70°. Es confirma que tenen els angles iguals; per tant, són semblants.

10. Per trobar el segment x, es fa servir el teorema de Tales.

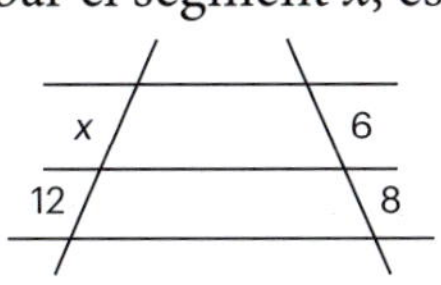

$$\frac{x}{6}=\frac{12}{8}\Rightarrow x=6\cdot\frac{12}{8}=9$$

11. Troba x en els següents triangles en posició de Tales:

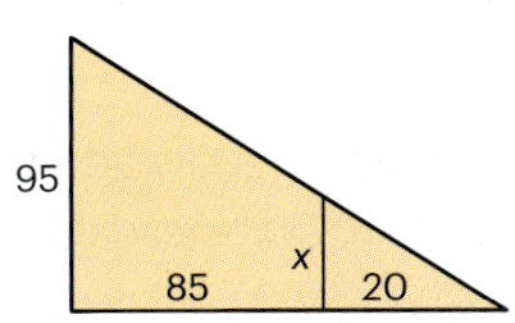

$$\frac{x}{95}=\frac{20}{20+85}\Rightarrow x=\frac{95\cdot 20}{105}=18{,}10$$

Professora a casa.
Raó de semblança.

Apunt 6

Tales de Milet (624 aC - 547 aC) va ser un filòsof i matemàtic grec. Les seves aportacions en els àmbits de les matemàtiques, l'astronomia, la navegació, la física i la filosofia van ser diverses. Amb el teorema que porta el seu nom, va calcular l'alçària de les piràmides d'Egipte.

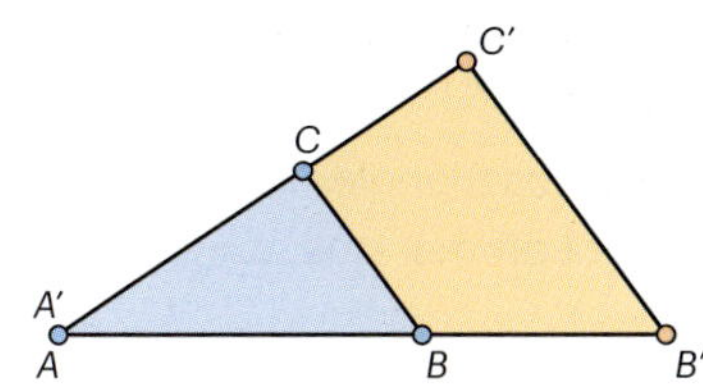

Apunt 7

Els **triangles en posició de Tales** són semblants, ja que compleixen la tercera condició de semblança de triangles:

- Tenen un triangle igual, A.
- Com que la recta conté els vèrtexs CC' i la que conté els vèrtexs BB' són secants i estan tallades per rectes paral·leles (els costats BC i $B'C'$), es pot aplicar el teorema de Tales: $\frac{AB}{A'B'}=\frac{AC}{A'C'}$. Per tant, els seus costats són proporcionals.

Entrena't

17. Indica quines de les arrels següents són exactes i, en aquests casos, troba'n el valor:

a $\sqrt{64}$ **b** $\sqrt{48}$ **c** $\sqrt{25}$ **d** $\sqrt{19}$

18. Escriu els dos nombres naturals més pròxims entre els quals es troba el valor d'aquestes arrels:

a $\sqrt{39}$ **b** $\sqrt{95}$ **c** $\sqrt{6}$ **d** $\sqrt{103}$

19. Troba la millor aproximació amb un decimal d'aquestes arrels:

a $\sqrt{2}$ **b** $\sqrt{19}$ **c** $\sqrt{52}$ **d** $\sqrt{67}$

20. Calcula el valor aproximat amb dos decimals d'aquestes arrels:

a $\sqrt{5}$ **b** $\sqrt{20}$ **c** $\sqrt{43}$ **d** $\sqrt{85}$

21. Troba la hipotenusa d'un triangle rectangle els catets del qual mesuren 4 cm i 7 cm i aproxima'n el valor amb un decimal.

22. Quant ha de mesurar el costat d'un quadrat la diagonal del qual mesura 9 m? Aproxima el valor als centímetres.

23. Si dos triangles rectangles tenen un angle agut igual, es pot afirmar que són semblants? Raona la resposta.

24. Digues quines de les figures següents són semblants i indica'n les dimensions. Tingues en compte la raó de semblança en cada cas:

a
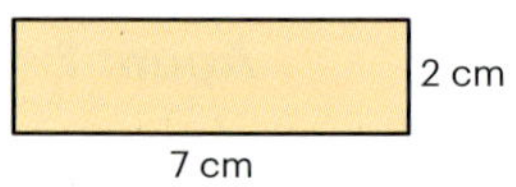

$k = 3$

b
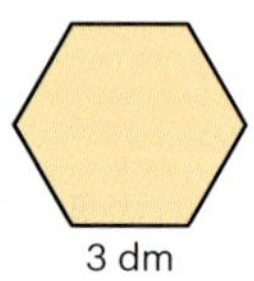

$k = \frac{3}{2}$

c
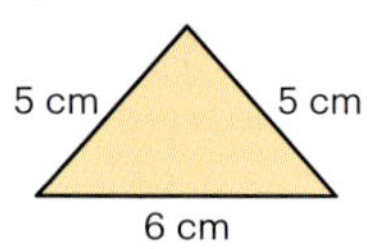

$k = 2$

25. Són semblants aquests rectangles?

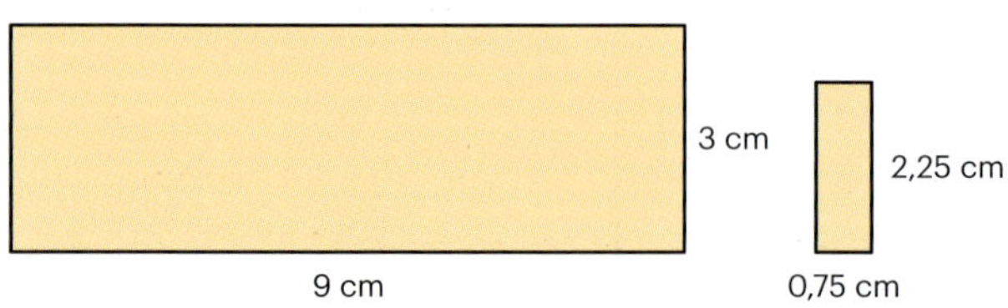

Banc digital

26. Dibuixa dos triangles rectangles isòsceles diferents. Explica, amb l'ajuda de les condicions de semblança dels triangles, si són semblants.

27. L'àrea d'una figura plana és de 18 cm². Calcula quant mesura la superfície de la figura que és semblant a la primera, construïda amb una raó de semblança de 4.

28. La diagonal d'un rectangle mesura 12 dm. Troba la diagonal d'un altre rectangle semblant al primer, si saps que la raó de semblança és $\frac{4}{3}$.

29. La finestra d'un àtic té una forma quadrada i deixa passar 6400 mm² de llum. Determina en quina proporció hem d'augmentar-ne els costats per aconseguir una finestra quadrada que deixi passar 14 400 mm² de llum.

30. Troba *x* i *y*, si saps que les figures són semblants:

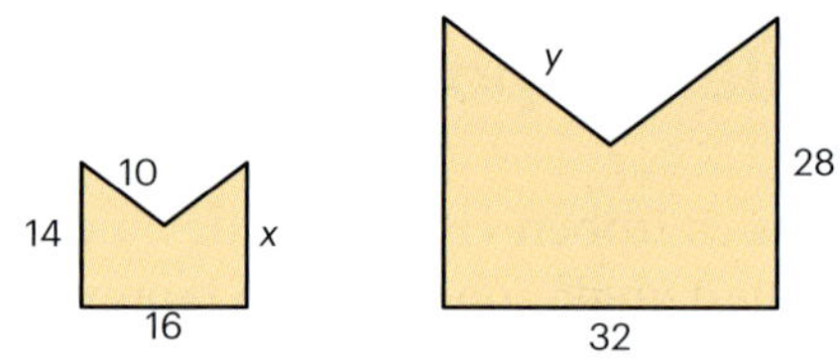

31. Aplica el teorema de Tales per calcula *x* i *y*:

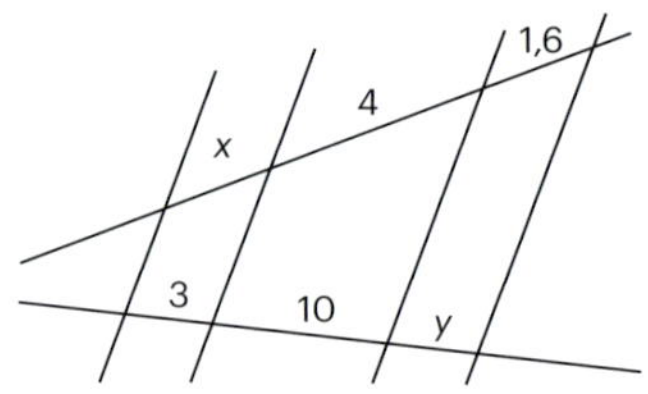

32. Calcula *x* en els següents triangles en posició de Tales:

a
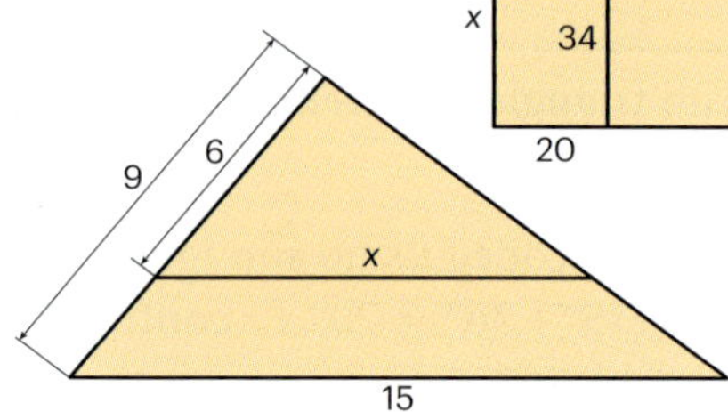

b
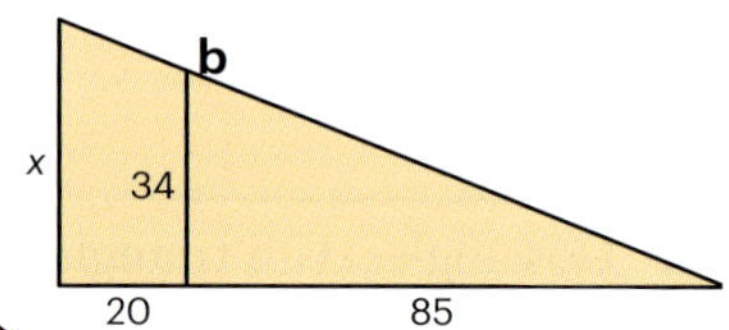

33. La Lola mesura 1,68 m, però no sap quant mesura el seu cosí Àlex. S'han mesurat les ombres al terra a la mateixa hora: l'ombra de la Lola fa 96 cm i la de l'Àlex fa 88 cm. Quant mesura l'Àlex?

34. En una escala 1:250 000, quant ha de mesurar el segment que representi una distància de 7 km entre dos punts?

35. En un plànol, s'hi representa una distància de 5 m per mitjà d'un segment de 20 m. Quina escala s'ha fet servir en aquest plànol?

Mates en context

4 AM AL AS Professional Tatamis

Els tatamis són unes estores que es fan servir per cobrir el terra de les habitacions principals de les cases japoneses.

També es fan servir per a la pràctica de les arts marcials. El material amb què es construeixen ha de ser antilliscant, encoixinat i prou rígid per poder evitar deformacions a causa dels impactes de les caigudes.

Un tatami té forma quadrada i un patró format per peces rectangulars.

En les competicions oficials internacionals de judo, el tatami fa 14 m × 14 m, tot i que pot arribar a fer 16 m × 16 m com en els Jocs Olímpics.

Problemes

1. Quant mesura el camí més llarg que pot recórrer un judoka en cadascun dels tatamis de les imatges? Troba'n el valor aproximat amb dos decimals.
2. Quants centímetres de diferència hi ha entre els dos camins trobats en el problema anterior?
3. El tatami més petit té 98 peces rectangulars i el més gran en té 128. Quant mesura la superfície de cadascuna d'aquestes peces? Són iguals les peces dels dos tatamis?
4. Troba les dimensions dels rectangles que forma el tatami més petit.
5. Raona si els dos quadrats són semblants o no. En el cas que ho siguin, calcula'n la raó de semblança.
6. Cada diagonal divideix cada quadrat en dos triangles. Són semblants els triangles que es formen en els dos tatamis? Justifica la resposta.
7. En el tatami petit, els rectangles grisos formen un altre quadrat. Les seves diagonals el divideixen en triangles rectangles. Aquests darrers són semblants als que forma la diagonal del tatami? Si la resposta és afirmativa, troba'n la raó de semblança.
8. En els problemes 5, 6 i 7 has hagut d'esbrinar si algunes figures eren semblants. Troba l'àrea de les figures que no ho són i comprova que es compleix la relació de semblança entre aquestes.

Argumenta: 1, 5, 6, 7

Matematitza: 2, 3, 4, 8

5 AM AL AS AP Professional Personal Fotografies i fotocòpies

Les càmeres digitals ens permeten emmagatzemar una gran quantitat de fotografies. A més, amb els marcs digitals, podem seleccionar les fotografies que volem veure.

De vegades, però, en volem imprimir alguna i no sabem quina és la mida més adient o la que més ens pot interessar.

La mida estàndard d'impressió és 10 cm × 15 cm, que equival a 4" × 6". Sovint només se'ns ofereix la mida més petita i, a partir de la relació d'aspecte o ràtio, se n'obté l'altra. Aquesta relació és la raó entre l'altura i l'amplada de la fotografia. La ràtio habitual de les càmeres actuals és 4:3.

Problemes

1. Si es vol imprimir una fotografia de 13 cm d'alt, quina serà la mesura de l'amplada amb la ràtio 4:3? I si la relació d'aspecte fos 2:3?
2. Fa temps, la relació habitual era 3:2. Amb aquesta ràtio, quina seria la mida de la fotografia anterior?
3. Alguns formats digitals per a un revelatge estàndard són 95 mm × 127 mm i 203 mm × 270 mm. Són proporcionals?
4. Quant mesura la diagonal d'una fotografia de mida pòster de 40 cm × 60 cm? Aproxima el valor als mil·límetres.
5. Si es fes una fotografia semblant a l'anterior, de raó $\frac{3}{2}$, quant mesuraria la seva diagonal?
6. Si, després d'imprimir una fotografia en mida DIN A4 (21 cm × 29,7 cm), se'n vol fer una fotocòpia, de manera que el costat més petit sigui de 70 mm, quin percentatge de reducció s'hi ha d'aplicar?

Matematitza: 1, 2, 4, 5

Argumenta: 3, 6

Competències matemàtiques: 2, 6, 7 (act. 4); 2, 8 (act. 5).

3 El preu de la publicitat

És cara la publicitat?

Quant costen els bàners a Internet?

AM AL AP AV AS AA Social Professional

Arpèn a...

Calcular i interpretar les mesures de posició per resumir les dades.

Trobar els paràmetres de dispersió d'una variable estadística.

Fer servir un vocabulari adient per descriure, analitzar i interpretar informació estadística.

Ítem 1. La publicitat a la ràdio

Falques de 20 segons. Emissió nacional en dia laborable.

<table>
<tr><th></th><th>SER</th><th>ONDA CERO</th><th>COPE</th></tr>
<tr><td>06.00-07.00 h.</td><td>2900€</td><td>4780€</td><td rowspan="2">10 990€</td></tr>
<tr><td>07.00-10.00 h.</td><td>11 215 €</td><td>12 440€</td></tr>
<tr><td>10.00-13.00 h.</td><td rowspan="2">7195€</td><td rowspan="2">8190€</td><td>7960€</td></tr>
<tr><td>13.00-14.00 h.</td><td rowspan="4">4200€</td></tr>
<tr><td>14.00-15.00 h.</td><td rowspan="2">3455€</td><td>3420€</td></tr>
<tr><td>15.00-16.00 h.</td><td rowspan="3">5200€</td></tr>
<tr><td>16.00-19.00 h.</td><td rowspan="2">3860€</td></tr>
<tr><td>19.00-20.00 h.</td><td rowspan="3">5940€</td></tr>
<tr><td>20.00-22.00 h.</td><td>3380€</td><td rowspan="3">3990€</td></tr>
<tr><td>22.00-23.00 h.</td><td rowspan="2">4555€</td></tr>
<tr><td>23.00-00.00 h.</td><td rowspan="2">7800€</td></tr>
<tr><td>00.00-01.30h.</td><td>8195€</td><td>10 610€</td></tr>
<tr><td>01.30-04.00 h.</td><td>1860€</td><td>1120€</td><td rowspan="2">1520€</td></tr>
<tr><td>04.00-06.00 h.</td><td>1200€</td><td>500€</td></tr>
</table>

Ítem 2. La publicitat a la premsa escrita

	ANUNCIS D'UNA PÀGINA	AUDIÈNCIA (NOMBRE DE LECTORS)
El País	50 900€	1 080 000
El Mundo	42 500€	662 000
La Vanguardia	20 200€	585 000
ABC	22 995€	418 000
Marca	33 100€	1 922 000
As	19 650€	1 028 000
Mundo Deportivo	5700€	421 000
Sport	7847€	414 000

Construeix amb el que saps

Argumenta 1 Indica quin és el preu més alt i quin és el més baix de les falques publicitàries en cada emissora de ràdio.

2 A quina hora les tarifes són més cares? I a quina hora són més econòmiques?

3 Per què et sembla que hi ha tanta diferència de preus?

Matematitza 4 Calcula la diferència entre el preu més elevat i el més baix en cada emissora de ràdio.

5 Troba la mitjana aritmètica dels preus de les tres emissores per separat i, a continuació, en conjunt.

Argumenta 6 En quina emissora radiofònica és més car emetre un anunci al llarg de tot el dia?

Planteja 7 +− **Treball de recerca.** Busca les dades de l'EGM (Estudi General de Mitjans) sobre les audiències de la ràdio i analitza si els diferents preus estan justificats.

Argumenta 8 En relació amb l'ítem 2, on és més car publicar un anunci, en la premsa general o en l'esportiva? Quin et sembla que n'és el motiu?

9 Penses que està justificada la disparitat de preus en els diferents diaris? Justifica la resposta.

Matematitza 10 Calcula el cost dels anuncis de premsa per cada mil lectors.

Argumenta 11 En quin diari resulta més barat (pel nombre de lectors) i més car publicar un anunci d'una pàgina sencera?

Matematitza 12 Calcula la diferència entre el preu més alt i el més baix per cada mil lectors.

13 +− Troba la mitjana aritmètica dels preus per cada mil lectors.

Ítem 3. La publicitat a Internet

	CPM		CPM
8tv.cat	50€	cadena100.es	20€
acb.com	20€	cadenadial.com	25€
atresplayer.com	16€	europafm.com	10€
eldiario.es	16€	los40.com	27€
eltiempo.es	20€	m80radio.com	25€
mitele.es	25€	rac1.cat	50€
rincondelvago.com	18€	radiole.com	25€
tillate.es	18€	as.com	25€
elmundo.es	14€	marca.com	19€
elpais.com	30€	mundodeportivo.com	20€
lavanguardia.com	20€	sport.es	20€

Ítem 4. El CPM

El cost per mil (CPM) és una mesura utilitzada habitualment en la publicitat a Internet. Indica el que costa mostrar un bàner 1000 vegades.

Per exemple, si un anunci té un CPM de 12€ i el veuen 50 000 persones, l'anunciant haurà de pagar

$$\frac{12\cdot 50000}{1000}=600€$$

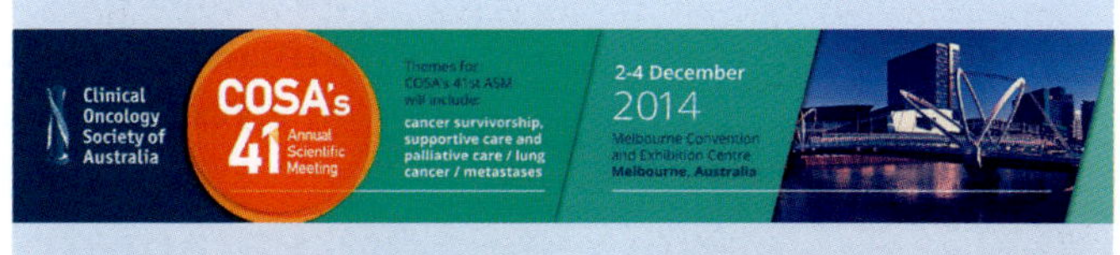

Construeix amb el que saps

Argumenta (14) On és més car posar un anunci? I on resulta més barat fer-ho?

Matematitza (15) Calcula la diferència entre l'anunci més car i el més barat (aquest valor s'anomena recorregut).

Argumenta (16) Et sembla que hi ha gaire diferència entre els preus dels anuncis a Internet en CPM?

(17) Quin és el preu en CPM que més es repeteix? Com s'anomena en matemàtiques aquest valor? Argumenta la resposta.

(18) Hi ha algun valor o alguns valors diferents de la resta (massa cars o massa barats)?

Matematitza (19) Calcula per separat la mitjana aritmètica dels CPM de la columna de l'esquerra i la de la columna de la dreta de l'ítem 3.

(20) Troba la mitjana de tots els valors del CPM.

Argumenta (21) Hi ha cap relació entre les mitjanes per separat i la que has obtingut en l'activitat anterior?

Planteja (22) Un anunciant es vol gastar 15 000€ en una campanya publicitària i es posa en contacte amb els responsables d'una pàgina web que és visitada cada dia per 50 000 persones. L'anunci té un CPM de 10€. Quants dies es podrà veure l'anunci en aquesta pàgina?

(23) Imagina't que ets *youtuber* i que cada dia visita el teu canal un quart de milió de persones. Hi tens bàners amb un CPM de 15€. Quants diners guanyaràs en un mes en publicitat?

El que has construït

Analitzes i extreus conclusions sobre **dades reals i valors obtinguts**.

Calcules **mitjanes aritmètiques i rangs** de diferents estudis estadístics.

Compares diferents **sèries de dades** per obtenir-ne conclusions.

Detectes l'existència d'una **dispersió entre diferents dades** més gran o més petita.

9. Paràmetres centrals

Apunt 8

Si hi ha un nombre parell de dades i les dues centrals no coincideixen, es considera que hi ha dues medianes; igualment, es pot calcular la mitjana entre les dues dades.

Els **paràmetres centrals** són nombres que representen globalment el conjunt de les dades. Hi ha molts paràmetres centrals, tot i que els més importants són aquests:

- **Moda.** És el valor que té una freqüència absoluta més elevada. Es representa mitjançant **Mo.**
- **Mediana.** És el valor que ocupa el lloc central de totes les dades quan aquestes dades estan ordenades de les més petites a les més grans. Es representa amb **Me** (apunt 8).
- **Mitjana aritmètica.** És el valor obtingut arran de sumar totes les dades i dividir-ne el resultat entre el nombre total de dades. Es representa amb el símbol $\overline{x}$.

Apunt 9

El rang planteja el problema que no té en compte la mitjana aritmètica obtinguda.

10. Paràmetres de dispersió

Els **paràmetres de dispersió** són unes mesures que indiquen com d'agrupades o disperses estan les dades d'una distribució estadística. Els més importants són aquests:

Apunt 10

Les fórmules per calcular la variància són:

$$\sigma^2 = \frac{\sum f_i \cdot (x_i - \overline{x})^2}{N}$$

$$\sigma^2 = \frac{\sum f_i \cdot x_i^2}{N} - \overline{x}^2$$

- **Rang o recorregut.** El paràmetre de dispersió més fàcil de calcular és el **rang**, anomenat també **recorregut**. Mesura la diferència que hi ha entre la dada més gran i la més petita d'una variable estadística (apunt 9).
- **Desviacions i variància.**
  - La **desviació respecte de la mitjana** és la diferència entre cada valor de la variable estadística i la mitjana aritmètica: $d_i = x_i - \overline{x}$.
  - La **variància** és la mitjana aritmètica del quadrat de les desviacions respecte de la mitjana d'una determinada distribució estadística. Es representa amb σ^2 (apunt 10).
  - L'arrel quadrada positiva de la variància s'anomena **desviació típica**. Es representa mitjançant σ.

Exemples

12. La taula recull les edats de 30 persones escollides a l'atzar per efectuar una enquesta.

- **Mediana.** Tenim 30 dades. Dividim 30 : 2 = 15. La primera freqüència acumulada superior a 15 és 22, que correspon al valor 15. Per tant, la mediana és Me = 15.
- **Mitjana aritmètica.** Creem i utilitzem la columna de la dreta. Per fer-ho, multipliquem els valors (edat) per la seva freqüència absoluta. Sumem tots aquests productes i el resultat és 450. Si dividim aquest valor entre el nombre de dades, obtenim la mitjana aritmètica: $\overline{x} = \frac{450}{30} = 15$.

Edat	f_i	F_i	$x_i \cdot f_i$
14	12	12	168
15	10	**22**	150
16	5	27	80
17	2	29	34
18	1	30	18
Suma	**30**		450

Observa
Si col·loquem ordenades totes les dades, la freqüència acumulada indica quin és l'últim lloc que ocupa el valor corresponent en aquesta llista.

13. Ara, calcularem la desviació mitjana i la variància de l'exemple 12.

Per fer-ho, completem una taula amb les dades que necessitem. Hem de tenir en compte que la mitjana aritmètica obtinguda és 15 anys i que tenim 30 dades:

x_i	f_i	d_i	d_i^2	$f_i \cdot d_i^2$
14	12	–1	1	12
15	10	0	0	0
16	5	1	1	5
17	2	2	4	8
18	1	3	9	9
Suma	**30**			**34**

$$\sigma^2 = \frac{\sum f_i \cdot d_i^2}{N} = \frac{34}{30} = 1{,}13$$

$$\sigma = \sqrt{\sigma^2} = \sqrt{1{,}13} = 1{,}06$$

Professor a casa. Càlcul de la variància.

11. Altres paràmetres

- **Quartils.** Són valors que divideixen una mostra de dades (ordenades) en quatre parts iguals. Hi ha tres quartils, que s'acostumen a representar mitjançant Q1, Q2 i Q3. El segon quartil és precisament la mediana. El primer quartil és el valor en el qual o per sota del qual queda un quart (25 %) de tots els valors de la successió (ordenada). El tercer quartil és el valor en el qual o per sota del qual queden les tres quartes parts (75 %) de les dades (apunt 11). La diferència entre els quartils tercer i primer es coneix amb el nom de **rang interquartílic** (RIC). Donada una sèrie de valors, X_1, X_2, X_3... X_n ordenats de forma creixent, el seu càlcul es pot fer d'aquesta manera:
  - Primer quartil (Q1): com la mediana de la primera meitat dels valors.
  - Segon quartil (Q2): com la mediana mateixa de la sèrie.
  - Tercer quartil (Q3): com la mediana de la segona meitat dels valors.
- **Diagrama de caixa.** Es tracta d'una representació visual que descriu diverses característiques importants alhora, com ara la dispersió i la simetria. Per elaborar-ne un, es presenten els tres quartils i els valors màxim i mínim de les dades sobre un rectangle, alineat horitzontalment o verticalment. Una gràfica d'aquest tipus recrea una caixa rectangular els costats més llargs de la qual mostren el recorregut interquartílic. Aquest rectangle està dividit per un segment vertical que indica la posició de la mediana i, per tant, la seva relació amb els quartils primer i tercer (cal recordar que el segon quartil coincideix amb la mediana). El rectangle se situa a escala sobre un segment els extrems del qual són els valors mínim i màxim de la variable. Aquests segments de prolongació tenen un límit equivalent a 1,5 · RIC, de manera que qualsevol dada o cas que no es trobi dins d'aquest rang es marca i s'identifica individualment amb un punt.

Apunt 11

Amb els quartils, és possible avaluar ràpidament la dispersió i la tendència central d'un conjunt de dades, que són passos inicials bàsics per entendre'n les dades.

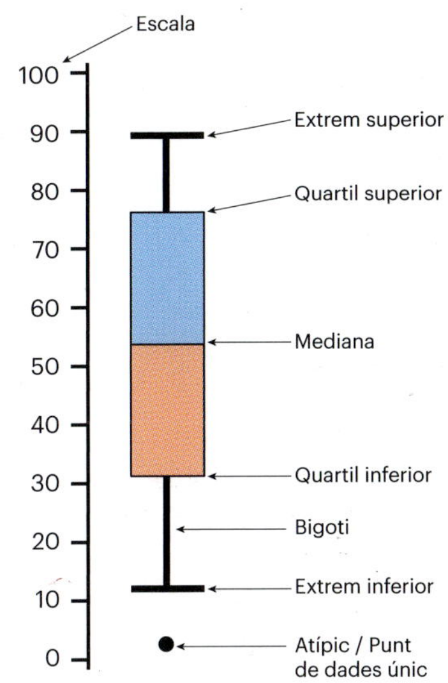

Professor a casa. Diagrama de caixa.

Exemple

14. Calcularem els quartils i dibuixarem el diagrama de caixa de l'exemple 12. Per fer-ho, utilitzarem la taula de les freqüències acumulades.

Edat	f_i	F_i
14	12	12
15	10	22
16	5	27
17	2	29
18	1	30
Suma	**30**	

Q_2 és la mediana, que ja sabem que és 15.

Com que Q_1 és la mediana del primer tram de dades, dividim el nombre de dades entre 4: 30 / 4 = 7,5.

La primera freqüència acumulada més gran de 7,5 és 12, que correspon al valor 14. Per tant, $Q_1 = 14$.

Per calcular Q_3, es multiplica el nombre de dades per 3 i es divideix entre 4. En el nostre cas, $(3 \cdot 30) / 4 = 22,5$.

La primera freqüència acumulada superior a 22,5 és 27, que correspon al valor 16. Per tant, $Q_3 = 16$.

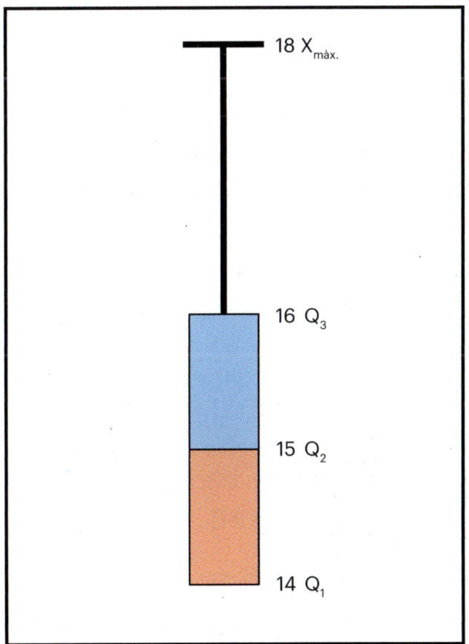

Entrena't

36. Calcula la mitjana, la mediana, la moda i els quartils d'aquestes sèries de nombres:

a 4, 6, 7, 7, 7, 8, 10
b 1, 3, 5, 3, 1, 3, 5, 3
c −2, 2, −5, 5, 0, 0, −3, 3
d 8, 5, 2, 6, 6, 4, 4, 5, 1, 9, 5, 3, 7, 5

37. Escriu una sèrie (diferent en cada apartat) de cinc nombres, compresos entre el 2 i el 8, de manera que:

a La mitjana sigui 4.
b La moda sigui 6.
c La mediana sigui 5.

38. Calcula el recorregut dels estudis següents:

a 4, 8, 9, 3, 5, 4, 7, 6, 7
b 3, 12, 5, 22, 0, 4, 8
c −4, 5, 6, 10, 4, −2, 5, 4, 6, 6

39. Calcula la variància i la desviació típica d'aquestes dades:

a 5, 1, 9, 3, 7
b 8, 11, 2, 16, 5, 3, 10, 9
c −3, 8, −5, −1, 0, 2, 2, 4, 7, −1, −1

40. Calcula la mitjana i la desviació típica d'aquestes dades:

4, 6, 1, 2, 5, 4, 7, 8, 9, 3, 3, 4, 2, 6, 5

41. Calcula la mitjana i la desviació típica de:

x_i	f_i
0	5
1	8
2	12
3	10
4	7
5	2

42. Troba els quartils i elabora un diagrama de caixa a partir d'aquestes dades:

1, 2, 2, 3, 3   4, 4, 4, 4, 4   4, 4, 5, 5, 5

5, 5, 5, 6, 6   7, 8, 8, 8, 9   10, 10, 11, 12, 16

43. Fixa't en la sèrie següent de dades: 1, 3, 3, 3, 5, 6, 7, 8, 9. Si se substitueix el 9 pel 12, quin paràmetre central canviarà? Per què?

44. Afegeix dues dades més a la sèrie 7, 5, 6, 4, 5, perquè la mediana sigui 6.

45. La mitjana de deu nombres naturals diferents és 8. Quin és el valor màxim possible d'un d'aquests valors?

46. Sabem que la mitjana d'una sèrie de valors és 5, que la mediana és 6 i que la moda és 4. Obtén una sèrie de deu valors que tinguin aquests paràmetres.

47. Un grup de 18 nois tenen en Matemàtiques una nota mitjana de 5,6 i un grup de 22 noies tenen una nota mitjana de 6,2 en la mateixa assignatura. Quina és la mitjana dels nois i les noies junts? Se'n pot calcular la desviació típica?

48. El nombre de vegades que es renta les dents cada dia un grup de persones s'indica en aquesta taula:

Nombre de vegades	Freqüència
0	24
1	65
2	41
3	20

Calcula'n la moda, la mediana i la mitjana aritmètica.

49. El diagrama reflecteix un estudi sobre les vegades que un grup de persones va al cinema:

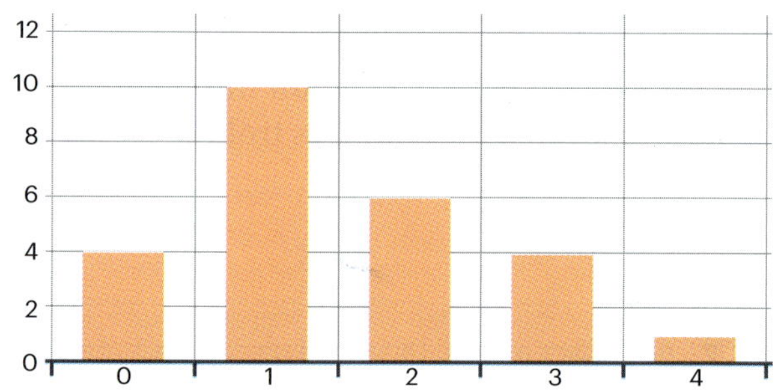

a Calcula'n els paràmetres centrals.
b Determina'n la desviació típica.

50. Troba'n la mitjana aritmètica, la mediana i la moda de les dades 1, 1, 1, 3, 5 i 13. Quin és el paràmetre més representatiu de tots tres?

51. Les notes del Rubèn han estat aquestes: 8, 6, 10, 5. Quina nota ha de treure en el cinquè exercici perquè la mitjana aritmètica sigui un 7?

52. En una avaluació, el segon examen val el doble que el primer. Indica quina nota posaries a aquests estudiants:

Estudiants	1r examen	2n examen
Joan	5	8
Àngels	7	4
Isabel	6	6
Lluís	6	3

Banc digital

Mates en context

6 AM AL AP Científic La densitat de la Terra

Henry Cavendish (1731-1810) va ser un físic i químic britànic. Com a físic, va ser responsable de l'experiment que porta el seu nom. Aquest experiment li va permetre calcular la densitat de la Terra i, posteriorment, determinar la constant de gravitació universal. Com a químic, és reconegut per haver descobert el nitrogen i la composició de l'aigua.

L'any 1778 va dur a terme una sèrie de 29 experiments amb l'objectiu de mesurar la densitat del nostre planeta.

Els resultats obtinguts, considerant com a unitat la densitat de l'aigua, són aquests:

5,50	5,61	4,88	5,07	5,26	5,55	5,36	5,29	5,58	5,65
5,57	5,53	5,62	5,29	5,44	5,34	5,79	5,10	5,27	5,39
5,42	5,47	5,63	5,34	5,46	5,30	5,75	5,68	5,85	

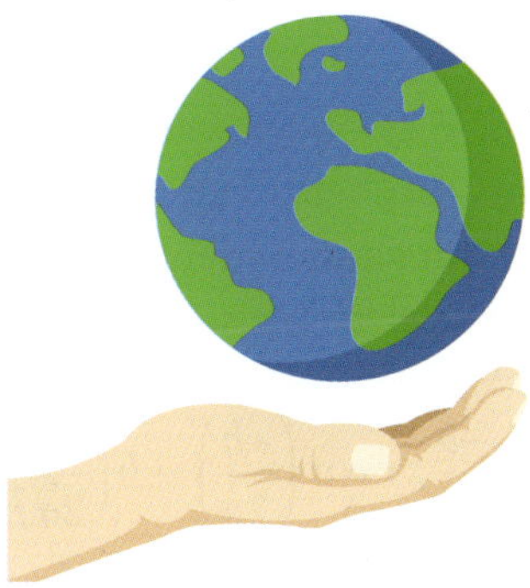

Problemes

1. Ordena de la més petita a la més gran les dades que va obtenir en l'experiment.
2. Quina va ser la dada més gran? I la més petita?
3. Les dades són semblants entre si o hi ha gaire dispersió? Hi ha cap dada que sigui molt diferent de la resta?
4. Fes una anàlisi descriptiva de la variable «densitat de la Terra». Per fer-ho, segueix aquests passos:
   - **a** +− Construeix una taula amb les freqüències absolutes, acumulades i relatives.
   - **b** Calcula'n la mitjana, la mediana i la moda.
   - **c** Obtén els quartils.
   - **d** Calcula'n el rang i la desviació típica.
   - **e** Elabora un diagrama de caixa.
5. Comenta els resultats i intenta extreure conclusions a partir de les dades obtingudes.
6. La densitat real de la Terra és, aproximadament, de 5,52 g/cm^3. Cavendish es va acostar a aquest valor? Quin error va cometre?

Matematitza: 1, 4, 6 **Argumenta: 2, 3, 5, 6**

7 AM AL Professional Científic El millor blat de moro

El blat de moro és un aliment bàsic per als animals, tot i que no conté alguns dels aminoàcids essencials. Un equip de científics va desenvolupar una nova varietat de blat de moro que sí que contenia nivells apreciables d'aquests aminoàcids.

Per comprovar la utilitat d'aquesta nova varietat per a l'alimentació animal, es va dur a terme aquest experiment:

- Es va subministrar a un grup de 20 pollastres un pinso que contenia farina de blat de moro de la nova varietat.
- Es va alimentar un altre grup de 20 pollastres (grup de control) amb un pinso que només es distingia de l'anterior pel fet que no contenia farina de la varietat millorada del blat de moro.

Els resultats que es van obtenir sobre l'augment de pes (en grams) dels pollastres al cap de 21 dies d'alimentar-los van ser els següents:

Varietat normal: 380 321 366 356 283 349 402 462 356 410 329 399 350 384 316 272 345 455 360 431

Varietat millorada: 361 447 401 375 434 403 393 426 406 318 467 407 427 420 477 392 430 339 410 326

Problemes

1. Calcula la mitjana i la mediana per a les dues varietats.
2. Quina és la mesura central més representativa de les dues varietats en aquest estudi? Per què?
3. Indica el pes mínim i el pes màxim dels pesos en cada varietat.
4. +− Calcula la desviació típica i la variància per a les dues varietats.
5. Quin és el resultat més homogeni? Per què?
6. Què penses sobre els resultats obtinguts? És millor el nou compost? Val la pena?

Matematitza: 1, 3, 4 **Argumenta: 2, 6**

NOMBRES

Aproximar arrels quadrades no exactes

Acotar una arrel quadrada consisteix a trobar dos nombres enters, un de més gran i un de més petit que el de l'arrel. Per fer-ho, es busquen dos nombres els quadrats dels quals siguin més gran i més petit que el radicand. Aquests nombres són la **cota superior** i la **cota inferior**, respectivament.

Aproximar una arrel quadrada no exacta és trobar un valor decimal tan pròxim al real com es vulgui.

ÀLGEBRA

Solució d'una equació

Una **equació** és una igualtat entre dues expressions algebraiques que només es verifica per a alguns valors concrets de les lletres. Aquests valors són les **solucions o arrels** de l'equació. Les lletres són les **incògnites.**

Resoldre una equació és trobar-ne les arrels o solucions. Generalment, es fa servir un mètode algorítmic que permet trobar la solució, però hi ha altres mètodes:

- **Resolució d'equacions per tempteig.** Si la solució d'una equació és entera, podem trobar la solució provant nombres.
- **Resolució d'equacions factoritzades.** Si una equació està escrita amb factors, per resoldre-la caldrà igualar a 0 cadascun dels factors.
- **Resolució d'equacions de grau superior a 2.** S'escriuen factoritzades i, tot seguit, es fa servir el mètode anterior.

Funcions

Una funció és una **relació** entre dues magnituds, de manera que a cada valor de la primera li correspon, com a molt, un valor de la segona.

L'**expressió algebraica** d'una funció indica les operacions que s'han de fer amb la variable independent per calcular el valor relacionat de la variable dependent.

La representació gràfica d'una **funció lineal** és una recta. N'hi ha de tres tipus:

- **Funció constant,** $f(x) = k$. És una recta horitzontal a una altura k.
- **Funció de proporcionalitat directa**. Dues magnituds són directament proporcionals quan la raó entre els valors de l'una i els corresponents de l'altra és una constant.

  L'expressió de la funció és $\boldsymbol{y = f(x) = mx}$**.** La seva gràfica és una recta que passa per l'origen de coordenades.
- **Funció afí.** Representa una part proporcional (mx) més una de fisa (n). La seva expressió és $\boldsymbol{f(x) = mx + n}$**.** La gràfica és una recta el pendent de la qual és m. Talla en el punt $(0, n)$ l'eix de les ordenades; n és l'ordenada a l'origen. Els parells de valors (x, y) que obtenim en una funció lineal compleixen el que s'anomena equació de la recta.

  Per representar una recta, cal fer una taula de valors.

  Les **funcions quadràtiques** tenen la forma $f(x) = ax^2 + bx + c$ $(a \neq 0)$. La seva representació gràfica és una paràbola.
- Si $a > 0$, la funció és oberta cap amunt i té un mínim. Si $a < 0$, llavors és oberta cap avall i té un màxim. El màxim o el mínim s'anomenen *vèrtexs.*
- Les coordenades del vèrtex són aquestes:

$$x = \frac{-b}{2a};\ y = a\left(\frac{-b}{2a}\right)^2 + b\left(\frac{-b}{2a}\right) + c$$

- Talla l'eix y en el punt $(0, c)$ i l'eix x en els punts $(x_1, 0)$ i $(x_2, 0)$, en què x_1 i x_2 són les solucions de l'equació $ax^2 + bx + c = 0$, en el cas que tingui solucions.

  En la **funció de proporcionalitat inversa**, dues magnituds són inversament proporcionals quan el seu producte és un valor constant, $xy = k$.

  Per tant, $y = \dfrac{k}{x}$. La seva representació gràfica és una hipèrbola equilàtera.

GEOMETRIA

Figures semblants

Dues **figures** són **semblants** si els seus angles són iguals i els seus costats són proporcionals.

S'anomena **raó de semblança** el quocient indicat (raó) entre la mida del costat de F' i la seva corresponent de F. Es representa amb la lletra k.

Si la raó de semblança de dues figures és k, la relació entre les seves àrees és k^2.

Triangles semblants

Dos triangles són semblants si es compleix alguna d'aquestes condicions:

1. Tenen els tres angles iguals.
2. Tenen dos angles iguals.
3. Tenen un angle igual i els costats que el formen són proporcionals.

Teorema de Tales

Si dues rectes són tallades per rectes paral·leles, els segments corresponents que es formen en cadascuna de les rectes són proporcionals.

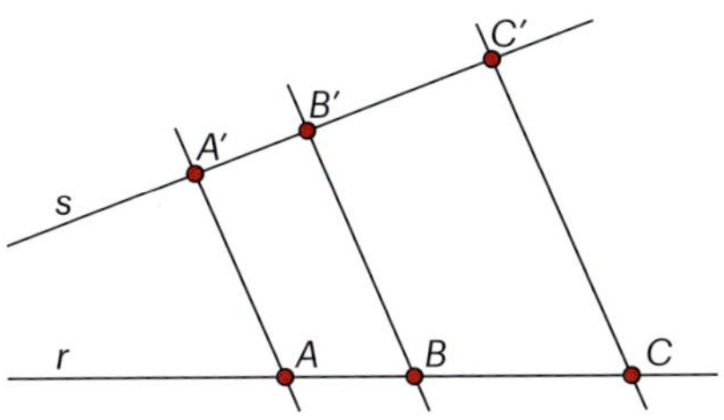

$$\frac{AB}{A'B'}=\frac{BC}{B'C'}=\frac{AC}{A'C'}$$

Triangles en posició de Tales

Dos triangles es troben en posició de Tales si tenen un costat comú i els costats oposats a aquests angles són paral·lels.

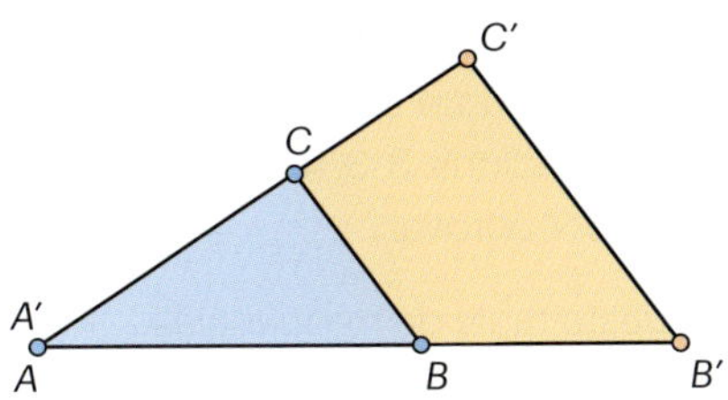

Escala

L'escala es fa servir per fer representacions de la realitat en plànols, mapes i maquetes. Es defineix com la raó entre la longitud que es representa i la longitud corresponent a la realitat, expressades en les mateixes unitats:

$$E=\frac{\text{Mesura representada}}{\text{Mesura real}}$$

ESTADÍSTICA

Paràmetres centrals

Els **paràmetres centrals** són nombres que representen globalment el conjunt de les dades. N'hi ha tres:

- **Moda**. És el valor que té més freqüència absoluta. Es representa mitjançant **Mo.**
- **Mediana.** És el valor que ocupa el lloc central de totes les dades quan aquestes dades estan ordenades de la més petita a la més gran. Es representa mitjançant **Me.**
- **Mitjana aritmètica.** És el valor que resulta en sumar totes les dades i dividir-ne el resultat entre el nombre total de dades. Es representa amb el símbol $\bar{x}$.

Paràmetres de dispersió

Els **paràmetres de dispersió** són unes mesures que indiquen com d'agrupades o disperses es mostren les dades d'una distribució estadística. Els més importants són aquests:

- **Rang o recorregut.** El paràmetre de dispersió més fàcil de calcular és el rang o recorregut, que mesura la diferència que hi ha entre la dada més gran i la més petita d'una variable estadística.

- **Desviacions i variància.**
  - La **desviació respecte de la mitjana** és la diferència entre cada valor de la variable estadística i la mitjana aritmètica: $d_i = x_i - \bar{x}$.
  - La **variància** és la mitjana aritmètica del quadrat de les desviacions respecte de la mitjana d'una determinada distribució estadística. Es representa mitjançant σ^2. La seva fórmula és aquesta:

$$\sigma^2=\frac{\sum f_i\cdot\left(x_i-\bar{x}\right)^2}{N}=\frac{\sum f_i\cdot x_i^2}{N}-\bar{x}^2$$

  - L'arrel quadrada de la variància és la **desviació típica**. Es representa mitjançant σ.

Altres paràmetres

- **Quartils.** Són valors que divideixen una mostra de dades (ordenades) en quatre parts iguals. Hi ha tres quartils, que s'acostumen a representar mitjançant Q1, Q2 i Q3. El segon quartil és la mediana. El primer quartil és el valor en el qual o per sota del qual queden les tres quartes parts (75 %) de les dades. La diferència entre els quartils tercer i primer és el **rang interquartílic** (RIC).

- **Diagrama de caixa.** Es tracta d'una representació visual que descriu diverses característiques importants alhora, com la dispersió i la simetria.

Entrena't +

Nombres

53. Resol les equacions següents:

a $x^5 + 2x^4 - 7x^3 - 20x^2 - 12x = 0$

b $x^5 - 9x^3 - 4x^2 + 12x = 0$

54. Escriu l'equació d'aquestes rectes:

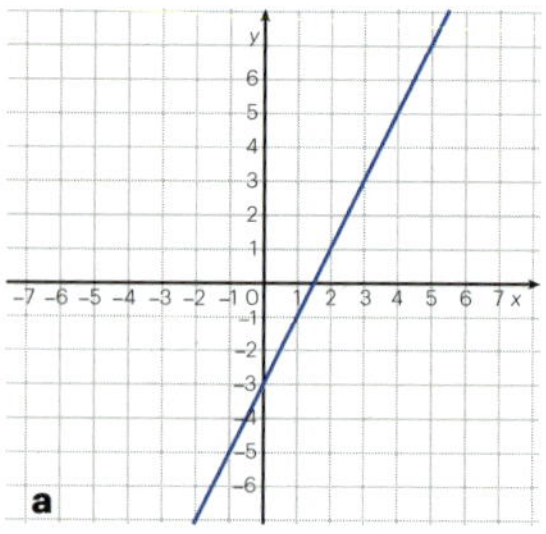

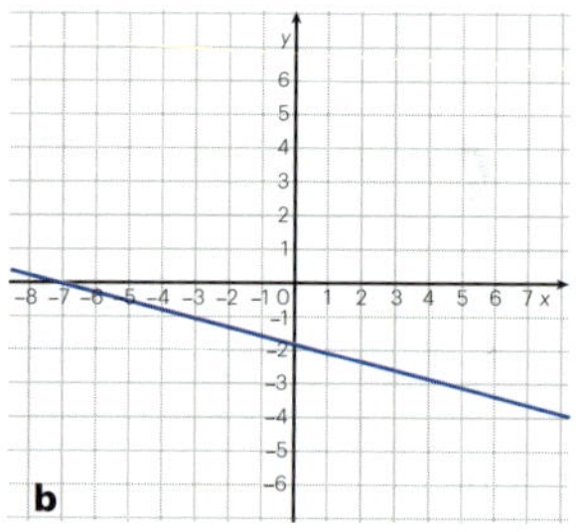

55. Copia aquesta taula i completa-la:

Funció afí	Pendent	Ordenada a l'origen	Creixement/ Decreixement
$f(x) = x + 3$	1	3	Creixent
$f(x) = 5x - 4$			
$f(x) = 7 - 2x$			
	−4	−6	
	2,5	−3,5	

56. Calcula les coordenades del vèrtex i dels punts de tall amb els eixos de les paràboles següents i representa-les:

a $f(x) = x^2 - 6x + 2$ **b** $f(x) = -3x^2 + 9x - 2$

57. Representa aquestes funcions:

a $f(x) = \dfrac{-15}{x}$ **b** $f(x) = \dfrac{20}{x}$ **c** $f(x) = \dfrac{-6}{x}$

Banc digital

Geometria

58. En un triangle rectangle, la hipotenusa fa 11 dm i un dels catets, 6 dm. Calcula quant mesura l'altre catet amb una aproximació a dos decimals.

59. La mesura en centímetres dels costats d'un quadrilàter són 4, 5, 8 i 10. Quant mesuren els costats d'un altre de semblant si la raó de semblança és $\dfrac{3}{5}$? I si la raó de semblança fos 4?

60. Troba *x* i *y*:

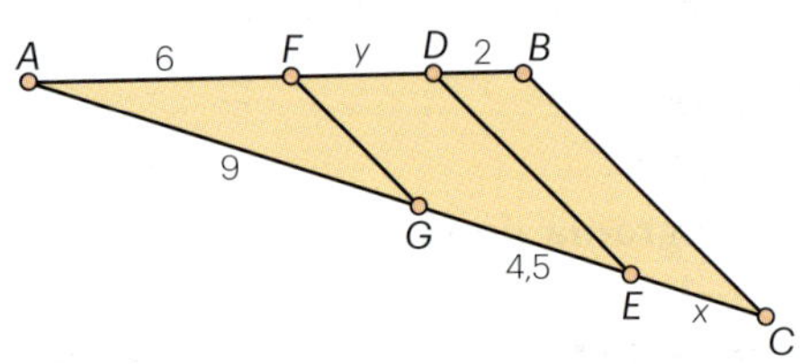

61. Es vol dibuixar un llapis de fuster de forma rectangular, de 12 mm d'ample i 240 mm de llarg. Per fer-ho, es farà servir una escala 3:1. Quines seran les mesures del llapis del dibuix?

62. La cuina d'una casa s'ha representat en un plànol a escala 1:80 i les seves mesures en aquest plànol són 6,25 cm de llarg i 3,75 cm d'ample. Quines són les mesures reals de la cuina?

63. Calcula l'alçària de l'arbre més alt d'aquest dibuix:

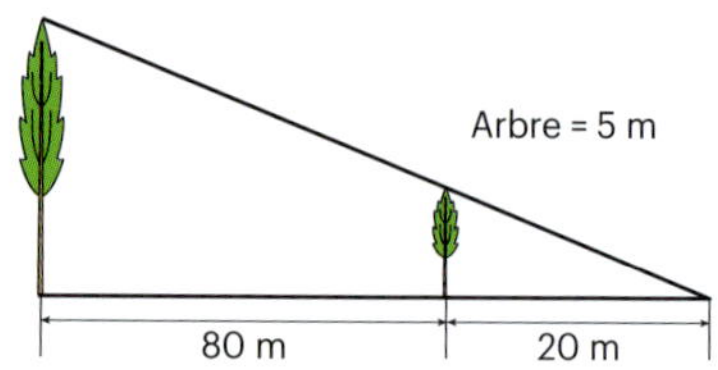

Banc digital

Estadística i probabilitat

64. La Lídia ha fet un estudi sobre el nombre de vegades que els companys i les companyes de la seva classe van al cinema cada mes i ha obtingut aquestes dades:

Nombre de vegades	0	1	2	3	4
Freqüència	3	10	7	4	1

Calcula'n els paràmetres centrals i la desviació mitjana.

65. Per determinar la nota final, un professor fa quatre exàmens. En els tres primers, un estudiant ha aconseguit aquestes qualificacions: 3, 3, 4. Quina nota ha de treure, com a mínim, per aprovar?

66. Fixa't en aquesta taula de freqüències:

x_i	1	2	3	4	5	6
f_i	5	6	12		9	4

Calcula la freqüència del valor 4, si saps que la mitjana és 3.

67. El nombre de cotxes que tenen les 25 famílies d'una mostra és el següent:

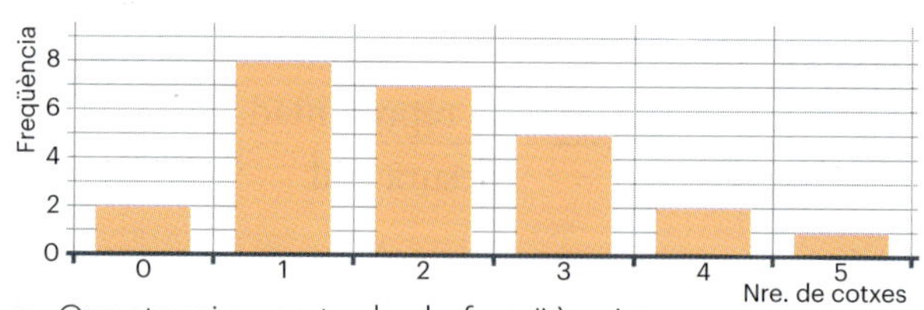

a Construeix una taula de freqüències.

b Calcula'n els paràmetres centrals.

c Troba'n els paràmetres de dispersió.

Banc d'activitats

Mates en context

8 AM AL Professional Les funcions de l'oferta i la demanda

L'oferta i la demanda són conceptes bàsics en economia. La demanda expressa les intencions de compra que manifesten els consumidors i està estretament relacionada amb el preu, de manera que, com més elevat és el preu, més baixa és la demanda del producte.

L'oferta és la quantitat de béns que els productors estan disposats a vendre. Com més cars els puguin vendre, més en voldran posar a la venda.

Tenim un producte el preu del qual és de 15 € i se n'ofereixen 150 unitats, però se'n demanen 110.

Problemes

1. Relaciona el nombre d'unitats amb el preu per unitat. Per fer-ho, llegeix atentament l'enunciat del problema; a continuació, copia i completa en la teva llibreta aquesta taula:

	Oferta		Demanda	
x: nombre d'unitats				
y: preu				

2. Suposa que les equacions de l'oferta i la demanda són lineals i troba el pendent de cadascuna a partir dels punts obtinguts en l'exercici anterior.
3. Quin és creixent? I quin és decreixent?
4. Calcula l'equació de la recta que passa pels punts de l'oferta i l'equació de la recta que passa pels punts de la demanda. Escriu aquestes rectes en forma de punt-pendent i explicita-ho.
5. S'anomena punt d'equilibri aquell punt en què l'oferta és igual a la demanda. Calcula el punt d'equilibri de les rectes anteriors.

Matematitza: 1, 2, 3 Simbolitza: 4 Planteja: 5

9 AM AL Científic El llançament de la pilota

Una persona situada a 30 m del terra llança una pilota cap amunt amb una velocitat de 25 m/s. L'altura de la pilota ve donada per l'equació $h(t) = -5t^2 + 25t + 30$, en què t és el temps (en segons) des del moment del llançament.

Problemes

1. Quina forma té el recorregut que efectua la pilota?
2. Representa la funció $h(t)$.
3. Quant triga a arribar a terra?
4. Quant temps triga a assolir la màxima altura? I quina és aquesta altura màxima a la qual arriba?

Argumenta: 1 Representa: 2 Matematitza: 3, 4

10 AM AL Científic Molt de fred

Una nit fosca i plujosa, la temperatura T (mesurada en graus centígrads) va variar segons la funció $T(x) = x^2 - 9x + 8$, en què x és el temps (en hores) a partir de les 12 de la nit ($0 \le x \le 12$).

Problemes

1. Quina temperatura feia a les 2 de la matinada?
2. A quina hora la temperatura va ser de 0 graus?
3. Quina va ser la temperatura mínima? A quina hora es va enregistrar?

Argumenta: 1, 2, 3

11 AM AL Científic La pilota bota i rebota

Es llança una pilota des d'una altura de 14 m, que cau a tres unitats de la vertical, va rebotant a terra i perd altura tal com es mostra en el dibuix.

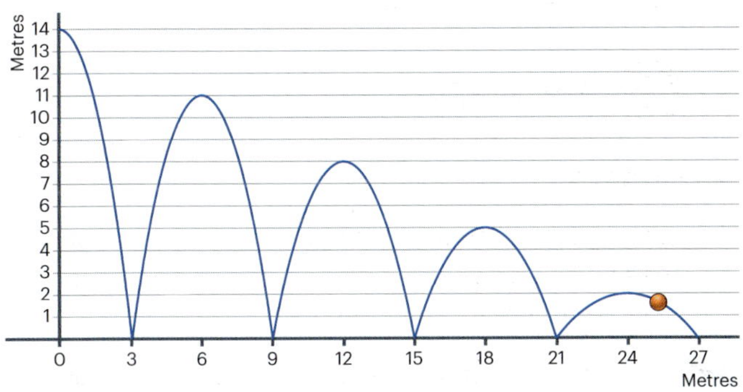

Problemes

1. Si x_1 i x_2 són els punts de tall d'una paràbola amb l'eix x, escriu l'equació general de forma factoritzada.
2. A partir de les dades de la imatge i l'equació anterior, calcula les equacions de les paràboles que representen el rebot de la pilota.

Simbolitza: 1 Matematitza: 2

Competències matemàtiques: 1, 2 (act. 8); 2 (act. 9, 10); 2, 6 (act.11).

12 AM AL AS Personal L'adquisició d'un terreny

Els pares de l'Andrea han comprat un terreny al poble on passen els estius. És de forma rectangular, té una casa i una zona amb arbres fruiters. Un dels costats del terreny dona a un rierol.

Problemes

1. L'Andrea vol saber l'amplada del rierol i no el pot travessar. Ha seguit aquests passos:

   1. Ha buscat un punt al costat de la riba oposada del riu. Ha escollit una roca (punt **A**), s'hi ha col·locat just al davant en direcció perpendicular al rierol (punt *B*).
   2. A continuació, s'ha mogut en la direcció de la riba fins a un altre punt (*C*). Des d'aquest punt, i perpendicularment a la riba, se n'ha allunyat (punt *D*).
   3. Des d'aquest darrer punt, traça una línia imaginària fins a la roca del punt *A*, que talla la de la seva trajectòria paral·lela a la riba en el punt *E*, que el seu pare ha marcat a terra.

   El croquis de la situació és el següent. S'hi mostren les mesures dels desplaçaments que ha fet l'Andrea, que ha comptat els passos que ha fet.

   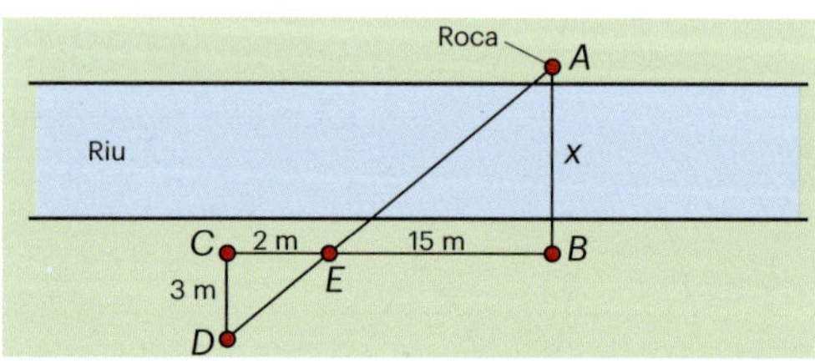

   Quant fa d'ample el rierol?

2. A continuació, ha demanat ajuda a la seva mare per mesurar l'arbre més alt. Han mesurat l'ombra de l'arbre i la de la seva mare en el mateix moment: fan 5 m i 56 cm, respectivament. Si la mare mesura 1,68 m d'alçada, quant fa d'alt l'arbre? Dibuixa la situació.

3. La casa té un menjador de 8 m × 5,5 m i una cuina de 4 m × 2,5 m. Són semblants?

4. Troba a distància més llarga del menjador i de la cuina. Aproxima el resultat a dos decimals.

Matematitza: 1, 2, 4 **Argumenta: 3**

13 AM AL AS Personal Professional Mapes i plànols

El Màrius i la seva família faran una ruta a peu dissabte vinent. Aniran del poble on viuen, *A*, a un altre poble de la comarca, *B*.

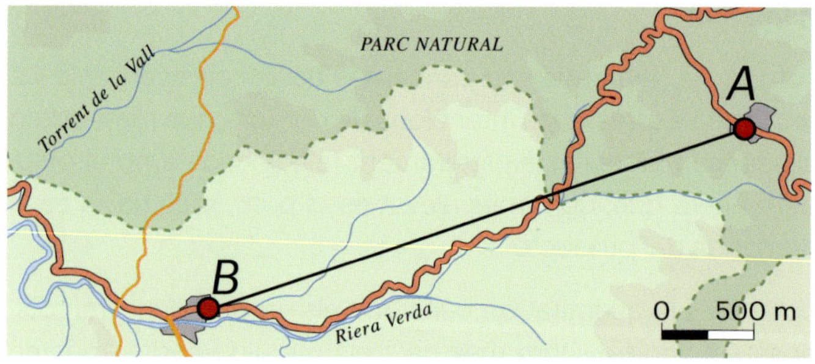

La regla del mapa indica de forma gràfica l'escala que s'ha fet servir per construir-lo.

Observa que en aquesta regla hi ha els metres i que la distància entre 0 i 500 és de 2 cm. Això vol dir que 2 cm del mapa equivalen a 500 m de la realitat.

Problemes

1. Si la distància entre els dos pobles, que en el mapa estan representats pels punts *A* i *B*, és de 13 cm, quina és la distància que separa els pobles en realitat?

2. A quina escala numèrica correspon la del mapa?

3. Han decidit passar el dia fora i s'han emportat pa per preparar uns entrepans. Són 9 persones i s'han emportat 2 barres de pa de 66 cm. En dividiran una entre 4 persones i l'altra, entre 5. Com ho faran?

   Segueix els passos següents per repartir una barra de pa entre 4 persones:

   1. Representa la barra de pa mitjançant un segment a escala 1:6.
   2. En un dels extrems, dibuixa-hi una semirecta que formi un angle agut amb l'anterior.
   3. En aquest últim segment, fes-hi 4 marques que estiguin a la mateixa distància. Comença a l'extrem comú als extrems.
   4. Uneix l'última marca amb l'extrem del segment que representa la barra de pa i traça-hi paral·leles des de les altres marques.

4. A partir de l'escala, quina longitud de la barra correspondrà a cadascuna de les 4 persones que la comparteixen?

5. Torna a fer els mateixos passos per dividir la segona barra de pa entre les altres 5 persones.

6. Quin teorema es fa servir per dividir un segment en parts iguals?

Matematitza: 1, 3, 4, 5 **Argumenta: 2** **Planteja: 6**

14 AM AL Professional Social Recordem una pel·lícula

Els infants, a diferència de les persones adultes, tendeixen a recordar les pel·lícules com una successió d'accions més que no pas per l'argument en conjunt. Quan relaten una pel·lícula, sovint fan servir expressions com «I llavors...».

Una psicòloga amb molta paciència va demanar a 50 nens que li expliquessin una determinada pel·lícula que havien vist. Va considerar la variable «quantitat de "i llavors..."» que es feia servir en el relat i va prendre nota d'aquests resultats:

8 15 22 19 15   17 18 20 17 12   16 16 17 21 23
18 20 21 20 20   15 18 17 19 20
22 10 17 19 19   21 20 18 18 24   19 31 16 17 18
19 20 18 18 40   18 19 16 23 11

En el mateix estudi, la psicòloga va obtenir aquestes dades de 50 persones adultes:

10 12 5 8 13   10 12 8 7 9   11 10 9 9 11
15 12 17 14 10   9 8 15 16 10
14 7 16 9 1   4 11 12 7 9   10 3 11 14 8
12 5 10 9 7   11 14 10 15 9

Problemes

Per a totes dues variables:

1. Construeix una taula de freqüències.
2. Calcula'n la mitjana, la mediana i la moda.
3. Què indiquen els punts anteriors respecte de la conducta observada en infants i en persones adultes?
4. Troba'n els quartils i elabora el diagrama de caixa que s'hi associa.
5. +− Calcula'n la variància i el desviament estàndard.
6. Indica en quin grup els integrants són més semblants pel que fa a la quantitat de «i llavors...» pronunciats en el relat d'una pel·lícula. Justifica la resposta.

Matematitza: 1, 2, 4, 5   Argumenta: 3, 6   Representa: 4

15 AM AL Social Formem paraules

S'ha demanat a un grup de 18 estudiants (grup 1) que, en dos minuts, formin la màxima quantitat possible de paraules a partir d'un conjunt desordenat de lletres. S'ha fet servir la quantitat de paraules correctes creades com a indicador de l'habilitat de cada estudiant.

Els resultats han estat aquests:

6 2 4 4 7 3 6 7 7 5 6 5 6 5 6 1 7 3

Un altre grup de 18 estudiants (grup 2) ha dut a terme la mateixa tasca i s'han obtingut aquests resultats:

3 9 7 4 5 6 3 4 5 6 7 4 4 4 3 8 3 5

Problemes

1. Construeix per a cada grup una taula de freqüències. Quants alumnes superen les 6 paraules? Quants no superen les 4 paraules?
2. Troba la moda, la mediana i la mitjana dels dos grups per separat.
3. A quin grup pertany l'estudiant més hàbil? I a quin grup pertany el menys hàbil?
4. Es pot afirmar que un grup és millor que l'altre? Si la resposta és afirmativa, digues quin és el millor i per què. Si la resposta és negativa, justifica-la.
5. En quins aspectes aquestes distribucions es poden considerar semblants i en quins es poden considerar diferents?
6. Compara la utilitat de la moda, la mitjana i la mediana com a mesures de la tendència central en aquest tipus de distribucions.
7. +− Calcula el rang i la desviació típica de tots dos grups.
8. Indica en quin grup els integrants són més semblants pel que fa a la quantitat de paraules correctes formades en dos minuts. Justifica la resposta.
9. Aplega les dades dels dos grups i calcula'n la mitjana aritmètica, la variància i els quartils. Què hi observes?

Matematitza: 1, 2, 7, 9   Argumenta: 3, 4, 5, 6, 8

1. Resol aquestes equacions:

a $x(x-2)(x+3)(x+5)=0$

b $x^4+2x^3=x^2\,2x=0$

2. Donades les funcions:

$f(x)=2x-1$ y $g(x)=x^2-2x+2$

a Representa-les en uns eixos de coordenades.

b Calcula els punts de tall de les gràfiques.

3. La gràfica de la funció $f(x)=x^2-2x+k$ passa pel punt (–1, 3).

a Calcula el valor de k.

b Obtén els punts de tall de la paràbola amb els eixos de coordenades.

4. Un quadrat mesura 12 cm de costat. Troba el valor de la diagonal i aproxima'l als mil·límetres.

5. A una hora concreta del dia, una persona que fa 177 cm d'alçada projecta una ombra de 59 cm. Quina alçària té un arbre si a la mateixa hora projecta una ombra de 135 cm?

6. Tenim un mapa a escala 1:250 000.

a Quina és la distància real entre dos punts si la distància en el plànol entre tots dos és de 3,5 cm?

b Quina és la distància en el plànol de dos punts que en la realitat estan separats per 24 km?

7. Fixa't en el nombre de nevades en una ciutat durant els últims quaranta anys:

9 6 5 6 1   1 5 8 3 6   0 2 1 2 2   2 0 2 2 4

1 0 1 2 0   2 4 0 4 4   9 8 11 6 0   6 5 5 4 5

a Calcula'n la mitjana aritmètica, la mediana i la moda.

b Determina'n la variància i la desviació típica.

8. Elabora un diagrama de caixa amb les dades de l'exercici anterior.

	4 punts	3 punts	2 punts	1 punt
1. Resolució d'equacions	Obtinc correctament les solucions de les equacions polinòmiques.	Resolc les equacions polinòmiques, però m'equivoco en algun càlcul.	Resolc les equacions polinòmiques, però no en trobo totes les solucions o no arribo fins al final.	No resolc equacions per descomposició.
2. Gràfiques de funcions	Represento correctament gràfiques de funcions i hi indico els punts més importants.	Represento les gràfiques de les funcions, però no els punts de tall.	Represento funcions no lineals, però no les quadràtiques.	No represento cap tipus de funcions.
3. Propietats de les funcions	Calculo correctament paràmetres i punts de les funcions.	Calculo paràmetres i punts de les funcions, però m'equivoco en algun càlcul.	Calculo els paràmetres o els punts, però no les dues coses.	No sé obtenir paràmetres ni punts d'una funció.
4. Càlcul i operacions amb arrels	Plantejo adequadament el problema i faig els càlculs amb precisió.	Plantejo adequadament el problema i faig els càlculs, però no arrodoneixo els resultats.	Plantejo adequadament el problema, però no faig correctament els càlculs.	No sé plantejar el problema ni fer càlculs amb arrels.
5. Teorema de Tales	Entenc i aplico correctament el teorema de Tales.	Entenc i aplico correctament el teorema de Tales, però m'equivoco en algun càlcul.	Entenc el teorema de Tales, però no el sé aplicar en un exercici.	No entenc el teorema de Tales ni el sé aplicar.
6. Escales	Resolc amb precisió i exactitud qualsevol tipus de problemes en què intervinguin escales.	Resolc qualsevol tipus de problemes en què intervinguin escales, però m'equivoco en els càlculs.	Només sé passar del plànol a la realitat o de la realitat al plànol, però no sé fer les dues coses.	No sé treballar amb escales.
7. Paràmetres centrals i de dispersió	Calculo amb exactitud els paràmetres centrals i de dispersió.	Calculo els paràmetres centrals i de dispersió, però cometo errors de càlcul.	Sé obtenir la majoria dels paràmetres centrals i de dispersió, però no tots.	No sé calcular paràmetres centrals ni de dispersió.
8. Quartils i diagrames de caixa	Calculo els quartils i dibuixo correctament un diagrama de caixa.	Calculo els quartils i dibuixo correctament un diagrama de caixa, però no tinc en compte els valors anòmals.	Calculo els quartils, però no elaboro correctament un diagrama de caixa.	No calculo els quartils ni represento un diagrama de caixa.

PDF

PROJECTE 3

EL MÓN ÉS UNA FUNCIÓ

Quantes gràfiques de funcions ets capaç de caçar?

4 sessions

mou les teves capacitats

Resolució de problemes

Eines digitals

Creativitat

PRESENTACIÓ DEL PROJECTE

Baranes, arcs, els ulls d'un pont, tobogans, cúpules... Què tenen en comú? Doncs que són figures amb un contorn que pot ser definit per mitjà de funcions: algunes són senzilles i molt comunes; altres són més complexes i escasses.

Amb aquest projecte:

- Aprendràs a detectar gràfiques de funcions en el teu entorn.
- Usaràs GeoGebra per extreure i analitzar la funció que necessitis.
- Competiràs en un safari fotogràfic per trobar el major nombre possible de funcions.

Pots ser un gran caçador de funcions!

QUÈ HAS DE SABER PER TENIR ÈXIT EN AQUEST PROJECTE?

Per fer un bon projecte, has de fer anar eines i conceptes matemàtics que ja coneixes, i altres de nous que aprendràs durant el procés:

- Utilitzar els diversos tipus de funcions que existeixen i saber com s'expressen gràficament.
- Conèixer els elements que defineixen cada tipus de funció (pendent, ordenada en l'origen, signe del pendent, punts de tall, màxims i mínims...).
- Tenir una visió matemàtica de l'entorn.

PRODUCTE FINAL

El producte final serà una exposició que recopili el teu safari fotogràfic. Cada «trofeu» s'analitzarà per extreure'n la funció i altres elements característics.

Has de treballar els coneixements i destreses següents:

- Els conceptes de funcions i gràfiques.
- La realització de fotografies significatives.
- La utilització de GeoGebra.

Segur que durant el teu safari trobaràs formes sorprenents. No dubtis a caçar-les per incorporar-les a la teva sala de «trofeus»!

Què aprendré?

Resolució de problemes
Analitzaràs matemàticament les funcions que es troben en el teu entorn.

Eines digitals
Usaràs eines de fotografia digital i GeoGebra per analitzar una figura, i extreure'n i analitzar-ne la funció que la genera.

Creativitat
Una obra arquitectònica és fruit de molts càlculs que s'expressen en forma de rectes i corbes. Obtenir bones fotografies aportarà sentit artístic a aquest projecte.

QUÈ FAREM?

En grups de 5

Sessió 1 **Introduir el tema i establir les regles del safari fotogràfic.**	Quants tipus de gràfiques de funcions series capaç de detectar al teu entorn? Entre tots, establirem una taula de «trofeus» o sistema de puntuació. Per exemple: si una funció és constant, val un nombre determinat de punts; si és lineal, val el doble. I hi pot haver diversos punts extres: si es troben dues funcions afins, si es tallen, etc. També ens posarem d'acord en els premis. Després, establirem les regles del safari: quina zona acotem per anar de cacera? Quina quantitat mínima i màxima de fotos es poden presentar? Quant temps tenim per fer la cacera?
Sessió 2 **Anar de safari.**	Es fa el safari fotogràfic segons les normes acordades en la sessió anterior.
Sessió 3 **Analitzar els «trofeus».**	El docent proposa una rúbrica i establim quina serà la definitiva. Acordem com exposarem els nostres «trofeus» i amb quina informació els hem de presentar (la fotografia amb la funció, si és creixent o decreixent, punts característics, etc.). Individualment, dediquem un temps a aprendre a usar el GeoGebra per extreure i analitzar una funció a partir d'una fotografia. Per grups, analitzem les fotografies amb GeoGebra.
Sessió 4 **Organitzar l'exposició i entregar els premis.**	Organitzem l'exposició. Un jurat puntua els «trofeus» segons el rànquing que s'ha acordat. S'entreguen els premis atenent a la puntuació.

«Un arc parabòlic es correspon amb una funció de segon grau; si busques, segur que en trobes algun. Et reptem a trobar rareses, com ara funcions de tercer i de quart grau, i fins i tot més complexes!»

EL MÓN ÉS UNA FUNCIÓ

Per guanyar el premi al millor equip caçador de funcions, heu d'agusar el vostre ull matemàtic. Hi ha més figures amagades de les que veieu a primer cop d'ull!

També necessiteu tenir bon sentit fotogràfic. Per exemple, un arc parabòlic fotografiat de costat no traça una paràbola, i això desqualificaria la fotografia.

QUÈ AVALUAREM?

Per avaluar aquest projecte, heu d'acordar una rúbrica d'avaluació durant la sessió 3 amb la resta dels grups i amb el professor o professora.

Aquesta rúbrica valorarà, com a mínim, aquests aspectes:

- Una bona elecció de les figures.
- La destresa adquirida amb GeoGebra.
- Una adequada presentació dels «trofeus», amb els aspectes formals acordats.
- La consecució de la màxima quantitat de punts acordats.
- La implicació en el projecte i un comportament cívic durant el safari.

Podeu afegir-hi altres factors que considereu interessants.

La feina s'avaluarà a nivell individual i de grup. Podràs autoavaluar-te i avaluar altres parelles.

7 Els nombres et cuiden

1 Quina dosi de xarop m'he de prendre?

2 Quants batecs fa el meur cor? Com batega?

3 Quant pesem i quant mesurem quan naixem?

BLOCS DE CONTINGUTS	Situació 1	Situació 2	Situació 3
NOMBRES I ÀLGEBRA			
Potències de nombres racionals amb exponent enter. Significat i ús.	●		
Potències de base 10. Aplicació per expressar nombres molt petits.	●		
Operacions amb nombre expressats en notació científica.	●		
Decimals i fraccions. Fracció generatriu.	●		
Proporcionalitat composta.	●		
Percentatges encadenats.	●		
Equacions de primer i segon grau amb una incògnita.		●	
FUNCIONS			
Anàlisi i descripció qualitativa de gràfiques que representen fenòmens de l'entorn quotidià i d'altres àmbits.		●	
Anàlisi d'una situació a partir de l'estudi de les característiques locals i globals de la gràfica corresponent.		●	
Anàlisi i comparació de situacions de dependència funcional donades per mitjà de taules i enunciats.		●	
Ús de models per estudiar situacions dels diferents àmbits de coneixement i de la vida quotidiana, mitjançant la confecció de la taula, la representació gràfica i l'obtenció de l'expressió algebraica.		●	
Funció de proporcionalitat inversa. Asímptotes.		●	
ESTADÍSTICA I PROBABILITAT			
Variables estadístiques: qualitatives, discretes i contínues.			●
Freqüències absolutes, relatives i acumulades. Agrupació de dades en intervals.			●
Gràfiques estadístiques.			●
Paràmetres de posició. Càlcul, interpretació i propietats.			●

1 La dosis exacta

Quina dosi de xarop m'he de prendre?

AM AL AP AS Científic Professional

Aprèn a...

Treballar amb nombres en notació científica.

Utilitzar la proporcionalitat directa i inversa per resoldre problemes de la vida quotidiana.

Fer servir els percentatges en diferents situacions de la vida real.

Ítem 1. El binomi entre la medicina i les matemàtiques

Les matemàtiques són una ciència fonamental per a la medicina, especialment en l'àmbit de la recerca. Així, per exemple, s'han fet servir models matemàtics per estudiar la progressió del càncer de pròstata. De la mateixa manera, també ha estat possible estudiar per mitjà de models matemàtics les nombroses variables que afecten l'hepatitis C. S'ha determinat que es desenvolupa en les primeres 48 hores, la qual cosa ha permès reduir el temps de tractament i aconseguir-ne, a més, la cura.

Ítem 2. Matemàtiques en la medicina del dia a dia

Els metges treballen amb nombres constantment: comproven la tensió arterial o la temperatura i calculen l'índex de massa corporal per determinar, per exemple, si una persona té sobrepès i poder-ne així preveure el risc cardiovascular. També fan càlculs per prescriure la dosi dels medicaments en funció del pes dels pacients. En pediatria, un error en aquests càlculs podria resultar fatal; en el millor dels casos, una dosi insuficient d'un medicament pot produir que no sigui efectiu.

També treballen amb nombres per valorar les xifres obtingudes als laboratoris corresponents a les anàlisis clíniques i, fins i tot, per poder determinar la data possible d'un part.

Ítem 3. Concentració d'un medicament

La concentració d'un medicament es pot expressar de tres maneres:

- **Massa/Volum.** Per exemple, l'expressió 2 mg/mL vol dir que hi ha 2 mg de fàrmac per cada mil·lilitre (mL) de volum de dissolució.
- **Percentatge (%).** És la quantitat de fàrmac (normalment en grams) que hi ha en 100 mL de dissolució.
- **Raó.** Es tracta de la relació entre la quantitat de fàrmac i una determinada quantitat de dissolució. Si no hi ha unitats, se sobreentén que es refereix a grams de fàrmac per mil·lilitres de volum. Per exemple, 5 : 10, equival a 5 mg/10 mL.

Construeix amb el que saps

Matematitza

1. Torna a llegir l'ítem 3. Si tenim una concentració de 2 mg/mL, quants mil·ligrams hi ha en 100 mL? Quants grams de fàrmac hi ha en 100 mL? Ara, escriu la concentració en forma de percentatge, en forma de raó i com a fracció.
2. Tenim un medicament amb una concentració del 2%. Expressa-la en mg/mL.
3. El paracetamol és un medicament molt comú. El que es prescriu als nens es presenta com un xarop amb una concentració de 100 mg/mL. Expressa aquesta concentració en forma de percentatge i de raó.
4. La dosi de paracetamol que s'ha d'administrar a un pacient depèn del seu pes. La dosi recomanada és de 60 mg/kg/dia. Si s'administra cada 6 hores, de quant és la dosi? I de quant serà la dosi si s'administra cada 4 hores?
5. En una família, els tres fills tenen febre. Calcula els mil·ligrams de fàrmac que se'ls ha d'administrar cada 6 hores si els seus pesos són, respectivament, 13 kg, 18,5 kg i 24 kg.
6. Troba quants mil·lilitres de xarop s'haurà de prendre per dosi cadascun dels fills i el nombre d'ampolles que caldrà comprar si cada ampolla conté 60 mL de xarop i el tractament dura 3 dies.
7. Resol les activitats 5 i 6, però ara considera que el medicament s'administra cada 4 hores.

Ítem 4. Nombres grans i petits

Mida d'un microbi	0,000 004 cm
Mida d'un virus	0,000 000 02 cm
Mida d'un glòbul vermell	0,000 0075 mm
Mida d'un bacteri	0,000 0002 mm
Diàmetre de l'ADN	0,000 000 0002 mm
Nombre de neurones que formen el sistema nerviós	10 000 000 000

Microbi

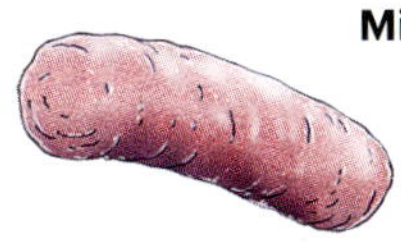

Virus

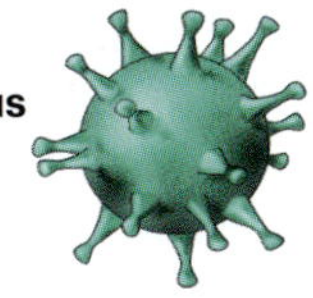

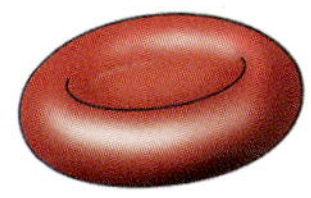

Glòbul vermell

Bacteri

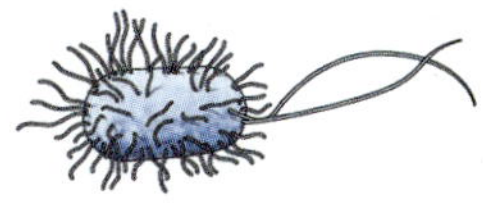

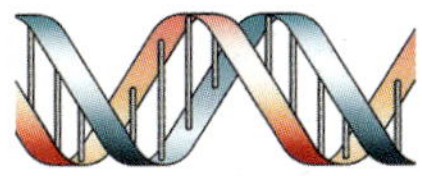

ADN

Neurona

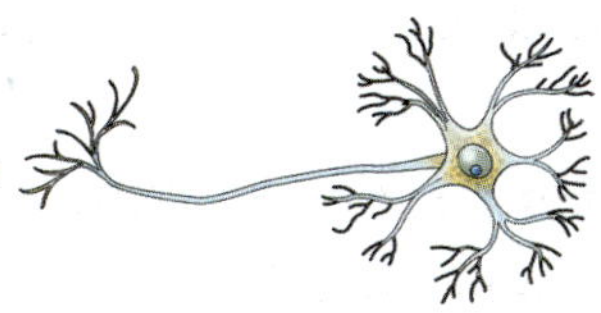

Ítem 5. Notació científica

La **notació científica** és una abreviació matemàtica de nombres amb molts zeros. Així, quan els nombres s'escriuen d'aquesta manera, es necessita menys espai i s'hi pot treballar millor.

El format de la notació científica és aquest:

$a \cdot 10^n$, en què $1 \leq |a| < 10$ i n és un nombre enter.

Construeix amb el que saps

Matematiza

8 Un nanòmetre (nm) equival a una milionèsima part d'un metre. Escriu aquesta relació en forma de fracció i, a continuació, fes la divisió.

9 Escriu el resultat de la divisió anterior en notació científica.

10 Escriu en notació científica les mides que s'esmenten en l'ítem 4. Escriu-les també en nanòmetres.

11 Una persona adulta té uns 5 L de sang i, aproximadament, 4 500 000 glòbuls vermells en cada mil·lilitre cúbic de sang.

a Si saps que 1 dm^3 equival a 1 L, passa 5 litres a mil·límetres cúbics.
b Escriu el nombre de glòbuls vermells i els mil·límetres cúbics de sang en notació científica.
c Calcula d'una manera aproximada el nombre de glòbuls vermells que té una persona i expressa'l en notació científica.

12 El diàmetre d'un virus fa $5 \cdot 10^{-4}$ mm i el radi mitjà de la Terra té 6370 km.

a Expressa en mil·límetres el radi del nostre planeta en notació científica.
b Calcula la longitud de la circumferència terrestre. Recorda que $L = 2\pi R$.
c Quants virus es necessitarien per encerclar la Terra?

13 Ordena del més gran al més petit els nombres de l'ítem 4.

El que has construït

Utilitzes les **proporcions** en problemes quotidians.

Escrius i operes fent servir la **notació científica.**

1. Relació entre magnituds

> **Apunt 1**
>
> **Recorda-ho!**
>
> La **raó** de dos nombres és el quocient entre aquests. Per exemple, la raó de 2 i 5 és $\frac{2}{5}$
>
> Una **proporció** és la igualtat de dues raons. Per exemple:
>
> $\frac{2}{5}=\frac{4}{10}\,(2\cdot 10=5\cdot 4)$

Dues o més magnituds poden estar relacionades entre si de diferents maneres:

- **Proporcionalitat directa.** Dues magnituds són directament proporcionals si la raó entre cada parella de valors roman constant; és a dir, com més o menys de la primera, més o menys de la segona, en la mateixa proporció. El quocient de qualsevol de les raons d'una proporció s'anomena constant de proporcionalitat directa (apunt 1).
- **Proporcionalitat inversa.** Dues magnituds són **inversament proporcionals** si el producte de cada parella de valors roman constant. El valor d'aquest producte és la **constant de proporcionalitat inversa.**

2. Repartiments

Fer un repartiment consisteix a distribuir una quantitat donada en parts desiguals. Un repartiment és directament proporcional si la quantitat que es distribueix és **directament proporcional** a les quantitats desiguals. En canvi, un repartiment **inversament proporcional** a diverses quantitats, a, b, c..., equival a fer un repartiment proporcional als seus inversos, $\frac{1}{a}, \frac{1}{b}, \frac{1}{c}...$

Exemples

1. En una carnisseria, la vedella té un preu de 8 € el quilo. Les magnituds que hi intervenen són quantitat de quilos i preu. Es tracta de magnituds directament proporcionals, ja que, si comprem el doble de quilos, ens costarà el doble de diners.

Quilos	1	2	...	x
Preu	8	16	...	28

Observa: $\frac{1}{8}=\frac{2}{16}=\frac{x}{28} \rightarrow x=3{,}5$ quilos.

La constant de proporcionalitat és
$1:8 = 2:16 = 3{,}5:28 = 0{,}125$.

2. Dos infermers s'ocupen de les anàlisis clíniques de 80 pacients i triguen una hora i mitja a fer la feina. Les magnituds que relacionem són el nombre d'infermers i el temps que triguen a atendre els 80 pacients. Són magnituds inversament proporcionals, ja que el doble d'infermers trigaran la meitat de temps a fer la feina.

Nombre d'infermers	2	4	...	6
Temps (en min)	90	45	...	x

Observa: $2\cdot 90 = 4\cdot 45 = 6x = 180$.
Per tant, $x = 30$ minuts.

La constant de proporcionalitat inversa és
$2\cdot 90 = 4\cdot 45 = 6\cdot 30 = 180$

3. En el servei d'urgències d'un hospital hi ha molta feina i es necessita personal extra. Es repartiran 1890 € de manera directament proporcional al nombre d'hores treballades. Quants diners rebran tres treballadors si un ha treballat 20 hores, un altre n'ha treballat 15 i el tercer n'ha treballat 10?

Hores totals treballades: $20 + 15 + 10 = 45$ hores. Per tant, $1890:45 = 42$ € l'hora.

Així, el primer rebrà $20\cdot 42 = 840$ €, el segon $15\cdot 42 = 630$ € i el tercer 420 €.

Observa que $840 + 630 + 420 = 1890$.

4. Volem repartir 94 punts de manera inversament proporcional al temps que tres persones inverteixen per realitzar una tasca. Els temps són 3, 4 i 5 minuts. Quants punts rep cadascuna?

El repartiment inversament proporcional equival a distribuir els 94 punts de manera directament proporcional a $\frac{1}{3}$, $\frac{1}{4}$ i $\frac{1}{5}$. El total dels inversos dels temps és $\frac{1}{3}+\frac{1}{4}+\frac{1}{5}=\frac{20+15+12}{60}=\frac{47}{60}$

Dividim el total de punts entre el total dels inversos: $94:\frac{47}{60}=120$

Per tant, $\frac{1}{3}\cdot 120=40$, $\frac{1}{4}\cdot 120=30$, $\frac{1}{5}\cdot 120=24$

Així, a la que ha trigat 3 min li corresponen 40 punts, a la que ha trigat 4 min, 30 punts, i a la que n'ha trigat 5, 24 punts. Observa que $40 + 30 + 24 = 94$.

3. Proporcionalitat composta

Quan es relacionen més de dues magnituds, en una banda de la igualtat es col·loquen les raons numèriques i es multipliquen i, a l'altra banda s'escriu la raó que conté la incògnita. S'ha de vigilar i estudiar el tipus de proporcionalitat que s'estableix entre les diferents magnituds (apunt 2).

Professora a casa. Proporcionalitat composta.

Exemples

5. Per 6 dies, 5 persones paguen 1500 €. Quant pagaran 7 persones per 9 dies?

Persones	Dies	Preu
5	6	1500
7	9	x

Persones-preu (directa)
Dies-preu (directa)

$$\frac{5}{7}\cdot\frac{6}{9}=\frac{1500}{x}$$
$$\frac{30}{63}=\frac{1500}{x}$$
$$x=3150\text{ €}$$

6. Una persona, amb 6 hores diàries, triga 14 dies. Quant trigaran 3 persones amb 7 hores diàries?

Persones	Hores	Dies
1	6	14
3	7	x

Persones-dies (inversa)
Hores-dies (inversa)

$$\frac{3}{1}\cdot\frac{7}{6}=\frac{14}{x}$$
$$\frac{21}{6}=\frac{14}{x}$$
$$x=4\text{ dies}$$

7. 15 vaques mengen 1250 kg de farratge en 30 dies. Per a quants dies hi haurà aliment si hi ha 25 vaques i 1875 kg de farratge?

Vaques	Farratge	Dies
15	1250	30
25	1875	x

Vaques-dies (inversa)
Farratge-dies (directa)

$$\frac{25}{15}\cdot\frac{1250}{1875}=\frac{30}{x}$$
$$\frac{31\,250}{28\,125}=\frac{30}{x}$$
$$x=27\text{ dies}$$

4. Notació científica

La **notació científica** serveix per abreujar l'escriptura de quantitats molt petites o molt grans. Un nombre que està escrit en notació científica té la forma $a\cdot 10^n$, en què $1\leq |a|<10$, enter o decimal, i n és un enter que s'anomena *ordre de magnitud.*

Operacions en notació científica

- **Suma i resta:** han de tenir la mateixa potència de 10.
- **Producte i quocient:** es multipliquen, d'una banda, els decimals i, de l'altra, les potències de 10. A continuació, es passa el resultat final a notació científica.

5. Potències

- D'exponent enter negatiu: $a^{-n}=\dfrac{1}{a^n}$
- De base fraccionària: $\left(\dfrac{a}{b}\right)^n=\dfrac{a^n}{b^n}$; $\left(\dfrac{a}{b}\right)^{-n}=\dfrac{1}{\left(\dfrac{a}{b}\right)^n}=\dfrac{1}{\dfrac{a^n}{b^n}}=\dfrac{b^n}{a^n}=\left(\dfrac{b}{a}\right)^n$

Exemples

8. $300\,000=3\cdot10^5$ $\quad 0{,}000\,000\,11=1{,}1\cdot10^{-7}$ $\quad 5{,}3\cdot10^{-4}=0{,}000\,53$

$2\cdot10^5+5{,}6\cdot10^4=2\cdot10\cdot10^4+5{,}6\cdot10^4=(20+5{,}6)\cdot10^4=25{,}6\cdot10^4=2{,}56\cdot10^5$

$(2{,}16\cdot10^5)(14{,}03\cdot10^{-23})=(2{,}16\cdot14{,}03)\cdot10^5\cdot10^{-23}=30{,}3048\cdot10^{-18}=3{,}030\,48\cdot10^{-17}$

9. $3^{-2}=\dfrac{1}{3^2}=\dfrac{1}{9}$; $\left(\dfrac{4}{5}\right)^{-2}=\left(\dfrac{5}{4}\right)^2=\dfrac{25}{16}$

Apunt 2

Percentatges encadenats

El preu del lloguer de l'habitatge vacacional augmenta a mesura que s'acosta l'estiu. A l'abril ja s'ha encarit un 3 % i al maig ja ha pujat fins al 4 %.

El percentatge total de l'augment és aquest:

Augmenta un 3 %: 103 % → 1,03.

Augmenta un 4 %: 104 % → 1,04.

Augment total: 1,03 · 1,04 = 1,0712 → → 107,12 %.

Ha augmentat un 107,12 % − 100 % = = 7,12 %.

Apunt 3

Recorda que les **potències de 10** equivalen a multiplicar o a dividir per la unitat seguida de tants zeros com indiqui l'exponent.

Per introduir a la **calculadora** una potència de 10, s'ha de prémer la **tecla EXP** i, a continuació, l'exponent.

Entrena't

1. Indica si les següents parelles de magnituds són directament proporcionals (DP), inversament proporcionals (IP) o no mantenen cap relació de proporcionalitat (NP):

- **a** Nombre de comensals i quantitat de menjar.
- **b** Gasolina consumida per un cotxe i quilòmetres recorreguts.
- **c** Quantitat d'aigua que surt per una aixeta i temps que triga a omplir-se una piscina.
- **d** Edat d'una persona i la seva alçada.
- **e** Preu d'un llibre i nombre de pàgines.
- **f** Velocitat d'un cotxe i temps que triga a recórrer la distància que separa dues ciutats.

2. Copia i completa aquestes taules. Indica-hi el tipus de proporcionalitat que hi ha entre les magnituds i la constant de proporcionalitat en forma decimal i en forma de fracció irreductible:

a

x	2	3	4	5		10	
y	1,5	2,25	3		5,25		20,7

b

x	2	4	5		
y	10	5		2	1,25

3. Si 10 màquines teixeixen 120 jerseis en 6 hores, quantes màquines es necessiten per teixir 200 jerseis en 5 hores?

4. Cinc fonts de les quals emanen 12 litres d'aigua cada minut omplen un estany en 8 hores. Quantes fonts es necessiten per omplir el mateix estany en 6 hores si ara emanen 20 litres cada minut?

5. Un pintor triga 18 dies a pintar 3 pisos si treballa 5 hores al dia. Quants dies necessitarà per pintar 15 pisos si s'hi dedica 6 hores al dia?

6. Reparteix 5900 € de manera que el resultat sigui:

- **a** Directament proporcional a 17, 20 i 22.
- **b** Inversament proporcional a 20, 24 i 32.

7. Calcula la quantitat total que s'ha repartit en parts directament proporcionals a 2, 3 i 4, si a la segona part li han correspost 150 €.

8. Determina la quantitat total que s'ha repartit en parts inversament proporcionals a 4, 5 i 8 si per a la tercera part són 75 €.

Banc digital

9. Després d'aplicar una rebaixa del 30%, un article val 140 €. Quant costava abans de la rebaixa?

10. Calcula a cada pas el percentatge final i indica si es tracta d'un augment o d'una disminució, així com també el percentatge d'augment o disminució, respectivament:

- **a** Augmenta un 7%, tot seguit augmenta un 10% i, finalment, disminueix un 20%.
- **b** Disminueix un 15%, augmenta un 10% i, després, augmenta un 5%.

11. Abans de les rebaixes, un establiment apuja els preus un 20% i, posteriorment, anuncia una rebaixa del 20%. Ha aplicat realment algun descompte als seus productes? De quant?

12. Amb la mateixa estratègia de l'exercici anterior, un establiment no vol fer cap descompte. De quant ha de fer l'augment inicial si després vol anunciar un 20% de descompte?

13. Una empresa disminueix temporalment el sou als seus treballadors un 10%, però els promet que, quan la seva situació financera millori, acabaran amb un 8% d'augment. Quin ha de ser l'augment que ha d'aplicar l'empresa als seus treballadors després de la crisi?

14. Escriu els nombres següents en notació científica:

- **a** 225 000 000
- **b** 12 345,345
- **c** 0,000 36
- **d** 0,000 002
- **e** 1 200 000 000
- **f** 0,005 6

15. Fes les operacions següents en notació científica i, a continuació, comprova'n el resultat amb la calculadora i expressa'l en notació científica:

- **a** $(2{,}25\cdot10^{-12})\cdot(1{,}6\cdot10^{18})$
- **b** $(1{,}2\cdot10^{8})\cdot(4\cdot10^{-6})$
- **c** $(3{,}25\cdot10^{16})\cdot(6{,}4\cdot10^{4})$
- **d** $(9\cdot10^{12})^3 : (2\cdot10^{-6})^2$

16. Calcula i expressa'n el resultat en notació científica:

- **a** $6{,}4\cdot10^{12}+12\cdot10^{11}$
- **b** $5\cdot10^{-9}-2\cdot10^{-8}$
- **c** $4\cdot10^{-5}-8{,}2\cdot10^{-6}$
- **d** $1{,}7\cdot10^{8}+1{,}5\cdot10^{10}$

17. Efectua les operacions següents i expressa'n el resultat en forma d'única potència d'exponent positiu:

- **a** $\left(\frac{4}{3}\right)^{5} : \left(\frac{3}{4}\right)^{-6}$
- **b** $(-5)^{-7}\cdot\left(\frac{-1}{5}\right)^{5}$
- **c** $\left[\left(\frac{2}{7}\right)^{-4} : \left(\frac{7}{2}\right)^{-2}\right]^{-5}\cdot\frac{2}{7}$
- **d** $\left[\left(\frac{2}{5}\right)^{3}\right]^{-2} : \left(\frac{5}{2}\right)^{-6}$
- **e** $\frac{125^4\cdot81^{-3}}{27^2\cdot25^{-3}}$
- **f** $\frac{4^{-6}}{\left(\frac{3^{-4}}{4^{-2}}\right)^{3}}$

Mates en context

1 AM AL Científic Pràctiques d'infermeria

L'Andrea estudia Infermeria i el dia que té pràctiques ha de fer una gran quantitat de càlculs. La pots ajudar? Recorda la informació proporcionada en l'ítem 3 sobre la concentració d'un medicament.

Problemes

1. L'etiqueta d'un antibiòtic indica el següent: 250 mg/5 mL. Si s'han d'administrar 500 mg cada 8 hores, quants mil·lilitres es necessiten cada dia?
2. Cada flascó conté 120 mL. Quants se'n necessitaran per a un tractament de 7 dies? Quina quantitat en sobrarà?
3. Una farmàcia que té 96 capses d'antibiòtics al seu magatzem pot facilitar un tractament complet a 6 persones durant 8 dies. Quants dies li duraran 192 capses si van a comprar a la farmàcia 16 pacients?
4. S'han d'administrar 1000 mL/dia de sèrum glucosat al 5% a un pacient. Quants mil·ligrams de glucosa rep cada dia aquesta persona?
5. En una recepta s'indica que cal administrar 6 g d'un fàrmac per cada litre de líquid obtingut. Si s'obtenen 5 litres de líquid, quants mil·ligrams del fàrmac s'hauran d'administrar, tenint en compte que cada flascó conté 50 mL amb una concentració del 20% d'aquest medicament? Calcula'ls de dues formes diferents.
6. El dermatòleg prescriu una pomada amb un fàrmac 1 : 10 000. Quants grams de fàrmac hi ha en aquesta pomada?
7. A un nen que pesa 12 kg se li prescriuen 15 mg/kg de paracetamol cada 8 hores. Si el tractament dura 3 dies, quants mil·ligrams de paracetamol se li administren?

Matematitza: 1, 2, 4, 5, 6 **Argumenta: 3, 7**

2 AM AL Científic El Sol com a referència

La taula següent mostra les distàncies entre els planetes i el Sol.

Planeta	Distància mitjana al Sol (km)
Mercuri	58 000 000
Venus	110 000 000
Terra	150 000 000
Mart	230 000 000
Júpiter	770 000 000
Saturn	140 000 000
Urà	290 000 000
Neptú	450 000 000

Problemes

1. Escriu les distàncies en notació científica.
2. Quin planeta està més a prop del Sol, la Terra o Venus?
3. Quantes vegades és més gran la distància de la Terra al Sol respecte de la de Mercuri al Sol?
4. Quantes vegades és més gran la distància de Mart al Sol respecte de la distància de la Terra al Sol?
5. Ordena els planetes de més a menys distància respecte del Sol.
6. La velocitat de la llum és de 300 000 km/s. Quant de temps triga la llum a arribar des del Sol fins a Júpiter? Calcula el temps que triga a arribar a cadascun dels planetes.
7. Quina distància recorre la llum en un any?
8. L'edat aproximada del Sol és de 5 000 000 000 anys. Escriu aquesta edat en notació científica. Si un cos té 3 vegades l'edat del Sol, quants anys té?
9. El nombre aproximat d'estrelles de la Via Làctia és de dos-cents mil milions. Escriu el nombre d'estrelles en notació científica. Quant de temps trigaries a comptar-les si en sumessis dues per segon? Expressa el resultat en anys i en segons.

Matematitza: 1, 5 **Argumenta: 2, 3, 4, 6, 7, 8, 9**

2 Els batecs del cor

Quants batecs fa el meu cor? Com batega?

AM AL AS AP

Científic Professional

Aprèn a...

Interpretar el comportament d'una funció donada gràficament i associar-hi enunciats de problemes contextualitzats a gràfiques.

Identificar les característiques més rellevants d'una gràfica.

Construir una gràfica a partir d'un enunciat.

Ítem 1. Gràfica d'un electrocardiograma

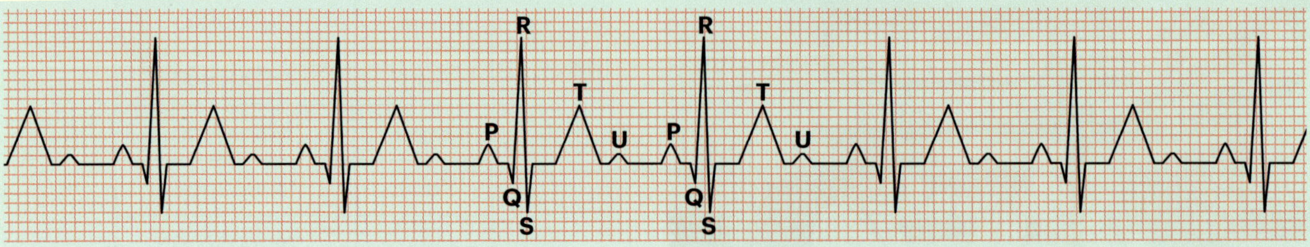

Ítem 2. L'electrocardiograma (ECG)

Un electrocardiograma és una representació gràfica de l'**activitat elèctrica del cor** en funció del temps.

És format per ones de diferents corbes cap amunt o cap avall. Aquestes ones són producte dels potencials d'acció que es produeixen durant l'estimulació cardíaca i es repeteixen d'un batec a un altre, llevat que hi hagi alteracions.

L'ECG té una funció rellevant en el diagnòstic de les malalties cardiovasculars. També és útil per conèixer la durada del cicle cardíac.

Ítem 3. Batecs del cor

El sistema elèctric del cor controla la velocitat dels batecs. De mitjana, el cor batega unes 80 vegades per minut. Aquests batecs són els que produeixen les ones de l'ECG.

Ítem 4. Ones de l'ECG

Les ones electromagnètiques s'anomenen P, Q, R, S, T i U, en aquest ordre. Estan unides entre si per una línia isoelèctrica.

Ítem 5. L'ECG d'un batec

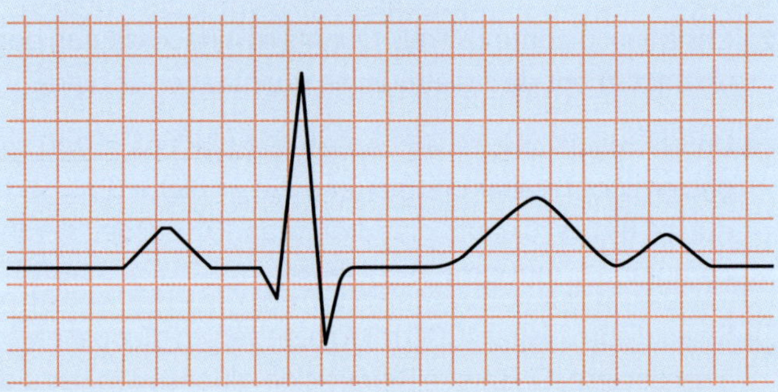

Construeix amb el que saps

Representa

1. Dibuixa en la teva llibreta una ona completa del batec del cor (ítem 5) i marca-hi en blau la part ascendent de l'ona, en vermell la part descendent i en verd la part constant.

Matematitza

2. Marca en el dibuix anterior les ones P, Q, R, S, T i U i indica si són màxims o mínims relatius de la funció.

Argumenta

3. Hi ha cap màxim o mínim relatiu que no correspongui al nom d'alguna de les ones? En cas afirmatiu, indica quins punts són.

4. Les funcions que es repeteixen de forma contínua s'anomenen funcions periòdiques i la part que es repeteix és el període. La representació d'un batec és un període? Per què?

Matematitza

5. Els màxims i els mínims absoluts són els valors màxims i mínims d'una funció en un interval. Si considerem un batec com un interval, indica quins són el màxim i el mínim absoluts.

6. Quants períodes tindrà la funció periòdica de l'electrocardiograma durant un dia?

Ítem 6. Batecs per minut (bpm)

La freqüència cardíaca varia amb l'edat. A partir dels 10 anys, s'estabilitza entre 60 i 100 batecs per minut. Per a edats inferiors a 10 anys, la mitjana de batecs per minut és aquesta:

- Primer mes de vida: 70-190.
- Entre 1 i 11 mesos: 80-160.
- Entre 1 i 2 anys: 80-130.
- Entre 3 i 4 anys: 80-120.
- Entre 5 i 6 anys: 75-115.
- Entre 7 i 9 anys: 70-110.

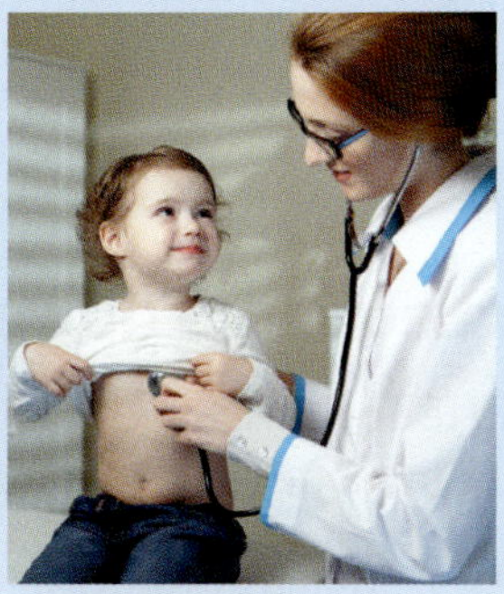

Ítem 7. Freqüència cardíaca màxima

Segons l'Associació Estatunidenca del Cor (American Heart Association, AHA), per calcular la freqüència cardíaca màxima d'una persona durant l'exercici físic, cal restar a 220 l'edat d'aquesta persona.

Tanmateix, els últims estudis estableixen que la millor fórmula per determinar la freqüència cardíaca màxima ideal és aquesta: 208 – (0,7 · edat).

Ítem 8. Sang impulsada pel cor

El cor d'un adult impulsa, aproximadament, 80 mil·lilitres de sang per batec.

Construeix amb el que saps

Matematitza (7) Escriu com a interval el nombre de batecs tenint en compte l'edat, tal com s'indica en l'ítem 6.

(8) Calcula la mitjana de batecs en cadascun dels intervals d'edat.

Representa (9) Representa una funció en què l'eix *x* sigui l'edat i l'eix *y* representi la mitjana de batecs del cor d'aquella edat.

Matematitza (10) +− Imagina un cor que presenta una mitjana de 80 batecs per minut:

a Quants batecs presenta en una hora? I en un dia?
b Quants batecs fa en un any? I en 80 anys? (Suposa que sempre presenta aquesta mitjana de 80 batecs per minut.)

Argumenta (11) +− Determina la quantitat de sang que haurà bombat el cor d'una persona de 80 anys al llarg de la seva vida. (Tingues en compte que durant els deu primers anys de vida el cor batega més de pressa. Considera també que els batecs són la mitjana en cada interval.)

Planteja (12) Para atenció a les fórmules per a l'obtenció de la freqüència cardíaca màxima recomanada de l'ítem 7. A quina edat coincideixen aquestes fórmules?

Planteja i representa (13) Crea i representa una funció que mostri la diferència de freqüència cardíaca màxima entre les dues fórmules.

Argumenta (14) Per a quines edats la freqüència màxima recomanada, segons els darrers estudis, és més baixa que la indicada per l'AHA? Raona la resposta.

Matematitza i planteja (15) La fórmula per conèixer la freqüència cardíaca màxima recomanada també es fa servir per determinar quan és més eficaç l'exercici físic. S'ha demostrat que l'entrenament físic és més eficaç quan la freqüència cardíaca assoleix el 80 % del valor màxim recomanat. Escriu una fórmula que permeti trobar la freqüència cardíaca recomanada perquè l'exercici físic sigui més efectiu, en funció de l'edat.

El que has construït

Analitzes el comportament de **funcions** a través de les seves **gràfiques.**

Distingeixes el **creixement**, el **decreixement**, els **màxims** i els **mínims d'una gràfica.**

Construeixes **gràfiques a partir de fórmules.**

Obtens **fórmules de funcions** a partir d'enunciats.

6. Equacions de segon grau

Apunt 4

Aquestes equacions també són de segon grau:

$$\sqrt{bx+c}=ax$$

$$\frac{c}{ax+b}+x=0$$

Una **equació de segon grau** és una igualtat algebraica que es verifica per a alguns valors de la incògnita, en què 2 és el grau més alt o que s'eleva. La seva expressió general és aquesta (apunt 4):

$$ax^2+bx+c=0$$

Coeficient de grau 2 (a) · Coeficient de grau 1 (b) · Terme independent (c)

7. Solucions d'una equació de segon grau

Apunt 5

Les solucions d'una equació també es poden anomenar **arrels de l'equació.**

Una equació de segon grau té dues solucions, tot i que aquestes solucions no sempre són reals. S'obtenen per mitjà de l'ús d'una fórmula (apunt 5).

Les solucions de l'equació de segon grau $ax^2 + bx + c = 0$ són aquestes:

$$x=\frac{-b\pm\sqrt{b^2-4ac}}{2a}$$

8. Relacions de Cardano-Vieta

Fig. 1. Girolamo Cardano (1501-1576) va ser un matemàtic, metge i astròleg italià.

Si tenim una equació de segon grau de la forma $ax^2 + bx + c = 0$, les solucions de la qual són x_1 i x_2, resulta que:

$$x_1+x_2=\frac{-b}{a} \text{ i } x_1\cdot x_2=\frac{c}{a}$$

Aquestes fórmules, que s'anomenen **relacions de Cardano-Vieta** (fig. 1), ens permeten calcular de cap les solucions d'equacions fàcils.

Es dona un cas molt interessant quan $a = 1$, perquè les relacions de Cardano-Vieta queden d'aquesta manera: $x_1 + x_2 = -b$ i $x_1 \cdot x_2 = c$. És a dir, la suma de les solucions és $-b$ i el seu producte és c. En aquest cas, es pot escriure així l'equació de segon grau:

$$x^2-(\text{suma})\cdot x+(\text{producte})=0$$

Exemples

10. $5x^2 + 7 = 12x$ és una equació de segon grau. Si passem tots els elements al primer terme, $5x^2 - 12x + 7 = 0$, resulta que el coeficient de segon grau és 5, el de primer grau és -12 i el terme independent és 7.

11. Resolem l'equació de segon grau de l'exemple 10:

Tenim que $a = 5$, $b = -12$ i $c = 7$; per tant:

$$x=\frac{-(-12)\pm\sqrt{(-12)^2-4\cdot5\cdot7}}{2\cdot5}=\frac{12\pm\sqrt{144-140}}{10}=\frac{12\pm\sqrt{4}}{10}=\frac{12\pm2}{10}=\begin{cases}\dfrac{12+2}{10}=\dfrac{14}{10}=\dfrac{7}{5}\\[2ex]\dfrac{12-2}{10}=\dfrac{10}{10}=1\end{cases}$$

12. Comprovem les relacions de Cardano-Vieta de l'exemple 11:

$$x_1+x_2=\frac{7}{5}+1=\frac{12}{5};\ \frac{-b}{a}=\frac{-(-12)}{5}=\frac{12}{5} \quad \text{i} \quad x_1\cdot x_2=\frac{7}{5}\cdot1=\frac{7}{5};\ \frac{c}{a}=\frac{7}{5}$$

Professora a casa. Relacions de Cardano-Vieta.

9. Funcions

Una **funció** és una regla que assigna a cada valor de la variable independent x, que pertany a un determinat conjunt de nombres, un únic valor de la variable dependent y (apunt 6).

- El conjunt de valors de la variable independent x s'anomena **domini** de la funció. S'expressa mitjançant *Dom* (*f*).
- El conjunt de valors formats per les imatges o transformats de x s'anomena **recorregut** o **rang de la funció**. S'expressa mitjançant **Rec** (*f*) o **Rang** (*f*).
- La **gràfica d'una funció** és el conjunt de punts (x, y) tals que $y = f(x)$.

Apunt 6

Recorda-ho!

S'acostuma a assignar la lletra x a la variable independent. A partir de x es calcula el valor de la variable dependent, que se sol anomenar y.

$y = f(x)$ vol dir que el resultat de substituir x en la funció és y.

Exemple

13. Donada la funció $f(x)=\sqrt{x}$, el seu domini és el conjunt dels nombres més grans o iguals que 0, perquè no es pot calcular l'arrel quadrada dels nombres negatius. S'escriu Dom (*f*) = $\{x \in \mathbb{R} | x \geq 0\}$ = $[0, \infty)$.

10. Característiques d'una funció

- Una funció *f* és **creixent** (fig. 2a) en un interval si, donats dos punts qualssevol d'aquell interval, a i b, tals que $a < b$, es verifica que $f(a) \leq f(b)$.
- Una funció *f* és **decreixent** (fig. 2b) en un interval si, donats dos punts qualssevol d'aquest interval, a i b, tals que $a < b$, es verifica que $f(a) \geq f(b)$.
- Els **extrems relatius** d'una funció són els punts en què es produeix un canvi en el creixement (fig. 3).
- El **màxim** és el punt en què la funció deixa de ser creixent i comença a ser decreixent.
- El **mínim** és el punt en què la funció passa de ser decreixent a ser creixent.

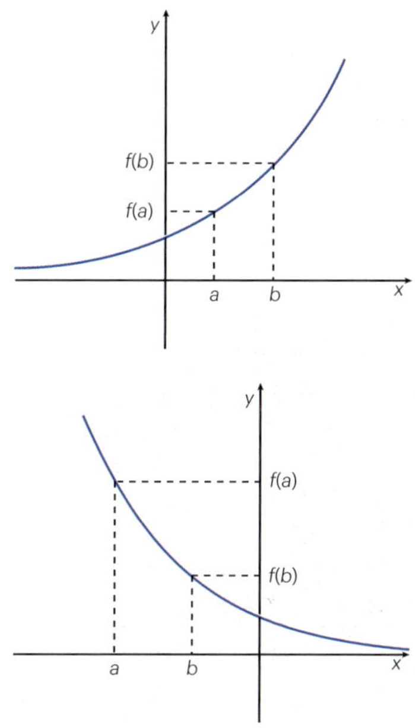

Fig. 2. Funció creixent (**a**) i funció decreixent (**b**).

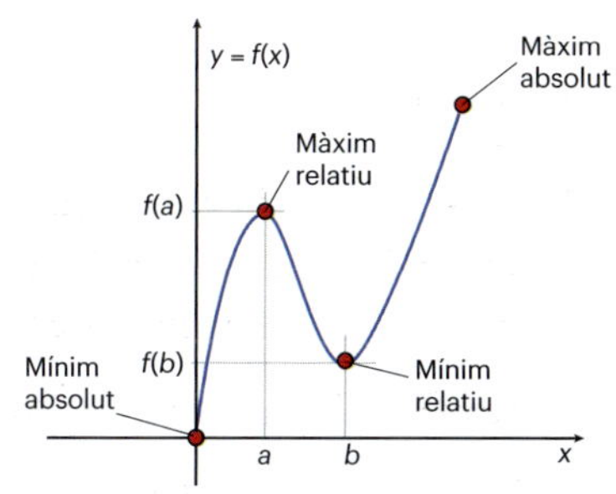

Fig. 3. Màxims i mínims d'una funció.

11. Asímptotes d'una funció

S'anomena **asímptota d'una funció** una recta a la qual s'aproxima la gràfica d'aquesta funció; és a dir, la distància entre les dues tendeix a ser 0 a mesura que s'estenen indefinidament.

Es poden distingir tres tipus d'asímptotes:

- **Asímptotes verticals.** Són rectes perpendiculars a l'eix de les abscisses, d'equació x = constant.
- **Asímptotes horitzontals.** Són rectes perpendiculars a l'eix de les ordenades, d'equació y = constant.
- **Asímptotes obliqües.** Es tracta de rectes que no són paral·leles ni perpendiculars als eixos, d'equació $y = mx + b$.

Exemple

14. La funció $f(x)=\dfrac{x}{x-2}$ (la seva representació gràfica es troba al marge de la pàgina) té dues asímptotes:

- Asímptota vertical: $x = 2$.
- Asímptota horitzontal: $y = 1$.

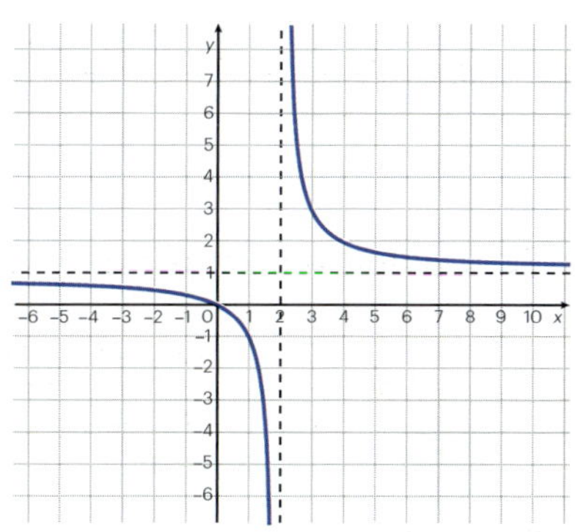

Entrena't

Equacions

18. Resol les equacions següents:

a $x^2 - 5x + 24 = 6x$
b $x^2 + 3x = 2x + 42$
c $4x^2 + 10x = x - 2$
d $3x^2 + 10x - 20 = 10 - 3x$

19. Resol aquestes equacions:

a $(x - 3) \cdot (x + 2) = 0$
b $(x - 3)^2 - 2x = 3x - 15$
c $4x^2 + 4(2x + 1) = 0$
d $x - (2x - 3)^2 = 2 - (x - 1)^2$
e $4+\frac{x^2+1}{5}=\frac{x-3}{10}+2x$
f $\frac{x^2-1}{2}-\frac{x+3}{3}=1-\frac{5-3x}{4}$
g $(x-2)^2=1-\frac{x+1}{3}$
h $\frac{3(x-1)^2}{2}+\frac{x^2+2}{3}=5x-4$

20. Sense resoldre-les, indica quina és la suma i quin és el producte de les arrels de les equacions següents:

a $x^2 - 8x + 12 = 0$
b $x^2 - 3x - 28 = 0$
c $3x^2 + 2x - 1 = 0$
d $4x^2 - 36 = 0$
e $x^2 + 5x + 6 = 0$
f $x^2 + 2x - 15 = 0$
g $2x^2 - 13x + 15 = 0$
h $-3x^2 + 20x - 12 = 0$

21. Resol les equacions de l'exercici anterior i comprova'n la suma i el producte.

22. Troba dos nombres si saps que la seva suma i el seu producte són aquests:

a $S = 7$ i $P = 12$
b $S = -5$ i $P = 4$
c $S = 6$ i $P = -40$
d $S = -3$ i $P = -18$
e $S = \frac{1}{2}$ i $P = 1'$
f $S = \frac{-13}{3}$ i $P = -10$
g $S = \frac{5}{2}$ i $P = \frac{-3}{2}$
h $S = \frac{3}{4}$ i $P = \frac{1}{8}$

23. Troba les equacions de segon grau les arrels (solucions) de les quals són aquestes:

a $x_1 = 5$ i $x_2 = 4$
b $x_1 = 1$ i $x_2 = 0$
c $x_1 = 6$ i $x_2 = 8$
d $x_1 = 3$ i $x_2 = 3$

24. Troba les equacions de segon grau, de coeficients enters, les arrels de les quals són aquestes:

a $x_1 = 5$ i $x_2 = \frac{1}{2}$
b $x_1 = \frac{2}{5}$ i $x_2 = \frac{1}{5}$
c $x_1 = \frac{7}{3}$ i $x_2 = \frac{-5}{6}$
d $x_1 = 2$ i $x_2 = \frac{-3}{2}$
e $x_1 = \frac{3}{4}$ i $x_2 = \frac{1}{6}$
f $x_1 = \frac{3}{8}$ i $x_2 = \frac{-1}{2}$

Banc digital

Funcions

25. Representa aquestes funcions i indica en quins intervals són creixents o decreixents:

a $f(x) = x$
b $f(x) = x - 1$
c $f(x) = 2x^2 + 2$
d $f(x)=\frac{4}{x}$
e $f(x)=x^3$
f $f(x) = 3 - 2x$
g $f(x) = x^3 - 9x$
h $f(x)=\frac{1}{x^2}$

26. Donada la funció següent, digues en quins intervals és creixent i en quins és decreixent:

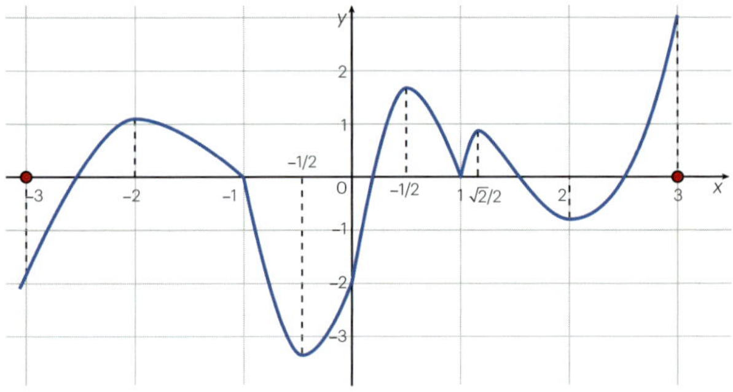

27. Indica els màxims i els mínims relatius de la funció de l'exercici anterior.

28. Indica les asímptotes d'aquestes funcions:

a

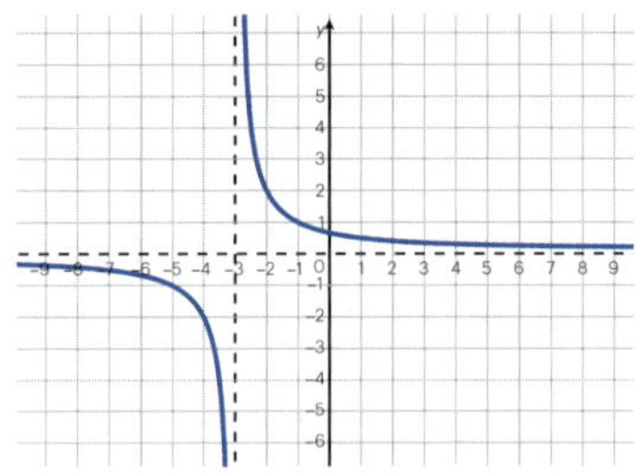

b

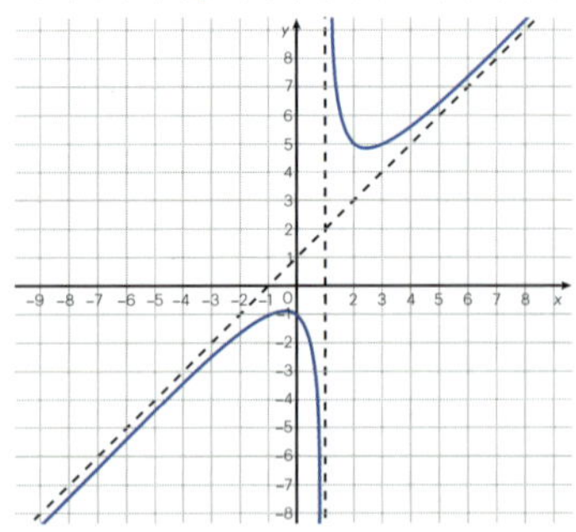

c

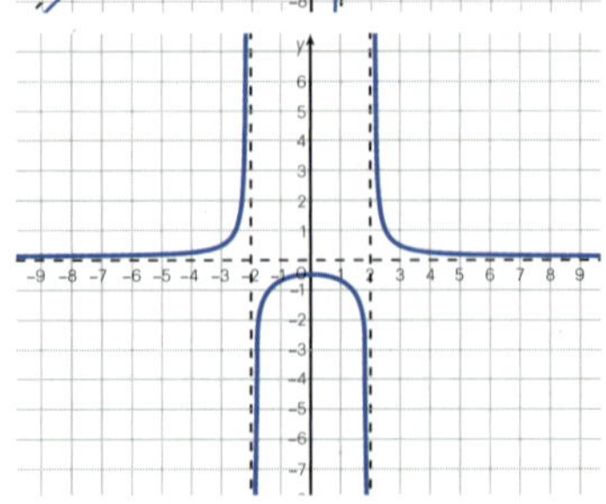

Banc digital

Mates en context

3 AM AL Professional Control d'epidèmies

Els models matemàtics ajuden a entendre moltes situacions reals. Ara veurem com evoluciona una població amb una epidèmia (grip, VIH, hepatitis...).

Evolució d'una epidèmia en una ciutat

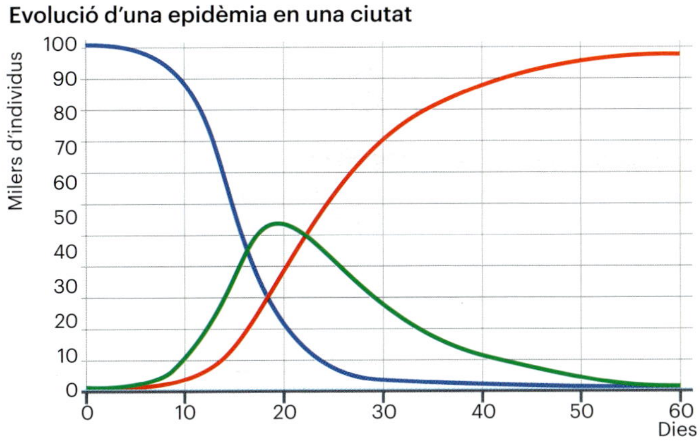

Hi ha tres tipus d'individus, que són representats en la gràfica mitjançant diversos colors:

- Color blau: individus susceptibles de contreure la malaltia, però que encara no estan infectats.
- Color verd: individus infectats amb la malaltia i que en poden contagiar altres.
- Color vermell: individus que ja han patit la malaltia i que ja no la poden transmetre o bé perquè ja s'han recuperat o bé perquè han mort.

Problemes

1. Explica què volen dir les tres corbes de la gràfica.
2. Indica la part creixent i la part decreixent de cada corba.
3. Respon:

   a Per què la funció blava sempre és decreixent?
   b Per què la funció vermella sempre és creixent?
   c Què vol dir que la funció verda tingui un màxim?
4. Hi ha asímptotes? Quines?
5. Explica les causes d'aquestes asímptotes.
6. Analitza les corbes i respon:

   a Quants habitants té la ciutat?
   b Quant de temps ha durat l'epidèmia?
   c Des de l'inici de l'epidèmia, quin dia hi va haver més infectats?
   d Quin va ser el nombre més elevat d'infectats?
   e Quin dia es va arribar a 100 000 infectats?

Comunica: 1, 3 **Matematitza: 2, 6** **Argumenta: 4, 5, 6**

4 AM AL Científic Caiguda lliure

En física, s'anomena *caiguda lliure* el moviment d'un cos per l'acció exclusiva d'un camp gravitatori. En la caiguda lliure, un objecte cau verticalment des d'una certa altura. Es tracta d'un moviment rectilini uniformement accelerat en què l'acceleració coincideix amb el valor de la gravetat.

A la superfície de la Terra, l'acceleració de la gravetat (g) és de 9,8 m/s^2.

Les fórmules que la regeixen són aquestes:

$$E = v_0 t + \frac{1}{2} g t^2 \qquad V = v_0 + gt$$

En aquestes fórmules, t és el temps de caiguda lliure, v_0 és la velocitat inicial, v és la velocitat final i g és l'acceleració, que coincideix amb la gravetat.

Problemes

1. L'Èrica és al límit d'un penya-segat de 122,5 m d'altura i deixa caure una pedra. Quant de temps trigarà la pedra a arribar a terra? A quina velocitat ho farà?
2. La Gemma ha pujat al terrat de la Torre Europa i li ha caigut un bolígraf, que ha trigat a arribar a terra 4,82 s. Quina és l'alçària d'aquesta torre?
3. La Míriam llança una pedra des d'un pont suspès sobre un riu, a una velocitat de 5 m/s. Si el pont està a 77,5 m del riu, quant temps trigarà la pedra a caure a l'aigua? A quina velocitat ho farà?
4. L'Aurora, que és amiga de la Míriam i que és al pont amb ella, llança una altra pedra a la mateixa velocitat, però cap amunt.

   a En aquest cas, quant de temps trigarà a arribar al riu?
   b Durant quant de temps pujarà la pedra?
   c Quina serà l'altura màxima que assolirà la pedra?
5. L'Olga és al capdamunt del Gran Canyó del Colorado (EUA), del qual no se sap l'altura. Un cop a dalt, deixa anar una pedra i cronometra el temps que triga a sentir el soroll que fa quan arriba al fons. El temps que passa des que llança la pedra fins que se sent el soroll és de 22,7 s. Quina és la profunditat màxima del Gran Canyó? (Recorda: V_{so} = 340 m/s.)

Professor a casa.
Problema al Gran Canyó del Colorado.

Matematitza: 1, 2, 3, 4, 5 **Planteja: 1, 2, 3, 4, 5**

3 Els nombres de la vida

Quant pesem i quant mesurem quan naixem?

AM AL AP AS **Científic**

Aprèn a...

- Distingir entre variable discreta i variable contínua.
- Elaborar taules de freqüències amb variables contínues.
- Construir gràfiques estadístiques.
- Calcular mesures de posició.

Ítem 1. Nounats

L'alçada i, sobretot, el pes es tenen molt en compte en els nounats, ja que són indicadors de possibles malalties precoces.

En l'ítem 2 es presenten gràfiques que mostren els percentatges, pel que fa al pes i a l'alçada, de nenes i nens acabats de néixer en un determinat hospital durant un any.

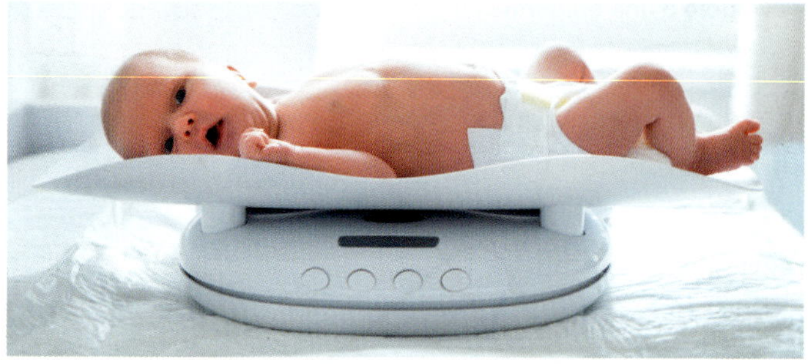

Ítem 2. Histogrames de pes i alçada PDF

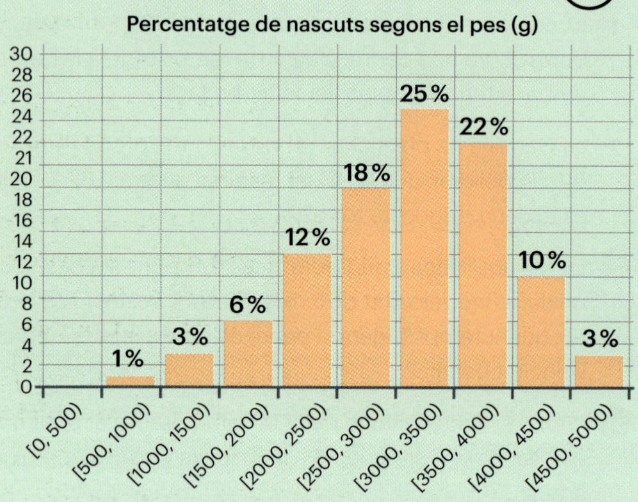

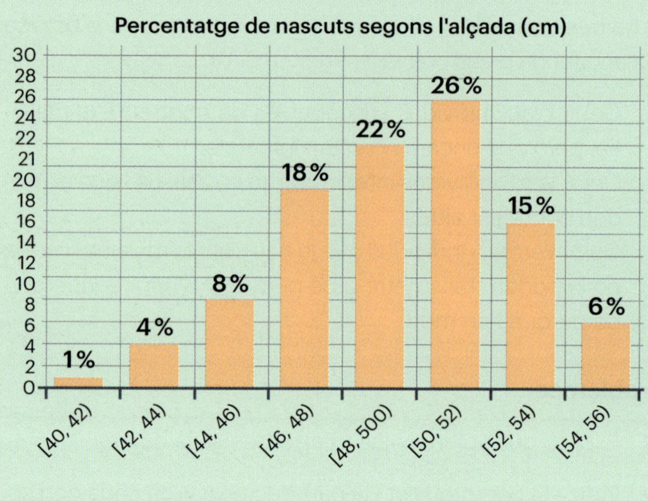

Construeix amb el que saps

Argumenta

1. El pes i l'alçada són variables quantitatives, però són quantitatives discretes o quantitatives contínues? Explica per què.
2. Entre quins dos valors es troba el pes del percentatge més gran de nadons? Entre quins valors es troba l'alçada del percentatge més gran de nadons?
3. Té sentit que els histogrames tinguin la forma que tenen? Per què?

Matematitza

4. Quin percentatge del total de nadons nascuts en aquest hospital va fer menys de 46 cm d'alçada en néixer?
5. Tenint en compte que en aquest hospital van néixer 1300 nadons, respon:

a Quants nadons van néixer amb un pes inferior a 1000 g?
b Quants nadons van néixer amb un pes comprès entre 2500 g i 4000 g?
c Quants nadons van néixer amb una alçada de més de 54 cm?
d Quants nadons van néixer amb una alçada compresa entre 48 cm i 52 cm?

Simbolitza

6. Construeix una altra vegada l'histograma que representa el percentatge de nascuts segons el pes, però, aquest cop, prenent intervals que vagin de 1000 g en 1000 g. Hi observes cap diferència? Et sembla que aquest nou gràfic té més o menys precisió que l'original?

Ítem 3. Donació de sang

Una unitat mòbil de donació de sang ha recollit les dades dels donants que hi han anat, per tal d'elaborar un estudi estadístic sobre el perfil del donant. Han recollit tres dades: sexe, edat i donacions anteriors durant el mateix any.

Ítem 4. Freqüència absoluta

Recorda que, per emplenar la columna de la freqüència absoluta (*f*), has de comptar les vegades que apareixen les dades de la teva fila. Quan tinguis els valors agrupats en intervals, has de comptar les vegades que hi apareixen els diferents valors continguts en l'interval.

Sexe	M	H	M	M	H	H	M	M	H	H	H	M	M	H	H	M	H	H	H	M	H	M	M	H	H
Edat	18	18	20	21	22	22	23	23	24	25	26	29	29	30	30	31	31	32	33	35	35	36	37	38	38
Donacions anteriors	1	1	2	0	0	0	1	0	1	2	0	0	1	1	0	0	0	0	1	0	0	1	0	0	0

Sexe	M	H	H	H	M	M	H	H	M	M	H	M	H	H	M	H	H	H	M	H	H	M	M	H	M
Edat	38	39	40	40	41	41	42	42	43	45	46	46	48	48	50	52	54	55	58	59	59	60	64	65	65
Donacions anteriors	2	0	1	0	1	0	0	0	1	0	0	0	0	3	0	0	0	0	0	0	0	0	0	0	0

Construeix amb el que saps

Argumenta (7) Indica de quin tipus són les tres variables estudiades (edat, sexe i donacions anteriors durant el mateix any): qualitatives o quantitatives. Pel que fa a les variables quantitatives, digues si són discretes o contínues.

Representa (8) Construeix una taula de freqüències amb les freqüències absolutes (f_i), les freqüències relatives (h_i) i les freqüències absolutes acumulades (F_i) per a la variable sexe i una altra taula per a la variable donacions anteriors durant el mateix any.

Comunica (9) Comenta amb un company o una companya què et sembla que passaria si intentessis construir una taula com les de l'exercici anterior per a la variable edat. Expliqueu per què penseu que passa això, proposeu alguna solució i comenteu-la amb la resta de la classe.

Matematitza (10) Crea una sèrie d'intervals consecutius que incloguin tots els diferents valors recollits en la variable edat. Cadascun dels intervals ha de tenir una amplitud de 10, és a dir, els intervals han d'anar de 10 anys en 10 anys. Intenta crear els intervals de manera que un valor no pugui pertànyer a dos intervals alhora. Per fer-ho, pots utilitzar intervals que no siguin totalment tancats.

Comunica (11) Comenta amb un company o una companya quin valor pot representar millor cada conjunt: l'extrem inferior, l'extrem superior, el valor mitjà o qualsevol altre valor. Expliqueu com obtindríeu aquest representant per a cada interval i calculeu-lo.

Representa (12) Elabora una taula de freqüències com la de l'exercici 8 per a la variable edat, però, en lloc de posar tots els valors diferents que agafa la variable, fes servir els intervals que has creat en l'exercici 10 i col·loca en l'altra columna els representants de cada interval que heu escollit en l'exercici 11.

Matematitza (13) Fent servir les taules de freqüències de l'exercici 8, pots calcular la mitjana, la moda i la mediana de la variable sexe? I de la variable donacions anteriors durant el mateix any? Troba aquests paràmetres quan sigui possible.

(14) A partir de la taula de freqüències de l'exercici 12, determina:

a L'interval modal, és a dir, l'interval amb més freqüència.
b La moda, fent servir els valors dels representants de cada interval.
c L'interval mitjà, és a dir, aquell interval en el qual es troba el valor que ocupa el lloc central de totes les dades quan aquestes dades estan ordenades de la més petita a la més gran.

El que has construït

Obtens informació a partir d'**histogrames.**
Estableixes intervals adequats per construir una **taula de freqüències amb dades agrupades.**
Construeixes **histogrames a partir d'una taula de freqüències.**

12. Intervals i marca de classe

Apunt 7

Recorda-ho!

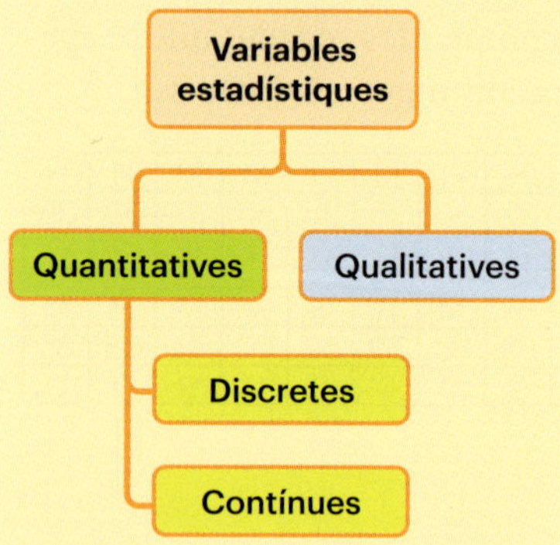

En una variable contínua, donats dos valors, sempre hi pot haver un altre valor entremig. Són exemples de variables contínues l'alçada, el pes i el temps.

Apunt 8

Observa que, com més grans siguin els intervals, menys en necessitarem per recollir tots els valors, però menys precisió tindrem a l'hora de calcular els diferents paràmetres estadístics.

En els estudis estadístics hi ha dues situacions en les quals convé agrupar els valors de la variable estadística (apunt 7) en intervals:

- Quan estudiem una **variable discreta**, però tenim una gran quantitat de valors diferents, és a dir, si **el rang és gran.**
- Quan estudiem una **variable contínua**, ja que, en aquest cas, és força probable que es repeteixin pocs valors de la variable.

En les dues situacions, en comptes de treballar amb tots els valors obtinguts, és convenient agrupar les dades en intervals per poder disposar d'una informació més resumida i facilitar els càlculs, a costa de perdre una mica de precisió. Els intervals que triem han de contenir tots els valors que hàgim obtingut. Per assegurar-nos d'això, seguirem aquests quatre passos:

1r Localitzem **el més gran i el més petit dels valors obtinguts**, ja que ens indicaran el començament i el final dels nostres intervals.

2n Si sabem quants intervals volem, calculem l'**amplitud** de cadascun d'aquesta manera: dividim el rang (diferència entre el valor més gran i el més petit) entre el nombre d'intervals que volem. Si el resultat és un nombre decimal, es pot arrodonir a l'enter superior.

3r Construïm els **intervals** començant pel nostre valor més petit (o fins i tot per un valor inferior). A partir d'aquest primer valor, construïm l'interval amb l'amplitud prèviament calculada i comencem l'interval següent en el valor en què va acabar l'interval anterior. És important que els intervals siguin tancats per l'esquerra i oberts per la dreta, per tal que un valor no pugui pertànyer a dos intervals alhora. L'últim interval pot ser tancat (apunt 8).

4t Assignem a cada interval un representant anomenat **marca de classe**, que serà un representant d'aquest interval i que farem servir per calcular els diferents paràmetres estadístics com si es tractés d'una variable discreta. La marca de classe s'obté fent la mitjana dels extrems de l'interval en el qual ens trobem. Es representa igual que els valors, amb el símbol x_i.

Exemple

15. Amb els valors següents, que s'han obtingut d'un estudi estadístic, construirem una taula de freqüències en què agruparem les dades en sis intervals.

10, 25, 36, 20, 11 24, 44, 31, 27, 18 10, 16, 45, 9, 17 25, 29, 38, 43, 21
30, 20, 34, 21, 7 11, 26, 37, 8, 13 18, 25, 23, 37, 34 22, 33, 11, 19, 27

1r Localitzem el valor més petit i el més gran: el 7 i el 45.

2n Calculem l'amplitud dels intervals. Rang: 45 − 7 = 38. Dividim aquest resultat entre el nombre d'intervals que vulguem: 38 : 6 = 6,33. L'amplitud dels intervals és 7 (fem servir l'enter superior).

3r El primer interval començarà pel valor més petit i tindrà una amplitud de 7, de manera que el primer interval serà [7, 14). El següent interval començarà pel valor final de l'interval anterior i també tindrà una amplitud de 7: el segon interval serà [14, 21). I d'aquesta manera anirem calculant tots els intervals.

4t Determinem la marca de classe calculant la mitjana dels extrems de cada interval.

Per calcular les freqüències absolutes, hem de comptar tots els elements el valor dels quals pertanyi a l'interval en el qual ens trobem.

Professora a casa. Errors comuns en l'elecció d'intervals.

Interval	x_i	f_i
[7, 14)	10,5	9
[14, 21)	17,5	7
[21, 28)	24,5	12
[28, 35)	31,5	5
[35, 42)	38,5	4
[42, 49)	45,5	3

13. Histograma i polígon de freqüències

- Un **histograma** és una representació gràfica en què les dades estan agrupades en intervals. És l'equivalent a un diagrama de barres d'una variable discreta. Es fan servir rectangles per representar les freqüències. La base de cada rectangle comença i acaba en els extrems de l'interval que representi. L'altura de cada rectangle ve donada per la freqüència absoluta de l'interval que representi.
- Un **polígon de freqüències** es construeix a partir d'un histograma: cal unir els punts mitjans dels costats superiors dels rectangles mitjançant segments.

Exemple

16. Representem l'histograma i el polígon de freqüències associats als resultats de la taula de l'exemple anterior.

Dibuixem el costat inferior de cada rectangle, de manera que es correspongui amb els valors de l'interval que representa.

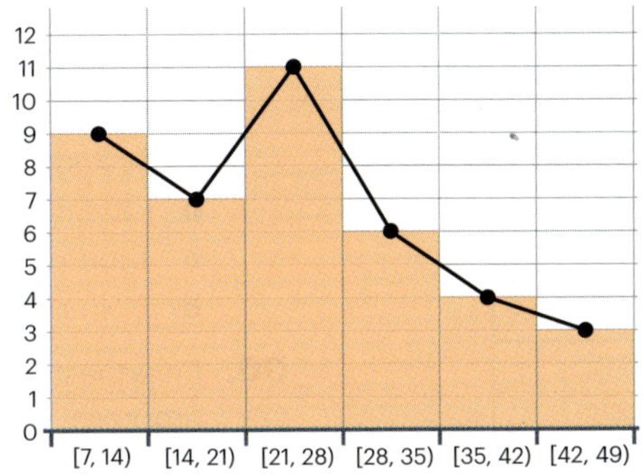

L'altura de cada rectangle ve donada per la freqüència absoluta del seu interval.

Agafem els punts mitjans dels costats superiors de cada rectangle i els unim per formar el polígon de freqüències.

Professor a casa. Taula de freqüències amb dades agrupades.

14. Paràmetres centrals

Els **paràmetres centrals** són molt semblants als de les variables discretes:

- L'**interval modal** és l'interval amb una freqüència absoluta més gran.
- L'**interval mitjà** és aquell en el qual es troba la mediana de les dades.
- La **mitjana aritmètica** es troba igual que en la variable discreta, però ara, per fer els càlculs, en lloc dels valors es tindrà en compte la marca de classe.

Exemple

17. Calculem els paràmetres centrals de l'exemple anterior.

Interval	x_i	f_i	F_i	$x_i \cdot f_i$
[7, 14)	10,5	9	9	94,5
[14, 21)	17,5	7	16	122,5
[21, 28)	24,5	12	27	294
[28, 35)	31,5	5	33	157,5
[35, 42)	38,5	4	37	154
[42, 49)	45,5	3	40	135,5
Sumes		40		958

L'interval modal és [21, 28), ja que és el de més freqüència.

L'interval mitjà torna a ser l'interval [21, 28), perquè inclou el terme 20 (freqüència acumulada 27).

La mitjana aritmètica, aplicant-hi la fórmula, és $\overline{x} = \frac{\sum x_i f_i}{N} = \frac{958}{40} = 23{,}95$.

Apunt 9

Recorda-ho!

Els símbols **[ ]** indiquen que es consideren els valors extrems.

En canvi, els símbols **( )** indiquen que no es consideren els valors extrems.

Entrena't

29. Calcula els paràmetres centrals:

Classes	Freqüències
[0, 2)	2
[2, 6)	18
[6, 7)	10
[7, 10]	10

30. La taula següent reflecteix el nombre de morts causats per una determinada malaltia, per edats, durant un any concret:

Edat	Morts
< 3	411
3-9	171
10-12	35
13-15	31
15-19	247
20-24	2888
25-29	8576
30-34	7640
35-39	3292
40-49	2552
50-59	909
60-69	544

a Calcula'n la classe modal i l'interval mitjà.

b Construeix una taula de freqüències amb intervals d'amplitud 10 (0-9, 10-19...) i troba'n la mitjana aritmètica.

31. La taula següent mostra el pes de les persones d'una comunitat:

Classes	Freqüències
[80, 100)	1
[60, 80)	20
[40, 60)	19
[20, 40)	3
[0, 20)	7

a Calcula'n la classe modal i l'interval mitjà.

b Troba'n la mitjana aritmètica.

32. Les alçades de 50 persones són aquestes:

173 175 163 159 150
163 166 171 161 170
174 148 158 174 160
162 165 155 165 167
161 163 165 166 172

173 168 167 168 166
171 177 164 169 173
160 171 160 172 163
167 170 163 169 156
166 159 172 174 163

Agrupa les dades en intervals de 5 cm d'amplitud (comença per 147,5) i calcula'n els paràmetres centrals.

33. Torna a fer l'exercici anterior, però ara amb intervals de 10 cm d'amplitud (comença per 140 cm).

34. Compara els paràmetres centrals que has obtingut en els dos últims exercicis. Què observes?

35. Fixa't en el nombre d'hores diàries que un grup de persones dediquen a llegir:

Temps (min)	Persones
[0, 15)	12
[15, 30)	8
[30, 45)	15
[45, 60)	10
[60, 90)	8
[90, 120)	4
[120, 180)	2
[180, 300)	1

a Quantes persones es van tenir en compte per fer l'estudi?

b Quantes llegeixen menys d'una hora diària?

c Dibuixa'n l'histograma.

d Calcula'n la mitjana aritmètica.

36. En aquesta taula hi ha les edats dels treballadors d'una empresa:

Edats	Treballadors
[16, 18)	2
[18, 25)	6
[25, 35)	8
[35, 45)	7
[45, 55)	2
[55, 60)	4
[60, 65)	1

a Dibuixa'n l'histograma i el polígon de freqüències.

b Calcula'n els paràmetres centrals.

37. Les temperatures mitjanes d'una ciutat durant l'any passat estan recollides en aquesta taula:

Mes	Temperatura
Gener	8
Febrer	11
Març	13
Abril	17
Maig	21
Juny	28
Juliol	32
Agost	31
Setembre	25
Octubre	22
Novembre	16
Desembre	9

a Dibuixa'n un polígon de freqüències.

b En pots calcular la mitjana aritmètica? Raona la resposta.

Banc digital

Mates en context

5 AM AL Professional Temps d'enviament

BabaFast és una empresa de venda de productes en línia que envia les comandes directament als seus clients. Un dels aspectes més importants en aquest sector –a banda del preu dels productes– és el temps d'arribada dels productes als clients. Els responsables de la secció que s'encarrega dels enviaments a Espanya han decidit fer un estudi dels temps que han trigat les seves comandes a arribar als clients durant el mes passat. L'histograma següent en mostra les dades:

PDF

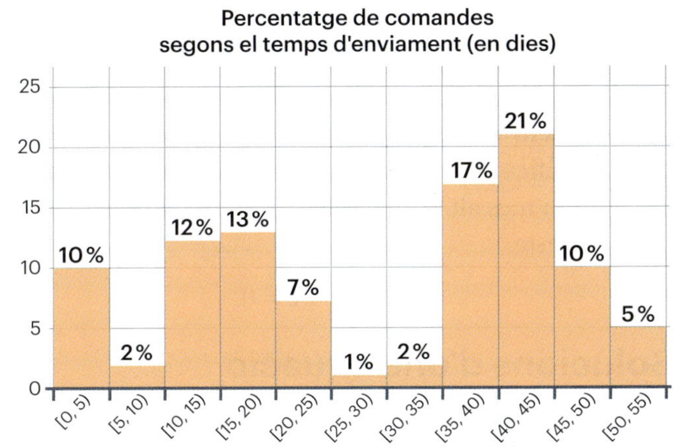

Problemes

1. Hi ha alguna cosa d'aquest histograma que et cridi l'atenció? Per què et sembla que passa? Comenta-ho amb un company o una companya.
2. Els tres geps que s'aprecien en l'histograma es deuen al fet que no tots els productes s'envien des de la mateixa zona i, per tant, el temps pot variar segons el lloc d'origen. La primera part de l'histograma correspon a productes enviats des d'Espanya mateix, la segona secció reflecteix els productes enviats des d'Europa i la tercera secció correspon als productes que venen d'Àsia. Et sembla normal aquesta forma? Per què?
3. Quin interval de temps té més enviaments dins d'Espanya? I d'Europa? I d'Àsia?
4. Quin interval de temps correspon a més enviaments del total?
5. Imagina't que, durant un mes, l'empresa ha venut a Espanya 2 400 000 productes. Elabora una taula de freqüències amb els mateixos intervals que els de l'histograma, però, en comptes de percentatges, indica-hi el nombre total d'unitats.
6. Calcula'n l'interval modal, l'interval mitjà i la mitjana.

Argumenta: 1, 2, 3, 4 **Matematitza: 5, 6**

6 AM AL Social Reunió de pares

La Lourdes és l'orientadora d'un institut. Cada any es reuneix amb cadascun dels estudiants de 2n de Batxillerat i amb el seu pare o la seva mare per parlar de la importància del pas a la universitat. Aquest any ha volgut obtenir informació sobre les edats dels estudiants i dels seus pares. Ha aconseguit aquestes dades:

17, 52, 17, 48, 18, 44, 17, 48, 17, 57, 18, 56, 18, 49, 18, 45, 17, 50, 17, 56, 17, 55, 17, 52, 17, 50, 18, 49, 18, 51, 18, 57, 17, 53, 17, 53, 17, 48, 17, 56, 17, 53, 17, 59, 18, 52, 17, 49, 18, 56, 17, 48, 17, 54, 17, 51, 17, 51, 17, 49

Problemes

1. Quants alumnes hi ha en aquesta classe? Quantes persones han assistit a la reunió en total?
2. Construeix una taula de freqüències amb les dades agrupades en intervals de 5 anys en 5 anys. La taula mostra els intervals, les marques de classe, les freqüències absolutes (f_i) i les freqüències absolutes acumulades (F_i).
3. Construeix l'histograma i el polígon de freqüències associats a la taula anterior.
4. Observes alguna característica especial en les dades de la taula o en l'histograma? Per què passa?
5. Calcula la mitjana. Penses que és una bona dada per aproximar l'edat dels assistents a la reunió? Per què?
6. Determina'n l'interval modal. Té sentit que aquest sigui l'interval modal? Explica per què.
7. Realitzeu una enquesta a classe en la qual apareguin els mateixos valors: l'edat dels estudiants i l'edat o bé del pare o bé de la mare. Construïu-ne la taula de freqüències i l'histograma.
8. Passa una cosa semblant a la que reflectien les dades de l'enunciat?

Matematitza: 1, 3, 4 **Argumenta: 2, 6**

NOMBRES

Notació científica

Serveix per abreujar l'escriptura de quantitats molt grans o molt petites. Un nombre està escrit en notació científica quan la seva expressió és $a \cdot 10^b$, en què $1 \leq |a| < 10$ (enter o decimal) i b és un enter que s'anomena **ordre de magnitud**.

Potències

- D'exponent enter negatiu:

$$a^{-n} = \frac{1}{a^n}$$

- De base fraccionària:

$$\left(\frac{a}{b}\right)^{-n} = \frac{1}{\left(\frac{a}{b}\right)^n} = \frac{1}{\frac{a^n}{b^n}} = \frac{b^n}{a^n} = \left(\frac{b}{a}\right)^n$$

ÀLGEBRA

Relació entre magnituds

Una magnitud és qualsevol propietat que es pugui mesurar. La relació entre magnituds pot ser de dos tipus:

- **Directament proporcional.** La raó entre cada parella de valors roman constant; és a dir, les dues magnituds augmenten o disminueixen en la mateixa proporció. La raó entre cada parell de valors s'anomena **constant de proporcionalitat directa.**
- **Inversament proporcional**. El producte de cada parella de valors roman constant. És a dir, una de les magnituds augmenta (o disminueix) i l'altra disminueix (o augmenta) en la mateixa proporció. El valor d'aquest producte entre cada parell de valors s'anomena **constant de proporcionalitat inversa.**

Repartiments proporcionals

Es distribueix una quantitat en parts iguals. Aquest tipus de repartiment pot ser:

- **Directament proporcional.** La quantitat que es reparteix és directament proporcional a les quantitats desiguals.
- **Inversament proporcional.** Un repartiment inversament proporcional a diverses quantitats, a, b, c..., equival a fer un repartiment directament proporcional als seus inversos, $\frac{1}{a}, \frac{1}{b}, \frac{1}{c}...$

Proporcionalitat composta

Es tracta d'una relació entre tres o més magnituds de manera que, a partir de les magnituds conegudes, es pot trobar la magnitud desconeguda. Aquesta magnitud és proporcional a cadascuna de les altres, quan les altres romanen fixes.

Quan es relacionen més de dues magnituds, en una banda de la igualtat es col·loquen les raons numèriques i es multipliquen i, a l'altra banda s'escriu la raó que conté la incògnita. Cal vigilar i estudiar el tipus de proporcionalitat que s'estableix entre la magnitud que es calcularà i la resta de magnituds.

Equacions de segon grau

Una **equació de segon grau** és una igualtat algebraica que es verifica per a alguns valors de la incògnita, en què 2 és el grau més alt al qual s'eleva. La seva expressió general és aquesta:

$$ax^2 + bx + c = 0$$

Solucions d'una equació de segon grau

Una equació de segon grau té dues solucions (tot i que no sempre són reals), que s'obtenen mitjançant l'ús d'una fórmula.

Les solucions de l'equació de segon grau escrita de forma general, $ax^2 + bx + c = 0$, són aquestes:

$$x = \frac{-b \pm \sqrt{b^2 - 4ac}}{2a}$$

Relacions de Cardano-Vieta

Si tenim una equació de segon grau de la forma $ax^2 + bx + c = 0$, les solucions de la qual són x_1 i x_2, resulta que:

$$x_1 + x_2 = \frac{-b}{a} \text{ y } x_1 \cdot x_2 = \frac{c}{a}$$

Aquestes fórmules s'anomenen **relacions de Cardano-Vieta.**

Es dona un cas interessant quan $a = 1$, ja que aleshores les relacions de Cardano-Vieta queden així:

$$x_1 + x_2 = -b \text{ y } x_1 \cdot x_2 = c$$

És a dir, la suma de les solucions és $-b$ i el seu producte és c. En aquest cas, es pot escriure l'equació de segon grau d'aquesta manera:

$$x^2 - (\text{suma de les solucions}) \cdot x + (\text{producte}) = 0$$

FUNCIONS

Definició

Una **funció** és una regla que assigna a cada valor de la variable independent (x), que pertany a un determinat conjunt de nombres, un únic valor de la variable dependent (y).

El conjunt de valors de la variable independent x s'anomena **domini** de la funció i es representa amb **Dom** (f).

El conjunt de valors format per les imatges o transformats de x s'anomena **recorregut** o **rang de la funció** i es representa mitjançant **Rec** (f) o **Rang** (f).

La **gràfica d'una funció** és el conjunt de punts (x, y) tals que $y = f(x)$.

Característiques d'una funció

Una **funció** f és **creixent** en un interval si, donats dos punts qualssevol d'aquest interval, a i b, tals que $a < b$, es verifica que $f(a) \leq f(b)$.

Una **funció** f és **decreixent** en un interval si, donats dos punts qualssevol d'aquest interval, a i b, sempre que $a < b$, es verifica que $f(a) \geq f(b)$.

Els extrems relatius d'una funció són els punts en què es produeix un canvi en el creixement. En són dos:

- **Màxim.** És el punt en què la funció deixa de ser creixent i comença a ser decreixent.
- **Mínim.** És el punt en què la funció passa de ser decreixent a ser creixent.

Asímptotes d'una funció

Una asímptota és una recta a la qual s'aproxima la gràfica de la funció; és a dir, la distància entre les dues tendeix a ser 0 a mesura que s'estenen indefinidament. Les asímptotes poden ser de tres tipus:

- **Asímptotes verticals.** Són rectes perpendiculars a l'eix de les abscisses, d'equació x = constant.
- **Asímptotes horitzontals.** Són rectes perpendiculars a l'eix de les ordenades, d'equació y = constant.
- **Asímptotes obliqües.** Es tracta de rectes que no són paral·leles ni perpendiculars als eixos, d'equació $y = mx + b$.

ESTADÍSTICA

Intervals i marques de classe

Els valors de les variables quantitatives s'agrupen en intervals si:

- S'estudia una variable discreta i hi ha una gran quantitat de valors diferents.
- S'estudia una variable contínua.

Per construir els intervals:

1r Es localitza **el valor més gran i el més petit**, que indicaran el començament i el final dels intervals.
2n Es calcula l'**amplitud** de cada interval dividint el rang (diferència entre el valor més gran i el més petit) entre el nombre d'intervals que es vol.
3r Es construeixen els **intervals**, de manera que siguin tancats per l'esquerra i oberts per la dreta (l'últim pot ser tancat). L'extrem inferior del primer és el valor més petit i el superior, el resultat de sumar-hi l'amplitud trobada. El següent comença a l'extrem superior de l'anterior interval i acaba en el resultat de sumar-hi l'amplitud.
4t S'assigna a cada interval la **marca de classe**, que en serà el representant. S'obté trobant la mitjana dels seus extrems i es designa mitjançant x_i.

Histograma i polígon de freqüències

- Un **histograma** és una representació gràfica quan les dades estan agrupades en intervals. Es fan servir rectangles per representar les freqüències. La base de cada rectangle començarà i acabarà en els extrems de l'interval que es representi. L'altura serà la freqüència absoluta corresponent a l'interval representat.
- Un **polígon de freqüències** es construeix a partir de l'histograma, unint els punts mitjans dels costats superiors dels rectangles mitjançant segments.

Paràmetres centrals

Són molt semblants als de les variables discretes:

- L'**interval modal** és l'interval de més freqüència absoluta.
- L'**interval mitjà** és aquell en què es troba la mediana de les dades.
- La **mitjana aritmètica** es troba igual que en la variable discreta, però s'agafen com a valors les marques de classe.

Entrena't +

Nombres

38. La recaptació d'un teatre és proporcional al nombre d'espectadors que assisteixen a cada representació i a l'import de cada entrada. La setmana passada el nombre d'espectadors d'un teatre va ser de 320, cada entrada valia 6 € i la recaptació va ser de 3520 €. Quina serà la recaptació si hi van 540 persones i l'entrada val 9 €?

39. Fes un repartiment de 6500 €:

a Directament proporcional a 15, 21 i 29.
b Inversament proporcional a 2, 13 i 26.

40. Calcula, en cada cas, el percentatge final. Indica, també, si és un augment o una disminució, així com el percentatge d'augment o de disminució:

a Augmenta un 6 %, després augmenta un 9 % i, finalment, disminueix un 15 %.
b Disminueix un 10 %, augmenta un 30 % i, després, augmenta un 2 %.

41. Fes les operacions següents en notació científica i expressa'n el resultat també en notació científica:

a $(1{,}5 \cdot 10^{-11}) \cdot (2 \cdot 10^{2})^{4}$
b $(12{,}7 \cdot 10^{8}) : (1{,}5 \cdot 10^{-6})$
c $6 \cdot 10^{-5} - 9{,}3 \cdot 10^{-6}$
d $12{,}7 \cdot 10^{8} + 34{,}5 \cdot 10^{10}$

42. Realitza les operacions següents i expressa'n el resultat en forma d'única potència:

a $\left(\dfrac{6}{7}\right)^{-7} : \left(\dfrac{7}{6}\right)^{-5}$
b $\dfrac{343^{4} \cdot 16^{-3}}{8^{2} \cdot 49^{-3}}$

Equacions

43. Resol aquestes equacions:

a $x^2 - 5x + 10 = 5x - 10$
b $x^2 + 14 = 11x - x^2$
c $x^2 - (3x - 5)^2 = 4 - (x - 1)^2$
d $(2x - 3)^2 + 4x = 12 - 7x$
e $\dfrac{x^2 - 1}{2} - \dfrac{3 - 2x}{3} = \dfrac{x - 3}{6}$
f $\dfrac{x^2 - 1}{2} - \dfrac{x + 3}{4} = 2 - \dfrac{11 - 2x}{3}$

44. Sense resoldre-les, indica quina és la suma i quin és el producte de les arrels d'aquestes equacions:

a $x^2 = 3x - 2$
b $x^2 + 7x = x - 8$
c $3x^2 + 2 = 2 - 5x$
d $x^2 - 2x = 2x - 3$
e $x^2 + 9x = -18$
f $x^2 + 4 = 4x^2 - 8$

45. Troba dos nombres si saps que la seva suma i el seu producte són aquests:

a $S = 2$ i $P = \dfrac{5}{9}$
b $S = \dfrac{5}{6}$ i $P = \dfrac{1}{9}$
c $S = \dfrac{17}{6}$ i $P = 2$
d $S = \dfrac{1}{6}$ i $P = \dfrac{-1}{3}$

Banc digital

Funcions

46. Donada la funció següent, digues en quins intervals és creixent i en quins és decreixent. Indica, també, quins en són els màxims i els mínims relatius:

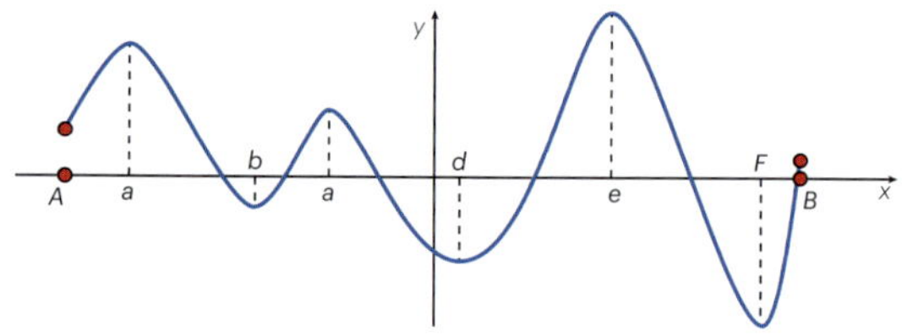

47. Indica les asímptotes d'aquesta funció:

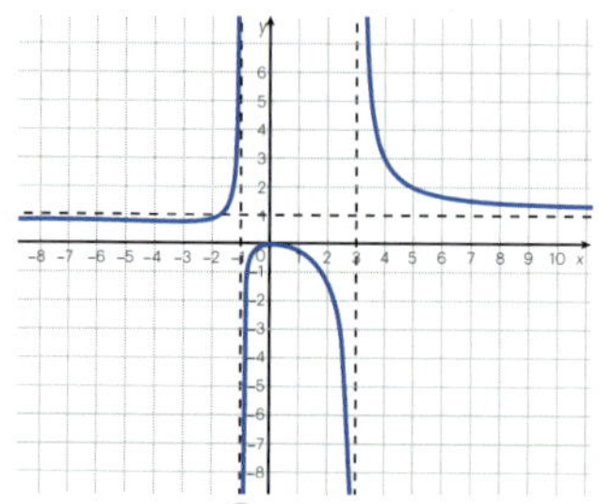

Banc digital

Estadística

48. Fixa't en el coeficient d'intel·ligència (CI) d'un grup de 500 estudiants d'un institut:

CI	Estudiants
[90, 100)	38
[100, 110)	112
[110, 120)	184
[120, 130)	98
[130, 140)	48
[140, 150]	20

a Calcula'n el valor modal, l'interval mitjà i la mitjana aritmètica.
b Elabora'n l'histograma i el polígon de freqüències.

49. L'histograma següent mostra les qualificacions obtingudes per un grup de 50 estudiants:

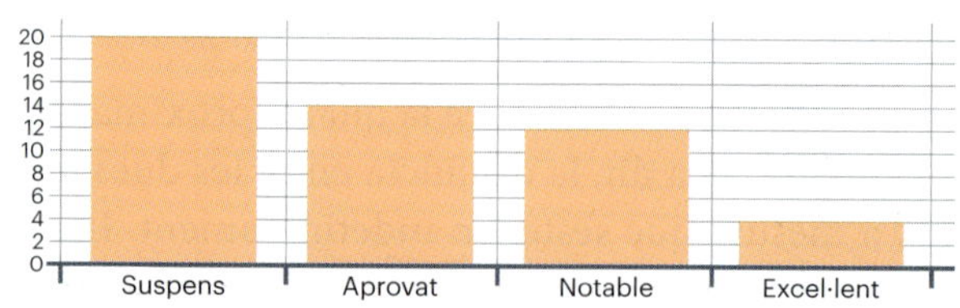

Calcula'n la qualificació mitjana tenint en compte aquest quadre d'equivalències:

Suspens	Aprovat	Notable	Excel·lent
[0, 5)	[5, 7)	[7, 9)	[9, 10]

Banc digital

Mates en context

7 AM AL Professional Matemàtiques financeres

En economia, l'**interès simple** fa referència als beneficis (interessos) que produeix un capital inicial en un període de temps, que no s'acumula al capital per calcular els interessos del període següent.

L'**interès compost** fa referència als interessos obtinguts al final d'un període quan no es retiren, sinó que s'afegeixen al capital inicial.

Anomenem **C** el **capital inicial**, ***r*** el **rèdit** o percentatge de benefici, **t** el **temps que dura la inversió** i C_f el **capital final.**

El Dídac i la Maria han estalviat 30 000 € per comprar-se un pis. Al banc els informen de les diverses modalitats amb les quals poden rendibilitzar els seus diners. Els ajudes perquè coneguin què és el que més els interessa?

Professora a casa. Tipus d'interès simple.

Professor a casa. Tipus d'interès compost.

Problemes

1) Els ofereixen un interès simple del 4% anual durant dos anys. Quins interessos obtenen el primer any? I superats els dos anys?

2) Quin és el benefici d'un capital C al 4% anual durant *t* anys? Escriu-lo en funció de les lletres.

3) Ara, escriu el benefici d'un capital C al *r*% anual durant *t* anys. Si, en lloc de dos anys, el temps es comptabilitzés en mesos, com quedaria escrit? I si el temps es comptabilitzés en dies?

4) Calcula els interessos si el Dídac i la Maria decideixen retirar els diners al cap de 15 mesos. I si decideixen anul·lar-lo passats 45 dies?

5) Els bancs acostumen a concedir el 80% del valor del pis com a hipoteca. Quin percentatge del valor total del pis han de tenir estalviat el Dídac i la Maria?

6) Si el pis que els agrada val 190 000 €, quants diners han d'estalviar per poder demanar la hipoteca?

7) Quin percentatge de diners tenen estalviat, en relació amb el que val el pis que els agrada?

8) Quant de temps han de deixar els diners al banc per aconseguir estalviar els que necessiten per poder demanar la hipoteca?

9) Els ofereixen un interès compost del 4%. Calcula el capital final passat un any. Recorda que, en realitat, això representa una pujada del capital del 4%, de manera que ara hi haurà un 104%. Per quant es multiplicarà el capital?

10) Calcula el capital final el segon any. Per quant tornes a multiplicar?

11) Per quant hauries de multiplicar el capital inicial si el deixessis 5 anys?

12) Troba el capital final que s'obté en invertir un capital inicial, C, durant *t* anys a un interès compost del *r*% anual.

13) Determina el capital final del Dídac i la Maria si decideixen retirar els diners passats 3 anys.

14) Amb quina modalitat obtenen més beneficis?

15) Copia i completa en la llibreta la taula següent per a un rèdit del 4% anual (aproxima a les centèsimes):

Temps (anys)	1	2	3	4	5	6	7
Benefici (interès simple)							
Benefici (interès compost)							
% guany (interès simple)							
% guany (interès compost)							

16) Quin percentatge de benefici s'obtindria amb l'interès simple en 12 anys?

17) Amb quin dels dos s'aconsegueix un estalvi millor?

18) Quant de capital inicial han d'aportar si volen aconseguir el 20% del pis en 5 anys amb un interès compost? I per aconseguir-lo en 4 anys amb un interès simple?

19) Segons el problema 3, en l'interès simple, quan el temps s'expressa en mesos o en dies, es modifica la fórmula. Esbrina com es realitzen aquests mateixos canvis en la fórmula de l'interès compost.

20) Aplica les fórmules de l'apartat anterior per calcular el capital final que tindrem després de 18 mesos d'inversió si hi ingressem 30 000 € al 4%. I si el mantenim 45 dies?

Matematitza: 1, 4, 5, 6, 7, 13, 15, 20

Argumenta: 2, 8, 9, 10, 11, 14, 16, 17, 18

Simbolitza: 2, 3, 12, 19

8 AM AL AS Personal Social Científic L'IMC

L'índex de massa corporal (IMC o BMI, que en són les sigles en anglès) és una raó matemàtica que associa la massa i l'alçada de l'individu. Va ser idea de l'estadístic belga Adolphe Quételet (és per això que de vegades també s'anomena índex Quételet) i serveix per saber fàcilment si una persona està per sobre o per sota del que hauria de ser el seu pes adequat.

La fórmula de l'IMC és aquesta: $IMC = \frac{pes\,(kg)}{alçada^2\,(m)}$

L'OMS (Organització Mundial de la Salut) proposa la taula següent per comprovar l'IMC en persones adultes:

Clasificació	IMC (kg/m²)
Pes baix	< 18,50
Normal	**18,5-24,99**
Sobrepès	≥ 25,00
Obesitat	≥ 30,00

A més, es considera que existeix obesitat mòrbida (el benestar i la salut estan en perill) si l'IMC > 40.

Problemes

1. Copia i completa la taula següent:

Pes	Alçada	IMC	Clasificació
67 kg	1,73 m		
80 kg	1,80 m		
59 kg		27,5	
	1,59 m	18	

2. L'Eugènia fa 166 cm d'alçada i pesa 70 kg. Es vol aprimar per arribar a tenir un IMC de 20.
   - **a** Calcula'n l'IMC actual.
   - **b** Determina quants quilos ha de pesar per arribar a l'IMC que vol.
   - **c** Construeix una taula que relacioni cada quilo que s'aprimi amb l'IMC que tindrà.
   - **d** Representa gràficament la funció que has obtingut amb les dades anteriors.

3. El Ferran pesa 66 kg, però no sap quina alçada té i es vol fer una idea de quin és el seu IMC.
   - **a** Quina alçada hauria de fer per estar entre els límits normals?
   - **b** Quina alçada hauria de fer com a màxim per tenir obesitat mòrbida?
   - **c** Elabora una taula de valors en què relacionis les diferents possibles alçades, partint d'1,6 i augmentant 5 cm progressivament amb l'IMC resultant.
   - **d** Representa en uns eixos de coordenades la funció que obtinguis.
   - **e** Hi ha cap asímptota? Justifica la resposta.

Matematitza: 1, 2, 3 **Representa: 2, 3** **Argumenta: 3**

9 AM AL Social Els llistons del fuster

A la fusteria Mas tenen una gran varietat de llistons de fusta noble de diferents mides. Està especialitzada a fabricar marcs de diverses formes geomètriques i per això accepta qualsevol tipus d'encàrrec. Però té un problema: disposa de poca quantitat de fusta de cada tipus i l'ha d'aprofitar al màxim.

Aquesta setmana, els treballadors de la fusteria Mas tenen els encàrrecs següents:

- **a** Amb fusta de noguera, han de fer dos triangles, un d'equilàter i un de rectangle, tan grans com sigui possible.
- **b** Amb fusta de banús, han de fabricar un rectangle la diagonal del qual faci 85 cm.
- **c** Amb fusta de caoba, han de construir un rectangle d'àrea 3200 cm^2 i que tingui un costat que sigui el doble de llarg que l'altre.
- **d** Amb fusta de roure, han de fer un triangle rectangle amb un dels costats que faci 80 cm.
- **e** Amb fusta de sicòmor, han de fabricar un quadrat i un triangle rectangle, de tal manera que un catet del triangle mesuri el mateix que el costat del quadrat.

Problemes

1. Per fer l'encàrrec **a**, tenen tres llistons de 140 cm, 210 cm i 230 cm. Per fer el triangle equilàter, decideixen tallar de cadascun dels llistons un tros de la mateixa longitud i, per fer el triangle rectangle, volen fer servir els trossos restants. Quant mesura el tros que han de tallar de cada llistó?

2. Pel que fa a l'encàrrec **b**, disposen només d'un llistó de 230 cm de longitud. Com l'han de tallar per poder fer l'encàrrec?

3. Per a l'encàrrec **c**, tenen un llistó de 240 cm. Quines dimensions tindrà el rectangle?

4. Pel que fa a l'encàrrec **d**, tenen un petit problema: s'han descuidat de preguntar si el costat que mesura 80 cm és la hipotenusa o un catet. Tenen dos llistons, un de 180 cm i un altre de 192 cm, i els sembla que poden fer un triangle rectangle adequat amb cadascun. Com ho aconseguiran?

5. Respecte de l'encàrrec **e**, disposen només d'un únic llistó de 2,5 m. Quant mesura el costat del quadrat? I els costats del triangle?

Professor a casa.
Equacions amb Pitàgores.

Matematitza: 1, 2, 3, 4, 5

10 AM AL Social **Piràmide de població**

Una piràmide de població és un histograma disposat horitzontalment que informa sobre la quantitat de persones d'un determinat interval d'edat i sexe.

Gràficament, es tracta d'un doble histograma de freqüències. Les barres d'aquest histograma es disposen de forma horitzontal, és a dir, sobre la línia de les abscisses. En general, s'indiquen els grups d'edat de la població masculina a l'esquerra i els de la població femenina a la dreta. Alhora, en l'eix de les ordenades es disposen i s'identifiquen els grups d'edat, normalment de 5 anys en 5 anys.

L'escala de les abscisses representa valors relatius (percentatges) de cada grup d'edat i sexe en relació amb la població total. L'avantatge de mostrar les dades en percentatges és que podem comparar dues piràmides de població en diferents llocs i temps, ja que es basen en valors relatius.

Espanya 2018

PDF

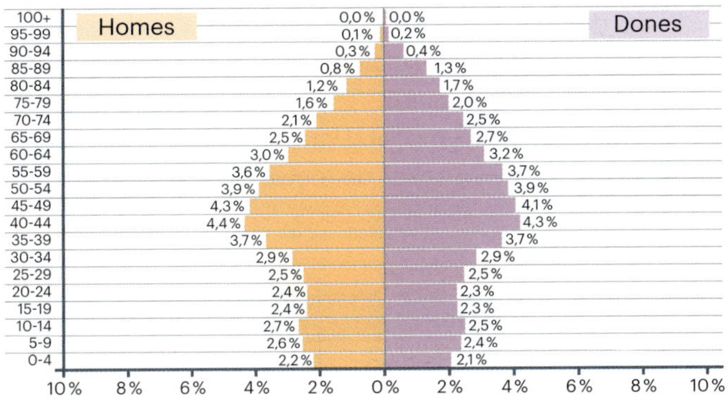

Problemes

1. Si se sap que el 2018 a Espanya hi havia, aproximadament, 46120000 persones, elabora dues taules amb les freqüències de cada interval d'edat.
2. En quin interval d'edat hi ha un nombre més elevat de dones?
3. Calcula'n l'interval modal i l'interval mitjà, tant d'homes com de dones.
4. Determina'n la mitjana d'edat, tant d'homes com de dones.
5. Ara, construeix una altra taula, però unint les dades d'homes i dones, per saber quantes persones de cada edat hi havia a Espanya l'any 2018.
6. Quantes n'hi ha de menys de 20 anys?
7. Quantes n'hi ha de més de 65 anys?
8. En quins intervals hi ha més homes que dones?
9. En total, a Espanya, hi ha més homes o més dones?
10. Calcula'n la mitjana aritmètica amb aquestes dades.
11. Indica en quins intervals d'edat hi ha menys població que en les de menys edat.
12. Per què et sembla que hi ha menys persones en els intervals d'edat inferiors a l'interval [40, 45)?
13. Ara, agrupa els valors en intervals d'amplitud 10 i elabora les taules de freqüència per a homes, dones i global.
14. Calcula els nous paràmetres centrals amb aquesta nova agrupació de les dades.
15. Són iguals les noves mitjanes aritmètiques, comparades amb les obtingudes en els problemes 4 i 10?
16. Quina serà la més fiable? Per què?
17. Fixa't en aquestes dues piràmides de població. L'una correspon a Àfrica i l'altra, a Europa. Quina et sembla que correspon a cada continent?

PDF

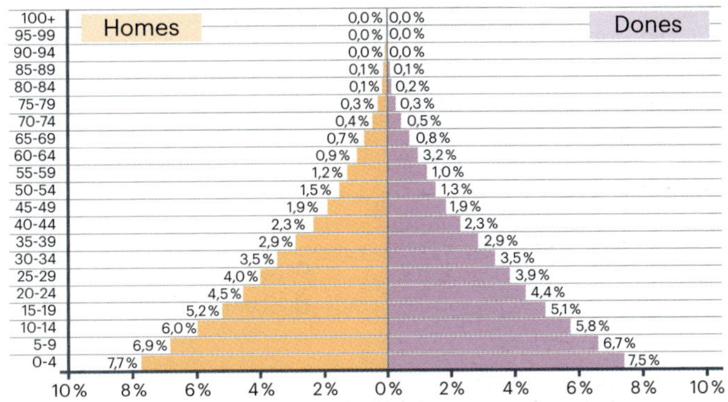

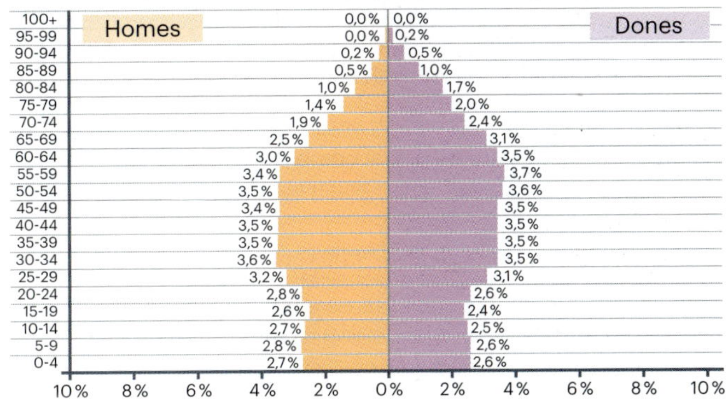

18. Per què et sembla que les piràmides del problema 17 són tan diferents l'una de l'altra?
19. La població d'Àfrica, el 2018, era de 1280 milions de persones i la d'Europa era de 740 milions. Elabora les corresponents taules de freqüències (d'homes, de dones i global).
20. Calcula les mitjanes aritmètiques de l'edat de les dones, dels homes i general de tots dos continents.
21. **Debat a classe.** A què et sembla que respon aquesta diferència?

Matematitza: 1, 3, 4, 5, 10, 13, 14, 19, 20

Argumenta: 2, 6, 7, 8, 9, 11, 12, 15, 16, 17, 18, 21

1. Expressa el resultat com una única potència d'exponent positiu:

a $\left(\frac{5}{2}\right)^{-6} \cdot \left(\frac{5}{2}\right)^{\varepsilon}$

b $\left(\frac{3}{7}\right)^{5} : \left(\frac{3}{7}\right)^{\text{(}}$

c $\left(\frac{1}{2}\right)^{-4} \cdot \left[\left(\frac{1}{2}\right)^{2} : \left(\frac{1}{2}\right)^{-\varepsilon}\right]$

d $\left[\left(\frac{9}{5}\right)^{-3}\right]^{2} \cdot \left(\frac{9}{5}\right)^{\varepsilon}$

2. Escriu en notació científica:

a 625 000 000 000

b 0,000 000 39

c 840 000

d 0,000 000 000 0016

3. Si en el disseny de 3 videojocs hi participen 6 persones a jornada completa, trigaran 4 anys a acabar. Quantes persones (a jornada completa) es necessitaran per dissenyar 4 videojocs en 5 anys?

4. Per premiar els tres primers guanyadors d'un concurs de pintura, es disposa de 24 000 €. Calcula quin serà el premi del guanyador, el del segon i el del tercer classificats, si els diners es reparteixen de forma proporcional al lloc en què han quedat.

5. Resol aquestes equacions:

a $2x^2 + 3x - 5 = 0$

b $x^2 - x + 8 = 0$

c $3x^2 - 5x - 2 = 0$

d $9x^2 + 12x + 4 = 0$

6. Observa la funció següent i respon les preguntes:

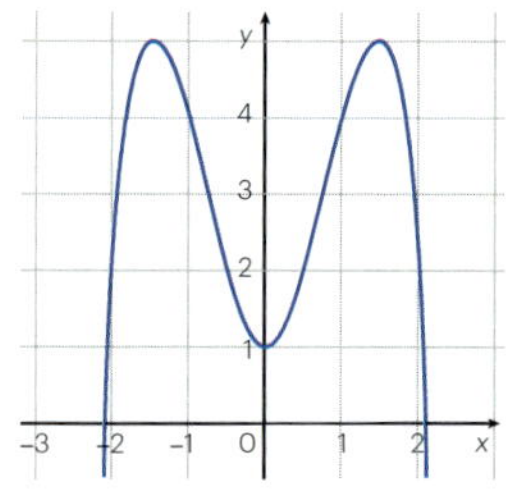

a Indica'n el domini i el recorregut.

b Escriu-ne els intervals de creixement i de decreixement.

c Té màxims o mínims relatius? Quins?

d Té asímptotes? Si és així, indica'n el tipus i l'equació.

7. Els resultats d'una enquesta sobre el temps (en minuts) que dediquen els adolescents a mirar la televisió cada dia són els següents:

42	52	65	65	84	92	48	49
64	40	62	54	56	74	82	76
57	62	75	67	45	107	97	85
102	87	94	105	75	59	72	103

a Agrupa les dades en intervals d'amplitud 8 amb la marca de classe.

b Representa'n els resultats en un histograma i en un polígon de freqüències.

c Troba'n l'interval modal i l'interval mitjà.

d De terme mitjà, quant de temps dediquen els adolescents a mirar la televisió cada dia?

	4 punts	3 punts	2 punts	1 punt
1. Potències	Opero correctament amb potències d'exponent negatiu.	Opero bé amb potències d'exponent negatiu si les bases són iguals.	De vegades em confonc en operar amb potències d'exponent negatiu.	No sé operar amb potències d'exponent negatiu.
2. Notació científica	Sé expressar nombres en notació científica.	De vegades em confonc en l'exponent de 10.	No sé expressar els nombres molt petits en notació científica.	No sé expressar nombres en notació científica.
3. Proporcionalitat	Resolc problemes de proporcionalitat composta sense errors.	Cometo algun error en operar per trobar *x*.	Només resolc bé les situacions amb magnituds directament proporcionals.	No distingeixo si les magnituds són directament o inversament proporcionals.
4. Repartiments proporcionals	Resolc bé els problemes de repartiments proporcionals.	De vegades m'equivoco a l'hora de trobar alguna quantitat.	No sé resoldre els repartiments inversament proporcionals.	No distingeixo entre repartiments directes o inversos.
5. Equacions de segon grau	Resolc correctament una equació de segon grau.	Aplico bé la fórmula, però m'equivoco a l'hora de resoldre l'equació.	No identifico si una equació té dues, una o cap solució.	No aplico correctament la fórmula.
6. Domini i recorregut d'una funció	Trobo el domini i el recorregut sense problemes.	En algun cas, cometo errors en el recorregut.	Trobo el domini, però no el recorregut.	No distingeixo bé entre domini i recorregut.
7. Creixement i decreixement. Extrems relatius	Obtinc bé els intervals de creixement i de decreixement i els extrems relatius.	No cometo errors en el creixement, però sí en els extrems relatius.	De vegades m'equivoco en el creixement i en els extrems relatius.	No sé trobar el creixement ni els extrems.
8. Intervals i marques de classe	Construeixo sense errors els intervals i les marques de classe.	Trobo bé els intervals, però em confonc en les marques de classe.	M'equivoco en fer els intervals.	No sé trobar intervals ni marques de classe.
9. Gràfics	Sé elaborar correctament un histograma i un polígon de freqüències.	Sé elaborar un histograma, però no un polígon de freqüències.	Cometo errors en fer un histograma i un polígon de freqüències.	No sé fer ni un histograma ni un polígon de freqüències.
10. Paràmetres	Trobo correctament tots els paràmetres.	Cometo errors en els càlculs de la mitjana.	Només sé trobar l'interval modal.	No sé calcular cap paràmetre.

PDF

8 Arquitectura matemàtica

1 Hi ha edificis inspirats en les matemàtiques? Són importants les mesures?

2 Es van fer servir les matemàtiques per construir les catedrals? Existeix el nombre més bonic?

3 Es pot mesurar sense instruments? Visc en un prisma?

4 Edifici hiperbòlic o parabòlic? A quina hora et truco?

BLOCS DE CONTINGUTS	Situació 1	Situació 2	Situació 3	Situació 4
NOMBRES I ÀLGEBRA				
Arrels no exactes. Expressió decimal.	●			
Arrels quadrades i cúbiques. Radicals senzills. Operacions.	●	●		
Expressions radicals: transformació i operacions. Jerarquia d'operacions.	●	●		
Successions numèriques. Successions recurrents. Progressions aritmètiques i geomètriques.		●		
Polinomis. Transformacions d'expressions algebraiques. Operacions elementals amb polinomis.		●		
Igualtats notables.		●		
GEOMETRIA I MESURA				
Geometria del pla.			●	
Teorema de Tales. Divisió d'un segment en parts proporcionals. Aplicació a la resolució de problemes.			●	
Translacions, girs i simetries en el pla.			●	
Lloc geomètric: còniques.				●
L'esfera. El globus terraqüi. Coordenades geogràfiques i fusos horaris. Longitud i latitud d'un punt.				●
FUNCIONS				
Funcions quadràtiques. Representació gràfica.				●
Funció de proporcionalitat inversa. Representació gràfica.				●

1 La mesura de l'art

Hi ha edificis inspirats en les matemàtiques? Són importants les mesures?

AM AV AP Personal

Aprèn a...

Aproximar arrels no exactes per arrodoniment.

Factoritzar expressions senzilles que continguin arrels, operar-hi i simplificar-ne els resultats.

Ítem 1. Edificis sorprenents inspirats en les matemàtiques

El traçat de molts edificis està basat en les matemàtiques. Això no és solament pel desig d'aconseguir dissenys innovadors, sinó, sobretot, per la voluntat d'erigir construccions que no es puguin ensorrar.

The Gherkin

Es tracta d'un gratacel de 41 pisos que hi ha a Londres i que va necessitar complicades fórmules matemàtiques per prevenir l'impacte dels remolins que es produeixen a la base.

Pavelló Endesa de Barcelona

Es van fer servir algoritmes matemàtics per alterar la geometria de l'edifici cúbic i, d'aquesta manera, desenvolupar una gestió intel·ligent de l'energia.

Torre BBVA de Madrid

La proporció dels costats d'aquest edifici de planta rectangular és pràcticament el nombre auri: $\varphi = \dfrac{1+\sqrt{5}}{2}$.

Ítem 2. Recordatori de radicals

$\sqrt[n]{a\cdot b} = \sqrt[n]{a}\cdot\sqrt[n]{b}$

$\sqrt[n]{a:b} = \sqrt[n]{a}:\sqrt[n]{b}$

$\sqrt[n]{a^m} = a^{\frac{m}{n}} = a^{\frac{m\cdot b}{n\cdot b}} = \sqrt[n\cdot b]{a^{m\cdot b}}$

Ítem 3. Plantes aproximades d'alguns edificis

- Edifici Coblanca 1 (Benidorm): 30 m x 14 m.
- Torre Porta Fira 2 (Barcelona): 42 m x 34 m.
- Torre Picasso (Madrid): 38 m x 50 m.
- Edifici Don Jorge (Benidorm): 42 m x 14 m.
- Hotel Hesperia (Barcelona): 150 m x 60 m.

Construeix amb el que saps

Matematitza

1. La planta de la torre BBVA té unes dimensions de 30 m x 40 m. Quant mesura la diagonal de la seva base? Per calcular l'arrel, descompon el nombre en factors primers i extreu-los de l'arrel.

2. Escriu el radical de l'exercici anterior i resol-lo fent servir potències.

3. Determina la diagonal de la base dels edificis de l'ítem 3. Per fer-ho, descompon en factors primers i extreu-los del radical. Deixa-hi les arrels indicades.

4. Escriu radicals equivalents als que has obtingut en l'exercici anterior amb índexs 3, 4 i 5. Per recordar com es fa, consulta l'ítem 2.

5. Multiplica les diagonals i extreu tots els factors que puguis d'aquests edificis:

a Torre Porta Fira 2 i edifici Don Jorge.
b Torre BBVA i edifici Don Jorge.
c Torre Picasso i hotel Hesperia.

6. La maqueta d'un edifici té forma de prisma rectangular i presenta aquestes dimensions: Ample: $\sqrt[3]{5}$ m; longitud: $\sqrt[4]{125}$ m; altura: $\sqrt[6]{5^5}$ m.

a En pots calcular directament el volum? Fixa't en l'ítem 2.
b Troba radicals equivalents als anteriors de manera que puguis calcular-ne el volum.
c Calcula el volum del prisma.

Ítem 4. Cases cub de Rotterdam

L'arquitecte que va projectar aquestes cases va voler simular un bosc geomètric. Cada cub representa un arbre abstracte i els pilars tenen forma hexagonal. En total, hi ha uns 32 cubs. Cada cub és un apartament d'uns 100 m^2.

Ítem 5. Edificis amb planta quadrada

- Cub TEK (Taipei). Costat: 57 m.
- Cub de la Constitució (Madrid). Costat: uns 8 m.
- Torres Porta d'Europa (Madrid). Costat: 35 m.
- Torre Mapfre (Barcelona). Costat: 34 m.

Construeix amb el que saps

Matematitza 7 No sabem quant mesura el costat de cada cub de les cases cub de Rotterdam, però sí que sabem que cada apartament té una superfície de 100 m^2.

a Quina operació has de fer per esbrinar el costat del quadrat?
b Quantes solucions té aquesta operació?
c Amb quina d'aquestes operacions et quedes? Per què?
d Calcula la diagonal d'una de les cares. Quant sumen exactament les diagonals dels 32 cubs?

Argumenta 8 Indica el nombre de solucions que tenen les arrels següents i digues quines són. Justifica les respostes.

a $\sqrt[3]{64}$ **b** $\sqrt[3]{-27}$ **c** $\sqrt{-4}$ **d** $\sqrt[6]{1}$ **e** $\sqrt[3]{-\frac{1}{8}}$

Matematitza 9 Calcula la diagonal de la planta quadrada dels edificis de l'ítem 5. Descompon en factors primers i extreu-ne factors.

Argumenta 10 Resol aquestes activitats:

a Totes les diagonals de l'exercici anterior tenen la mateixa arrel?
b Et passarà el mateix sempre que calculis la diagonal d'un quadrat? Per què?
c Segueix els passos de l'exercici 9 amb les seves mesures, però anomena c el costat i d la diagonal. Escriu l'expressió que permet determinar la diagonal en funció del costat.

Planteja 11 Volem formar un cub de manera que la diagonal de la seva cara sigui la suma de totes les diagonals de l'exercici anterior.

a Pots sumar aquestes diagonals de manera exacta? Justifica la resposta.
b Quant sumen exactament?
c Dona un valor aproximat de la longitud anterior arrodonint a les centèsimes.
d Quant mesura el costat del cub que estem formant?

Argumenta 12 Podries sumar d'una manera exacta la diagonal de l'edifici Don Jorge amb la del cub de la Constitució? Justifica la resposta. Fes la suma de manera aproximada.

Matematitza 13 Extreu factors sempre que sigui possible i, a continuació, opera amb aquests radicals:

a $2\sqrt{8}+3\sqrt{2}$ **b** $4\sqrt{3}-2\sqrt{27}$ **c** $\sqrt{5}+6\sqrt{125}$ **d** $2\sqrt{3}+3\sqrt[3]{3}$

El que has construït

Entenc el **concepte d'arrel.**

Opero amb **radicals.**

Obtinc el **valor aproximat d'un radical.**

1. Radicals

Els **radicals** són els nombres que s'escriuen amb el símbol $\sqrt[n]{a}$, que es llegeix «arrel enèsima de *a*». La seva equivalència és $\sqrt[n]{a}=b \Leftrightarrow b^n=a$. Consten de tres elements: índex, *n* (un nombre natural diferent de l'1), **radicand**, *a*, i **arrel**, *b* (apunt 1).

- **Potències i radicals.** Els radicals són potències d'exponent fraccionari: $\sqrt[n]{a^m}=a^{\frac{m}{n}}$.
- **Radicals equivalents.** Dos radicals són equivalents si l'índex i l'exponent del radicand d'un són proporcionals als corresponents de l'altre.
- **Simplificar** un radical consisteix a trobar un altre radical equivalent al primer, de manera que l'índex i l'exponent del radicand siguin primers entre si (apunt 2).
- **Introduir factors d'un radical.** Per introduir factors en una arrel, s'eleva cada factor a l'índex de l'arrel: $a\sqrt[n]{b}=\sqrt[n]{a^n \cdot b}$.
- **Extreure factors d'un radical.** Per extreure factors, es descomponen els radicands i s'expressen en potències l'exponent de les quals és igual a l'índex de l'arrel. La base d'aquest exponent surt de l'arrel com a factor (apunt 3).

Apunt 1

Nombre d'arrels d'un radical

	Índex parell	Índex senar
Radicand positiu	2 (una + una −)	1 (una +)
Radicand negatiu	0	1 (una −)

Apunt 2

En els resultats, sempre es fa servir el radical més simplificat possible. Per tant, no deixarem $\sqrt[16]{5^{12}}$, sinó que escriurem $\sqrt[4]{5^3}$.

$\frac{12}{16}=\frac{3}{4}$ és irreductible.

Apunt 3

Extracció del denominador:

$$25\sqrt[3]{\frac{1}{5^4}}=\frac{25}{5}\sqrt[3]{\frac{1}{5}}=5\sqrt[3]{\frac{1}{5}}$$

Exemples

1. $\sqrt[3]{125}=5$ perquè $5^3 = 125$.

$\sqrt[4]{16}=2$ perquè $2^4 = 16$. $\sqrt[4]{16}=-2$ perquè $(-2)^4 = 16$.

2. El radical $\sqrt[7]{5^4}$ es pot expressar com a $5^{\frac{4}{7}}$.

De la mateixa manera, la potència $3^{\frac{4}{7}}$ també és el radical $\sqrt[7]{3^4}$.

3. $\sqrt[7]{5^3}$ i $\sqrt[21]{5^9}$ són equivalents, perquè $\frac{3}{7}=\frac{9}{21}$.

4. $\sqrt[48]{7^{32}}=7^{\frac{32}{48}}=7^{\frac{2}{3}}=\sqrt[3]{7^2}$

5. $3\cdot 2^3\sqrt[5]{6}=\sqrt[5]{3^5\cdot\left(2^3\right)^5\cdot 6}=\sqrt[5]{3^5\cdot 2^{15}\cdot 2\cdot 3}=\sqrt[5]{3^6\cdot 2^{16}}$

6. $\sqrt[4]{3\cdot 5^{11}\cdot 7^{16}}=\sqrt[4]{3\cdot\left(5^2\right)^4\cdot 5^3\cdot\left(7^4\right)^4}=5^2\cdot 7^4\sqrt[4]{3\cdot 5^3}$

Una altra manera d'extreure factors d'un radical:

$\sqrt[4]{3\cdot 5^{11}\cdot 7^{16}}=5^2\cdot 7^4\sqrt[4]{3\cdot 5^3}$. Fixa-t'hi: 11 : 4 = 2 i la resta és 3. Del radical surten dos grups de quatre 5 i a dins en queden tres; d'aquí els exponents. Amb el 7 surten quatre grups de 4 i no en queda cap a dins.

2. Operacions amb radicals

- **Producte i quocient de radicals.** Per multiplicar o dividir radicals, cal que tinguin el **mateix índex**. Operem amb els radicands i en mantenim l'índex:

$$\sqrt[n]{a}\cdot\sqrt[n]{b}=\sqrt[n]{a\cdot b} \qquad \frac{\sqrt[n]{a}}{\sqrt[n]{b}}=\sqrt[n]{\frac{a}{b}}$$

Si els radicals tenen índexs diferents, hem de seguir aquests passos:

1r Calculem el mínim comú múltiple de tots els índexs.
2n Substituïm cada radical per un altre d'equivalent (apunt 4) i hi posem l'índex que hem obtingut en el primer pas.
3r Operem amb els radicals que tenen el mateix índex.

- **Potència d'un radical.** Una potència d'un radical és una multiplicació de radicals amb el mateix índex (apunt 5).
- **Arrel d'un radical.** Una arrel d'un radical és una potència d'una altra potència.
- **Suma i resta de radicals.** Només es poden sumar o restar radicals que tinguin el mateix índex i el mateix radicand. Quan no es puguin sumar o restar, els deixarem indicats.

1r Extraiem tots els factors possibles dels radicals.
2n Agrupem els que tenen el mateix índex i el mateix radicand.
3r En sumem o en restem els coeficients.

Exemples

7. a $\sqrt[3]{2^2}\cdot\sqrt[4]{2^3}\cdot\sqrt{2}=\sqrt[12]{\left(2^2\right)^4}\cdot\sqrt[12]{\left(2^3\right)^3}\cdot\sqrt[12]{2^6}=\sqrt[12]{2^8\cdot 2^9\cdot 2^6}=\sqrt[12]{2^{23}}=2\sqrt[12]{2^{11}}$

b $\dfrac{2\sqrt[4]{3}\cdot 6\sqrt[6]{9}}{3\sqrt{3}}=\dfrac{2\cdot 6}{3}\cdot\dfrac{\sqrt[12]{3^3}\cdot\sqrt[12]{9^2}}{\sqrt[12]{3^6}}=4\sqrt[12]{\dfrac{3^3\cdot\left(3^2\right)^2}{3^6}}=4\sqrt[12]{\dfrac{3^7}{3^6}}=4\sqrt[12]{3}$

8. $\left(\sqrt[5]{3}\right)^4=\sqrt[5]{3}\cdot\sqrt[5]{3}\cdot\sqrt[5]{3}\cdot\sqrt[5]{3}=\sqrt[5]{3\cdot 3\cdot 3\cdot 3}=\sqrt[5]{3^4}$

En general, resoldrem directament: $\left(\sqrt[n]{a}\right)^m=\sqrt[n]{a^m}$.

9. $\sqrt[3]{\sqrt[4]{5}}=\sqrt[3]{5^{\frac{1}{4}}}=\left(5^{\frac{1}{4}}\right)^{\frac{1}{3}}=5^{\frac{1}{3}\cdot\frac{1}{4}}=5^{\frac{1}{3\cdot 4}}=\sqrt[3\cdot 4]{5}=\sqrt[12]{5}$

En general, resoldrem directament: $\left(a^n\right)^m=a^{n\cdot m}$.

Nota: Si les arrels no estan juntes, hi introduïm factors fins a aproximar-les.

10. $\sqrt[3]{2\sqrt[4]{2}}=\sqrt[3]{\sqrt[4]{2^4\cdot 2}}=\sqrt[3]{\sqrt[4]{2^5}}=\sqrt[3\cdot 4]{2^5}=\sqrt[12]{2^5}$

11. a $7\sqrt{3}+5\sqrt{3}=(7+5)\sqrt{3}=12\sqrt{3}$

c $6\sqrt[3]{2}-\sqrt[3]{2}=(6-1)\sqrt[3]{2}=5\sqrt[3]{2}$

b $\sqrt{27}-\sqrt[5]{3}+\sqrt{3}=\sqrt{3^3}-\sqrt[5]{3}+\sqrt{3}=3\sqrt{3}-\sqrt[5]{3}+\sqrt{3}=$
$=3\sqrt{3}+\sqrt{3}-\sqrt[5]{3}=(3+1)\sqrt{3}-\sqrt[5]{3}=4\sqrt{3}-\sqrt[5]{3}$

En general: $x\sqrt[n]{a}+y\sqrt[n]{a}=(x+y)\sqrt[n]{a} \qquad x\sqrt[n]{a}-y\sqrt[n]{a}=(x-y)\sqrt[n]{a}$

Professora a casa. Multiplicació i divisió de radicals amb diferent índex.

Apunt 4

Càlcul de radicals equivalents

Hi ha dos procediments per trobar el radical equivalent amb índex 12:

- **Primer procediment:**

$$\sqrt[3]{2^2}=2^{\frac{2}{3}}=2^{\frac{8}{12}}=\sqrt[12]{2^8}$$
$$\frac{2}{3}=\frac{x}{12}\rightarrow x=\frac{2\cdot 12}{3}=8$$

- **Segon procediment:**

$$\sqrt[3]{2^2}=\sqrt[3\cdot 4]{\left(2^2\right)^4}=\sqrt[12]{2^8}$$

Apunt 5

No ens hem d'oblidar d'**elevar tots els factors:**

$$\left(3\sqrt[5]{7}\right)^2=3^2\sqrt[5]{7^2}=9\sqrt[5]{49}$$

Recorda: $\left(a^n\right)^m=a^{n\cdot m}$.

Professor a casa. Suma i resta de radicals.

Apunt 6

Recorda!

Si no hi ha cap nombre davant del radical, vol dir que és un 1:

$$\sqrt[5]{7}=1\cdot\sqrt[5]{7}$$

Entrena't

1. Calcula i completa aquesta taula:

Càlcul	Descom-posició	Igual potència que l'índex	És igual a...	Observa
$\sqrt[7]{16384}$	$\sqrt[7]{2^{14}}$	$\sqrt[7]{\left(2^2\right)^7}$	$2^2 = 4$	$4^7 =$ $= 16\,384$
$\sqrt[4]{6561}$				
$\sqrt[3]{512}$				
$\sqrt[5]{-7776}$				

2. Expressa en forma de potència:

a $\sqrt[6]{2^5}$ **b** $\sqrt[3]{(-5)^7}$ **c** $\sqrt[8]{\left(\frac{2}{3}\right)^5}$

3. Escriu les potències que puguis a la seva expressió radical:

a $3^{\frac{1}{2}}$ **c** $6^{\frac{5}{7}}$ **e** 5^{-3}

b 8^5 **d** $(-4)^{\frac{3}{2}}$ **f** $11^{-\frac{1}{4}}$

4. Busca en aquesta taula els radicals equivalents:

$\sqrt[6]{2^5}$	$\sqrt[5]{2^3}$	$\sqrt[20]{2^{12}}$	$\sqrt[4]{2^5}$	$\sqrt[9]{2^{12}}$	$\sqrt[6]{2^9}$
$\sqrt[12]{2^{18}}$	$\sqrt[3]{2^4}$	$\sqrt[8]{2^{12}}$	$\sqrt[12]{2^{10}}$	$\sqrt[8]{2^{10}}$	$\sqrt[16]{2^{20}}$
$\sqrt[10]{2^6}$	$\sqrt[15]{2^9}$	$\sqrt[6]{2^8}$	$\sqrt[14]{2^{21}}$	$\sqrt[24]{2^{20}}$	$\sqrt{2^3}$
$\sqrt[4]{2^6}$	$\sqrt[16]{2^{24}}$	$\sqrt[25]{2^{15}}$	$\sqrt[10]{2^{15}}$	$\sqrt[5]{2^3}$	$\sqrt[7]{2^3}$
$\sqrt[18]{2^{15}}$	$\sqrt[40]{2^{50}}$	$\sqrt[15]{2^{20}}$	$\sqrt[8]{2^2}$	$\sqrt[12]{2^{16}}$	$\sqrt[6]{2^6}$

5. Introdueix dins dels radicals els factors que són fora:

a $5\sqrt{2}$ **b** $3^4\sqrt{6}$ **c** $3\cdot 2^2\sqrt{18}$ **d** $2^3\cdot 3^4\sqrt{6}$

6. Extreu fora del símbol radical tots els factors que puguis:

a $\sqrt{3^5}$ **b** $\sqrt{5^{17}}$ **c** $\sqrt{2^3\cdot 3^5}$ **d** $\sqrt{5^5\cdot 7^7\cdot 11}$

7. Fes aquestes multiplicacions i simplifica sempre que sigui possible:

a $\sqrt{2}\cdot\sqrt{6}$ **b** $5\sqrt{8}\cdot\sqrt{2}$ **c** $12\sqrt{3}\cdot 3\sqrt{12}$

8. Fes aquestes divisions:

a $\frac{\sqrt{192}}{\sqrt{12}}$ **b** $\frac{\sqrt{20}}{\sqrt{2420}}$ **c** $\frac{2\sqrt{50}}{4\sqrt{10}}$ **d** $\frac{2\sqrt{72}}{3\sqrt{32}}$

9. Redueix a índex comú:

a $\sqrt{2}$ y $\sqrt[3]{2}$ **b** $\sqrt{5}$ y $\sqrt[4]{10}$ **c** $\sqrt[3]{12}$ y $\sqrt[4]{20}$

Banc digital

10. Resol aquestes multiplicacions i simplifica quan puguis:

a $\sqrt{8}\cdot\sqrt[3]{16}$ **c** $\sqrt[3]{9}\cdot\sqrt[4]{27}$ **e** $\sqrt[4]{8}\cdot\sqrt[6]{32}$

b $2\sqrt[4]{6}\cdot 10\sqrt[6]{4}$ **d** $9\sqrt[3]{25}\cdot\frac{1}{5}\sqrt{\frac{1}{27}}$ **f** $\sqrt[4]{\frac{8}{125}}\cdot\sqrt[3]{\frac{2}{5}}$

11. Calcula aquestes divisions:

a $\frac{\sqrt[3]{32}}{\sqrt[3]{4}}$ **b** $\frac{\sqrt[3]{625}}{\sqrt{5}}$ **c** $\frac{\sqrt[6]{2}}{\sqrt[4]{2}}$ **d** $\frac{\sqrt[6]{10}}{\sqrt[8]{5}}$

12. Resol les operacions següents i simplifica quan puguis:

a $\left(\sqrt{6}\right)^3$ **b** $\left(2\sqrt{5}\right)^3$ **c** $\sqrt{\sqrt{1000}}$ **d** $\sqrt{5\sqrt{5}}$

13. Resol aquestes operacions i simplifica quan puguis:

a $\left(\sqrt[4]{2}\right)^3$ **c** $\left(2\sqrt[5]{2}\right)^8$ **e** $\left(\sqrt[5]{3^2}\right)^4$

b $\sqrt{\sqrt[3]{81}}$ **d** $\sqrt[6]{\sqrt[4]{32}}$ **f** $\sqrt[3]{\sqrt[4]{49}}$

14. Suma aquests radicals:

a $\sqrt{3}-4\sqrt{3}+10\sqrt{3}$

b $\sqrt{20}-\sqrt{5}+\sqrt{45}$

c $\sqrt{75}+\sqrt{27}-\sqrt{3}-\sqrt{12}$

d $\sqrt{2}+3\sqrt{98}-4\sqrt{50}+\sqrt{18}$

e $\sqrt{24}+3\sqrt{6}-2\sqrt{54}+5\sqrt{150}$

15. Suma aquests radicals:

a $5\sqrt[3]{3}-\sqrt[4]{3}+2\sqrt[3]{5}-3\sqrt[4]{3}$

b $4\sqrt[5]{7}-\sqrt[7]{5}+2\sqrt[5]{7}-\sqrt[5]{7}$

c $5\sqrt[3]{3}-\sqrt[3]{24}+2\sqrt[3]{81}-3\sqrt[3]{375}$

d $\sqrt[4]{2}+\sqrt[4]{162}+\sqrt[4]{48}+\sqrt[3]{54}$

e $-2\sqrt[12]{3^4}+\sqrt[15]{3^3}+8\sqrt[6]{3^2}-3\sqrt[15]{3^5}$

16. Opera i simplifica:

a $\sqrt[3]{9\cdot 2\cdot 5^2}\cdot\sqrt{81\cdot 2^3\cdot 5}$ **c** $\sqrt[3]{11^2}\cdot\frac{\sqrt[6]{11\cdot 17}}{\sqrt{11\cdot 17^3}}$

b $\sqrt{5\sqrt[4]{5\sqrt[3]{5}}}$ **d** $\left(\sqrt{2\sqrt[3]{2^2\sqrt[5]{2}}}\right)^3$

17. Indica si les expressions següents són certes o falses i explica per què:

a $\sqrt{a^2+9}=a+3$ **c** $\sqrt{25}+\sqrt{x}=\sqrt{25+x}$

b $\sqrt{4x}\sqrt{a}=2\sqrt{xa}$ **d** $\left(\sqrt{a+3}\right)^2=a+3$

18. Opera i escriu en forma de potència aquestes expressions:

a $\frac{\sqrt{\sqrt[3]{10}}\cdot 4^{\frac{3}{4}}}{5^{\frac{1}{2}}\cdot\sqrt{2^{-3}}}$ **b** $2\sqrt{8\sqrt{2\sqrt[3]{4}}}$ **c** $\frac{\sqrt[3]{\sqrt{5}}\cdot\sqrt{2^{-3}}}{4^{\frac{3}{4}}\cdot 10^{\frac{1}{2}}}$

19. Calcula: $\sqrt{\sqrt{\frac{\sqrt{2}+\sqrt{8}}{\sqrt{20}+\sqrt{5}}}} =$

Mates en context

1 AM AV Personal El Palau de la Pau i la Reconciliació

Aquest edifici, conegut també com la Piràmide de la Pau i l'Acord, es troba a Astanà, la capital del Kazakhstan, i es va inaugurar l'any 2006. Des de l'exterior, l'edifici es presenta com una piràmide de base quadrada de 62 m x 62 m x 62 m.

Els enginyers van dissenyar l'edifici perquè fos capaç de suportar la dilatació i la contracció, causades per variacions de temperatura de més de 80 °C, des de –40 °C fins a més de 40 °C, que poden alterar la construcció fins a 30 cm.

Problemes

1. Calcula l'altura del triangle d'una de les cares. Si hi apareixen radicals, extreu tots els factors que puguis.
2. Troba l'àrea lateral de la piràmide i l'àrea total.
3. Imagina't que es porta a terme una ampliació de la construcció de $\sqrt[3]{2^2}$.
   - **a** Determina les noves dimensions de la piràmide.
   - **b** Troba l'altura del triangle d'una de les seves cares fent servir el teorema de Pitàgores amb les noves mesures.
   - **c** Comprova que el resultat és el mateix que si es calcula directament l'ampliació de l'altura.
   - **d** Divideix l'altura ampliada i la inicial i comprova que el resultat és l'esperat.
   - **e** Troba de dues formes diferents la diagonal de la nova base de la piràmide i comprova que obtens el mateix resultat en tots dos casos.
   - **f** Pots sumar la diagonal de la base original amb aquesta nova? Justifica la resposta.
   - **g** Calcula de dues maneres diferents la nova àrea d'una de les cares i comprova que obtens el mateix resultat en tots dos casos.
4. Arrodoneix a les centèsimes les mesures que has obtingut en els exercicis anteriors.

Matematitza: 1, 2, 3, 4 **Argumenta: 3**

2 AM AP Personal La maqueta del Dídac

El Dídac rep l'encàrrec de construir una maqueta quadrada d'una ciutat que, com a molt, ha d'ocupar 8100 cm^2. Hi ha d'incloure:

- Un edifici en forma de cub i amb un volum de 8000 cm^3.
- Un prisma de base quadrada amb aquestes mesures: diagonal de la base = $\sqrt{1800}$ cm i altura = $\sqrt{450}$ cm.
- Un prisma hexagonal regular amb aquestes mesures: costat = $\sqrt[3]{1080}$ cm i altura = $\sqrt[6]{675}$ cm.
- Un prisma rectangular amb aquestes mesures: costat = $= 15\sqrt[4]{13}$, diagonal de la base = $20\sqrt[4]{13}$ i altura = $\sqrt{364}$.

Recorda-ho: Volum prisma = Àrea de la base × Altura

$$\text{Àrea de l'hexàgon} = \frac{\text{Perímetre} \times \text{Apotema}}{2}$$

Problemes

1. Calcula el costat de la maqueta.
2. Determina el costat del cub.
3. Extreu tots els factors dels radicals de les mesures del prisma quadrat.
4. Troba el costat i l'àrea de la base del prisma anterior. Quin n'és el volum?
5. Calcula l'àrea total del prisma quadrat.
6. Extreu els factors del costat del prisma hexagonal.
7. Calcula l'àrea de la base.
8. Troba'n el volum.
9. Calcula el costat que falta del prisma rectangular.
10. Extreu factors de l'altura del prisma anterior i calcula'n el volum.
11. Fes un càlcul aproximat de totes les longituds dels problemes anteriors i arrodoneix a les centèsimes.

Matematitza: 1, 2, 3, 4, 5, 6, 7, 8, 9

2 Construïm catedrals!

Es van fer servir les matemàtiques per construir catedrals? Existeix el nombre més bonic?

AM AV AP AA Professional Social

Aprèn a...

Manejar expressions numèriques senzilles que continguin arrels, operar-hi i simplificar-ne els resultats.

Fer operacions amb polinomis i usar-los en exemples de la vida quotidiana.

Conèixer i fer servir les identitats notables.

Ítem 1. Mòdul

En arquitectura, el **mòdul** és l'estructura o la peça que es repeteix en una construcció a fi de fer-la més senzilla, regular i econòmica. En les catedrals gòtiques, el mòdul estava marcat per les columnes i la distància que hi havia entre aquestes.

Ítem 2. Dimensions de la Sagrada Família

El temple de la Sagrada Família va ser construït seguint un mòdul projectat per l'arquitecte Antoni Gaudí. Els múltiples del quadrat del creuer (format per les quatre columnes centrals) són un doble mòdul (vegeu l'ítem 1) i regulen les altures de tot el projecte de naus. Les diferents alçàries de la Sagrada Família són, doncs, aquestes:

- ✓ Voltes de les naus laterals: quàdruple mòdul.
- ✓ Voltes de la nau central: 6 vegades el mòdul.
- ✓ Voltes del creuer: 8 vegades el mòdul.
- ✓ Punt més alt de l'absis: 10 vegades el mòdul.
- ✓ Longitud total de la planta: 12 vegades el mòdul.

Tota l'estructura del temple es basa en el mòdul que Gaudí va dissenyar a base de múltiples d'aquest mòdul.

Ítem 3. Planta de la Sagrada Família

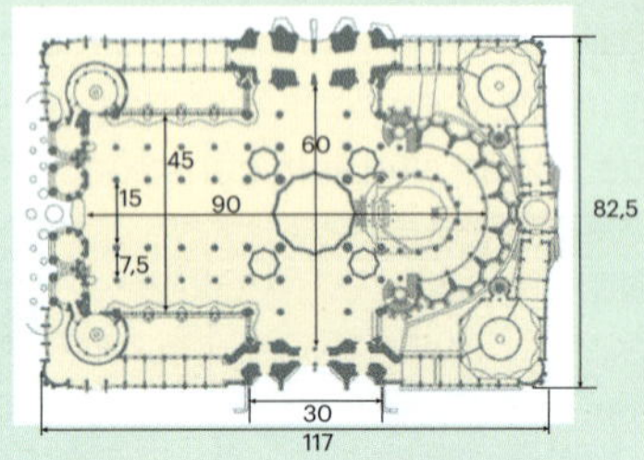

Ítem 4. Planta de la catedral de Santiago de Compostel·la

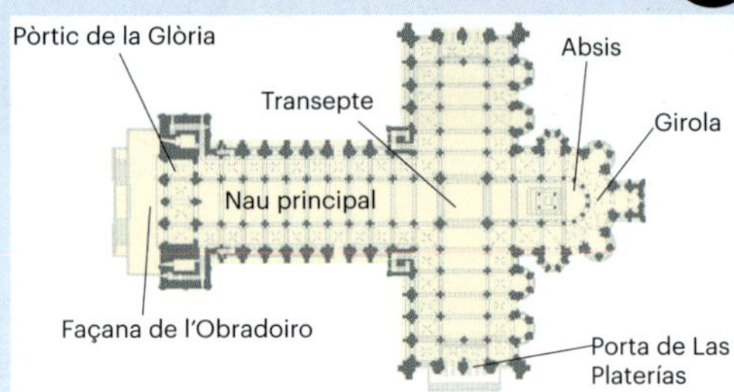

Construeix amb el que saps

Simbolitza

(1) Si anomenem x la distància entre dues columnes (laterals) de la Sagrada Família, escriu en forma algebraica:

a La distància entre dues columnes centrals.
b La longitud de la porta principal del temple (en el plànol, a la part superior).
c L'amplada i la longitud de la nau principal.
d L'alçària de les voltes de les naus laterals, de la nau central i del creuer.
e L'àrea i el volum del creuer (intersecció dels dos braços de la creu).

Matematitza

(2) El mòdul de la Sagrada Família té 7,5 m. Calcula la mesura real del que es demana en l'exercici anterior. Coincideixen els teus càlculs amb les dades que consten en el plànol?

Simbolitza

(3) Determina el mòdul de cadascun dels quadrats de les naus laterals de la catedral de Santiago de Compostel·la. Si anomenem x el costat d'aquest quadrat, escriu de forma algebraica:

a La distància entre dues columnes de la nau principal (mesuren el doble que les columnes de les naus laterals).
b La longitud de la façana de l'Obradoiro.
c L'amplada i la longitud de la nau principal.
d La longitud del transsepte (part del temple perpendicular a la nau central).
e L'àrea del rectangle format per quatre columnes de la nau central.

Matematitza

(4) El mòdul de la catedral de Santiago de Compostel·la és de 4 m. Determina les mesures reals dels elements de l'exercici anterior.

Ítem 5. El nombre auri

El nombre auri és el valor numèric de la proporció que mantenen entre si dos segments de la recta, a i b ($a > b$), que compleixen aquesta relació: $\frac{a+b}{a} = \frac{a}{b}$.

Aquest nombre es representa mitjançant la lletra grega fi (Φ), en honor a l'arquitecte grec Fídies. El seu valor és $\Phi = \frac{1+\sqrt{5}}{2} = 1{,}618\,033\,9...$

Ítem 6. El rectangle auri

El rectangle auri és aquell la raó dels costats del qual és el nombre auri. És a dir, en dividir el costat més gran entre el costat més petit, obtenim la raó:

$$\Phi = \frac{1+\sqrt{5}}{2}$$

Ítem 7. El rectangle auri al Partenó

Ítem 8. El rectangle auri a París

Construeix amb el que saps

Matematitza

5 Fixa't en l'ítem 8. Hi apareixen marcats diversos rectangles auris. Comprova que efectivament són auris. Per fer-ho, mesura amb un regle la longitud i l'altura de cada rectangle; a continuació, divideix el costat més gran entre el costat més petit i observa si el quocient s'acosta a 1,618 (tingues en compte que cal mesurar amb molta exactitud).

Argumenta

6 Ara, para atenció a l'ítem 7, en el qual hi ha moltes línies que formen rectangles i quadrats. Marca els que siguin rectangles auris. En podries trobar algun altre que no estigui indicat?

Matematitza
Planteja
Argumenta
Simbolitza

7 Els grecs van definir la raó àuria (nombre auri) com el quocient obtingut en dividir una línia en dues parts de manera que la part més gran dividida entre la part més petita també sigui igual a la longitud total dividida entre la part més gran. Comprovem-ho:

a Dibuixa un segment d'1 dm de longitud i divideix-lo en dues parts que no siguin iguals; anomena x la part més gran.
b Si el segment mesura 1 dm i una part fa x, quant mesura la part més petita?
c Escriu la raó entre la longitud total del segment i la part més gran.
d Escriu la raó entre la part més gran del segment i la més petita.
e Iguala les dues raons i opera fins a obtenir una equació de segon grau.
f Resol aquesta equació. Quines solucions has obtingut? Què hi observes?

8 Per què diries que els grecs van rebutjar una de les dues solucions?

Argumenta

El que has construït

Opero amb **monomis i polinomis**.

Opero amb **expressions algebraiques**.

Extrec **conclusions de situacions reals**.

3. Arrel quadrada

El cas més important dels radicals ($\sqrt[n]{a}$) es dona quan l'índex (n) és 2. Aleshores, tenim les anomenades arrels quadrades. Com que es fan servir tant, no s'hi escriu l'índex, perquè ja se sap que és 2.

L'arrel quadrada és l'operació inversa a elevar al quadrat. Consisteix a esbrinar un nombre del qual no es coneix el quadrat. Aquesta operació es representa mitjançant el símbol $\sqrt{\ }$ (apunt 7).

Qualsevol arrel quadrada té dos valors, un de positiu i un de negatiu, amb el mateix valor absolut. Els nombres negatius no tenen arrels quadrades.

- Per **introduir** factors en una arrel, s'eleva al quadrat cada factor: $a\sqrt{b}=\sqrt{a^2\cdot b}$.
- Per **extreure** factors, es descomponen els radicands i s'expressen en potències d'exponent 2 (apunt 8). La base d'aquesta potència és el factor que en resulta: $\sqrt{a^2\cdot b}=a\sqrt{b}$.

Apunt 7

El símbol de l'arrel quadrada prové de la lletra inicial de la paraula *raïl*.

Antigament, s'escrivia una *r* per indicar l'operació. Més endavant, la ratlleta superior de la *r* es va allargar perquè s'hi pogués incloure el nombre que es volia calcular:

$$r\rightarrow\sqrt{\ }$$

Apunt 8

Compte!

$$\sqrt{9+16}\neq\sqrt{9}+\sqrt{16}$$

Ja que:

$$\sqrt{25}=5\neq 3+4=7$$

4. Operacions amb arrels quadrades

Les operacions amb arrels quadrades segueixen les regles de les operacions amb radicals que s'han tractat en l'apartat anterior, però amb l'avantatge que, com que sempre tenen d'índex 2, no cal reduir-les a índex comú.

- **Suma i resta d'arrels quadrades.** Només es poden sumar o restar arrels quadrades que tinguin el mateix radicand.

  De vegades, els radicands iguals estan «amagats». Per comprovar que podem sumar, hem d'extreure de l'arrel tots els factors possibles.

Professora a casa. Suma d'arrels quadrades.

5. Racionalitzar

Racionalitzar consisteix a treure l'arrel del denominador d'una fracció. Es plantegen dos casos:

- Tipus $\dfrac{a}{b\sqrt{c}}$. Es multipliquen el numerador i el denominador per $\sqrt{c}$.
- Tipus $\dfrac{a}{\sqrt{b}\pm\sqrt{c}}$ o $\dfrac{a}{b\pm\sqrt{c}}$. Es multipliquen el numerador i el denominador pel conjugat del denominador (apunt 9).

Professor a casa. Racionalització I.

Professora a casa. Racionalització II.

Apunt 9

Recorda que el conjugat de $a+b$ és $a-b$ i el de $a-b$ és $a+b$.

Exemples

12. L'arrel quadrada de 64 és ± 8, ja que $8\cdot 8=8^2=64$ i $(-8)\cdot(-8)=(-8)^2=64$. S'escriu $\sqrt{64}=\pm 8$.

13. $3\sqrt{5}=\sqrt{3^2\cdot 5}=\sqrt{45}$ i $\sqrt{500}=\sqrt{10^2\cdot 5}=10\sqrt{5}$

14. $\sqrt{2}+\sqrt{18}+\sqrt{72}=\sqrt{2}+\sqrt{3^2\cdot 2}+\sqrt{6^2\cdot 2}=\sqrt{2}+3\sqrt{2}+6\sqrt{2}=10\sqrt{2}$

15. $\dfrac{10}{7\sqrt{3}}=\dfrac{10\cdot\sqrt{3}}{7\sqrt{3}\cdot\sqrt{3}}=\dfrac{10\sqrt{3}}{7\sqrt{9}}=\dfrac{10\sqrt{3}}{7\cdot 3}=\dfrac{10\sqrt{3}}{21}$

$$\frac{2}{3+\sqrt{5}}=\frac{2\cdot\left(3-\sqrt{5}\right)}{\left(3+\sqrt{5}\right)\cdot\left(3-\sqrt{5}\right)}=\frac{2\cdot\left(3-\sqrt{5}\right)}{3^2-\left(\sqrt{5}\right)^2}=\frac{2\cdot\left(3-\sqrt{5}\right)}{4}=\frac{3-\sqrt{5}}{2}$$

6. Polinomis

Un **polinomi** és una expressió algebraica formada per sumes i restes de monomis (apunt 10).

- El **grau** d'un polinomi és el grau més gran dels monomis que el formen.
- El **valor numèric** d'un polinomi és el resultat de substituir les lletres per nombres i fer les operacions.
- Un **polinomi** és **complet** quan té tots els termes, des del de grau més gran fins al terme independent.
- Un **polinomi** està **ordenat** si els monomis que el componen s'ordenen del grau més gran al grau més petit.

Apunt 10

Un **monomi** és una expressió algebraica de la forma $\boldsymbol{ax^n}$.

En aquesta expressió, a és un nombre qualsevol, x és la variable i n és un nombre natural.

6.1 Operacions amb polinomis

- **Suma.** S'agrupen els monomis semblants (apunt 11) i se'n sumen els coeficients.
- **Resta.** Se suma al minuend oposat del subtrahend.
- **Producte.** Es multiplica cada monomi d'un dels factors per tots i cadascun dels monomis de l'altre factor. A continuació, se sumen els monomis semblants que s'han obtingut.
- **Productes (o identitats) notables.** Són igualtats molt utilitzades en matemàtiques (apunt 12):

$$(a + b)^2 = (a + b)\cdot(a + b)= a^2 + 2ab + b^2$$

$$(a - b)^2 = (a - b)\cdot(a - b) = a^2 - 2ab + b^2$$

$$(a + b)\cdot(a - b) = a^2 - b^2$$

$$(a + b + c)^2 = (a + b + c)\cdot(a + b + c) = a^2 + b^2 + c^2 + 2ab + 2ac + 2bc$$

$$(a + b)^3 = (a + b)\cdot(a + b)\cdot(a + b) = a^3 + 3a^2b + 3ab^2 + b^3$$

$$(a - b)^3 = (a - b)\cdot(a - b)\cdot(a - b) = a^3 - 3a^2b + 3ab^2 - b^3$$

Apunt 11

Dos **monomis** són **semblants** si tenen les mateixes lletres amb els mateixos exponents. Així, $3x^2$ és semblant a $4x^2$, però no a $3x^3$.

Apunt 12

La identitat notable

$$(a + b)\cdot(a - b) = a^2 - b^2$$

es fa servir sovint en la seva forma inversa:

$$a^2 - b^2 = (a + b)\cdot(a - b)$$

Exemples

16. $3x^4 - 7x^2 + 2x - 6$ és un polinomi de grau 4, incomplet i ordenat;

$2x^2 - 5 + x^3 - 9x$ és un polinomi de grau 3, complet i desordenat.

El valor numèric del primer polinomi per a $x = -1$ és aquest:

$3(-1)^4 - 7(-1)^2 + 2(-1) - 6 = 3 - 7 - 2 - 6 = -12$

17. Tenim els polinomis $A(x) = 5x^3 - 4x^2 + 3x$ y $B(x) = -3x^2 + 6$.

$A(x) + B(x) = (5x^3 - 4x^2 + 3x) + (-3x^2 + 6) = 5x^3 + (-4x^2 - 3x^2) + 3x + 6 = 5x^3 - 7x^2 + 3x + 6$

$A(x) - B(x) = (5x^3 - 4x^2 + 3x) - (-3x^2 + 6) = 5x^3 + (-4x^2 - (-3)\,x^2) + 3x - 6 = 5x^3 - x^2 + 3x - 6$

$A(x)\cdot B(x) = (5x^3 - 4x^2 + 3x)\cdot(-3x^2 + 6) = (5x^3 - 4x^2 + 3x)\cdot(-3x^2) + (5x^3 - 4x^2 + 3x)\cdot 6 = (-15x^5 + 12x^4 - 9x^3) +$
$+ (30x^3 - 24x^2 + 18x) = -15x^5 + 12x^4 + 21x^3 - 24x^2 + 18x$

18. $(3x - 4)^2 = (3x)^2 - 2\cdot 3x\cdot 4 + 4^2 = 9x^2 - 24x + 16$

$(5x^6 + 4x^7)\cdot(5x^6 - 4x^7) = (5x^6)^2 - (4x^7)^2 = 25x^{12} - 16x^{14}$

$(x^2 + 3x + 5)^2 = (x^2)^2 + (3x)^2 + 5^2 + 2\cdot x^2\cdot 3x + 2\cdot x^2\cdot 5 + 2\cdot 3x\cdot 5 = x^4 + 9x^2 + 25 + 6x^3 + 10x^2 + 30x$

$(2x + 5)^3 = (2x)^3 + 3\cdot(2x)^2\cdot 5 + 3\cdot(2x)\cdot 5^2 + 5^3 = 8x^3 + 30x^2 + 150x + 125$

$16x^2 - 81 = (4x + 9)\cdot(4x - 9)$

Entrena't

20. Introdueix dins del radical els factors que hi ha fora:

a $4\sqrt{8}$ **c** $2^5 \cdot \sqrt{3}$

b $5\sqrt{10}$ **d** $2 \cdot 3^2 \sqrt{5}$

21. Simplifica extraient fora de l'arrel quadrada tot el que puguis:

a $\sqrt{1200}$ **c** $\sqrt{288}$

b $\sqrt{3125}$ **d** $\sqrt{160}$

22. Fes les operacions següents amb arrels quadrades i simplifica (extreu factors de l'arrel) quan puguis:

a $\sqrt{3} \cdot \sqrt{6}$ **e** $\left(\sqrt{12}\right)^3$

b $3\sqrt{8} \cdot 5\sqrt{6}$ **f** $\left(5\sqrt{2}\right)^3$

c $\dfrac{\sqrt{120}}{\sqrt{15}}$ **g** $\sqrt{\sqrt{20}}$

d $\dfrac{3\sqrt{32}}{2\sqrt{72}}$ **h** $2\sqrt{2\sqrt{2}}$

23. Suma aquestes arrels:

a $\sqrt{75} - \sqrt{3} + \sqrt{12}$

b $\sqrt{5} + 3\sqrt{20} - 2\sqrt{180} + \sqrt{125}$

24. Racionalitza i simplifica:

a $\dfrac{5}{\sqrt{2}}$ **c** $\dfrac{2\sqrt{12}}{5\sqrt{3}}$

b $\dfrac{2}{3\sqrt{6}}$ **d** $\dfrac{2\sqrt{12}}{3\sqrt{6}}$

25. Racionalitza i simplifica:

a $\dfrac{5}{2-\sqrt{3}}$ **e** $\dfrac{3\sqrt{2}}{3+\sqrt{2}}$

b $\dfrac{1}{\sqrt{2}-1}$ **f** $\dfrac{12}{2\sqrt{3}+3}$

c $\dfrac{15}{\sqrt{5}+\sqrt{3}}$ **g** $\dfrac{12\sqrt{2}}{\sqrt{8}+\sqrt{5}}$

d $\dfrac{5\sqrt{3}}{2\sqrt{2}-\sqrt{3}}$ **h** $\dfrac{3\sqrt{5}-2\sqrt{3}}{2\sqrt{3}+3\sqrt{5}}$

26. Indica si aquestes expressions són certes o falses i raona per què:

a $\sqrt{a^2+9} = a+3$ **c** $\sqrt{25} + \sqrt{x} = \sqrt{25+x}$

b $\sqrt{4x}\sqrt{a} = 2\sqrt{xa}$ **d** $\sqrt{9x^5} = 3x^2\sqrt{x}$

Banc digital

27. Fes les operacions indicades, donats els polinomis següents:

$P(x) = 3x^4 - 2x^3 - 4x^2 + 5x - 1$
$Q(x) = x^4 - 7x^2 + 3x - 9$
$R(x) = 2x^4 - 6x^3 + 4x - 8$

a $P(x) + Q(x) - R(x)$

b $Q(x) - [P(x) - R(x)]$

c $R(x) - Q(x) - P(x)$

28. Donat el polinomi $A(x) = 5x^4 + x^3 - 3x^2 + 2x - 4$, calcula:

a $6 \cdot A(x)$ **c** $3x^2 \cdot A(x)$

b $(-5x^3) \cdot A(x)$ **d** $x \cdot A(x)$

29. Fes aquests productes de polinomis:

a $(x^3 + 7x^2 - 5x - 4) \cdot (2x - 6)$

b $(5x^4 + x^3 - 2x + 6) \cdot (-3x - 5)$

c $(x^6 + 4x^4 - 8x^3 - 5x + 7) \cdot (2x^4 - 4x^2)$

30. Calcula aquestes potències de polinomis:

a $(3 + 2x + x^2)^2$ **d** $(5x^2 + 6x + 7)^2$

b $(x + 2)^3$ **e** $(2x + 4)^3$

c $(x - 5)^3$ **f** $(2x - 4)^3$

31. Calcula aplicant les identitats notables:

a $(x + 4)^2$ **f** $(6x - 2)^2$

b $(2x + 3)^2$ **g** $(8x^2 - 4)^2$

c $(3x^2 + 5)^2$ **h** $(10x^6 - 5x^4)^2$

d $(5x^4 + 10x^3)^2$ **i** $(3x + 7) \cdot (3x - 7)$

e $(x - 7)^2$ **j** $(5x^2 + 3) \cdot (5x^2 - 3)$

32. Completa el terme que falta en aquestes identitats:

a $(4x - 1)^2 = 16x^2$ ☐ $+ 1$

b $(5x^2 + 6)^2 =$ ☐ $60x^2 + 1$

c $(2x^3 - 5)^2 = 4x^6 - 20x^3 +$ ☐

d $(3x^2 + 4x)^2 = 9x^4 +$ ☐ $+ 16x^2$

e $(9 - 7x) \cdot (9 + 7x) = 81 -$ ☐

f $(5x^4 + 9x^2) \cdot (5x^4 - 9x^2) =$ ☐ $- 81x^4$

Banc digital

Mates en context

3 AM AP Personal Social **Tangram**

El tangram és un trencaclosques xinès molt antic. Consta de set figures:

- Cinc triangles (dos de grans, un de mitjà i dos de petits).
- Un quadrat.
- Un romboide.

Entre les set figures es forma un quadrat.

Nota: En el dibuix hi ha unes línies discontínues que no formen part del tangram; serveixen per dibuixar-lo i permeten realitzar els exercicis. Si no tens un tangram, en pots construir un amb cartolina fent servir aquest dibuix com a exemple.

El joc consisteix a formar figures amb les set peces donades sense solapar-se.

Problemes

1. Anomenarem x el costat de cadascun dels quadrats auxiliars (els que són formats per línies discontínues) i farem servir aquesta mesura en tots els exercicis. Quin és el perímetre d'un d'aquests quadrats? I quina n'és l'àrea?

2. Quina és la mesura (escrita en forma algebraica) del costat del quadrat que formen les set peces del tangram? Quina n'és l'àrea?

3. Calcula la mesura de cadascun dels costats de les diferents figures del tangram (recorda que sempre és en funció de x).

4. Troba el perímetre de cadascuna de les figures que formen el tangram.

5. Determina l'àrea de cadascuna de les figures que formen el tangram.

6. Suma l'àrea de cadascuna de les figures del tangram i comprova si és la mateixa àrea que la del quadrat que formen.

7. Suma el perímetre de les set figures del tangram.

8. Totes les figures que es creen amb el tangram tenen la mateixa àrea, però no passa el mateix amb el perímetre. Calcula el perímetre de la figura de l'esquerra.

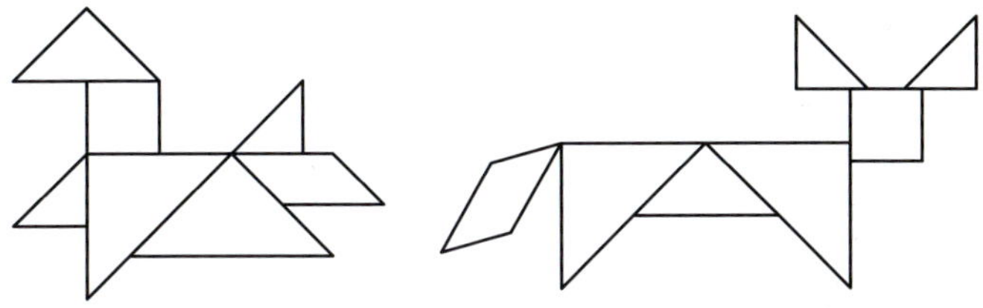

9. Per trobar el perímetre de la peça de la dreta, es necessiten més dades. Quines? Per què?

10. Considerem que les dades que hi falten són totes iguals a tres unitats. Calcula, en aquest cas, el perímetre de la figura.

11. L'Albert construirà un tangram de manera que el costat del quadrat que formen les set peces mesuri 20 cm. Calcula quant mesuraran:

    a Els costats de cada peça.
    b El perímetre de cada peça.
    c L'àrea de cada peça.

    No facis servir decimals en les dades no enteres; deixa el resultat en forma de radical i tan simplificat com sigui possible.

12. La Laura vol construir un altre tangram en què el costat del quadrat faci 4 dm. Expressa en decímetres les mesures dels costats de cada peça (no facis servir decimals, com en l'exercici anterior).

13. A partir de les dades de l'exercici 12, ajuda la Laura a completar aquesta taula:

Triangle	Àrea	Perímetre
Petit		
Mitjà		
Gran		

14. Calcula la relació que hi ha entre les àrees i els perímetres dels diferents triangles i copia i completa aquesta taula:

Triangle	Àrea	Perímetre
Gran/petit		
Gran/mitjà		
Mitjà/petit		

15. Existeix alguna relació entre les raons de les àrees i les raons dels perímetres? Justifica la resposta.

Simbolitza: 1, 2, 3, 8, 10

Matematitza: 2, 3, 4, 5, 6, 7, 8, 10, 11, 12, 13

Argumenta: 9, 15

Planteja: 14

3 De les piràmides a l'actualitat

Es pot mesurar sense instruments?
Visc en un prisma?

AM AP AS

Personal Professional

Aprèn a...
Manejar les relacions entre angles definits per rectes que es tallen.
Establir relacions de proporcionalitat entre dos polígons semblants.
Fer servir el teorema de Tales per al càlcul indirecte de longituds.
Identificar els elements més característics dels moviments en el pla.

Ítem 1. La llegenda sobre Tales i la piràmide de Kheops

Diu la llegenda que, durant una visita de Tales de Milet a Egipte, el faraó li va preguntar si podria calcular l'alçària de la piràmide de Kheops.

Per descomptat, Tales va acceptar el repte. Només va demanar al faraó dues coses: permís per anar a la piràmide i que l'acompanyessin alguns dels seus homes.

Quan hi va arribar, va fer dues marques a terra que indicaven la longitud del seu bastó. A continuació, va col·locar el bastó a sobre d'una de les marques i va esperar que la longitud del bastó i la seva ombra coincidissin. En aquell instant precís, la longitud de la piràmide també va coincidir amb la de la seva ombra.

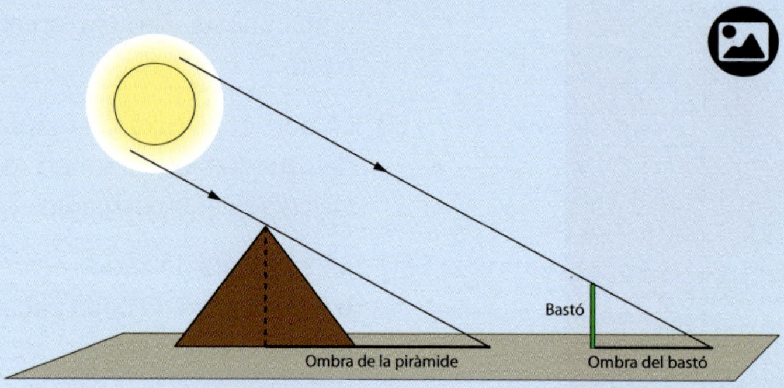

Ítem 2. Una altra llegenda

Hi ha una altra llegenda que diu que un sacerdot, tot pensatiu, va preguntar quina devia ser l'alçària de la piràmide. Tales va respondre que la calcularia sense haver de fer servir cap instrument.

Primer, es va estirar a terra i, després, va posar un peu en un dels extrems de la figura que havia quedat sobre la sorra. A continuació, va esperar que la seva ombra tingués la mateix longitud que la seva alçada.

Construeix amb el que saps

Representa (1) Dibuixa la situació que es descriu en l'ítem 1; et pot servir d'ajuda l'ítem 2.

Matematitza (2) Classifica els triangles que s'obtenen amb cada figura, la seva ombra i els raigs del sol. Quant mesuren els seus angles?

Argumenta (3) Si l'ombra de la piràmide és k vegades l'ombra del bastó, troba l'alçària de la piràmide a partir de la longitud del bastó.

Matematitza (4) Dibuixa el triangle format per Tales, la seva obra i els raigs del sol. Construeix altres triangles que tinguin angles iguals a l'anterior i amb un vèrtex comú, el que es forma amb l'ombra i els raigs del sol. Com són els costats d'aquests triangles?

Representa (5) Segueix aquestes instruccions:

- **1r** Dibuixa un segment de 7 cm de longitud.
- **2n** Des d'un dels seus extrems, traça un altre segment amb la longitud que vulguis.
- **3r** Divideix aquest darrer segment en quatre parts iguals.
- **4t** Uneix els extrems del primer i del segon segments de manera que obtinguis un triangle.
- **5è** Traça paral·leles al primer segment des dels punts marcats en el segon segment fins que tallin el primer.

Matematitza (6) En l'exercici anterior:

a Quants triangles has dibuixat?
b Els seus angles són iguals o no? Explica-ho.
c Quina relació hi ha entre els seus costats?
d El segment inicial de 7 cm ha quedat dividit en quatre parts. Són iguals?

Ítem 3. Ponts

Des de l'antiguitat fins a l'actualitat, els ponts han facilitat el pas d'un lloc a un altre i han servit d'unió entre ciutats i barris.

Les formes dels ponts no solament donen resposta a una qüestió estètica, que és força important, sinó que, a més, eviten problemes, i garanteixen la seguretat i la durabilitat. Així, per exemple, la forma del pont Twist, a Vlaardingen (Holanda), permet absorbir les vibracions de l'estructura.

Ítem 4. Habitatges

A les ciutats es pot observar l'evolució dels edificis que es fan servir per viure-hi. Han anat creixent verticalment a causa de l'augment de la població.

Ítem 5. Altres edificis

Els hotels, les oficines i els llocs destinats a celebrar-hi esdeveniments esportius o musicals també han anat canviant amb el temps per mitjà de la incorporació de tècniques que, a banda de millorar el seu objectiu final, els fan més atractius.

N'és un bon exemple l'edifici de l'hotel Luxor, a Las Vegas.

Construeix amb el que saps

Matematitza 7 Observa el primer pont de l'ítem 3. Si, per exemple, es mou el primer ull de l'esquerra cap a la dreta una longitud que és igual a l'amplada d'aquest ull, s'aconsegueixen els següents. Quin nom rep aquest tipus de moviment? Això passa també en algun dels altres ponts?

Representa 8 En l'edifici de l'ítem 4, cada planta es repeteix cap amunt. Es tracta d'una translació? Si ho és, descriu-ne el desplaçament.

Argumenta 9 En l'ítem 3, a banda de translacions, també hi ha girs i simetries. Busca els ponts en què es presenten i descriu-los. Indica en cada cas, de manera aproximada, l'angle de gir i l'eix de simetria.

Matematitza 10 Respecte dels ítems 4 i 5:

a Identifica les figures geomètriques que observes en aquests edificis.
b Busca els plànols de simetria d'aquests edificis (imagina't que els talles i que queden dues meitats iguals).

El que has construït

Reconeixes el **teorema de Tales** en situacions reals i l'apliques per **dividir segments** en parts iguals.

Identifiques **translacions, girs i simetries** en la realitat.

Descrius les isometries i indiques els elements que les caracteritzen: **vectors, angles de gir i eixos de simetria.**

Competències matemàtiques: 1, 2, 5, 6, 9.

7. Triangles semblants

Apunt 13

Dos **triangles rectangles** són **semblants** si es compleix una d'aquestes condicions:

1. Tenen un angle agut igual.
2. Dos dels seus costats són proporcionals.

Dues figures són **semblants** si els seus angles són iguals i els seus costats són proporcionals.

La raó (quocient indicat) entre la longitud d'un costat de la figura transformada i la del costat corresponent de la inicial és la **raó de semblança** i es representa mitjançant ***k***. Quan les figures són triangles, per estudiar si són semblants, n'hi ha prou de comprovar si es compleix una d'aquestes condicions (apunt 13):

1. Tenen els tres angles iguals.
2. Tenen dos angles iguals.
3. Tenen un angle igual i els costats que el formen són proporcionals.

8. Teorema de Tales

Apunt 14

L'**escala** és una aplicació del teorema de Tales:

$$E = \frac{\text{Mesura representada}}{\text{Mesura de la realitat}}$$

Les mesures s'expressen en les mateixes unitats.

Si dues rectes secants són tallades per rectes paral·leles, els segments que es formen en cadascuna de les rectes són proporcionals (apunt 14).

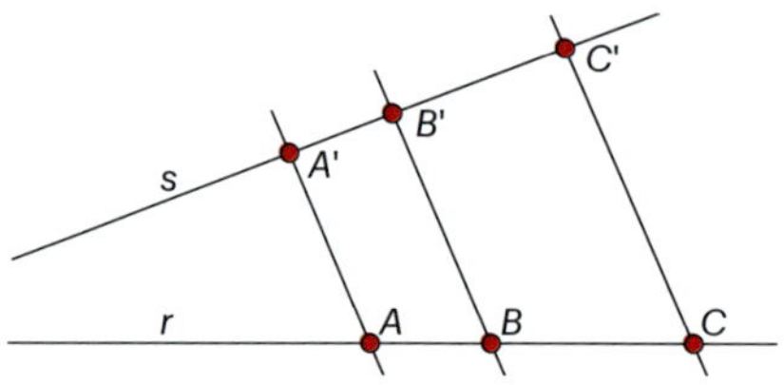

$$\frac{AB}{A'B'} = \frac{BC}{B'C'} = \frac{AC}{A'C'}$$

9. Triangles en posició de Tales

Dos triangles estan en posició de Tales si tenen un angle comú i els costats oposats a aquest són paral·lels. Es tracta de triangles semblants.

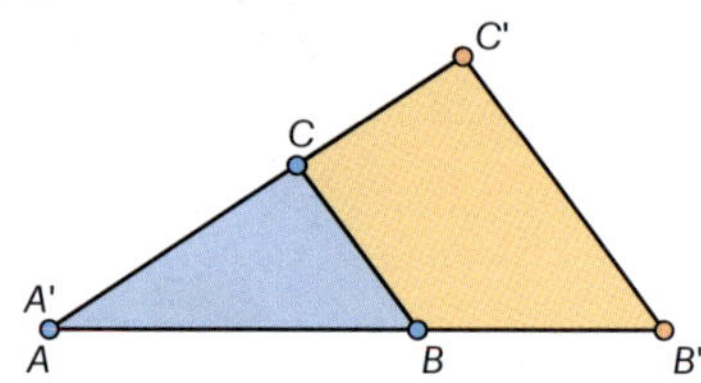

Exemples

19. Aquests dos triangles són semblants perquè compleixen la condició tercera (tenen un angle igual, el de 48°) i els costats són proporcionals (els costats del segon triangle són la meitat dels costats del primer).

La raó de semblança és $k = \frac{1}{2}$.

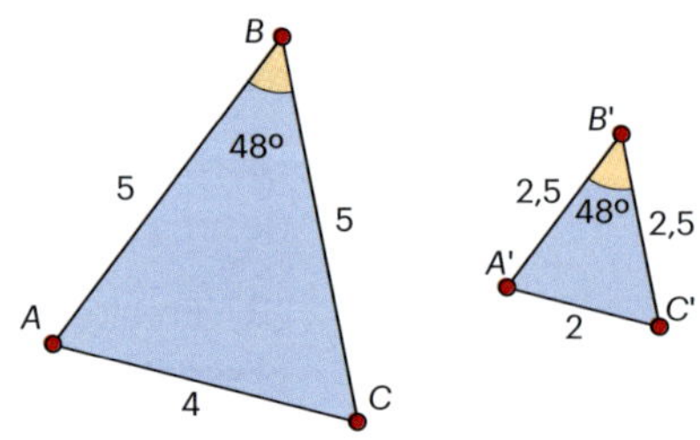

20. Per calcular x en la figura, es pot fer servir el teorema de Tales:

$$\frac{AB}{A'B'} = \frac{BC}{B'C'} \Rightarrow \frac{5}{4} = \frac{8}{x} \Rightarrow x = \frac{4 \cdot 8}{5} = 6,4$$

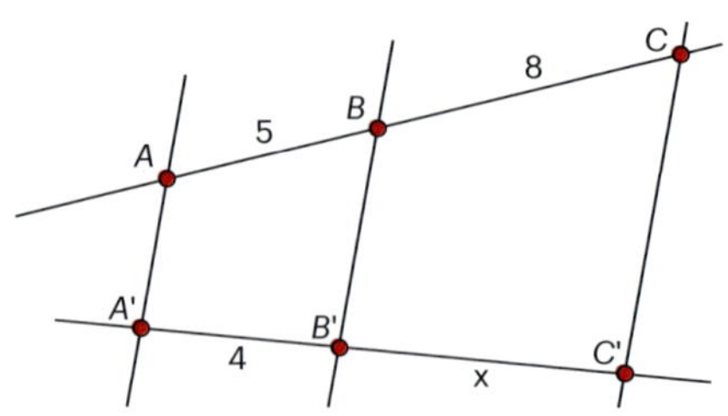

21. Troba x i y en la figura següent.

Els triangles ABC i ADE estan en posició de Tales. Per tant:

$$\frac{AD}{AE} = \frac{AB}{AC} \Rightarrow \frac{2}{4} = \frac{2+5}{y} \Rightarrow y = \frac{4 \cdot 7}{2} = 14$$

I també: $\frac{AE}{AC} = \frac{AD}{AB} \Rightarrow \frac{3}{3+x} = \frac{2}{2+5} \Rightarrow 3+x = \frac{3 \cdot 7}{2} \Rightarrow x = 10,5 - 3 = 7,5.$

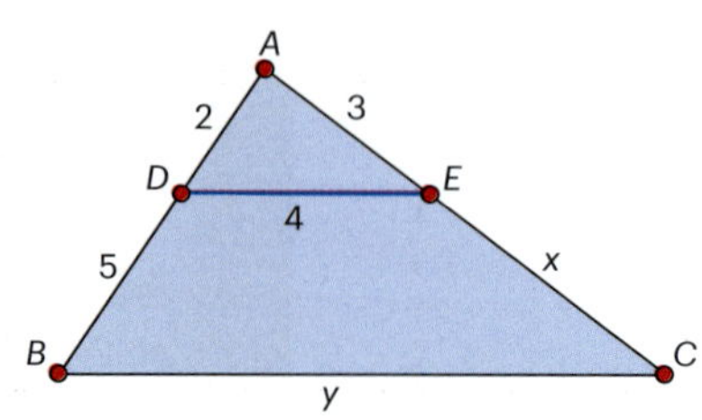

10. Moviments en el pla

Un **moviment** és una transformació geomètrica que conserva els angles i les distàncies, és a dir, la forma i la mida de les figures (apunt 15).

Hi ha tres tipus de moviments en el pla:

Nom	Definició	Exemple
Translació Moviment directe	Està determinat per un vector $\vec{v}$. Transforma un punt en un altre, de manera que $\overrightarrow{AA'}$ és $\vec{v}$.	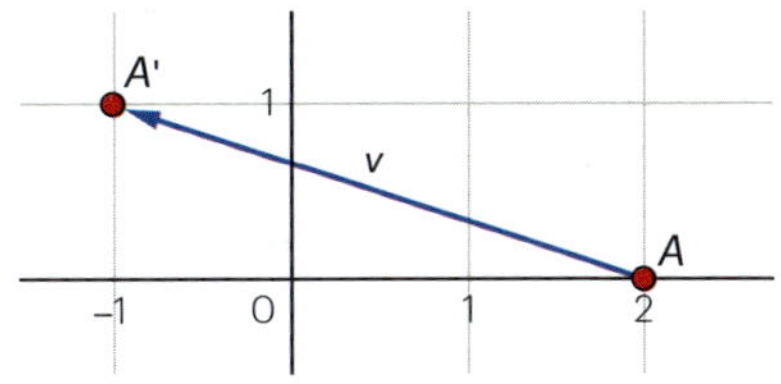 $A' = A + \vec{v} = (2, 0) + (-3, 1)$ $A' = (2 - 3, 0 + 1) = (-1, 1)$
Gir Moviment directe	Està determinat per un punt O (centre de gir) i un angle α. Transforma un punt A en un altre A', de manera que $A\hat{O}A' = \alpha$ i la distància $\overline{OA}$ és igual a $\overline{OA'}$.	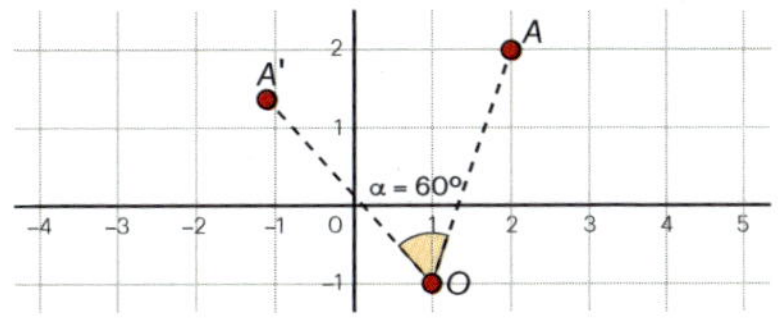 S'uneix A a O i es mesuren 60° en sentit contrari a les busques del rellotge. En la nova semirecta, es porta $\overline{OA}$ i s'obté A'.
Simetria Moviment invers	**1. Simetria axial** respecte d'una recta que s'anomena **eix**, i que és la mediatriu del segment $\overline{AA'}$, en què A' és el transformat de A.	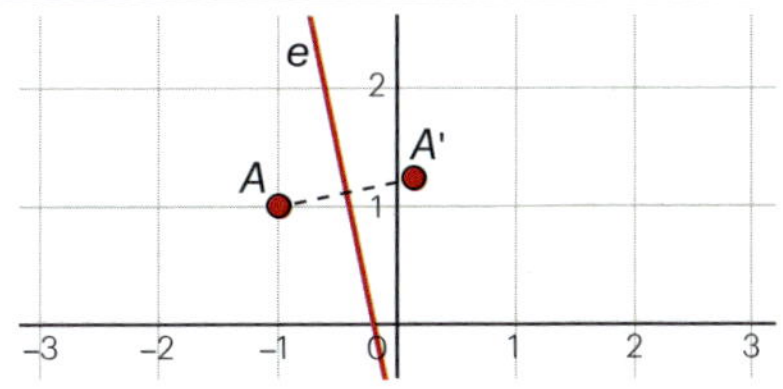 Sobre la perpendicular a l'eix des de A, es mesura $\overline{OA}$ i s'obté A'.
	2. Simetria central respecte d'un punt anomenat **centre**. És el punt mitjà entre qualsevol punt A i el seu transformat A'.	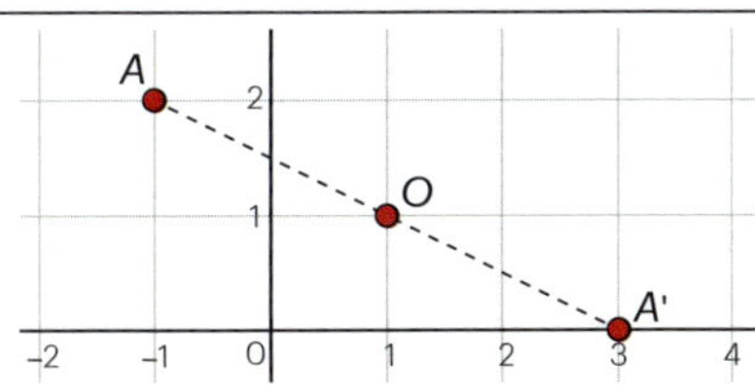 Sobre la semirecta que uneix A amb O i, a partir d'aquí, es mesura $\overline{OA}$ i s'obté A'.

Apunt 15

Recorda-ho!

Una **transformació geomètrica** és una relació que converteix un punt del pla P en un altre P'. El punt P' s'anomena **transformat** de P. La figura transformada s'anomena homòloga.

Una transformació geomètrica és **directa** si manté l'orientació. En el cas contrari, és **inversa.**

Apunt 16

Un **vector** és un segment orientat.

Les seves característiques són el mòdul (longitud), la direcció (recta que el conté) i el sentit (manera de recorre'l de l'origen a l'extrem).

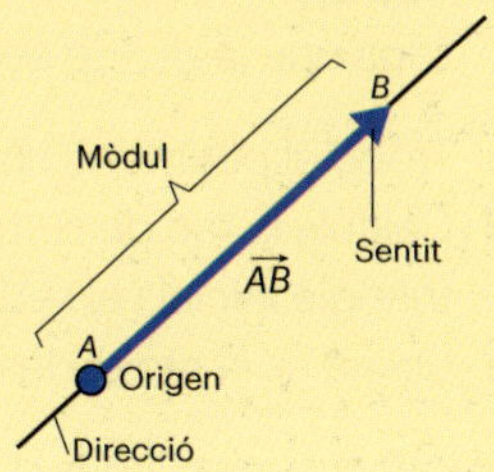

11. Plans de simetria en els poliedres

Un pla de simetria d'un poliedre divideix la figura en dues parts iguals.

Poliedre	Exemple	Eixos de simetria
Prisma regular (***n*** costats a la base)	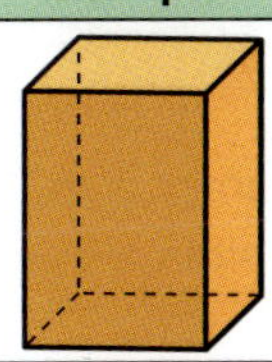	Els que contenen els eixos de simetria de les bases i el que n'és paral·lel, que passa pel punt mitjà de l'altura. En total, ***n* + 1** eixos.
Piràmide (***n*** costats a la base)	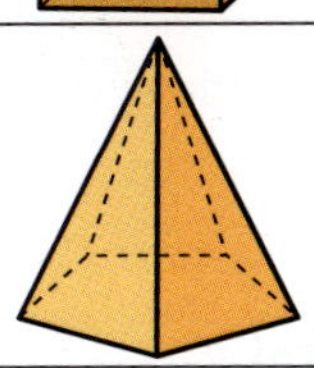	Els que contenen els eixos de simetria de les bases i passen pel vèrtex. En total, ***n*** eixos de simetria.
Poliedres regulars	Cada cas s'ha d'estudiar per separat.	

Exemple

22. Dibuixem un prisma amb els plans de simetria:

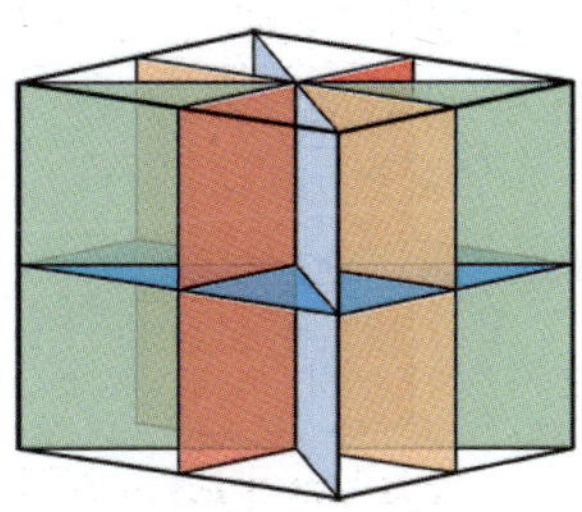

En un prisma quadrangular, com que la base té quatre costats, hi ha nou plans de simetria.

Entrena't

33. Analitza si aquests triangles són semblants:

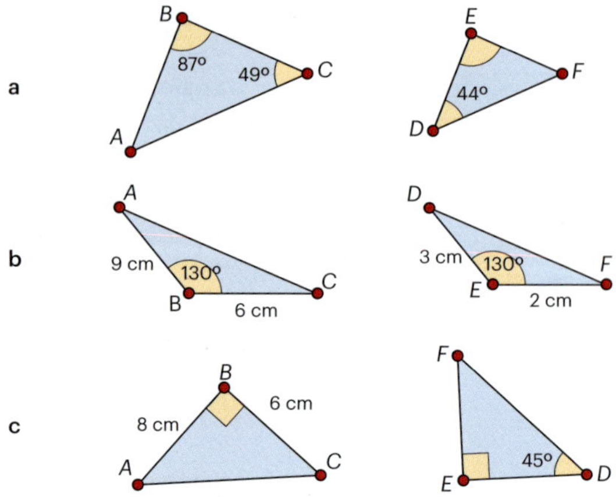

34. En els triangles semblants de l'exercici anterior, calcula la raó de semblança.

35. En un triangle rectangle, la hipotenusa fa 40 dm i un dels catets mesura 24 dm:

- **a** Troba'n el perímetre i l'àrea.
- **b** Calcula els costats d'un altre triangle semblant, si saps que la raó de semblança és $k = \frac{1}{4}$.
- **c** Troba el perímetre i l'àrea del nou triangle.
- **d** Calcula la raó de semblança entre els perímetres del triangle inicial i el seu homòleg.
- **e** Quina és la raó de les seves àrees?

36. La raó entre les àrees d'un quadrat i el seu homòleg és $k = 4$. Si l'àrea de l'homòleg és de 36 cm^2, determina:

- **a** L'àrea del quadrat inicial.
- **b** La mesura dels costats de cadascun dels quadrats.

37. Tenim un cn cub de 6 cm de costat.

- **a** Troba'n l'àrea i el volum.
- **b** Quina és la mesura d'un altre cub que sigui semblant, de raó $k = \frac{2}{3}$?
- **c** Calcula la raó entre la superfície dels cubs i els seus volums.

38. Divideix un segment de 9 cm de longitud en set parts iguals.

39. Calcula la distància real entre dues ciutats, *A* i *B*, la longitud de la qual en un mapa d'escala 1:1 200 000 és 12 cm.

40. Troba l'alçària de l'arbre en el gràfic següent:

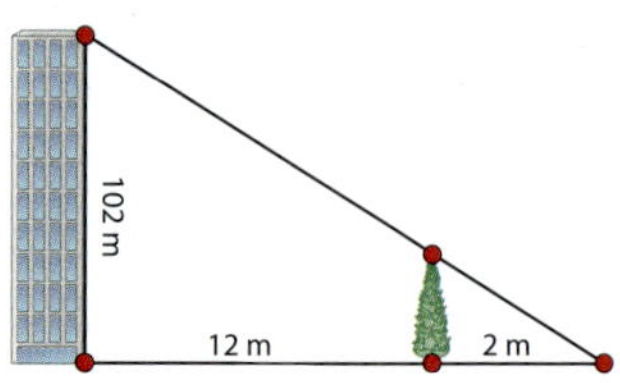

41. Indica el vector de la translació que transforma el punt *A* en *A'* i les seves coordenades:

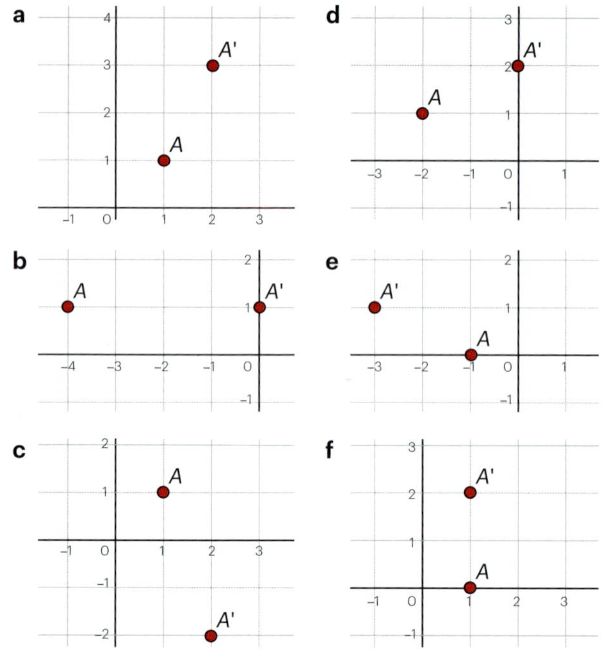

42. Troba les coordenades dels punts traslladats de *A*(−4, 3) per mitjà de cadascun dels vectors següents:

a $\vec{v} = (2, 5)$ **b** $\vec{v} = (-3, -1)$ **c** $\vec{v} = (4, -3)$

43. Les coordenades dels vèrtexs d'una figura plana són *A*(2, 4), *B*(1, 1), *C*(2, −3) i *D*(3, 1).

- **a** Representa-la en els eixos cartesians i digues de quina figura es tracta.
- **b** Troba els vèrtexs de la figura que s'obté mitjançant una translació de vector $\vec{v} = (-6, 4)$.
- **c** Construeix l'homòloga mitjançant un gir de 90° el centre del qual és el punt *C*.
- **d** Dibuixa la simètrica respecte de l'eix de les ordenades i de l'origen de coordenades.
- **e** La figura presenta eixos de simetria, és a dir, rectes respecte de les quals queda dividida en dues figures iguals. Quins són?

44. Considera un prisma hexagonal de 8 cm de costat i 12 cm d'altura:

- **a** Quants plans de simetria té? Quins són?
- **b** A quina altura se situa el paral·lel a les bases de cadascuna d'elles?

45. Quants plans de simetria té una piràmide pentagonal? Per on passen?

Banc digital

Mates en context

4 AM AP AV Context Contenidors casa

Des de ja fa uns quants anys, l'ús de contenidors marítims per a habitatges ha esdevingut una realitat, a causa dels elevats preus dels materials de construcció i de la mà d'obra de les cases tradicionals.

A banda de ser més barates (fins a un 60% respecte d'un habitatge típic), aquestes cases són respectuoses amb el medi ambient: es recicla un contenidor i es redueixen els costos energètics durant la seva construcció.

Tot i que els espais són més estrets que els de les llars convencionals, que sovint cal fer-hi adaptacions perquè es compleixin les normes d'habitabilitat i que el seu manteniment és costós, cada cop es fan servir més per a oficines, hostals, cafeteries, escoles, piscines, etc.

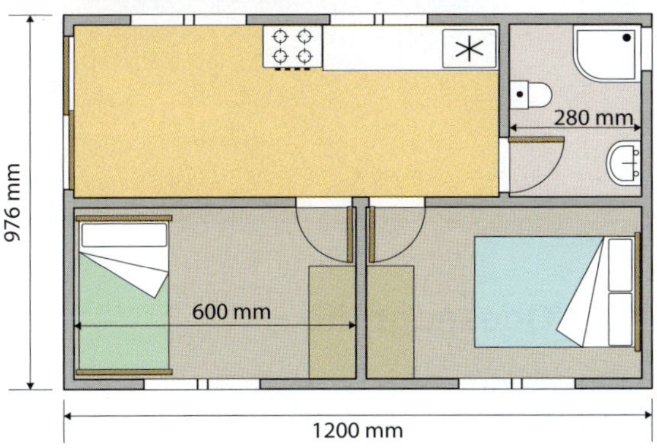

Problemes

1. Quina forma geomètrica té un contenidor casa?
2. Dibuixa'n un i indica'n els plans de simetria.
3. En la primera imatge, la finestra del contenidor gris del pis superior es transforma en la del següent, el contenidor vermell, mitjançant un moviment. Quin? Descriu l'element que el defineix, si saps que les dimensions del contenidor són 6 m de llarg, 2,4 m d'ample i 2,5 m d'alt.
4. Quin moviment transformaria la finestra del contenidor blanc superior en la finestra del contenidor groc inferior?
5. Observa el frontal d'un dels contenidors de la primera imatge i indica'n els eixos de simetria.
6. La segona imatge representa la distribució interior d'un habitatge fet amb dos contenidors. Quina escala s'ha fet servir per fer-ne el plànol?
7. Troba les dimensions reals de les habitacions i del lavabo.

Matematitza: 1, 6, 7 | **Representa: 2** | **Argumenta: 4, 5, 6**

5 AM AP Científic Els plans del cos humà

En els moviments del cos humà, hi intervenen ossos, lligaments i músculs. Per descriure'ls, es parteix d'una posició inicial en la qual no hi ha cap moviment de les articulacions: la posició anatòmica. Els moviments es defineixen respecte de tres plans que divideixen el cos:

- **Sagital:** divideix el cos en meitat dreta i meitat esquerra.
- **Frontal:** el divideix en meitat anterior i meitat posterior.
- **Transversal:** el divideix en meitat superior i meitat inferior.

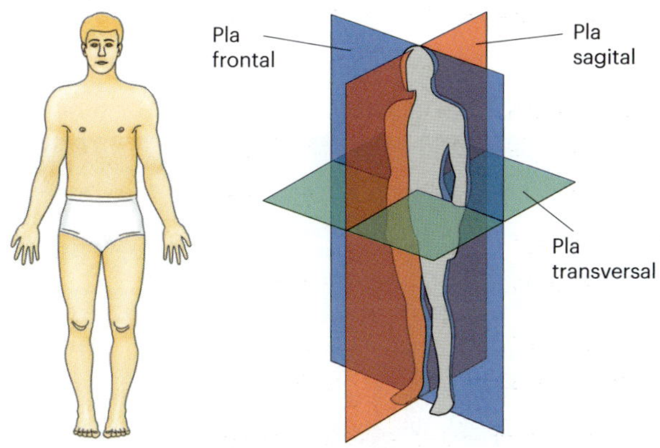

El punt d'intersecció dels tres plans és el centre de gravetat.

Problemes

1. Algun dels plans del cos és un pla de simetria? Raona la resposta.
2. Els moviments tenen lloc en un pla (o en diversos). Indica els plans en què es produeixen:
   - **a** La flexió de maluc que realitzem quan pugem escales.
   - **b** El desplaçament lateral del braç cap amunt des de la posició anatòmica.
3. Un dels moviments s'anomena *rotació*. Partint de la posició anatòmica, analitza la rotació lateral del cap: angles de gir que es poden realitzar i si es produeixen respecte d'un punt o d'un eix.

Argumenta: 1 | **Matematitza: 2, 3**

4 Arquitectura icònica al món

Edifici hiperbòlic o parabòlic? A quina hora et truco?

AM AV AP AA

Social Cultural

Aprèn a...

Reconèixer i distingir els diferents tipus de còniques i les seves característiques principals.

Interpretar el sentit de les coordenades geogràfiques i la seva aplicació en la localització de punts i en l'ús dels fusos horaris.

Ítem 1. Còniques

En arquitectura s'acostumen a fer servir figures geomètriques que se sap que tenen bones propietats.

Entre les més utilitzades hi ha les còniques, com la paràbola, l'el·lipse i la hipèrbola.

Ítem 2. Catedral de Brasília

Ítem 3. Golden Gate

Ítem 4. Planetari McDonnell

Ítem 5. Plaça de Sant Pere

Ítem 6. Edifici Lipstick

Ítem 7. L'Oceanogràfic

Construeix amb el que saps

Comunica (1) Busca informació sobre la forma de la paràbola, de l'el·lipse i de la hipèrbola.

Argumenta (2) Observa els diferents edificis i identifica les còniques que hi ha en els dissenys.

Ítem 8. L'arquitectura i la religió

La religió ha estat un dels àmbits que més ha influït en l'arquitectura al llarg de la història. La Caterina, el Karim i el Cèsar són tres estudiants d'arquitectura que han de fer un treball sobre els diferents estils dels temples de les tres religions majoritàries al món: el cristianisme, el judaisme i l'islam. Per fer-ho, cadascun d'ells ha escollit una religió i n'estudiarà l'arquitectura al seu país d'origen.

Ítem 9. La sinagoga de Sofia

La Caterina visitarà la sinagoga de la ciutat de Sofia, capital de Bulgària. És la sinagoga més gran d'Europa.

Ítem 10. La catedral de l'Havana

El Cèsar visitarà la catedral de l'Havana, a Cuba, declarada Patrimoni de la Humanitat.

Ítem 11. La mesquita de Casablanca

El Karim visitarà la mesquita de Hassan II, a la ciutat de Casablanca, al Marroc.

Ítem 12. Recorda-ho

Les **coordenades geogràfiques** venen donades per la latitud (nord o sud) i la longitud (est o oest).

Com que la Terra gira sobre el seu eix, cada part del món té una hora determinada, ja que el Sol no surt a tot arreu alhora.

Cada 15° de longitud hi ha una hora de diferència horària, tot i que aquestes diferències no sempre coincideixen amb les hores oficials de cada país.

Construeix amb el que saps

Comunica

3. Busca informació sobre aquests tres temples religiosos i explica'n les peculiaritats.
4. Troba les coordenades geogràfiques de les tres ciutats.

Matematitza

5. Calcula la diferència entre les longituds i la diferència entre les latituds de les tres ciutats.
6. A partir dels resultats de l'exercici anterior, determina quina hauria de ser la diferència horària entre les tres ciutats.

Argumenta

7. Esbrina quins són els fusos horaris oficials de cada país i comprova si les diferències horàries es corresponen amb les que has trobat en l'exercici anterior.
8. Si els tres estudiants volen parlar per intercanviar informació sobre les seves recerques, quin serà el millor moment per trucar-se per telèfon, tenint en compte la diferència horària que hi ha entre les tres ciutats on són?

El que has construït

Identifiques els diferents **tipus de còniques**.

Interpretes les **coordenades geogràfiques** i hi operes.

12. Còniques

Les **còniques** són figures geomètriques que es poden estudiar de diferents maneres. Una d'aquestes maneres és la que els dona nom: consisteix a tallar un con amb diversos plans, la qual cosa origina quatre figures diferents.

Apunt 17

La circumferència i l'el·lipse no són funcions, però tenen fórmules com les que ja coneixes de la paràbola i la hipèrbola.

Circumferència:

$$(x-a)^2+(x-b)^2=r^2$$

Aquí, (*a*, *b*) són les coordenades del centre i *r* és el radi.

El·lipse:

$$\frac{x^2}{a}+\frac{y^2}{b}=1 \text{ amb } a \neq b.$$

Paràbola:

$$y=ax^2+bx+c$$

Hipèrbola:

$$y=\frac{k}{x}$$

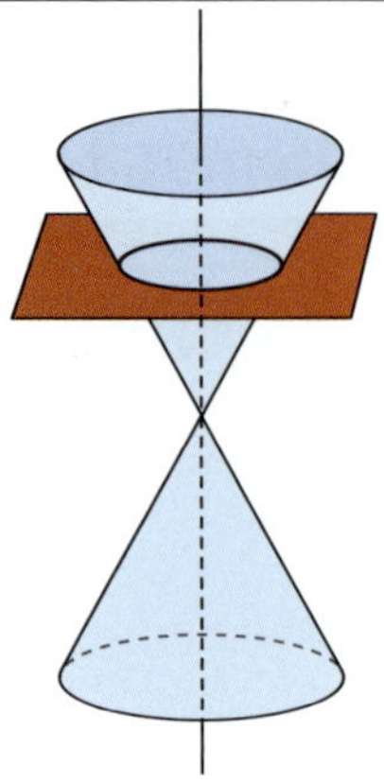	**Circumferència** S'obté si es talla un con amb un pla perpendicular a l'eix. Tots els punts d'una circumferència tenen la mateixa distància respecte del punt, que s'anomena **centre**.	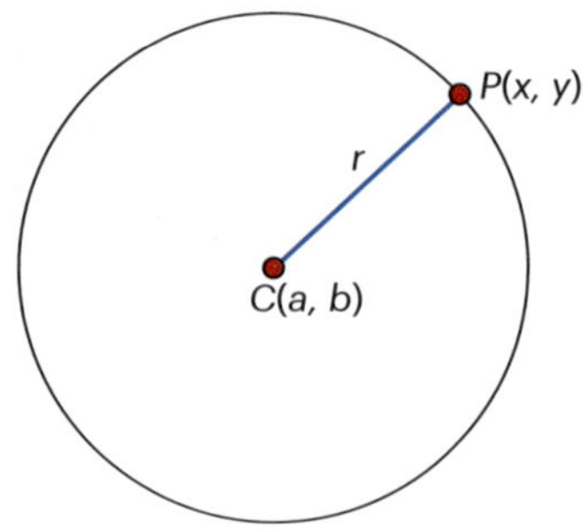
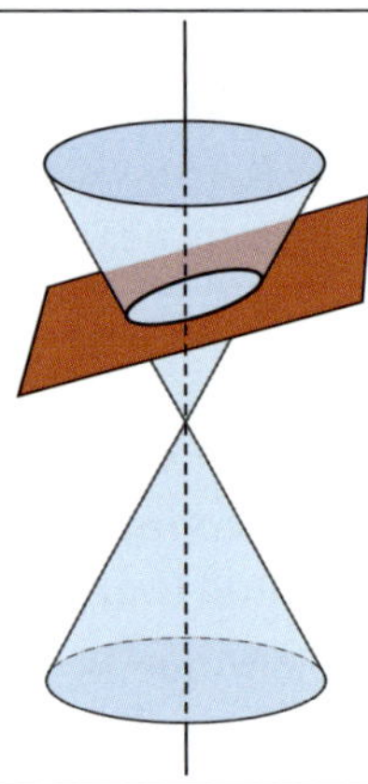	**El·lipse** S'obté si es talla un con amb un pla oblic a l'eix. Tots els punts d'una el·lipse compleixen que la suma de les distàncies respecte de dos punts anomenats **focus** sempre és la mateixa.	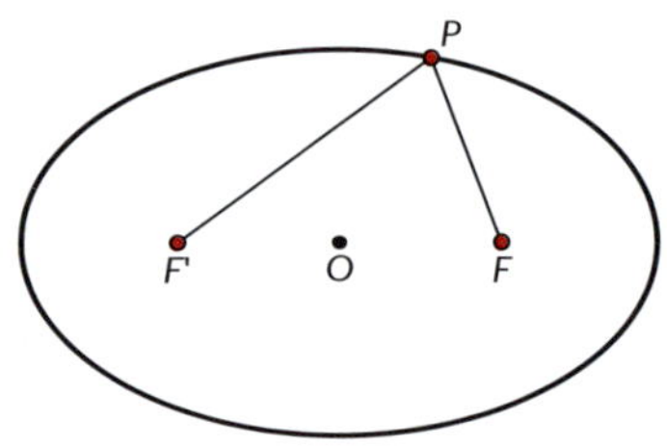
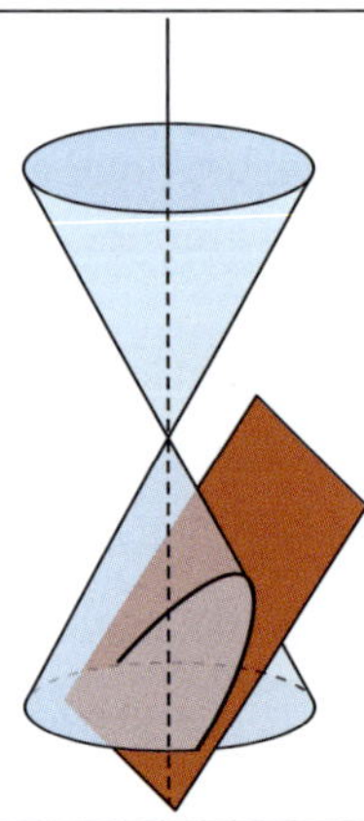	**Paràbola** S'obté si es talla un con amb un pla que és paral·lel a la seva generatriu. Tots els punts d'una paràbola compleixen que la seva distància és la mateixa en una recta anomenada **directriu** i en un punt anomenat **focus**.	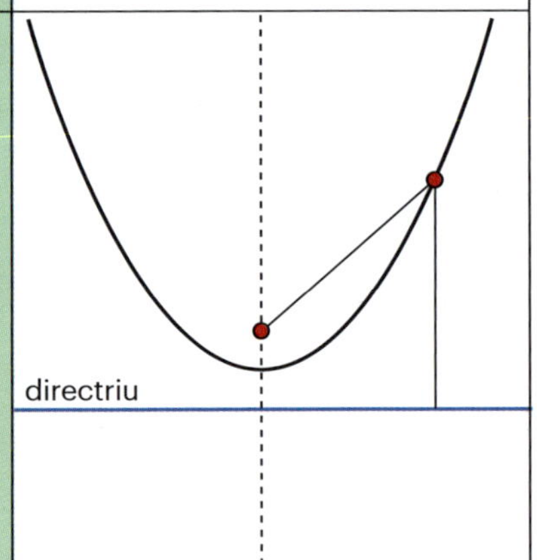
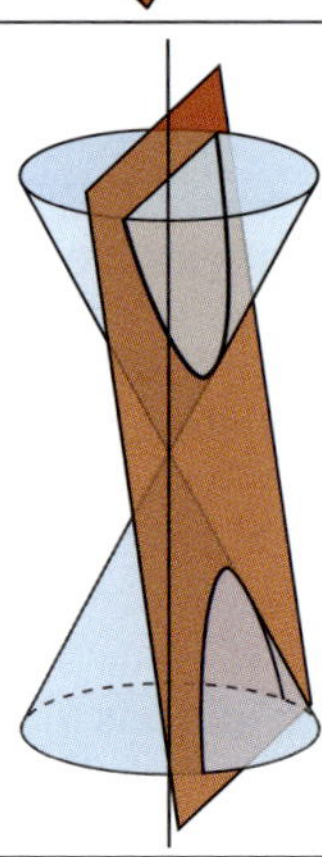	**Hipèrbola** S'obté si es talla un con amb un pla paral·lel al seu eix. Tots els punts d'una hipèrbola compleixen que la diferència de les distàncies respecte de dos punts donats, anomenats **focus**, sempre és la mateixa.	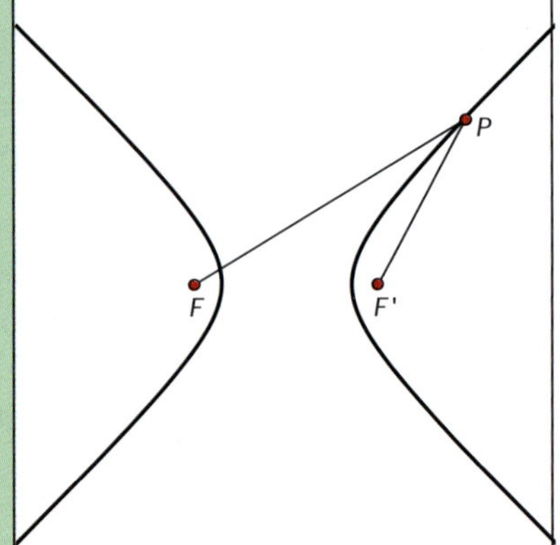

13. El globus terraqüi

La Terra té una forma gairebé esfèrica i gira sobre si mateixa, al voltant del que es coneix com el seu **eix de rotació** o, simplement, **eix.**

Per poder situar llocs en un mapa o en el globus terraqüi, ens serveixen d'ajuda els paral·lels i els meridians (fig. 1):

- Els **paral·lels** són cercles perpendiculars a l'eix. El més important és l'equador, que és el més gran d'aquests cercles i el que divideix la Terra en els dos hemisferis: l'hemisferi nord i l'hemisferi sud.
- Els **meridians** són semicercles que passen pels pols nord i sud. El més important és el meridià de Greenwich, que divideix el nostre planeta en dos hemisferis també: l'hemisferi oriental i l'hemisferi occidental.

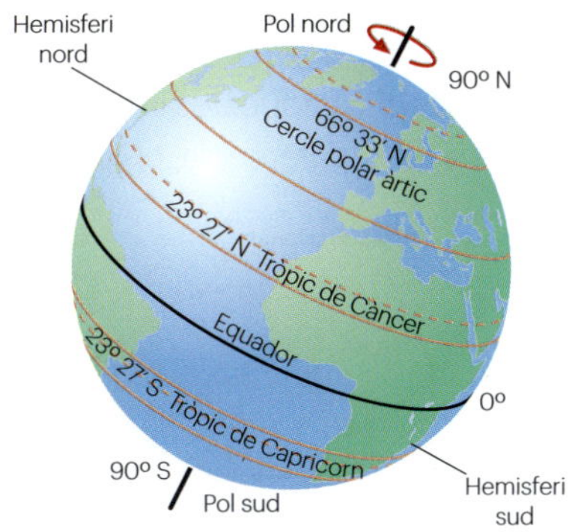

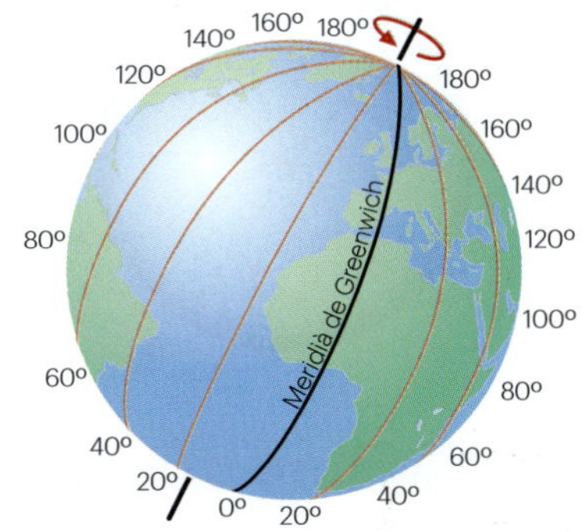

Fig. 1. Paral·lels (**a**) i meridians (**b**).

14. Coordenades terrestres

La xarxa de paral·lels i meridians ens permet esbrinar les coordenades geogràfiques de qualsevol punt del món:

- La **latitud** és la distància angular que existeix des d'un punt de la Terra fins a l'equador. La latitud pot ser nord o sud i varia des de 0° fins a 90°.
- La **longitud** és la distància angular que hi ha des d'un punt de la Terra fins al meridià de Greenwich. La longitud pot ser est o oest i varia des de 0° fins a 180°.

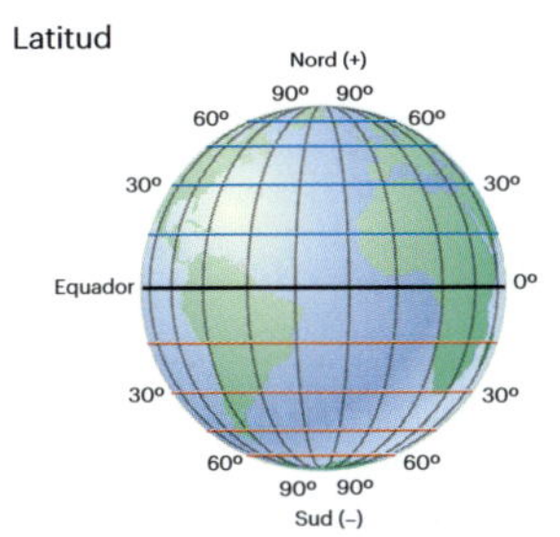

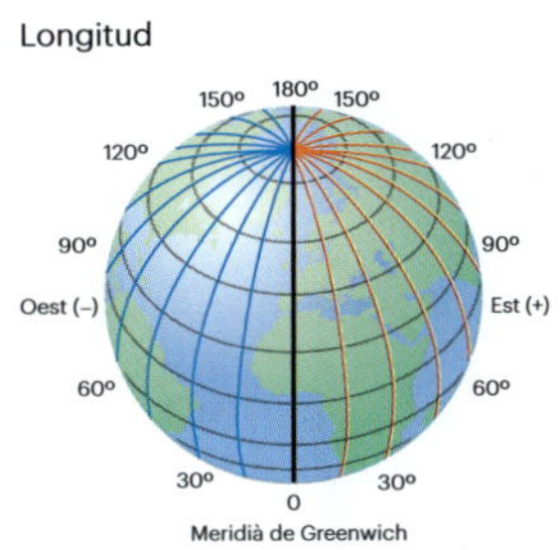

Apunt 18

Recorda-ho!

$$A_{esfera} = 4 \cdot \pi \cdot r^2$$

$$V_{esfera} = \frac{4 \cdot \pi \cdot r^3}{3}$$

$$A_{fus} = \frac{4 \cdot \pi \cdot r^2 \cdot \alpha}{360}$$

15. Fusos horaris

A causa del moviment de rotació de la Terra, l'hora varia d'uns llocs del món respecte d'uns altres. A les zones situades més a l'est, es fa clar abans que a les que es localitzen a l'oest.

Tenint en compte que el nostre planeta triga 24 hores a fer una volta sencera sobre el seu eix (360°), resulta que **cada 15° de longitud hi ha una hora de diferència** o, el que és el mateix, per cada grau de diferència entre les latituds de dos llocs, hi haurà una diferència horària de 4 minuts.

Aquestes consideracions fan referència a l'hora solar, no pas a l'hora oficial, que cada país estableix i que no sempre coincideix amb l'hora solar.

Professora a casa. Operacions amb coordenades geogràfiques

Professor a casa. Distància en el globus terraqüi.

Exemple

23. Calcula la diferència horària entre dos punts situats en les coordenades 20° latitud nord, 15° longitud oest i 65° latitud nord, 120° longitud oest.

La diferència de longituds és 120º – 15º = 105º.

La diferència horària serà de $\frac{105}{15} = 7$ hores.

Entrena't

46. Classifica aquestes imatges en funció del tipus de cònica (circumferència, el·lipse o paràbola):

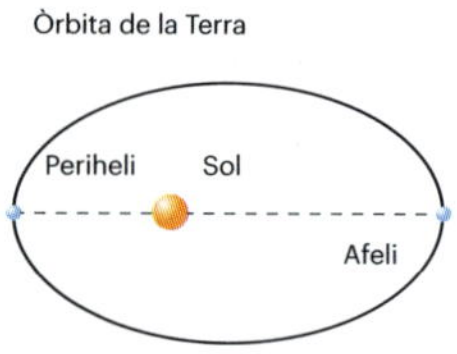

47. Indica quin tipus de corba representa cadascuna d'aquestes igualtats:

a $y = x^2 - 7x + 10$

b $(x - 2)^2 + (y - 3)^2 = 36$

c $x^2 + 6x + y^2 - 2 = 0$

d $3x^2 + 4y^2 - 12 = 0$

e $\frac{x^2}{5} + \frac{y^2}{2} = 1$

f $y = \frac{12}{x}$

g $x(x - 4) = y - 1$

h $x \cdot y = 10$

Banc digital

48. Exercici resolt. Dibuixa en uns eixos de coordenades la circumferència d'equació:

$$(x + 1)^2 + (y + 2)^2 = 9$$

Sabem que l'equació de la circumferència és $(x - a)^2 + (y - b)^2 = r^2$, en què a i b són les coordenades del centre i r n'és el radi.

Per tant, en el nostre cas, el centre és el punt (–1, –2) i el radi és $+\sqrt{9} = 3$.

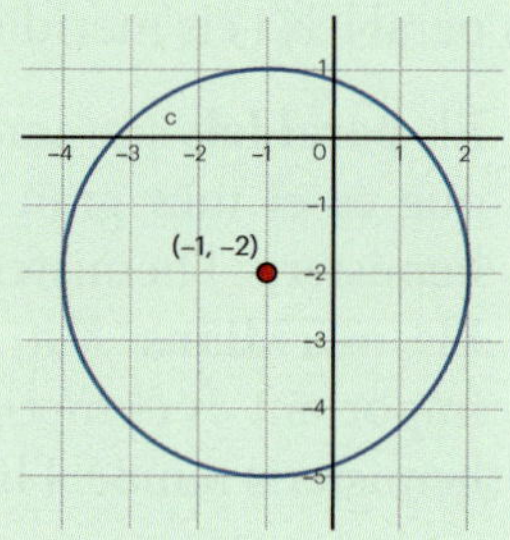

A partir d'aquestes dades i amb un compàs, es pot traçar la circumferència.

49. Dibuixa en uns eixos de coordenades les còniques següents i indica en cada cas de quin tipus de cònica és. Pots utilitzar una taula de valors quan sigui necessari.

a $(x - 1)^2 + (y - 1)^2 = 16$

b $y = \frac{12}{x}$

c $y = x^2 - x + 12$

d $x(x - 3) = y + 2$

e $x^2 + y^2 - 25 = 0$

f $x \cdot y = -6$

Banc digital

50. Sabem que el radi mitjà de la Terra mesura, aproximadament, 6370 km. Calcula:

a L'àrea de la superfície terrestre.

b El volum del nostre planeta.

c L'àrea d'un fus horari.

51. Dues poblacions estan situades sobre dos meridians que formen un angle de 195°. Quina hora deu ser en una de les poblacions, si a l'altra són les 9 del matí?

52. Dues ciutats es troben sobre el meridià 30° est. Determina'n la distància, si saps que la ciutat noruega té una latitud de 70° nord i la sud-africana, de 22° sud.

53. Quito (capital de l'Equador) i Kampala (capital d'Uganda) estan situades gairebé sobre l'equador. Quito té una longitud de 78° oest i Kampala, una longitud de 32,5° est.

a Calcula la distància entre les dues ciutats.

b Quina diferència horària hi ha entre l'una i l'altra?

c Quina hora és a Quito quan a Kampala són les 3 de la matinada?

Banc digital

Mates en context

6 AM AL AA Professional El joc manipulat

La Llúcia és professora de Matemàtiques en un institut. Avui ha de substituir una de les professores d'Educació física, que no ha pogut anar a treballar. És al gimnàs amb els alumnes i s'inventa un joc que combina la velocitat amb les matemàtiques.

Per començar a jugar, s'han d'escollir dos alumnes que competiran l'un contra l'altre, mentre que la resta formaran una el·lipse els eixos de la qual faran 8 m i 10 m. Els estudiants escollits se situaran en els focus de l'el·lipse, que estan a 3 m del centre de la corba. Cada competidor ha de córrer fins a algun dels seus companys de l'el·lipse i, tot seguit, ha d'ocupar el lloc del qual ha partit l'altre competidor, és a dir, ha d'anar al focus contrari des d'on ha començat. Guanya el primer que arriba al focus del seu adversari.

Es tracta d'un joc que requereix velocitat, però també coneixements matemàtics per saber a quin punt de l'el·lipse convé anar per recórrer una distància més petita.

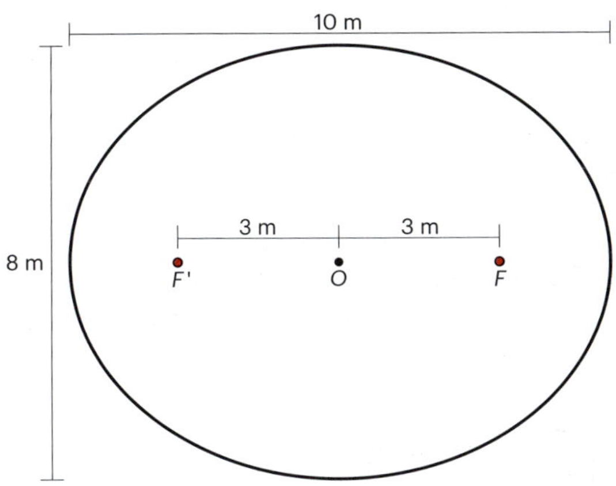

Problemes

1. Si tu fossis un dels competidors, cap a quina part de l'el·lipse correries per poder guanyar?

2. Dibuixa l'el·lipse del joc sobre uns eixos de coordenades i col·loca-hi al centre l'origen de coordenades (0, 0). Anota els punts en què es troben els focus i els punts en què l'el·lipse talla els eixos de coordenades.

3. La fórmula d'una el·lipse centrada en l'origen de coordenades és $\frac{x^2}{a^2}+\frac{y^2}{b^2}=1$, en què a i b són les mesures dels semieixos de l'el·lipse. Quin és el valor dels semieixos de l'el·lipse del joc? Expressa la fórmula de l'el·lipse amb aquestes dades.

4. En una el·lipse es compleix que $a^2 = b^2 + c^2$, en què a i b són els semieixos i c és la distància que hi ha del focus al centre de l'el·lipse (anomenada també *semieix focal*). Comprova que aquesta regla es compleix en l'el·lipse del joc.

5. Calcula la distància total que recorrerà cada competidor, si cada un decideix anar als punts de l'el·lipse que tallen l'eix x més propers a la seva posició inicial.

6. Troba la distància total que recorrerà cada competidor, si cada un decideix anar als punts de l'el·lipse que tallen l'eix x més propers a la seva posició final.

7. D'acord amb els resultats obtinguts en els dos problemes anteriors, els estudiants han de recórrer la mateixa distància, independentment de si trien el punt de tall més proper a la seva posició inicial o a la seva posició final?

8. Determina la distància total que haurien de recórrer si tots dos triessin anar al punt on l'el·lipse talla l'eix y. Recorda que, per calcular la distància entre dos punts, es pot fer servir el teorema de Pitàgores.

9. Quina particularitat observes en els resultats obtinguts en els problemes 5, 6 i 7? És normal? Et sembla que es complirà per a més punts?

10. Calcula un punt de l'el·lipse que no talli els eixos de coordenades i troba la distància total que ha de recórrer cada competidor si vol anar a aquest punt.

11. Entre tots, compareu els resultats del problema anterior. Hi observeu alguna particularitat? Per què passa?

12. D'acord amb els resultats obtinguts, quin és el punt de l'el·lipse que s'ha de triar per recórrer la mínima distància possible?

Argumenta: 1, 10 **Representa: 2**

Matematitza: 3, 4, 5, 6, 8 **Comunica: 7, 9**

Competències matemàtiques: 1, 2, 8 (act. 6).

NOMBRES

Radicals

Són els nombres que s'escriuen amb el símbol $\sqrt[n]{a}$. La seva equivalència és: a $\sqrt[n]{a} = b \Leftrightarrow b^n = a$.

Consten de tres elements: **índex**, *n*, **radicand**, *a*, i **arrel**, *b*.

- Els radicals són **potències** d'exponent fraccionari: $\sqrt[n]{a^m} = a^{\frac{m}{n}}$.
- Dos radicals són **equivalents** si l'índex i l'exponent del radicand d'un són proporcionals als corresponents índex i radicand de l'altre.
- **Simplificar** radicals consisteix a trobar un radical equivalent al donat, de manera que l'índex i l'exponent dels radicands siguin primers entre si.
- Per **introduir factors en una arrel**, s'eleva cada factor a l'índex de l'arrel.
- Per **extreure factors**, es descomponen els radicands i s'expressen en potències l'exponent de les quals ha de ser igual a l'índex de l'arrel. La base d'aquest exponent surt de l'arrel com a factor.

Operacions amb radicals

- **Producte i quocient de radicals.** Per multiplicar o dividir radicals, han de tenir **el mateix índex**. Operem amb els radicands i mantenim l'índex:

$$\sqrt[n]{a} \cdot \sqrt[n]{b} = \sqrt[n]{a \cdot b} \qquad \frac{\sqrt[n]{a}}{\sqrt[n]{b}} = \sqrt[n]{\frac{a}{b}}$$

  Si tenen índexs diferents, en primer lloc s'ha d'aconseguir que tinguin el mateix índex per mitjà de radicals equivalents.

- **Potència i arrel d'un radical:**

$$\left(\sqrt[n]{a}\right)^m = \sqrt[n]{a^m} \qquad \sqrt[n]{\sqrt[m]{a}} = \sqrt[n \cdot m]{a}$$

- **Suma i resta de radicals.** Només es poden sumar o restar radicals que tinguin el mateix índex i el mateix radicand. Quan no es puguin sumar o restar, els deixarem indicats.
- **Racionalitzar.** Racionalitzar consisteix a treure l'arrel del denominador d'una fracció. Hi ha dos tipus de racionalització:
  - Tipus $\frac{a}{b\sqrt{c}}$. Es multipliquen el numerador i el denominador per $\sqrt{c}$.
  - Tipus $\frac{a}{\sqrt{b} \pm \sqrt{c}}$ o $\frac{a}{b \pm \sqrt{c}}$. Es multipliquen el numerador i el denominador pel conjugat del denominador.

Polinomis

Un **polinomi** és una expressió algebraica formada per sumes i restes de monomis.

- El **grau** d'un polinomi és el més gran dels graus dels monomis que el formen.
- El **valor numèric** d'un polinomi és el resultat de substituir les lletres per nombres i fer les operacions.
- Un polinomi és **complet** quan té tots els termes, des del grau més gran fins al terme independent.
- Un polinomi està **ordenat** si els monomis hi apareixen ordenats del grau més gran al més petit.

Operacions amb polinomis

- **Suma.** S'agrupen els monomis semblants i se'n sumen els coeficients.
- **Resta.** Se suma al minuend l'oposat del subtrahend.
- **Producte.** Es multiplica cada monomi d'un dels factors per tots i cadascun dels monomis de l'altre factor. Després, se sumen els monomis semblants obtinguts.
- **Productes (o identitats) notables.** Són igualtats molt utilitzades en matemàtiques:

$(a + b)^2 = (a + b) \cdot (a + b) = a^2 + 2ab + b^2$

$(a - b)^2 = (a - b) \cdot (a - b) = a^2 - 2ab + b^2$

$(a + b) \cdot (a - b) = a^2 - b^2$

$(a + b + c)^2 = (a + b + c) \cdot (a + b + c) = a^2 + b^2 + c^2 + 2ab + 2ac + 2bc$

$(a + b)^3 = (a + b) \cdot (a + b) \cdot (a + b) = a^3 + 3a^2b + 3ab^2 + b^3$

$(a - b)^3 = (a - b) \cdot (a - b) \cdot (a - b) = a^3 - 3a^2b + 3ab^2 - b^3$

GEOMETRIA

Triangles semblants

Dues figures són **semblants** si els seus angles són iguals i els seus costats són proporcionals.

La raó entre la longitud d'un costat de la figura transformada i la del costat corresponent de la figura inicial és la **raó de semblança** i es representa per mitjà de ***k*.** Quan les figures són triangles, per estudiar si són semblants, n'hi ha prou de comprovar si compleixen una d'aquestes condicions:

1. Tenen els tres angles iguals.
2. Tenen dos angles iguals.
3. Tenen un angle igual i els costats que el formen són proporcionals.

Teorema de Tales

Si dues rectes secants són tallades per rectes paral·leles, els segments que es formen en cada una de les rectes són proporcionals.

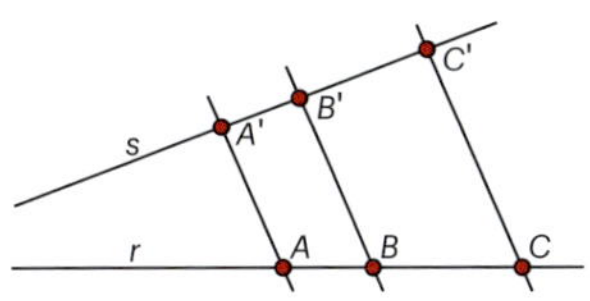

$$\frac{AB}{A'B'} = \frac{BC}{B'C'} = \frac{AC}{A'C'}$$

Dos triangles estan en posició de Tales si tenen un angle comú i els costats oposats són paral·lels. Són triangles semblants.

Moviments en el pla

Un **moviment** és una transformació geomètrica que conserva els angles i les distàncies de les figures. Hi ha tres tipus de moviments en el pla:

- **Translació.** Està determinat per un vector $\vec{v}$. Transforma un punt A en un altre punt A', de manera que $\overrightarrow{AA'}$ és $\vec{v}$.
- **Gir.** Està determinat per un punt O (centre de gir) i un angle α. Transforma un punt A en un altre A', de manera que $A\hat{O}A' = \alpha$ i la distància $\overline{OA}$ és igual a $\overline{OA'}$.
- **Simetria.** N'hi ha de dos tipus:
  - **Simetria axial** respecte d'una recta que s'anomena **eix** i que és la **mediatriu** del segment $\overline{AA'}$, en què A' és el transformat de A.
  - **Simetria central** respecte d'un punt anomenat **centre**. És el punt mitjà entre qualsevol punt A i el seu transformat A'.

Còniques

Les **còniques** són les corbes resultants de les diferents interseccions entre un con i un pla. Hi ha quatre tipus de còniques:

- **Circumferència.** S'obté si es talla un con amb un pla perpendicular a l'eix. Els seus punts tenen la mateixa distància respecte del punt que anomenem **centre.**
- **El·lipse.** S'obté si es talla un con amb un pla perpendicular a l'eix. Els seus punts compleixen que la suma de les distàncies respecte de dos punts, anomenats **focus**, sempre és la mateixa.
- **Paràbola.** S'obté si es talla un con amb un pla que és paral·lel a la seva generatriu. Els seus punts compleixen que la seva distància és la mateixa en una recta anomenada directriu i en un punt anomenat **focus.**
- **Hipèrbola.** S'obté si es talla un con amb un pla paral·lel al seu eix. Els seus punts compleixen que la diferència de les seves distàncies respecte de dos punts donats, anomenats **focus**, sempre és la mateixa.

El globus terraqüi

La Terra té una forma gairebé esfèrica i gira sobre si mateixa al voltant d'un **eix de rotació.**

- Els **paral·lels** són cercles perpendiculars a l'eix. El més important és l'equador.
- Els **meridians** són semicercles que passen pels pols nord i sud. El més important és el meridià de Greenwich.

La xarxa de paral·lels i meridians ens permet esbrinar les coordenades geogràfiques de qualsevol lloc:

- La **latitud** és la distància angular que hi ha des d'un punt de la Terra fins a l'equador. Pot ser nord o sud i varia de 0° a 90°.
- La **longitud** és la distància angular que hi ha des d'un punt de la Terra fins al meridià de Greenwich. Pot ser est o oest i varia de 0° a 180°.

Fusos horaris

El moviment de rotació de la Terra determina que l'hora variï entre les diferents parts del món. A les zones situades més a l'est es fa clar abans que a les que es troben més a l'oest. Com que la Terra triga 24 hores a fer la volta sencera, resulta que cada 15° de longitud implica una hora de diferència.

Entrena't +

Radicals

54. Suma aquestes arrels:

a $\sqrt{75}+\sqrt{27}-\sqrt{3}-\sqrt{12}$

b $\sqrt{24}+3\sqrt{6}-2\sqrt{54}+5\sqrt{150}$

55. Racionalitza i simplifica:

a $\dfrac{12}{\sqrt{6}}$ **c** $\dfrac{5\sqrt{2}}{2\sqrt{5}}$ **e** $\dfrac{2}{\sqrt{3}-1}$

b $\dfrac{1+\sqrt{2}}{1-\sqrt{2}}$ **d** $\dfrac{15}{\sqrt{20}-\sqrt{10}}$ **f** $\dfrac{\sqrt{6}}{2\sqrt{3}-3\sqrt{2}}$

56. Escriu com a radicals aquestes potències:

a $16^{\frac{3}{4}}$ **b** $0{,}25^{\frac{-1}{2}}$ **c** $(-4)^{\frac{2}{3}}$ **d** $(-5)^{\frac{-3}{4}}$ **e** $-2\cdot 5^{\frac{-4}{9}}$

57. Escriu com a potències aquests radicals:

a $\sqrt[3]{2^{10}}$ **b** $\sqrt[5]{\dfrac{1}{3^2}}$ **c** $\dfrac{1}{\sqrt[4]{5^3}}$ **d** $\sqrt[6]{8^{-3}}$ **e** $\sqrt[5]{\dfrac{1}{10^{-5}}}$

58. Introdueix en el radical els factors que són fora:

a $2\sqrt[3]{5}$ **b** $5^8\sqrt[4]{125}$ **c** $3^4\sqrt[6]{5}$ **d** $2^3\cdot\sqrt[3]{2}$

59. Treu fora del símbol radical tots els factors possibles:

a $\sqrt[3]{5^8}$ **b** $\sqrt[4]{2^7\cdot 5^{31}}$ **c** $\sqrt[3]{2592}$ **d** $\sqrt[4]{3^3\cdot 9^9}$

60. Fes aquestes operacions i simplifica quan puguis:

a $\dfrac{\sqrt{5}\cdot\sqrt[3]{5^2}}{\sqrt[4]{5^3}}$ **b** $\left(2^2\cdot\sqrt[3]{2}\right)^5$ **c** $\sqrt[3]{7^2\cdot\sqrt{7\sqrt[4]{7^3}}}$

Banc digital

61. Donats el polinomis $P(x) = 2x^3 - 4x^2 + 6x - 8$ i $Q(x) = x^3 - 2x + 3$, calcula:

a $P(x) + Q(x)$ **b** $Q(x) - P(x)$ **c** $P(x)\cdot Q(x)$

62. Troba les següents potències de polinomis i aplica-hi les identitats notables quan sigui possible:

a $(2x^2 + 4x + 6)^2$

b $(x + 4)^3$

c $(x + 9)^2$

d $(x - 10)^2$

e $(2x + 2)\cdot(2x - 2)$

f $(x^2 - x - 7)^2$

g $(5x - 2)^3$

h $(4x + 7)^2$

i $(8x - 4)^2$

j $(3x^2 + 6)\cdot(3x^2 - 6)$

Geometria

63. Analitza si aquests triangles són semblants o no ho són:

a ABC: $\hat{B} = 54^\circ$; $a = 7$ cm; $c = 6$ cm.

$A'B'C'$: $\hat{B}' = 54^\circ$; $a' = 3{,}5$ cm; $c' = 2$ cm.

b ABC: $\hat{A} = 68^\circ$; $\hat{B} = 72^\circ$.

$A'B'C'$: $\hat{B}' = 72^\circ$; $\hat{C} = 40^\circ$.

64. Calcula els costats d'un rectangle semblant a un altre els costats del qual mesuren 9 cm i 4 cm. Tingues en compte que $k = \dfrac{3}{2}$.

65. Quina és la raó de semblança entre un hexàgon regular de 6 dm i el seu homòleg de 9 dm?

66. Calcula l'alçària d'un arbre si saps que la seva ombra mesura 110 cm i que, en aquell mateix instant, un bastó de 90 cm projecta una ombra de 60 cm. Expressa el resultat en metres.

67. En un mapa d'escala 1:1 000 000, un dels rius que s'hi representa té una longitud de 35,9 cm. Quina n'és la longitud real?

68. Els vèrtexs d'un pentàgon són $A(1, -1)$, $B(3, -1)$, $C(4, 1)$, $D(2, 2)$ i $E(0, 1)$.

a Quins en són els eixos de simetria?

b Calcula els vèrtexs del seu trasllat mitjançant un vector $\vec{u} = (-3, 2)$.

c Aplica al traslladat una simetria de centre $O(2, 4)$.

d Dibuixa el pentàgon inicial i aplica-hi una rotació de centre $O(-1, -3)$ i angle $\alpha = 60^\circ$.

e Transforma el pentàgon inicial mitjançant una simetria l'eix de la qual sigui la recta paral·lela a l'eix X que passa pel punt $(0, 2)$.

Banc digital

69. Dibuixa les còniques següents i indica de quin tipus de cònica es tracta en cada cas:

a $x\cdot y = 1$

b $y = x^2 - x + 12$

c $(x + 2)^2 + (y - 2)^2 = 4$

d $y = (x + 2)\cdot(x - 3)$

70. Tres ciutats tenen aquestes longituds: A: 75° oest, B: 10° est i C: 65° est.

a Calcula'n les diferències horàries.

b Quina hora serà a C quan a A siguin les 22 hores?

c Quina hora serà a A quan a B siguin les 14 hores?

Banc digital

Mates en context

7 AM AL AP Científic El nombre auri

Ja coneixes el nombre auri, anomenat també la *divina proporció*: $\Phi = \frac{1+\sqrt{5}}{2}$.

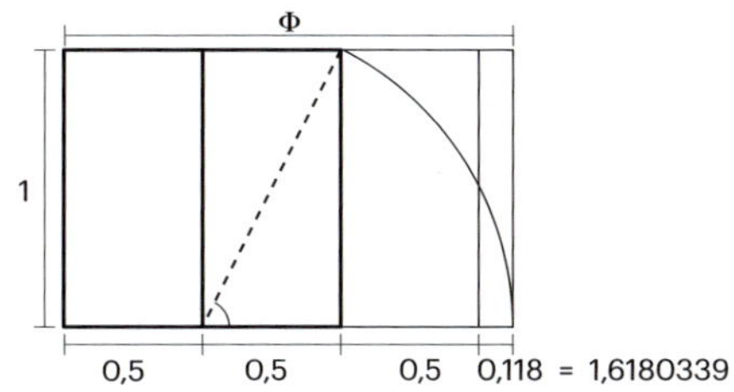

No és un simple nombre, ja que representa múltiples propietats.

Problemes

(1) +− Fes servir la calculadora i calcula Φ per comprovar que $\Phi = 1,61803398875$.

(2) +− Calcula Φ^2. Què observes?

(3) Escriu algebraicament la relació que has obtingut en l'exercici anterior.

(4) +− Determina $\frac{1}{\Phi}$. Què observes?

(5) Escriu algebraicament la relació que has obtingut en l'exercici anterior.

6 Utilitza la fórmula $\Phi = \frac{1+\sqrt{5}}{2}$ i fes les operacions necessàries per comprovar que la relació que has obtingut en l'exercici 3 ($\Phi^2 = \Phi + 1$) és certa.

7 Ara, comprova la fórmula que has obtingut en l'exercici 5 $\left(\frac{1}{\Phi} = \Phi - 1\right)$.

8 Comprova algebraicament que $1 - \Phi = \frac{1-\sqrt{5}}{2}$.

Matematitza: 1, 2, 4 **Argumenta: 2, 4**

Simbolitza: 3, 5, 6, 7, 8 **Planteja: 7**

8 AM AL AP Científic La successió de Fibonacci

La successió de Fibonacci és la següent: 1, 1, 2, 3, 5, 8, 13, 21...

Com es pot comprovar, s'obté sumant els dos termes anteriors per formar el nou terme; així, el terme següent de la successió s'obté d'aquesta manera: $f_9 = f_7 + f_8 : 13 + 21 = 34$ (recorda que el subíndex indica en quina posició de la successió es troba l'element).

Els elements d'aquesta successió s'anomenen nombres de Fibonacci i la successió rep aquest nom per Leonardo de Pisa, matemàtic italià del segle XIII, també conegut amb el nom de Fibonacci.

Aquesta successió té nombroses aplicacions en ciències de la computació, matemàtiques i teoria de jocs. També apareix en configuracions biològiques, com en les branques dels arbres, en la disposició de les fulles en una tija, en la manera com l'ADN codifica el creixement de formes orgàniques complexes i en l'estructura espiral de la closca d'alguns mol·luscs.

Tenen alguna cosa en comú aquests dos conceptes matemàtics: el nombre auri i la successió de Fibonacci? Encara que sembli el contrari, com que un és un nombre irracional i l'altre és una successió de nombres enters, sí que estan molt relacionats.

1, 1, 2, 3, 5, 8, 13, 21, 35...

?

$$\frac{1+\sqrt{5}}{2}$$

Problemes

(1) Escriu els 25 primers termes de la successió de Fibonacci.

(2) +− Divideix cada terme de la successió de Fibonacci entre el seu anterior, és a dir, $\frac{f_n}{f_{n-1}}$. Escriu ordenadament els resultats que obtinguis.

(3) Què observes en les dades obtingudes en l'exercici anterior? Quina conclusió en podríem extreure?

Així doncs, la fórmula per obtenir un terme de la successió de Fibonacci depèn del nombre auri:

$$f_n = \frac{\Phi^n - (1-\Phi)^n}{\sqrt{5}} = \frac{\left(\frac{1+\sqrt{5}}{2}\right)^n - \left(\frac{1-\sqrt{5}}{2}\right)^n}{\sqrt{5}}$$

(4) +− Fes servir la calculadora i comprova si aquesta fórmula és certa: $f_{10}, f_{12}, f_{15}, f_{18}, f_{20}$ i f_{25}.

Hi ha més relacions entre la successió de Fibonacci i el nombre auri.

Calculem Φ^3 i Φ^4:

$\Phi^3 = \Phi^2 \cdot \Phi = (\Phi + 1) \cdot \Phi = \Phi^2 + \Phi = (\Phi + 1) + \Phi = 2\Phi + 1$

$\Phi^4 = \Phi^3 \cdot \Phi = (2\Phi + 1) \cdot \Phi = 2\Phi^2 + \Phi = 2(\Phi + 1) + \Phi = 3\Phi + 2$

5 Segueix aquest mateix procediment i troba Φ^5, Φ^6, Φ^7 i Φ^8.

(6) Què observes? Podries trobar una regla?

Matematitza: 1, 2, 4

Argumenta: 3, 6

Planteja: 5, 6

Simbolitza: 5, 6

Professor a casa.
Nombre auri i Fibonacci.

9 AM AP AV AA Social Ajuda i reptes matemàtics

En la vida quotidiana, et tocarà fer servir fraccions i operar-hi.

Una ONG destina $\frac{2}{5}$ de la seva recaptació a aliments, $\frac{5}{12}$ de la resta a roba i els 21 000 € restants, a medicaments.

Problemes

Deixa escrita en cada apartat l'operació que fas.

1. Si destina a aliments $\frac{2}{5}$, quina fracció li queda a l'ONG per a la resta?
2. Calcula la fracció que fa servir per a roba.
3. Quina fracció del total li queda per a medecines?
4. Calcula el pressupost total de què disposa.
5. Determina quants diners destina a cada concepte.
6. Imagina't que la fracció que es dedica a aliments és $\frac{1}{\sqrt{5}}$. En què es distingeix aquesta fracció de l'anterior? Per simplificar les operacions que vindran després, se t'acut alguna manera de fer servir una fracció equivalent que no tingui aquell denominador? Si no se te n'acut cap, prova d'escriure l'arrel com a potència i pensa com podràs aconseguir que l'exponent fraccionari deixi de ser-ho.
7. Resol els problemes 1 a 5 a partir d'aquesta nova fracció. Per a les corresponents a les preguntes 4 i 5, arrodoneix a les centèsimes. Comprova si el resultat és correcte. Com s'explica que no quadri?
8. En aquest context, valora si és important aquest desajust. Pensa en situacions en què sí que pugui ser rellevant el desajust i la manera com es pot millorar.
9. Calcula fraccions equivalents a les següents, però que no tinguin arrel en el denominador:

   a $\frac{1}{\sqrt{7}}$ **b** $\frac{9}{\sqrt[4]{3}}$ **c** $\frac{12}{\sqrt[3]{6}}$ **d** $\frac{15}{2\sqrt[5]{3}}$ **e** $\frac{14}{3\sqrt[6]{7}}$

10. Plantegem un altre repte. Ara, la fracció que han decidit destinar a aliments és $\frac{1}{4-\sqrt{2}}$.
    - **a** Recordes alguna expressió que sigui la diferència de quadrats? Escriu-la.
    - **b** Pensa en l'expressió per la qual s'han de multiplicar el numerador i el denominador per obtenir en el denominador una diferència de quadrats.
    - **c** Fes les operacions. Què ha passat amb l'arrel del denominador?
    - **d** Torna a fer els problemes de l'1 al 5, però ara arrodoneix el resultat a les centèsimes.
11. Calcula fraccions equivalents a les següents, però que no tinguin arrel en el denominador:

    a $\frac{1}{5-\sqrt{3}}$ **b** $\frac{4}{2+\sqrt{2}}$ **c** $\frac{2}{\sqrt{5}-\sqrt{3}}$ **d** $\frac{3}{\sqrt{11}-2\sqrt{2}}$

Matematitza: 1, 2, 5, 7, 9, 11 **Argumenta: 3, 4, 7, 8**

Planteja: 6, 10

10 AM AP AA Professional Gelosies

Segons el diccionari de l'Institut d'Estudis Catalans (IEC), una gelosia és un enreixat de llistons que es posa a una finestra o altra obertura, darrere el qual hom pot veure sense ésser vist.

En arquitectura, les gelosies també es fan servir per a la ventilació o com a elements decoratius. Els materials utilitzats són molt variats: tova, fusta, alumini, marbre, etc.

Aquestes són algunes peces que formen les gelosies. El quadrat inicial de les imatges 1, 2 i 3 és de 30 cm x 30 cm.

Imatge 1

Imatge 2

Imatge 3

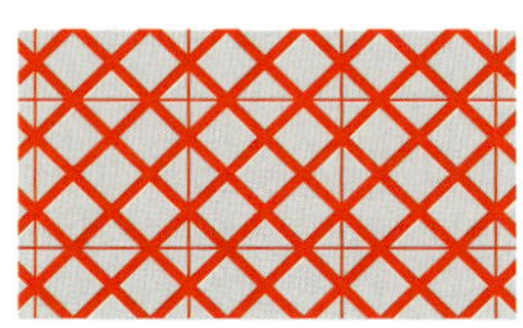
Imatge 4

Imatge 5

Problemes

1. Observa la imatge 1. Quin moviment s'ha d'aplicar al quadrat superior esquerre perquè es repeteixi cap a la dreta? I perquè es repeteixi cap avall?

2 Ara, fixa't en la imatge 2:

a Quin moviment s'aplica al quadrat superior esquerre perquè es transformi en el de la seva dreta?
b Quin moviment o quins moviments caldrà fer perquè es transformi en l'inferior? (**Nota:** És probable que n'hagis de fer més d'un.)
c Quin moviment relaciona les dues figures de l'esquerra amb les dues de la dreta?
d Quin moviment relaciona les figures formades en diagonal: superior esquerra amb inferior dreta, d'una banda, i les altres dues, de l'altra?

3 En la imatge 3, quin moviment transforma el quadrat inferior esquerre en el que hi ha a la seva dreta? I el que el transforma en el quadrat superior dret?

4 Ara, analitzarem les imatges 4 i 5:

a Quina és la figura plana de les gelosies?
b Quins moviments transformen cadascuna d'aquestes figures en les que hi ha a la seva dreta?

5 Normalment, quan es dibuixa un quadrat, es fa servir la primera forma. Quin moviment el transforma en el segon? Indica'n els elements.

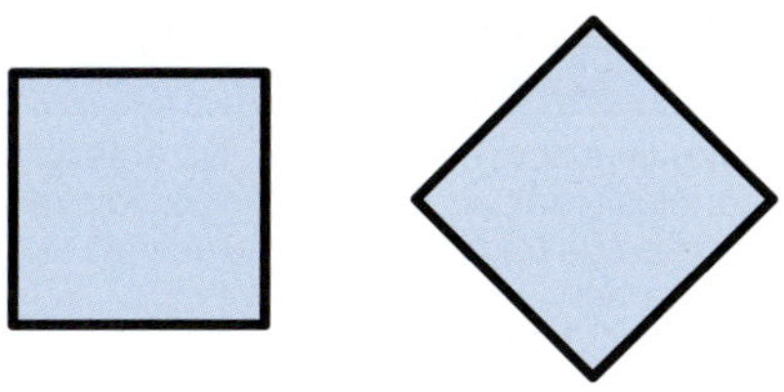

6 Fixa't en la següent figura d'una gelosia. Hi ha cap moviment que transformi el cercle petit en el cercle gran? Són semblants? Raona les respostes.

7 Considera només el quadrat superior dret de les imatges 1, 2 i 3 i busca'n tots els eixos de simetria, si en té.

8 Si en les imatges 1, 2 i 3 es considera una fila de quadrats, es forma una regió del pla que es va definir en la unitat 3. Com s'anomena?

9 A partir de la definició de mosaic com a recobriment del pla, creus que una gelosia pot ser un mosaic?

Matematitza: 1, 2, 3, 4, 5, 9 **Argumenta: 6, 7, 9**

11 AM AL AP Professional **Logotips**

Està a punt de sortir al mercat una nova empresa d'automòbils. Els seus responsables saben que, si volen ser competitius, cal fer-ne una bona campanya publicitària, i per això decideixen crear un grup que s'encarregui d'aquesta tasca. Començaran dissenyant el logotip i, per fer-ho, analitzen els logotips d'altres empreses del mateix sector.

Problemes

1 Observa tots els logotips i digues quins elements geomètrics hi ha en cada un: rectes paral·leles, rectes secants, polígons, paràboles, el·lipses, circumferències, etc. Indica, també, quantes vegades apareix un mateix element en cada logotip.

2 Fixa't en tots els elements geomètrics dels logotips anteriors i respon:

a Quin és més present en tots?

b A què et sembla que respon?

3 Quants logotips basen la seva forma exterior en una el·lipse? Quins són?

4 Hi ha gaires paràboles? Raona la resposta.

5 Dissenya un logotip per a la nova marca automobilística que contingui les quatre còniques: circumferència, el·lipse, paràbola i hipèrbola.

6 Dissenya un logotip amb alguna cònica i amb algun element geomètric diferent més.

Comunica: 1, 3 **Argumenta: 2, 4** **Representa: 5, 6**

1. Escriu $\sqrt[6]{7^8}$ en forma de potència i $3^{\frac{4}{5}}$ en forma de radical.

2. Escriu tres radicals equivalents a la potència $10^{\frac{5}{8}}$.

3. Calcula la diagonal de la base i la diagonal total d'un cub de 10 cm. Escriu-ne el resultat en forma de radical i tan simplificat com sigui possible.

4. Fes les següents operacions amb radicals i simplifica'n el resultat tant com puguis:

a $\dfrac{\sqrt[3]{5^2}\cdot\sqrt[4]{10^3}}{\sqrt[6]{32}}$ **b** $2\sqrt{3\sqrt[3]{6}}$

5. Suma aquests radicals:

$$\sqrt{125}+2\sqrt{500}-3\sqrt{245}$$

6. Racionalitza i simplifica:

a $\dfrac{\sqrt{6}}{2\sqrt{3}}$ **b** $\dfrac{6}{\sqrt{5}+\sqrt{2}}$ **c** $\dfrac{10}{5\sqrt{2}-2\sqrt{5}}$

7. Calcula els costats i l'àrea d'un rectangle semblant a un altre els costats del qual mesuren 24 cm i 18 cm. Tingues en compte que $k=\dfrac{2}{3}$.

8. A la mateixa hora que la Laura projecta una ombra de 90 cm, un edifici projecta una ombra de 6,3 m. Si saps que la Laura té una alçada d'1,7 m, quina alçària té l'edifici?

9. Tenim un plànol d'Úbeda amb una escala d'1:2000. Quina longitud real tindrà un carrer si en el plànol mesura 62 mm? Si l'amplada real del carrer és de 8 m, quina amplada tindrà en el plànol?

10. Representa tots els plans de simetria d'un cub. Quants en té?

11. L'Alba viu a Lanzarote (13,6° oest); la Noemí, a Girona (3° oest); la Judit, a Boston (71° oest), i el David, a Sant Petersburg (30,4° est). Si el rellotge de la Noemí marca les 16 hores, quina hora marcaran els rellotges dels altres tres amics?

PDF

	4 punts	3 punts	2 punts	1 punt
1. Potències i arrels	Entenc la relació entre potències i radicals i la faig servir correctament.	Entenc la relació entre potències i radicals i la faig servir correctament, però m'equivoco en algun càlcul.	Entenc la relació entre potències i radicals, però no sempre la faig servir correctament.	No entenc ni faig servir les relacions entre potències i radicals.
2. Operacions amb radicals	Faig correctament qualsevol tipus d'operacions amb radicals.	Sé operar amb radicals, però m'equivoco en els càlculs.	Sé fer alguna operació amb radicals, però n'hi ha altres que no faig correctament.	No sé fer cap operació amb radicals.
3. Racionalització	Realitzo amb exactitud la racionalització i simplifico correctament.	Realitzo amb exactitud la racionalització, però no simplifico correctament.	Realitzo alguna racionalització, però no totes.	No soc capaç de racionalitzar en cap cas.
4. Teorema de Tales	Aplico el teorema de tales sempre que és necessari i n'escric les unitats correctament.	Aplico el teorema de Tales sempre que és necessari, però em confonc en els càlculs i/o en les unitats.	Sé aplicar el teorema de Tales, però no l'aplico sempre que és necessari.	No sé aplicar el teorema de Tales.
5. Figures proporcionals	Calculo amb precisió les mesures de figures semblants si en conec la raó de proporcionalitat.	Calculo les mesures de figures semblants si en conec la raó de proporcionalitat, però no faig bé els càlculs.	Calculo les mesures de longitud de figures semblants si en conec la raó de proporcionalitat, però no la seva àrea.	No soc capaç de calcular cap mesura de figures semblants.
6. Escales	Passo del plànol a la realitat i de la realitat al plànol.	Passo del plànol a la realitat i de la realitat al plànol, però em confonc en els càlculs.	Passo del plànol a la realitat o de la realitat al plànol, però no els dos casos.	No passo del plànol a la realitat ni de la realitat al plànol.
7. Plans de simetria	Obtinc tots els plans de simetria d'un cos geomètric.	Obtinc la majoria dels plans de simetria d'un cos geomètric.	Obtinc menys de la meitat dels plans de simetria d'un cos geomètric.	No sé obtenir els plans de simetria d'un cos geomètric.
8. Fusos horaris	Manejo adequadament els fusos horaris i indico amb exactitud l'hora de diferents parts del món.	Manejo adequadament els fusos horaris i indico l'hora en diferents parts del món, però em confonc en els càlculs.	Sé manejar els fusos horaris, però m'equivoco quan els aplico a casos particulars.	No entenc el concepte de fus horari ni el sé calcular.

9 Menjar amb seny

1 Què són els nutrients? És molt important, un excés o un defecte de nutrients?

2 Quina és la ració equilibrada?

3 Hi ha molta gent amb trastorns alimentaris? Hi ha més persones grasses o primes?

BLOCS DE CONTINGUTS	Situació 1	Situació 2	Situació 3
NOMBRES I ÀLGEBRA			
Operacions amb fraccions i decimals.	●		
Càlcul aproximat i arrodoniment. Xifres significatives.	●		
Error absolut i error relatiu.	●		
Càlcul de percentatges.	●		
Operacions amb fraccions i decimals. Càlcul aproximat i arrodoniment.		●	
Successions numèriques. Successions recurrents. Progressions aritmètiques i geomètriques.		●	
Polinomis. Transformació d'expressions algebraiques. Operacions elementals amb polinomis.		●	
Equacions de primer i de segon grau amb una incògnita. Resolució pel mètode algebraic i gràfic d'equacions de primer grau. Resolució de problemes mitjançant l'ús d'equacions de primer grau i sistemes d'equacions.		●	
ESTADÍSTICA I PROBABILITAT			
Fases i tasques d'un estudi estadístic. Població, mostra.			●
Mètodes de selecció d'una mostra estadística. Representativitat d'una mostra.			●
Freqüències absolutes, relatives i acumulades.			●
Experiències aleatòries simples i compostes en casos senzills.			●
Càlcul de probabilitats mitjançant la regla de Laplace.			●
Diagrames d'arbre senzills.			●
Probabilitat condicionada.			●

1 Nutrients

Què són els nutrients? És molt important, un excés o un defecte de nutrients?

AM AC AP

Científic

Professional

Aprèn a...

Fer aproximacions per defecte i per excés.

Aplicar tècniques de truncament i arrodoniment en problemes contextualitzats.

Expressar el resultat d'un problema en forma decimal i arrodonir-lo si cal.

Ítem 1. Què són? On es troben?

Els **nutrients** són substàncies que hi ha en els aliments que mengem i que aporten a les cèl·lules tot allò que necessiten per viure. Els nutrients que s'ingereixen en grans dosis diàries s'anomenen **macronutrients**: són les proteïnes, els hidrats de carboni i els greixos. Els que es consumeixen en petites dosis diàries són els micronutrients: es tracta de les vitamines i els minerals.

La quantitat diària adequada de cadascun s'organitza en taules avalades per organismes competents en salut.

Ítem 3. Valor energètic

L'organisme fa servir l'energia que aporten els nutrients per mantenir les funcions vitals quan es troba en repòs, per a la digestió i l'absorció dels aliments i per a l'activitat física diària.

El valor energètic dels nutrients s'acostuma a mesurar en quilocalories (kcal). La quantitat de quilocalories que ha d'ingerir una persona depèn de l'edat, l'estat de salut, el sexe i el nivell d'activitat física. En condicions normals, un noi adolescent ha de prendre una mitjana de 2750 kcal al dia i una noia adolescent, una mitjana de 2200 kcal.

Ítem 2. Aportació calòrica aproximada

L'energia que rep l'organisme s'ha de repartir al llarg del dia, tal com mostra aquesta taula:

	Esmorzar	Mig matí	Dinar	Berenar	Sopar
Valor energètic	20%	10%	35%	10%	25%

Cada tipus de nutrient aporta un determinat valor energètic:

	Hidrats de carboni	Greixos	Proteïnes*	Vitamines i minerals
Valor energètic	55%-60%	30%	10%-15%	La resta

* $\frac{2}{3}$ de les proteïnes han de tenir un origen vegetal i $\frac{1}{3}$, un origen animal.

Construeix amb el que saps

Nota: Si el resultat dels exercicis següents és decimal, arrodoneix-lo al valor enter i explica si és més gran o més petit que el que has obtingut amb els càlculs.

Matematitza

1 Tenint en compte les calories diàries recomanades per als adolescents (ítem 3) i la manera com s'han de repartir al llarg del dia (ítem 2), calcula les calories que s'han de prendre en cada cas.

Argumenta

2 **a** Escriu l'interval corresponent al nombre de calories que una noia i un noi adolescents rebran amb els hidrats de carboni que es recomanen.

b Torna a respondre l'apartat anterior, però ara aplica'l a les proteïnes.

c La quantitat de proteïnes que es recomana és de 0,8 mg per cada quilogram de pes corporal. Quina quantitat n'haurien de prendre un noi que pesa 57 kg i una noia que en pesa 52? Quantes d'aquestes proteïnes serien d'origen animal? I quantes tindrien un origen vegetal?

Matematitza

3 Si un noi adolescent ingereix 2750 kcal al dia, que suposen una aportació energètica del 10% de proteïnes, quina quantitat ha de ser d'origen animal? I d'origen vegetal?

Argumenta

4 Utilitza el valor decimal (amb un decimal) de les fraccions que indiquen la quantitat de proteïnes d'origen animal i d'origen vegetal per resoldre l'exercici 3. Hi ha cap diferència amb el resultat que has obtingut en aquell exercici? Raona la resposta i decideix què és millor.

Matematitza

5 Quin és el percentatge mínim de valor energètic que aporten les vitamines i els minerals? I el percentatge màxim? Escriu-ne l'interval corresponent.

Ítem 4. Suplements vitamínics

Tant la falta de nutrients com l'excés són perjudicials per a la salut.

Darrerament, s'ha incrementat el nombre de persones que prenen suplements vitamínics sense que els els hagi prescrit un professional. S'acostumen a presentar en forma de pastilles, batuts o sucs.

Ítem 5. Errors en mesurar o en calcular

Per poder fer mesures tan petites com les de l'ítem 6, als laboratoris es fan servir bàscules especials que proporcionen valors tan acostats a la realitat que es consideren exactes.

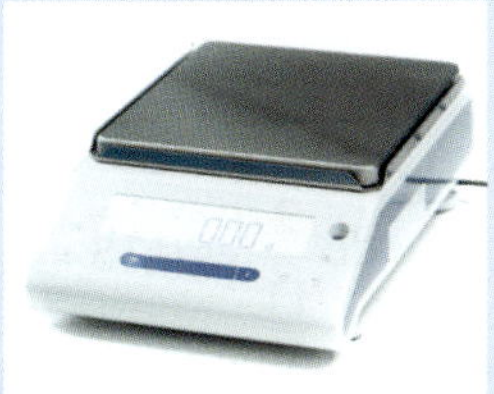

Tanmateix, sempre es poden produir errors, encara que siguin mínims, a causa d'un calibratge deficient de l'instrument o errors de lectura o de càlcul.

Ítem 6. Composició de les multivitamines

		Quantitat per càpsula
	Arrel de ginseng	40 mg
	Lecitina	100 mg
Vitamines i provitamines	Vitamina A	800 μg
	Vitamina B1	1,1 mg
	Vitamina B2	1,4 mg
	Vitamina B3 (niacina)	16 mg
	Vitamina B6	1,4 mg
	Vitamina B12	2, 5 μg
	Vitamina C	60 mg
	Vitamina D	5 μg
	Vitamina E	12 mg
Minerals i oligoelements	Ferro	10,5 mg
	Calci	120 mg
	Seleni	55 μg
	Manganès	2 mg
	Zinc	1,5 mg

Construeix amb el que saps

Matematitza
Argumenta

(6) **a** Calcula el pes en grams d'una càpsula multivitamínica a partir de les dades de l'ítem 6.

b Et sembla que és una quantitat raonable o penses que el valor real és diferent? Si et decantes per la segona possibilitat, quin consideres que n'és el valor real?

Argumenta

(7) Raona si totes les càpsules que es fabriquen amb la composició reflectida en l'ítem 6 són iguals o si hi pot haver alguna diferència de preu entre aquestes.

Planteja

(8) Si la balança amb la qual es mesura pot presentar un error de 0,1 mg, el resultat que s'observi en el visor podria ser, realment, 0,1 mg més gran o més petit. Troba els valors màxims i mínims que tindrien les quantitats que componen una càpsula.

Argumenta

(9) Si quan es pesa la lecitina s'obté un resultat de 110 mg, què haurem de pensar?

Matematitza

(10) Per calcular si la bàscula està ben calibrada, s'han pesat els mil·ligrams de vitamina C, de vitamina B12, de calci i de seleni que ha de contenir una càpsula. S'han obtingut aquestes mesures: 59,6 mg, 2,4 μg; 119,6 mg i 49,9 μg, respectivament. Quina diferència hi ha, en cada cas, entre la mesura que s'hauria d'obtenir i la que s'obté realment?

(11) Calcula, per a cada quantitat de l'exercici anterior, el quocient entre la diferència obtinguda i el valor que ha de tenir la càpsula.

Argumenta

(12) D'acord amb els resultats dels dos exercicis anteriors, en quin cas creus que s'ha registrat un error més important?

El que has construït

Aproximes quantitats per **arrodoniment** i determines si es tracta d'una **aproximació per excés o per defecte**.

Distingeixes entre el **valor exacte** i el **valor aproximat** d'una quantitat.

Calcules els **errors absolut i relatiu**.

Decideixes quan és important o no **l'error en què s'incorre.**

Apunt 1

La relació entre un nombre i el seu aproximat s'ha d'escriure amb el símbols ≃, ja que els valors no són iguals:

$\sqrt{2} \simeq 1{,}41$

Exemple

1. Quan se substitueix π (valor exacte) per 3,14 o per 3,1416 (valors aproximats), es fa una aproximació. També es fa una aproximació quan es fa servir 1,41 (valor aproximat) en comptes de $\sqrt{2}$.

Apunt 2

S'acostumen a utilitzar aproximacions de nombres quan aquests nombres són periòdics o irracionals.

Apunt 3

L'aproximació per **truncament** sempre és per defecte.

L'aproximació per **arrodoniment** de vegades és per defecte i d'altres, per excés.

1. Aproximació

Una **aproximació** és un resultat inexacte, però acostat a l'exacte, que s'obté d'una mesura o d'un càlcul.

Aproximar un nombre és substituir-ne el valor exacte per un altre que faciliti la comprensió i la resolució d'un problema sense que la solució en quedi afectada.

El valor exacte i el valor aproximat no són iguals; un dels dos sempre és més petit que l'altre (apunt 1).

- **Aproximació per defecte:** el valor aproximat és més petit que el valor exacte.
- **Aproximació per excés:** el valor aproximat és més gran que el valor exacte.

Exemple

2. El valor decimal exacte de $\frac{2}{11}$ és $0{,}\widehat{18} = 0{,}181\,818\,18...$ (apunt 2).

$0{,}18 < \frac{2}{11}$. Per tant, 0,18 és una aproximació per defecte.

$0{,}2 > \frac{2}{11}$. En aquest cas, 0,2 és una aproximació per excés.

2. Mètodes d'aproximació

Hi ha dues maneres d'aproximar quantitats:

- **Per truncament.** Consisteix a escriure les xifres amb les quals es vol treballar i eliminar-ne la resta (apunt 3).
- **Per arrodoniment.** Es tracta d'escriure les xifres amb les quals es vol treballar, tenint en compte que:
  - Si la primera xifra que s'elimina és més petita que 4, l'última xifra que s'escriu no canvia.
  - Si la primera xifra que s'elimina és igual o més gran que 5, aleshores s'afegeix una unitat a l'última que s'escriu.

Exemple

3. Aproximem $\sqrt{7} = 2{,}645\,751\,31\ldots$ per truncament i per arrodoniment:

a A la dècima. **b** A la centèsima. **c** A l'enter.

a Per truncament, s'escriu el nombre fins a la dècima: 2,6.

Per arrodoniment, cal tenir en compte que la primera xifra que no s'escriu és la centena (4), que és més petita que 5. Per tant, s'escriu el nombre fins a l'última xifra, la dècima: 2,6.

b Per truncament, s'escriu el nombre fins a la centèsima: 2,64.

Per arrodoniment, la primera xifra que no s'escriu és 5. En aquest cas, a l'última xifra amb la qual es treballarà, la centèsima (4), s'hi afegeix 1 i es canvia per 5 (4 + 1). L'aproximació serà 2,65.

c Per truncament, s'escriu el nombre sense els decimals: 2.

Per arrodoniment, la primera xifra que s'elimina és la dècima (6), que és més gran que 5. Per tant, s'afegeix 1 a l'última xifra que s'escriu, la unitat (2). L'aproximació serà 3.

3. Errors

Com que el valor aproximat i el valor exacte d'un nombre no són iguals, en fer servir el primer en lloc del segon, es cometen **errors.**

Sabent que passa això, cal intentar que els errors siguin el més petits possible; d'aquesta manera, la quantitat amb la qual es treballarà serà vàlida.

4. Tipus d'errors

- **Error absolut.** És la diferència, en valor absolut, entre el valor exacte i el valor aproximat d'una quantitat. Es mesura en les mateixes unitats que els valors que es resten. Es representa mitjançant E_a.

$$E_a = |\text{Valor real} - \text{Valor aproximat}| = |V_r - V_a|$$

Professora a casa. Error absolut i error relatiu.

- **Error relatiu.** És el quocient entre l'error absolut i el valor exacte. No té unitats de mesura, ja que es fa servir per comparar dues quantitats expressades en la mateixa unitat. Es representa mitjançant E_r.

$$E_r = \frac{\text{Error absolut}}{\text{Valor real}} = \frac{E_a}{V_r}$$

De vegades, l'error relatiu també s'expressa en forma de percentatge. Com més petit sigui, millor serà l'aproximació que es fa servir.

Calculadora

La calculadora té un mode operatiu que permet arrodonir fins a la novena xifra decimal: MODE FIX.

Un cop seleccionat, s'escriu el nombre de decimals al qual es vol arrodonir i ja es pot operar.

```
1:Fix
2:Sci
3:Norm
Fix:Select 0~9
```

Per tornar al mode de treball habitual, cal posar-hi MODE NORM. La pantalla mostrarà **1~2** Posar-hi 1.

```
1:Fix
2:Sci
3:Norm
Norm:Select 1~2
```

Exemples

4. Quan es mesura una barra de ferro de 186,5 mm amb una cinta mètrica, el valor que s'observa a la cinta és de 18,6 cm. Calcula'n l'error absolut.

El valor real o exacte és el que se sap que té la barra: 186,5 mm.

El valor aproximat és el que s'obté amb la cinta mètrica: 18,6 cm.

Per trobar el valor absolut, les quantitats han d'estar expressades en les mateixes unitats, ja que s'han de restar:

$$E_a = |V_r - V_a| = |186{,}5 - 186| = |0{,}5| = 0{,}5 \text{ mm}$$

5. Se sap que la distància entre dues ciutats és de 450 km. Després d'unes obres i uns arranjaments a la carretera que les comunica, se'n torna a mesurar la distància i s'obté que és de 451 km. Decideix quina de les dues mesures (la de l'exemple anterior o la d'aquest) és millor.

Per valorar l'aproximació d'una quantitat es fa servir l'error relatiu.

En l'exemple 4: $E_r = \frac{E_a}{V_r} = \frac{0{,}5}{186{,}5} = 0{,}002\,68.$

En l'exemple 5: $E_a = |V_r - V_a| = |450 - 451| = |-1| = 1 \text{ km} \rightarrow$

$\rightarrow E_r = \frac{E_a}{V_r} = \frac{1}{450} = 0{,}002\,22.$

Com que l'error relatiu és més petit en l'exemple 5, la mesura més bona és la d'aquest exemple.

Entrena't

1. Dona un valor aproximat per excés i un altre per defecte dels decimals següents:

a 4,301 **b** 51,24 **c** 0,01 **d** 8,999

2. Escriu el valor decimal amb arrodoniment a la dècima d'aquests nombres:

a $\sqrt{5}$ **b** $\frac{1}{4}$ **c** $\sqrt{8}$ **d** $\frac{7}{9}$

3. Indica si l'aproximació és per excés o per defecte en cadascun dels apartats de l'exercici anterior.

4. [+−] Posa la calculadora en mode d'arrodoniment i comprova que els valors que has donat en l'exercici 2 són correctes.

5. Calcula els errors absolut i relatiu de les aproximacions següents de $\frac{3}{11}$:

a 0,27 **b** 0,28 **c** 0,272 **d** 0,2728

6. Para atenció als resultats de l'exercici anterior i fes les activitats:

a Calcula i expressa d'una altra forma el valor exacte de $\frac{3}{11}$.

b Indica quin tipus d'aproximació s'ha dut a terme en cadascun dels casos.

c Es pot decidir en tots els casos el mètode d'aproximació? Raona la resposta.

d A partir dels resultats de l'exercici 5, explica quina de les quatre opcions que s'ofereixen és la millor aproximació de $\frac{3}{11}$.

7. Tenint en compte que $3{,}142 < 3{,}145 < 3{,}147$:

a Què es pot afirmar dels valors extrems respecte del central?

b Quin és l'error absolut en cada cas?

c Quin valor és millor per substituir 3,145 en una operació?

8. Determina un nombre aproximat per defecte i un altre per excés del nombre 3,152, de manera que la diferència entre el valor exacte i el valor aproximat sigui ±0,005.

9. Justifica mitjançant els càlculs adequats quina aproximació és millor per a $1{,}\overset{\frown}{19}$: 1,2 o 1,192?

Banc digital

10. Per emmarcar un llenç de forma quadrada, el costat del qual fa 26 cm de longitud, la Carla n'ha mesurat el costat i ha obtingut 266 mm. El Pep opina que és preferible mesurar el perímetre sencer i, en fer-ho, obté una mesura de 105 cm.

Troba l'error absolut i l'error relatiu que comet cadascun d'ells i digues qui penses que ha fet la millor mesura.

11. Les vendes d'una empresa durant el darrer any van ser de 336 milions d'euros i la informació que es publica en la premsa sobre aquest tema és que les vendes han estat, aproximadament, de 340 milions d'euros:

a Quin tipus d'aproximació s'ha fet?
b Quin mètode s'ha fet servir per aproximar el nombre de vendes? A quina xifra s'ha aproximat?
c Calcula l'error absolut i l'error relatiu de l'aproximació.

12. S'ha mesurat l'alçària d'un arbre fent servir el mètode de Tales, però s'han acumulat diversos errors de mesura i de càlcul. L'error absolut que ha resultat amb la nova mesura ha estat de 4 cm.

Troba el valor o els valors aproximats de l'alçària de l'arbre que s'han calculat a través del mètode de Tales.

13. En una botiga de roba juvenil, s'hi anuncia una rebaixa en els preus des de 5 €.

Uns pantalons de 46 € s'han rebaixat 10 € i una samarreta de 10 € ara es ven per 7 €.

a En quin dels dos casos es fa una rebaixa més gran?
b Quina és millor?

14. Se sap que, quan es mesura la temperatura corporal amb un determinat termòmetre digital, es pot cometre un error de ±0,2 °C. Si, quan es pren la temperatura d'una persona, la pantalla del termòmetre mostra 36,7 °C, quines poden ser les temperatures reals màxima i mínima que té? Quin és l'interval de temperatures que conté la temperatura exacta d'aquesta persona?

15. La Gràcia ha dibuixat un rectangle de 12 cm x 9 cm. A continuació, n'ha mesurat la diagonal amb un regle i ha obtingut 153 mm.

a Troba els errors absolut i relatiu de la mesura.
b Si necessita calcular la mesura amb un percentatge d'error de l'1 %, és vàlida la mesura que té o ha de tornar a fer el dibuix?

Banc digital

Mates en context

1 AM AL AP Personal Un petit repte

L'Anna i el Jesús són bons nedadors i van a la piscina quatre dies a la setmana. Sovint competeixen per veure qui és el més ràpid en fer un llarg o qui aguanta més temps sota l'aigua.

Un dia, amb l'ajuda d'un socorrista amic seu, fan una prova diferent. Posen una boia amb una pilota i, des d'extrems oposats, han de nedar fins a arribar-hi. Guanyarà qui ho aconsegueixi abans.

La piscina és de dimensions olímpiques, de 50 m d'ample i 25 m d'ample.

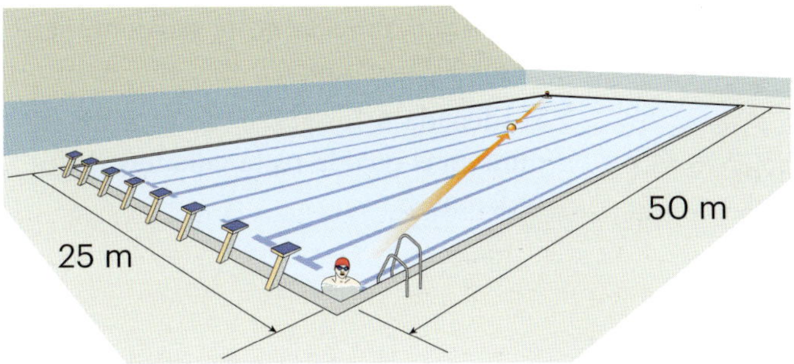

Problemes

1. Troba el valor exacte de la distància entre la pilota i cadascun dels costats de la piscina i dona'n el resultat en forma decimal.
2. Calcula el valor exacte de la diagonal de la piscina.
3. [+−] Arrodoneix el valor a l'enter i a la dècima. Són aproximacions per excés o per defecte?
4. [+−] A partir del valor de l'exercici anterior, determina la distància que ha de recórrer cada un dels nedadors fins a arribar a la pilota: de forma exacta i de forma aproximada a la dècima.
5. El Jesús s'ha desviat de la trajectòria que havia de seguir i ha arribat 15 cm a la dreta de la pilota. Calcula la longitud de la distància que ha nedat (arrodonint a la dècima) de dues maneres diferents:
   - **a** Fent servir el valor exacte que havia de nedar.
   - **b** [+−] A partir del valor aproximat a la dècima de l'exercici 2.
6. Amb el valor aproximat a la dècima, calcula la diferència entre la distància que ha recorregut cadascun.
7. [+−] Torna a fer els exercicis del 2 al 5 arrodonint a la centèsima. Quina de les dues aproximacions és millor, a la dècima o a la centèsima? Raona la resposta.

Argumenta: 1, 7 | **Matematitza: 2, 3, 4, 5, 6**

2 AM AP Professional El cronometratge de les curses

Les primeres curses que es van cronometrar van ser les de cavalls. Les curses d'atletisme es van començar a cronometrar l'any 1850 a la Universitat d'Oxford, amb un error de $\frac{1}{2}$ de segon. L'any 1862, es van millorar a $\frac{1}{5}$ de segon. El 1916, el fabricant suís de rellotges Heuer va presentar un cronòmetre que mesurava amb $\frac{1}{50}$ de segons d'error i va aconseguir ser el mesurador oficial dels Jocs Olímpics entre 1920 i 1928. Aquell any, Longines va dissenyar un cronòmetre de butxaca que tenia una precisió d' $\frac{1}{100}$ de segons.

Problemes

1. Quan es va aconseguir per primera vegada reduir l'error a les centèsimes?
2. Quina diferència hi ha entre l'error dels primers cronòmetres i el dels darrers?
3. Fins al 1920, el rècord dels 100 m llisos era de 10,5 segons. Tenint en compte l'error que es cometia en la mesura dels temps, entre quins dos valors es podia trobar la mesura real del rècord?
4. Troba el costat i l'àrea de la base del prisma anterior. Quin n'és el volum?
5. El primer atleta que va recórrer els 100 m llisos en menys de 10 segons va ser Jim Hines, que va aconseguir fer una marca de 9,95 s.
   - **a** Escriu l'interval que conté el valor real segons el cronòmetre utilitzat en aquell moment. Es podria afirmar realment que va baixar dels 10 segons?
   - **b** Si la mesura s'hagués obtingut amb els altres cronòmetres, quina marca hauria fet? És la mateixa si s'arrodoneix i si es trunca? En quin cas s'hauria fet un temps de menys de 10 segons?

Comunica: 1 | **Matematitza: 2, 3** | **Argumenta: 4**

2 Dietes

Quina és la ració equilibrada?

AM AL AP AV Social Personal Professional

Aprèn a...

Formular algebraicament una situació de la vida quotidiana mitjançant equacions i sistemes d'equacions, resoldre-les i interpretar-ne el resultat d'una manera crítica.

Identificar progressions i utilitzar-les per resoldre problemes.

Ítem 1. Nutrició

La nutrició és el procés biològic en el qual els éssers vius absorbeixen dels aliments els **nutrients necessaris per a la vida.**

Molts problemes de salut es poden prevenir amb una dieta saludable, que contingui les proporcions adequades de cada aliment.

Una dieta equilibrada és aquella que, amb els aliments que integren cadascun dels àpats, aporta nutrients en les proporcions que un organisme sa necessita per funcionar bé.

Les necessitats nutricionals diàries són aquestes:

- 50-60 % d'hidrats
- 15 % de proteïnes
- 25 % de greixos

Ítem 2. Equació de la recta de forma explícita

$$y = mx + n$$

En aquesta equació, m és el pendent de la recta, és a dir, la inclinació:

- Si $m > 0$, la recta és creixent.
- Si $m < 0$, la recta és decreixent.
- Si $m = 0$, la recta no té pendent; per tant, és horitzontal.

L'ordenada a l'origen és n, és a dir, el punt en el qual la recta talla l'eix de les ordenades.

Construeix amb el que saps

Matematitza (1) L'Àngels i la Natàlia són dues amigues que estan a punt d'emancipar-se. Han decidit fer un menú diari saludable, però s'han d'ajustar al pressupost que tenen. Han calculat que destinaran mensualment 240 € per als esmorzars, els dinars i els sopars. Calcula el pressupost diari per a un mes de trenta dies.

Simbolitza (2) Destinen 7 € al dinar i al sopar. Escriu una equació que representi aquesta situació. Apunta el que representa cada incògnita.

Matematitza (3) Planteja sis solucions diferents per a l'equació anterior. Quantes solucions té aquesta equació?

Representa (4) Representa les solucions de l'exercici anterior en uns eixos de coordenades. Què hi observes? Quin tipus de relació mantenen les dues variables? Quina equació les relaciona?

Argumenta (5) Multiplica per 2 l'equació anterior. Té les mateixes solucions que l'equació original? Tria les sis solucions que has trobat i comprova si es compleixen en aquesta nova equació.

Matematitza (6) Ara, fixa't en l'ítem 2. Quin és el pendent i quina és l'ordenada a l'origen de la recta que relaciona els dos pressupostos?

(7) Volen destinar el 62,5 % de pressupost diari al dinar i el 25 % al sopar. Quin percentatge destinaran a l'esmorzar?

Simbolitza (8) Escriu una equació amb els percentatges del dinar i del sopar fent servir les mateixes variables que abans. Per no confondre't, escriu primer la proporció amb els percentatges per a cada àpat.

Argumenta (9) Tens dues equacions que han de complir les variables x i y. Com s'anomena el conjunt de dues equacions que han de complir dues incògnites? Si cada equació representa una recta, quantes possibles solucions hi pot haver? Elabora una representació gràfica per justificar la teva resposta.

Matematitza (10) Resol l'exercici 9 i calcula els diners que l'Àngels i la Natàlia destinaran al dinar i els que destinaran al sopar. Comprova que el resultat és correcte fent servir la informació que has obtingut en els exercicis 1 i 7.

Ítem 3. Progressió geomètrica

Una progressió geomètrica és aquella en què cada terme s'obté de l'anterior, multiplicant-lo per un nombre fix anomenat **raó.**

El terme general d'una progressió geomètrica és $a_n = a_1 \cdot r^{n-1}$.

La suma dels n primers termes d'una progressió geomètrica és: $S_n = \frac{a_n \cdot r - a_1}{r-1} = \frac{a_1 \cdot (r^n - 1)}{r-1}\ r \neq 1$

La suma dels infinits termes d'una progressió geomètrica és: $S_\infty = \frac{a_1}{1-r}$

Ítem 4. Nutrients d'alguns aliments per cada 100 g

Aliment	Proteïnes (g)	Greixos (g)	Carbohidrats (g)
Vedella	24,6	10,1	0
Pollastre	29,8	5,4	0
Xoriço	11	44,2	0,9
Cereals	3	1	30
Verdures	2	0	5
Fruites	1	0	15
Cigrons	22,1	5	57,8
Lactis	5	6	9
Oli	0	20	0
Pa	3	0,89	15
Peix	25	10	0

Construeix amb el que saps

Simbolitza

11 Segons l'ítem 1, és bo consumir al voltant d'un 15 % de proteïnes al dia. L'Àngels i la Natàlia volen que el seu esmorzar els aporti el 4 % de les proteïnes diàries. Per esmorzar, han decidit menjar iogurt amb cereals.

a Copia i completa aquesta taula:

Proteïnes	Quantitat per gram	Proteïnes per gram	Aportació de proteïnes
Iogurt	x		
Cereals	y		
Iogurt amb cereals	1		

b Planteja l'equació de la quantitat total de cada producte per gram.
c Presenta l'equació que relacioni la quantitat de proteïnes que aporten en total els aliments i la quantitat de proteïnes de la barreja.
d Resol el sistema. Indica el percentatge per gram de cada aliment que han de consumir.

12 Fixa't en els aliments de la taula de l'ítem 3. Tria'n dos per obtenir un 7 % de les proteïnes en el dinar i el 5 % restant en el sopar. Indica les proporcions en què s'han de barrejar.

13 A partir del menú que has elaborat en les preguntes anteriors, calcula les proporcions de cada aliment que has de prendre per obtenir el 5 % dels greixos en l'esmorzar i un 20 % en el dinar. Quins aliments has de consumir per sopar?

14 Elabora un menú que compleixi el percentatge diari recomanat de carbohidrats. Per fer-ho, selecciona dos aliments per àpat i tria les proporcions que has de menjar de cadascun per acomplir el teu objectiu al final de la jornada.

Matematitza

15 L'Àngels vol deixar de menjar pa. Se'n menja una barra diària, que pesa 250 g, i decideix reduir-ne una cinquena part cada dia. Fixa't en l'ítem 3.

a Calcula els grams de pa que menjarà el primer dia, el segon, el tercer i el quart.
b Quin tipus de progressió representa el consum de pa diari de l'Àngels?

16 Troba els grams de pa que consumirà el vuitè dia. Quants n'haurà consumit en total?

Argumenta

17 Quants grams en total de pa menjarà abans de deixar-lo del tot? Justifica la resposta.

El que has construït

Fas servir **equacions i sistemes** per resoldre problemes de la vida real.

Busques la relació que hi ha entre una **seqüència de nombres** i respons preguntes a partir d'aquesta relació.

5. Llenguatge algebraic

Una **expressió algebraica** és una combinació de lletres i xifres relacionats per les operacions matemàtiques de suma, resta, multiplicació, divisió, potenciació i radicació. Ens permet representar d'una forma general situacions quotidianes amb valors numèrics que es desconeixen.

El **valor numèric** d'una expressió algebraica és el nombre que resulta després de substituir les lletres per nombres i fer les operacions.

Exemple

6. L'àrea d'un triangle és $A = \frac{b \cdot h}{2}$. Les lletres són valors que no es coneixen. Si volem calcular l'àrea d'un triangle amb una base de 6 cm i una altura de 5 cm, assignem un valor a les lletres. Per a aquestes mesures, l'àrea és $A = \frac{6 \cdot 5}{2} = 15\ \text{cm}^2$.

Apunt 4

El signe d'igualtat

Robert Recorde va ser un metge i matemàtic gal·lès que va fer servir el signe =. Va ser l'any 1557. Va argumentar que va escollir aquest símbol perquè «no hi havia res de més igual que dues ratlles de la mateixa longitud i paral·leles».

La seva principal aportació al progrés de l'àlgebra va consistir a sistematitzar la notació.

6. Equacions i sistemes

Quan igualem dues expressions algebraiques, obtenim una **igualtat algebraica** (apunt 4) que es pot complir o no.

6.1 Equacions

Tenim una única igualtat algebraica.

$x + 5 = 6$	$3x + 2x = 5x + 1$	$4x - x = 3x$
⇓ La igualtat es compleix només per a $x = 1$. És una **equació** amb una solució.	⇓ La igualtat no es compleix per a cap valor de x. En aquest cas, és una **equació sense solució.**	⇓ La igualtat es compleix per a qualsevol valor de x. Es tracta d'una **identitat.**

Professor a casa. Equació de primer grau amb dues incògnites.

Una **equació de primer grau amb dues incògnites** és una igualtat algebraica del tipus $ax + by = c$, en què a, b i c són tres nombres amb $a \neq 0$ i $b \neq 0$. Les incògnites x i y. Les equacions d'aquest tipus presenten les característiques següents:

- Tenen **infinites solucions**. Es calculen donant un valor (el que vulguem) a una i aïllant l'altre valor.
- Cada **parell de solucions** determina un punt en el pla. Si dibuixem aquests punts en l'eix de coordenades, comprovarem que estan alineats.
- En aquestes equacions, $ax + by = c$ és l'equació de la recta que uneix totes les solucions. Quan aïllem y, obtenim $ax + by = c \rightarrow by = -ax + c \rightarrow y = \frac{-a}{b}x + \frac{c}{b}$. Aquesta equació s'anomena equació de la recta en forma explícita; en aquesta equació, $\frac{-a}{b}$ és el pendent (o inclinació) de la recta i $\frac{c}{b}$ és l'ordenada a l'origen (o altura a la qual talla l'eix de les ordenades).

Apunt 5

Recorda-ho!

1r Treure parèntesis.

2n Treure denominadors.

3r Agrupar termes semblants.

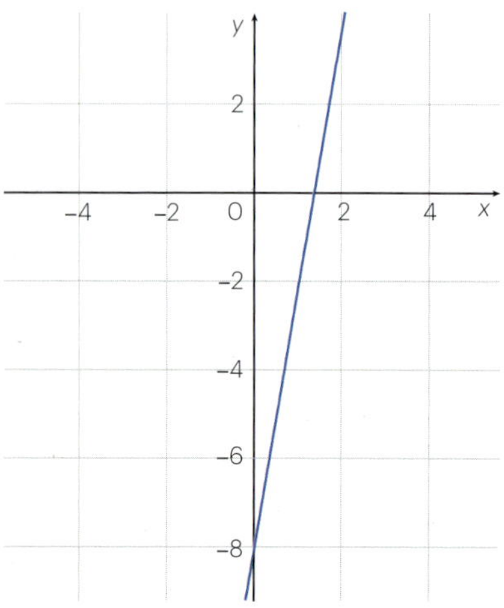

Exemple

7. $\frac{3(x-1)}{2} - \frac{y}{4} = \frac{1}{2} \rightarrow \frac{6(x-1) - y}{4} = \frac{2}{4} \rightarrow 6x - 6 - y = 2 \rightarrow 6x - y = 8$

Donem valors a x: si $x = 0$, $y = -8$; si $x = 1$, $y = -2$; si $x = 2$, $y = 4$.

Aïllem y: $y = 6x - 8$. El pendent és 6 i l'ordenada a l'origen és -8.

6.2 Sistemes

Tenim dues o més igualtats algebraiques amb dues o més incògnites. En aquest cas, els valors per a les lletres han de fer que es compleixi la igualtat en **totes les igualtats algebraiques.**

Treballarem amb sistemes de dues equacions de primer grau amb dues incògnites: $\begin{cases} a_1x+b_1y=c_1 \\ a_2x+b_2y=c_2 \end{cases}$.

Resoldre un sistema consisteix a trobar els valors de les incògnites que compleixen, alhora, les dues equacions. Recorda que cada equació és una recta en el pla.

A l'hora de resoldre un sistema, es poden donar tres situacions:

- **El sistema no té solució**, és a dir, les dues rectes no tenen cap punt en comú. Són rectes paral·leles, tenen el mateix pendent. En aquest cas, es diu que el **sistema** és **incompatible.**
- **El sistema té solució**; aleshores, el **sistema** és **compatible**. Al seu torn, podem trobar dos casos:
  a) Té una única solució. Les rectes es tallen en un punt; per tant, els pendents són diferents. El **sistema** és **compatible determinat.**
  b) Té **infinites solucions**. Són dues rectes iguals (coincidents), tenen el mateix pendent i la mateixa ordenada a l'origen. El **sistema** és **compatible indeterminat.**

Discutir un sistema consisteix a indicar el tipus de solució que té, però sense resoldre'l.

Apunt 6

Resolucions d'un sistema

1r Se simplifiquen les equacions fins que tinguin la forma $ax+by=c$.

2n S'hi aplica un dels mètodes de resolució de sistemes:

- **Substitució:** s'aïlla una incògnita en una de les equacions i se substitueix en l'altra.
- **Igualació:** s'aïlla la mateixa incògnita en totes dues equacions i s'igualen.
- **Reducció:** les equacions es multipliquen, de manera que s'igualin els coeficients amb signes contraris d'una de les incògnites. Se sumen les equacions i es resol l'equació resultant.

Professor a casa. Tipus de solucions d'un sistema lineal de dues equacions amb dues incògnites.

Exemples

8. $\begin{cases} 2x+y=1 \\ 4x+2y=7 \end{cases} \rightarrow y=1-2x \rightarrow 4x+2(1-2x)=7 \rightarrow 4x+2-4x=7 \rightarrow 2=7$

Arribem a una contradicció, perquè $2 \neq 7$. Les dues rectes són paral·leles. Les escrivim totes dues en forma explícita:

$$\begin{cases} 2x+y=1 \\ 4x+2y=7 \end{cases} \rightarrow \begin{cases} y=-2x+1 \\ 2y=-4x+7 \end{cases} \rightarrow \begin{cases} y=-2x+1 \\ y=-2x+\frac{7}{2} \end{cases}$$

Observa que en tots dos casos el pendent és -2 i l'ordenada a l'origen és diferent.

9. $\begin{cases} 2x+3y=1 \\ 4x+6y=2 \end{cases}$

Observem que la segona equació és la primera multiplicada per 2.

Per tant, una de les equacions sobra; ens queda una equació de primer grau amb dues incògnites, que ja sabem que tenen infinites solucions. Si la resolem, arribem a la igualtat $0 = 0$.

Apunt 7

Pendents

- **Pendents diferents:** sistema compatible determinat (una solució).
- **Pendents i ordenades a l'origen iguals:** sistema compatible indeterminat (infinites solucions).
- Només el **pendent igual:** sistema incompatible (no té solució).

Entrena't

16. Calcula el valor numèric de les expressions següents per als valors que s'indiquen:

a $x^2y - 5x + y^3x$ per a $x = -1$, $y = 2$

b $\frac{2}{3}xy^2 - \frac{5}{2}(x^2y^2 - 30)$ per a $x = -3$, $y = 2$

17. Indica si aquestes igualtats algebraiques són equacions o identitats. En el cas que siguin una equació, digues si tenen solució o no:

a $\frac{3(x-2)}{2} - \frac{x+1}{4} = \frac{5x-13}{4}$

b $\frac{3(2x-1)}{5} - \frac{2x-1}{2} = \frac{x}{5} - 1$

c $\frac{x+1}{2} - 3x = \frac{1-5x}{2} + 1$

18. Troba cinc solucions per a cadascuna de les següents equacions amb dues incògnites. Dibuixa en uns eixos de coordenades les rectes que representen:

a $2x - y = -3$

b $\frac{x+2}{2} - \frac{y-1}{3} = 2$

c $\frac{3x+y}{2} - \frac{2(x-1)}{3} = 2(x-y)$

19. Aïlla y en les equacions anteriors i determina el valor del pendent i de l'ordenada a l'origen.

20. Escriu rectes paral·leles a les anteriors l'ordenada a l'origen de les quals sigui –5.

21. En quants punts es tallen dues rectes paral·leles? Raona la resposta.

22. Una recta amb pendent $\frac{3}{2}$ és paral·lela a una altra amb pendent $\frac{9}{6}$? Justifica la resposta.

23. Indica si el parell de valors $x = -1$, $y = 2$ és la solució d'alguna d'aquestes equacions:

a $3x - 2y = -7$

b $5y - x = 11$

c $2x - 3y = -8$

d $5y - x = 9$

24. Determina si els següents parells de rectes tenen algun punt en comú:

a $3x - 2y = 7$; $6x - 4y = 9$

b $-x + 5y = -1$; $-4x + 20y = -4$

c $3x - 2y = 2$; $2x - 3y = -2$

Banc digital

25. Resol aquests sistemes i comprova que les solucions obtingudes es compleixen per a les dues equacions:

a $\begin{cases} y - x = 3 \\ 3x - 5y = 7 \end{cases}$

b $\begin{cases} 2(x+y) + 3(x-y) = 9 \\ 4(2x-y) - 5(x-2y) = 12 \end{cases}$

c $\begin{cases} \frac{x+1}{2} - \frac{y-1}{3} = x - 1 \\ \frac{3-x}{4} - \frac{y+2}{3} = y - 2 \end{cases}$

d $\begin{cases} \frac{x-1}{4} - \frac{2y-1}{2} = -x \\ \frac{1-x}{4} - \frac{y-2}{3} = 3y + 2 \end{cases}$

26. Dibuixa les rectes de cada sistema de l'exercici 25 i comprova que, efectivament, la solució és la que has obtingut.

27. Escriu el pendent o l'ordenada a l'origen de totes les rectes de l'exercici 25.

28. Indica, però sense resoldre'ls, el tipus de solució d'aquests sistemes:

a $\begin{cases} 4y = 10 - x \\ y - x = 5 \end{cases}$

b $\begin{cases} x - 2y = -3 \\ -4y + 2x = -6 \end{cases}$

c $\begin{cases} x = 2y + 1 \\ y = 2x - 3 \end{cases}$

d $\begin{cases} 5x - 2y = 0 \\ 4y - 10x = 8 \end{cases}$

29. Determina el valor que ha de tenir k perquè les rectes siguin paral·leles a la recta $y = 3x + 2$:

a $y = \frac{k}{3}x - 5$

b $2y = kx + 4$

c $y = \frac{1}{k}x + 4$

d $kx - 5y = 10$

30. Completa la recta $3x - 5y = 2$ amb una altra equació perquè en resulti un sistema tal com s'especifica en cadascun dels casos següents. Explica, per a cadascun, per què hi has afegit l'equació.

a El sistema és compatible determinat.

b El sistema és compatible indeterminat.

c El sistema és incompatible.

31. Segons els diferents valors de a, discuteix els sistemes següents:

a $\begin{cases} x - 2y = 3 \\ 5x - 10y = a \end{cases}$

b $\begin{cases} 2x - 3y = 1 \\ 4x + ay = 2 \end{cases}$

Professora a casa. Discussió d'un sistema.

Mates en context

3 AM AL AP Personal Restaurant Les tres jotes

L'Anna i el Maurici han decidit obrir un restaurant. A l'Anna li agrada molt la cuina tradicional i cuina molt bé. Com que tenen tres fills i es diuen Jordi, Joan i Josep, han pensat que un bon nom per al restaurant podria ser Les tres jotes. Disposen d'un menjador per a 60 persones i volen comprar taules per a dos i quatre comensals. Tenen dubtes perquè no saben quantes taules de cada tipus han de comprar.

Problemes

1. Escriu les incògnites que han de calcular i què representa cadascuna.
2. Quantes condicions hi ha en l'enunciat?
3. Quants comensals hi haurà en les taules de dos? I en les taules de quatre?
4. Podria haver-hi 15 comensals en les taules de quatre, si suposem que tots els llocs estan ocupats? I en les taules de dos? Justifica les respostes.
5. Escriu l'equació que permeti calcular el nombre de taules de cada tipus.
6. Quantes solucions possibles té aquesta equació? Escriu-les. Si les representem en uns eixos de coordenades, les podrem unir totes? Justifica la resposta.
7. Si no hi hagués context, quantes solucions tindria l'equació del problema 5? Les podries unir totes en aquesta circumstància?
8. Calcula el pendent i l'ordenada a l'origen de la recta que uniria tots els punts en el cas que es proposa en el problema 7.
9. Finalment, l'Anna i el Maurici han decidit posar al restaurant el triple de taules de dues places que de quatre. A partir de les solucions que has escrit en el problema 6, tria ara la solució correcta.
10. Escriu la nova condició en funció de les variables anteriors.
11. Resol el sistema i comprova que la solució coincideix amb la que has escollit en el problema 9.
12. Què passa si hi afegim una segona condició, per exemple, que compren 40 taules? Escriu la nova equació, resol-la i extreu-ne conclusions.

Simbolitza: 1, 2, 3, 5, 10 **Argumenta: 2, 4, 6, 7, 12** **Matematitza: 8, 9, 11**

4 AM AL AP Personal El cafè perfecte

El Marcel té una botiga de cafè. En ven de dues classes: cafè natural, a 9€/kg, i cafè torrefacte, a 6€/kg. Vol aconseguir una mescla amb un preu de venda de 8€/kg. A més, vol que aquesta mescla contingui 3 kg més de cafè natural que de cafè torrefacte.

Problemes

1. Escriu les incògnites que hi ha en l'exercici.
2. Planteja l'equació que reflecteix la condició que hi ha d'haver 3 kg més de cafè natural que de cafè torrefacte.
3. Calcula el cost del cafè natural i el cost del cafè torrefacte utilitzats en la mescla.
4. Planteja l'expressió algebraica que expressa els quilograms totals que té la mescla.
5. Troba el benefici que obtindrà el Marcel quan vengui aquests quilos de mescla.
6. Com que no hi ha d'haver pèrdues ni beneficis, planteja l'equació que reflecteixi aquesta condició.
7. Quants quilograms de cafè de cada classe ha d'agafar per aconseguir la mescla en les condicions anteriors?
8. Calcula el pendent i l'ordenada a l'origen de les equacions anteriors. Representa aquestes rectes en els eixos de coordenades i comprova que, efectivament, es tallen en el punt que has obtingut.

Simbolitza: 1, 2, 3, 4, 5, 6 **Matematitza: 7, 8**

3 Ni tan gras ni tan prim

Hi ha molta gent amb trastorns alimentaris? Hi ha més persones grasses o primes?

AM AL AP AV

Social

Personal

Aprèn a...

Distingir la població i la mostra en problemes contextualitzats.

Valorar la representativitat d'una mostra.

Assignar probabilitats a esdeveniments compostos senzills mitjançant la regla de Laplace i diagrames d'arbre.

Ítem 1. Mostra

El sobrepès i l'obesitat infantil a Espanya són problemes molt seriosos, que han posat en alerta permanent tots els serveis mèdics. El percentatge de sobrepès infantil a Espanya se situa al voltant del 23 % i el d'obesitat infantil, al voltant del 18 %.

Per conèixer el nivell de sobrepès i obesitat en nens i nenes de menys de 14 anys, a la Universitat de Granada s'ha dut a terme una anàlisi estadística a partir de l'observació de 3642 nens i nenes, repartits d'aquesta manera:

Nens	Nenes	2-5 anys	6-9 anys	10-14 anys
1954	1668	1054	1042	1546

Ítem 2. Resultats en nenes

	2-5 anys (%)	6-9 anys (%)	10-14 anys (%)
Baix pes	22,6	9,4	12,4
Sobrepès	14,0	22,4	14,9
Obesitat	19,8	13,1	2,6

Ítem 3. Resultats en nens

	2-5 anys (%)	6-9 anys (%)	10-14 anys (%)
Baix pes	23,0	9,9	8,9
Sobrepès	11,6	25,0	22,2
Obesitat	18,0	12,4	3,6

Construeix amb el que saps

Argumenta

1. Per què et sembla que s'ha escollit una mostra i no tots els nens i totes les nenes compresos en aquestes edats?

Matematitza

2. Completa les taules dels ítems 2 i 3 i afegeix-hi el percentatge de nens i nenes amb un pes normal.

3. Si saps que, en seleccionar la mostra per edats, s'ha mantingut la proporció entre sexes, calcula el nombre de nens i de nenes de cada tram d'edat que hi ha en la mostra.

4. Elabora dues taules (una per a cada sexe) que reflecteixin el nombre de nens i nenes de cada categoria, en lloc del percentatge.

5. Uneix les dues taules de l'exercici 4 en una de sola per saber quants nens i nenes hi ha en cada categoria, sense distinció de sexe.

6. A partir de les dades obtingudes en l'exercici 5, calcula el percentatge de baix pes, sobrepès i obesitat en cada tram d'edat.

Argumenta

7. Quins resultats d'aquest estudi t'han sorprès? Per què?

8. Pots explicar el fet que existeixi una elevada proporció de nens i nenes d'entre 2 i 5 anys amb baix pes?

Argumenta
Planteja
Comunica

9. Per què et sembla que es redueix tant l'obesitat entre els nens i les nenes d'entre 10 i 14 anys?

10. Analitzeu les dades i extraieu conclusions d'aquest treball.

Ítem 4. Anorèxia nerviosa

L'**anorèxia nerviosa** és un trastorn de la conducta alimentària. Es caracteritza per la pèrdua de pes i la resistència a recuperar-lo, la qual cosa pot provocar una situació de desnutrició greu en la persona que la pateix.

Les persones que pateixen anorèxia tenen una preocupació excessiva pel seu pes, i això els porta a disminuir la quantitat d'aliments que ingereixen i a seleccionar aquells que contenen menys calories.

Ítem 5. Bulímia

La **bulímia** és una alteració de la conducta alimentària que es caracteritza per la presència d'episodis regulars de fer-se un tip de menjar aliments amb un elevat contingut calòric, en un períodes de temps breus i d'amagat de la gent. Aquests períodes van seguits de comportaments que persegueixen compensar aquests excessos, sobretot, provocant-se vòmits.

Moltes persones amb bulímia també pateixen anorèxia. En tots dos trastorns existeix una preocupació excessiva per tot allò que fa referència al menjar, al pes i a la figura.

Ítem 6. Casos d'anorèxia i bulímia

A Espanya, els darrers estudis realitzats coincideixen a assenyalar que els casos de trastorns alimentaris entre la població adolescent és del 5 %. Concretament, el 2,2 % correspon a l'anorèxia i l'1,3 %, a la bulímia.

La relació home-dona en els trastorns del comportament alimentari és d'1/10. És a dir, per cada home malalt, hi ha 10 dones malaltes.

Ítem 7. Es pot superar!

Es calcula que el 20 % de les persones que pateixen anorèxia nerviosa moren a causa de complicacions derivades de la malaltia, però és esperançador saber que el 60 % dels malalts es curen. Per això, davant qualsevol símptoma cal anar a l'especialista.

Construeix amb el que saps

Matematitza

(11) En una comarca hi viuen 80 000 nois i noies repartits al 50 %:

a Aproximadament, quants pateixen anorèxia nerviosa? I quants pateixen bulímia?
b Dels malalts obtinguts en l'apartat anterior, quants són homes? I quantes dones malaltes hi ha?

(12) Emplena la taula següent amb les dades de l'exercici anterior; col·loca en cada casella la probabilitat corresponent (escriu-hi les dades en tant per mil):

	Anorèxia	Bulímia
Nois		
Noies		

Argumenta

(13) Suposa que s'escull a l'atzar una persona d'aquest col·lectiu. Calcula les probabilitats següents:

a Que sigui noi.
b Que sigui noi i que pateixi anorèxia nerviosa.
c Que sigui noia i que estigui sana (que no pateixi ni anorèxia ni bulímia).
d Que sigui noia, que tingui anorèxia nerviosa i que es recuperi gràcies a un tractament específic.

(14) Quantes persones es pot preveure que moriran en aquesta comarca a causa de l'anorèxia nerviosa?

El que has construït

Distingeixes entre **mostra i població.**

Obtens **mostres representatives.**

Obtens informació i l'analitzes en **taules.**

Calcules **probabilitats condicionades i compostes.**

7. Estadística

L'**estadística** és la part de les matemàtiques que s'ocupa d'aplegar tots els fets que es poden valorar numèricament, per poder fer comparacions i extreure'n conclusions.

Apunt 8

La **recollida de dades** per dur a terme un estudi estadístic es pot fer mitjançant l'**observació directa** o a través d'enquestes.

Un **estudi estadístic** consta de les fases següents, que són diferents, però que estan relacionades entre si:

1r Recollida de dades (apunt 8).
2n Organització i presentació de dades.
3r Anàlisi de dades.
4t Obtenció de conclusions.

8. Població i mostra

Per a la recollida de dades, és important saber si ens centrarem en tots els objectes de l'estudi o només en uns quants:

Apunt 9

En estadística, es fan servir termes com ara **individu** o **població**, perquè els primers estudis d'aquest tipus es van fer amb persones.

- **Població.** És el conjunt de tots els elements (persones, animals o coses) que seran objecte d'un estudi estadístic. Cada element s'anomena **individu** (apunt 9).
- **Mostra.** És un conjunt representatiu de la població de referència.

És ideal poder estudiar tota una població, però la majoria de vegades no és possible i, aleshores, només es pot tenir en consideració una mostra d'aquella població.

És fonamental escollir bé la mostra, ja que, si no es fa així, es podrien obtenir dades poc fiables. No és fàcil confeccionar una mostra; cal tenir en compte algunes consideracions:

1. Que la mostra sigui prou representativa.
2. Que inclogui la màxima quantitat possible de valors diferents.
3. Que la tria sigui objectiva.

Per recollir dades, es pot recórrer a l'observació directa o a enquestes (apunt 10). A l'hora de fer una enquesta, cal tenir en compte els punts següents:

- El tema ha de ser clar i concret.
- Les preguntes han de ser precises i han d'estar ben formulades, sense embuts.
- Les preguntes no han d'influir en les respostes dels enquestats.
- Si és possible, la resposta de cada pregunta ha de constar només d'una paraula.
- L'ordre de les preguntes és important.

Apunt 10

Una **enquesta** permet esbrinar l'opinió dominant sobre una matèria a través de preguntes que es formulen a moltes persones.

Exemples

10. Per saber la nota mitjana d'una classe de Matemàtiques o l'esport preferit dels nostres amics, farem servir la població, perquè és composta per un nombre assequible d'individus. En canvi, per conèixer la qualitat d'un lot de conserves, el nombre de fills de les famílies d'una comunitat autònoma o la destinació preferida pels alemanys per anar de vacances, és més habitual fer servir la mostra.

11. En un institut hi ha matriculats 240 noies i 260 noies. Com escolliríem una mostra de 25 persones?
S'hauria de mantenir la proporció per sexes. Com que hi ha 500 persones i en volem escollir només 25, hem de dividir: 500/25 = 20. Com que hem de triar 1 de cada 20 persones, les operacions que hem de fer són aquestes: pel que fa als nois, 240/20 = 12; pel que fa a les noies, 260/20 = 13.

9. Experiments compostos

Molts experiments aleatoris són formats per diversos experiments aleatoris simultanis o successius. En aquest cas, parlem d'**experiments compostos**, que són els formats per diversos (dos o més) experiments simples que es porten a terme simultàniament o consecutivament.

Entre els experiments compostos hi ha diferències significatives:

- **Un experiment no influeix en el següent:** quan es llança una moneda a l'aire tres vegades, el resultat del primer llançament no influeix en el segon, i el resultat del segon tampoc no influeix en el tercer.
- **Un experiment sí que influeix en el següent:** quan s'agafen dues cartes d'una baralla, la primera carta que surt influeix en el nombre de casos possibles i favorables de la segona carta, de manera que va canviant la probabilitat.

Dos esdeveniments (apunt 11) poden ser:

- **Independents:** el resultat del primer no influeix en el resultat del segon (primer cas).
- **Dependents:** el resultat del primer influeix en el resultat del segon (segon cas).

Apunt 11

Esdeveniments

No s'ha de confondre l'experiment compost amb l'esdeveniment compost (vegeu la unitat 4).

Els esdeveniments d'un experiment compost s'escriuen mitjançant la forma $(A \cap B)$, en què A i B són dos esdeveniments.

10. Probabilitat composta

La fórmula dels **esdeveniments independents** és $P(A \cap B) = P(A) \cdot P(B)$.

En canvi, si els esdeveniments no són independents, la probabilitat de B dependrà del que hagi passat amb A. En aquest cas, s'escriu $P(B/A)$ i es llegeix «probabilitat de B suposat A» (apunt 12).

Així, la fórmula dels **esdeveniments dependents** és $P(A \cap B) = P(A) \cdot P(B/A)$.

Una manera d'assignar probabilitat a aquests esdeveniments consisteix a dibuixar-ne el diagrama d'arbre, calcular la probabilitat de cada branca (multiplicant-ne les probabilitats) i sumar les probabilitats de tots els casos que corresponguin a l'esdeveniment que és objecte de l'estudi.

Apunt 12

Abans de fer les operacions, és fonamental analitzar si els esdeveniments són independents o dependents. Les fórmules són diferents en cada cas!

Professor a casa. Probabilitat composta.

Exemples

12. Tenim una urna que conté tres boles blanques i dues boles negres. N'extraiem dues boles a l'atzar. Calcula la probabilitat que les dues boles siguin blanques.

La probabilitat que la primera bola sigui blanca és $P(B_1) = \frac{3}{5} = 0{,}6$.

La probabilitat que la segona bola sigui blanca ja no és la mateixa, ja que a l'urna només queden dues boles blanques (esdeveniments favorables) i quatre boles en total (esdeveniments possibles). Per tant: $P(B_2/B_1) = \frac{2}{4} = 0{,}5$.

Per tant: $P(B_1 \cap B_2) = P(B_1) \cdot P(B_2/B_1) = 0{,}6 \cdot 0{,}5 = 0{,}3$.

13. Quina és la probabilitat d'obtenir exactament dues cares en llançar a l'aire una moneda trucada en què $P(\text{cara}) = 0{,}7$?

Dibuixem el diagrama d'arbre corresponent:

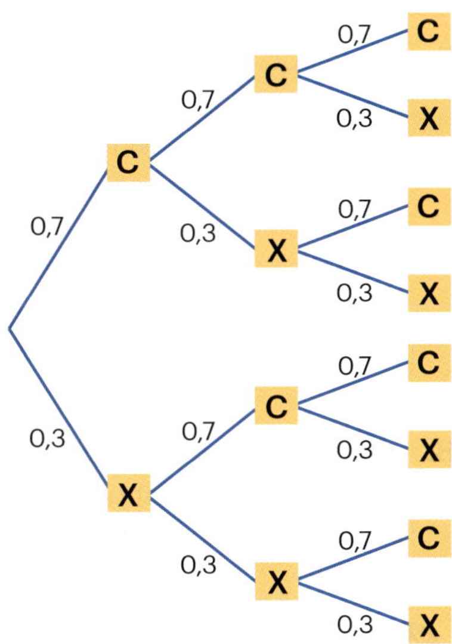

Hi ha tres casos amb dues cares (CCX, CXC i XCC).

En calculem la probabilitat (en els tres casos obtenim la mateixa probabilitat): $P(C \cap C \cap X) = 0{,}7 \cdot 0{,}7 \cdot 0{,}3 = 0{,}147$.

Sumem els tres casos: $P(\text{2 cares i 1 creu}) = 0{,}147 + 0{,}147 + 0{,}147 = 0{,}441$.

NOMBRES

Aproximació

Aproximar un nombre és substituir-ne el valor exacte per un altre que faciliti la comprensió i la resolució d'un problema sense que la solució en resulti afectada.

El valor exacte i el valor aproximat no són iguals; un dels dos sempre és més petit que l'altre:

- Si el valor aproximat és més petit que el valor exacte, es fa **una aproximació per defecte.**
- En el cas contrari, es fa una **aproximació per excés.**

Mètodes d'aproximació

Hi ha dues formes d'aproximar quantitats:

- **Per truncament.** Consisteix a escriure les xifres amb les quals es vol treballar i a eliminar-ne la resta.
- **Per arrodoniment.** Es tracta d'escriure les xifres amb les quals es vol treballar, tenint en compte que:
  - Si la primera xifra que s'elimina és més petita que 5, l'última xifra que s'escriu no canvia.
  - Si la primera xifra que s'elimina és més gran o igual que 5, s'afegeix una unitat a l'última que s'escriu.

Errors

Com que els valors aproximat i exacte d'un nombre no són iguals, si es fa servir el primer en lloc del segon, es cometen errors. Hi ha dos tipus d'errors:

- **Error absolut.** És la diferència, en valor absolut, entre el valor exacte i el valor aproximat d'una quantitat. Es mesura en les mateixes unitats que els valors que es resten. Es representa mitjançant E_a.

$$E_a = |\text{Valor real} - \text{Valor aproximat}| = |V_r - V_a|$$

- **Error relatiu.** És el quocient entre l'error absolut i el valor exacte. No té unitats de mesura, ja que es fa servir per comparar dues quantitats expressades en la mateixa unitat. Es representa mitjançant E_r.

$$E_r = \frac{\text{Error absolut}}{\text{Valor real}} = \frac{E_a}{V_r}$$

  De vegades, aquest error també s'expressa en forma de percentatge.

  Com més petit sigui, millor serà l'aproximació que es faci.

Llenguatge algebraic

Una **expressió algebraica** és una combinació de lletres i xifres relacionades per les operacions matemàtiques de suma, resta, multiplicació, divisió, potenciació i radicació.

El **valor numèric** d'una expressió algebraica és el nombre que resulta després de substituir les lletres per xifres i fer les operacions.

Equacions i sistemes

Quan igualem dues expressions algebraiques, obtenim una **igualtat algebraica** que es pot complir o no.

- **Equacions.** Una **equació de primer grau amb dues incògnites** és una igualtat algebraica del tipus $ax + by = c$, en què a, b i c són tres nombres amb $a \neq 0$ i $b \neq 0$. Les incògnites són x i y.

  Les equacions d'aquest tipus es caracteritzen per aquestes trets:

  - Tenen **infinites solucions**. Es calculen donant un valor (el que vulguem) a una i aïllant l'altre valor.
  - Cada **parell de solucions** determina un punt en el pla. Si dibuixem aquests punts en un eix de coordenades, estaran alineats.
  - $ax + by = c$ és l'equació de la recta que uneix totes les solucions. Aïllem y: $ax + by = c \rightarrow by = -ax + c \rightarrow y = \frac{-a}{b}x + \frac{c}{b}$. Aquesta equació s'anomena equació de la recta en forma explícita; en aquesta equació, $\frac{-a}{b}$ és el pendent (o inclinació) de la recta i $\frac{c}{b}$ és l'ordenada a l'origen (o altura en què la recta talla l'eix de les ordenades).

- **Sistemes.** Hi ha dues o més igualtats algebraiques amb dues o més incògnites. En aquest cas, els valors per a les lletres han de fer que es compleixi la igualtat en **totes** les igualtats algebraiques.

  Treballem amb dos sistemes de dues equacions de primer grau amb dues incògnites: $\begin{cases} a_1x + b_1y = c_1 \\ a_2x + b_2y = c_2 \end{cases}$.

  Resoldre un sistema consisteix a trobar els valors de les incògnites que es compleixen alhora en les dues equacions. Cada equació és una recta en el pla.

A l'hora de resoldre un sistema, es poden presentar tres situacions:

- **El sistema no té solució**, és a dir, les dues rectes no tenen cap punt en comú. Són rectes paral·leles; tenen el mateix pendent. En aquest cas, el sistema es **incompatible.**
- **El sistema té solució**; es diu que és **compatible**. Al seu torn, es poden donar dos casos:
  - **Té una única solució**. Les rectes es tallen en un punt; per tant, els seus pendents són diferents. El sistema és **compatible determinat.**
  - **Té infinites solucions**. Es tracta de dues rectes iguals (coincidents) que tenen el mateix pendent i la mateixa ordenada a l'origen. El sistema és **compatible indeterminat.**

Discutir un sistema consisteix a dir el tipus de solució que té, però sense resoldre'l.

ESTADÍSTICA

Estudi estadístic

L'**estadística** és la part de les matemàtiques que s'ocupa de reunir tots els fets que es poden valorar numèricament, per poder fer comparacions i extreure'n conclusions.

Un **estudi estadístic** consta de les fases següents, que són diferents, però que estan relacionades entre si:

1r Recollida de dades.
2n Organització i representació de dades.
3r Anàlisi de dades.
4t Obtenció de conclusions.

Població i mostra

Per a la recollida de dades, és important saber si l'anàlisi estadística es farà amb tots els objectes de l'estudi o només amb uns quants:

- **Població.** És el conjunt de tots els elements (persones, animals o coses) que són objecte de l'estudi estadístic. Cada element és un **individu.**
- **Mostra.** És un conjunt representatiu de la població de referència.

No és senzill confeccionar una mostra. Per fer-la, s'han de tenir en compte dues consideracions:

- Que la mostra sigui prou representativa.
- Que inclogui la màxima quantitat possible de valors diferents.
- Que la tria sigui objectiva.

La recollida de dades es pot fer mitjançant observació directa o mitjançant enquestes.

Per dur a terme una enquesta, cal tenir en compte aquests aspectes:

- El tema ha de ser clar i concret.
- Les preguntes han de ser precises i han d'estar ben formulades, sense embuts.
- Les preguntes no han d'influir en les respostes dels enquestats.
- Si és possible, la resposta de cada pregunta ha de constar d'una sola paraula.
- L'ordre de les preguntes és important.

PROBABILITAT

Experiments compostos

Molts experiments aleatoris són formats per diversos experiments aleatoris simultanis o successius. Es tracta d'**experiments compostos**, que són els formats per diversos (dos o més) experiments simples que es fan de manera simultània o consecutiva.

Dos **esdeveniments** són **independents** si el resultat del primer no influeix en el resultat del segon.

Dos **esdeveniments** són **dependents** si el resultat del primer influeix en el resultat del segon.

Probabilitat composta

Si els esdeveniments són **independents,** la fórmula és $P(A \cap B) = P(A) \cdot P(B)$.

En canvi, si els esdeveniments no són independents, la probabilitat de B dependrà del que hagi passat amb A. En aquest cas, s'escriu $P(B/A)$ i es llegeix «probabilitat de B suposat A».

Així doncs, si els esdeveniments són **dependents**, la fórmula és $P(A \cap B) = P(A) \cdot P(B / A)$.

Una manera d'assignar probabilitat a aquests esdeveniments consisteix a dibuixar-ne el diagrama d'arbre, calcular la probabilitat de cada branca (multiplicant-ne les probabilitats) i sumar les probabilitats de tots els casos que corresponguin a l'esdeveniment que és objecte de l'estudi.

Entrena't +

Nombres

50. Escriu una aproximació per excés i una altra per defecte d'aquests nombres:

a 13,54 **b** 6,302 **c** 8,5 **d** 3,21

51. Obtén una aproximació per excés a la centèsima d'aquests nombres:

a 4,18 **b** 2,4 **c** 1,39 **d** 0,03

52. Arrodoneix a l'enter i a la dècima:

a 7,45 **b** 8,56 **c** 2,96 **d** 9,92

53. En l'exercici anterior, digues quines aproximacions són per excés i quines són per defecte.

54. Calcula l'error absolut i l'error relatiu que es produeix en cada cas:

a Se substitueix $\frac{1}{4}$ per 0,3.

b Es fa servir 2,15 en lloc de 2,146.

55. Quan són les 12.05, un rellotge marca les 12.03. Calcula l'error absolut i l'error relatiu de la mesura.

56. Dues persones mesuren un llistó de 3 m de longitud. Una obté 295 cm i l'altra obté 3012 mm. Estudia i explica quina mesura és millor.

Banc digital

Àlgebra

57. Troba cinc solucions per a cadascuna de les següents equacions amb dues incògnites. Dibuixa en uns eixos de coordenades les rectes que representen:

a $-3x + 5y = -3$ **b** $\frac{x+3}{2} - \frac{2y-1}{4} = 1$

58. Quant valen el pendent i l'ordenada a l'origen de les rectes de l'exercici 57? Tenen algun punt en comú?

59. Resol aquests sistemes:

a $\begin{cases} \frac{x+2}{2} - \frac{2y-1}{3} = -1 \\ 2(x+y) - 5(y-x) = -20 \end{cases}$ **b** $\begin{cases} \frac{x+y}{2} = 1 - y \\ \frac{x-y}{2} = 1 - x \end{cases}$

60. Escriu el pendent i l'ordenada a l'origen de les rectes de l'exercici 59.

61. Sense resoldre'ls, indica el tipus de solució d'aquests sistemes:

a $\begin{cases} 3y = 4 - 2x \\ y - x - 3 = 0 \end{cases}$ **c** $\begin{cases} 3x + 1 = 2y \\ y = -x - 3 \end{cases}$

b $\begin{cases} x - 2y = 1 \\ 6y - 3x = 8 \end{cases}$ **d** $\begin{cases} 3x - 5y = -1 \\ -10y + 6x = -2 \end{cases}$

Banc digital

Estadística

62. Es vol aconseguir una mostra d'estudiants d'un institut. Amb aquest objectiu, s'escull un estudiant entre tots aquells el primer cognom dels quals comença per la lletra A, es tria un altre estudiant entre els que tenen el cognom iniciat per la lletra B, i així successivament. És representativa aquesta mostra? Per què?

63. Una empresa d'automòbils vol esbrinar les preferències dels usuaris en relació amb el color dels cotxes. Amb aquest propòsit, passa una enquesta a persones amb edats compreses entre els 18 i els 65 anys. Quina serà la població? Es farà servir una mostra o tota la població? Per què et sembla que l'enquesta no es fa a persones de menys de 18 anys?

64. En una població de 16000 habitants, hi ha 10000 dones i 6000 homes. Es vol fer una enquesta a 200 persones sobre les millores que farien a la població. Quantes dones caldrà seleccionar? I quants homes?

Banc digital

Probabilitat

65. Es treuen tres cartes d'una baralla espanyola i s'hi tornen a introduir immediatament. Quina és la probabilitat que aquestes tres cartes siguin espases? I que totes tres siguin del mateix coll?

66. Ara, respon les preguntes de l'exercici 65, però tenint en compte que, en treure una carta de la pila, no s'hi torna a introduir.

67. Dins d'una urna hi ha sis boles numerades de l'1 al 6. Se n'agafen dues a l'atzar. Quina és la probabilitat que els nombres de totes dues siguin parells?

68. La Sara diu al seu germà Sergi: «Llanço dues monedes a l'aire. Si en totes dues surt cara o en totes dues surt creu, guanyo jo. Si en una surt cara i en l'altra creu, guanyes tu». Qui té més probabilitat de guanyar?

Banc digital

Mates en context

7 AM AL AC Professional Mesurem pastilles

El terme *pastilla* es fa servir per designar de forma genèrica els comprimits, que és el terme científic. És una forma farmacèutica sòlida que s'obté per compressió dels seus ingredients, que prèviament s'han reduït a pols. Pot tenir un pes de fins a 1 g, i la seva mesura depèn de la seva forma i dels seus components.

Per mesurar-ne les dimensions, es pot fer servir un nònius o peu de rei, que té una precisió d'1 dècima de mil·límetre, o un cargol micromètric o pàlmer, la precisió del qual és d'1 centèsima de mil·límetre i fins i tot d'1 micra.

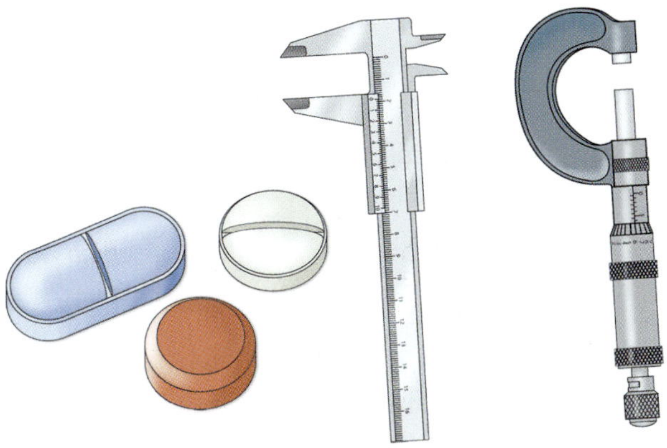

Problemes

1. S'han pesat uns comprimits de 250 mg en una bàscula i s'han obtingut aquests resultats (en mil·ligrams):

251	248	251	250	251
252	254	251	249	247

Calcula la mitjana de les dades i la desviació típica.

2. Tenint en compte que l'exactitud és la diferència entre la mesura obtinguda i la mesura real i que la precisió és la desviació típica, determina l'exactitud i la precisió de la balança del problema 1.

3. Calcula l'exactitud i la precisió de les bàscules següents, en què s'han pesat les pastilles anteriors:

Bàscula 2:	252	248	252	252	251
	249	250	248	250	251
Bàscula 3:	249	251	248	251	252
	251	248	251	247	248
Bàscula 4:	251,3	249,4	251,9	248,7	251,3
	248,7	250,9	248,8	252,1	249,9

4. Quina és la bàscula més exacta? I la més precisa? Raona les respostes.

5. Es mesuren les dimensions d'un comprimit cilíndric de 650 mg i s'obtenen les dades següents: 6,123 mm de diàmetre i 2,894 mm d'alçària. Explica raonadament amb quin instrument s'han calculat aquestes mesures.

6. Tenint en compte la resposta del problema 5, entre quins dos valors es troben les mesures reals del comprimit?

7. Si el diàmetre i l'alçària del comprimit han de ser 6 mm i 3 mm, respectivament, i un comprimit no és vàlid si les seves mesures varien més del 5 %, s'acceptarà o es rebutjarà un comprimit de 6,2 mm de diàmetre i 2,8 mm d'alçària? Raona la resposta després de fer els càlculs necessaris.

8. Amb quin instrument es deuen haver pres les mesures anteriors?

9. Tenint en consideració la precisió dels instruments de mesura de les dimensions dels comprimits, quin instrument consideres més adequat per als comprimits que s'envasen en un blíster i per als que s'envasen en pots?

10. En mesurar l'alçària del comprimit del problema 7 amb tres cargols micromètrics diferents, s'han obtingut aquestes mesures: 3,036 mm, 2,966 mm i 3,120 mm. Quin aparell és més precís?

Matematitza: 1, 2, 3, 6, 10 **Argumenta: 4, 5, 7, 8, 9**

8 AM AL AC Professional Quant dura exactament un any terrestre?

Un any és el temps que la Terra triga a fer la volta al voltant del Sol. Aquest valor no és un nombre exacte de dies. La mesura és de 365 dies, 5 hores, 48 minuts i 46 segons. El nostre calendari és de 365 dies; cada quatre anys s'hi afegeix un dia de més per compensar la diferència amb el valor real.

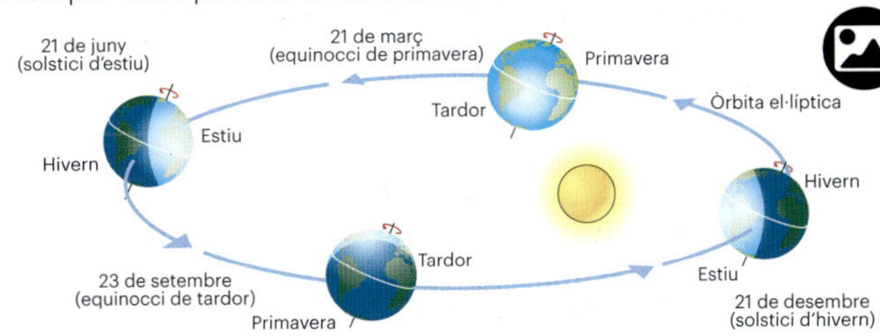

Problemes

1. Comprova si és cert que el temps que excedeix els 365 dies dona lloc a un dia més cada quatre anys.

2. Si no és cert, raona si s'obté una aproximació per excés o per defecte.

3. En el cas que sigui una aproximació, calcula l'error absolut que es comet i el percentatge d'error.

Matematitza: 1, 3 **Argumenta: 2**

9 AM AL Personal Aliatges

Un **aliatge** és una barreja de metall amb un segon metall o un altre material no metàl·lic. Els aliatges poden combinar les propietats més útils de dos materials, alhora que en redueixen els punts febles.

En joieria es fan servir molt els aliatges d'or amb altres metalls, com ara la plata i el coure. D'aquesta manera, s'aconsegueix la puresa i el color ideals per als acabats de joieria.

Un **quirat** (K) representa una vint-i-quatrena part de la massa total de l'aliatge que compon el metall. Així, si una joia és feta amb or de 18 quirats, té $\frac{18}{24} = \frac{3}{4}$ parts d'or i, per tant, una puresa del 75 %.

Un joier té dos lingots d'or, un de 12 quirats i l'altre de 18 quirats. Quants grams de cada lingot ha de fer servir per obtenir 9 g d'or de 14 quirats?

Problemes

1. Escriu les incògnites del problema.
2. Quines són les condicions del problema?
3. Escriu l'equació que representa la primera condició.
4. Copia i completa la taula següent, que t'ajudarà amb la segona condició:

	Quantitat	Parts d'or	Or total
Or 12 K			
Or 18 K			
Aliatge 14 K			

5. Escriu l'equació que representa la segona condició.
6. Respon la pregunta del problema.
7. Calcula el pendent i l'ordenada a l'origen de les dues rectes. Representa-les i comprova que el resultat obtingut és correcte.

Simbolitza: 1, 3, 5 **Argumenta: 2, 6** **Matematitza: 4, 7**

10 AM AL AP Personal Quant val?

L'Alba i les seves amigues han anat a berenar en una cafeteria. Han pagat 25 € per cinc entrepans i cinc refrescos.

Problemes

1. Amb les dades que tens, pots saber el preu d'un entrepà i el d'un refresc? Justifica la resposta.
2. Escriu l'equació que representa la situació i elabora una llista de cinc possibles preus per al refresc i per a l'entrepà.
3. Representa gràficament l'equació anterior.
4. Escriu la recta en forma explícita. Quin valor tenen el pendent i l'ordenada a l'origen?
5. L'Alba ja havia anat altres vegades a aquesta cafeteria. Recorda que l'últim cop van comprar tres entrepans, però no recorda el nombre de refrescos que van demanar. Sí que recorda, però, que tot plegat els va costar 18 euros. Amb aquesta nova informació, pots determinar el preu de l'entrepà i el del refresc? Justifica la resposta.
6. Planteja l'equació del que recorda l'Alba i escriu una lletra corresponent a la dada que desconeixes. Aquesta lletra s'anomena paràmetre.
7. Escriu la recta en forma explícita. Les dues equacions formen un sistema de dues equacions amb dues incògnites. Què passa si els pendents de les dues rectes són diferents? El sistema tindrà solució? Quantes solucions tindrà?
8. Escriu què passaria si els pendents fossin iguals. Per a quin valor del paràmetre passaria això?
9. Resol el sistema en el cas que el valor del paràmetre sigui 5, és a dir, si la vegada anterior va comprar cinc refrescos. Quant val cada cosa?
10. Representa gràficament les dues rectes i comprova'n el resultat.
11. Ara, imagina't que l'Alba recorda que va comprar 7 refrescos i 7 entrepans, però que no recorda quant va pagar. Estudia les solucions que pot tenir el nou sistema en funció del paràmetre.

Argumenta: 1, 5, 7, 8 **Simbolitza: 2, 6** **Representa: 3, 10** **Matematitza: 4, 9, 11**

 Competències matemàtiques: 1, 2, 5, 9 (act. 9, 10).

11 AM AL AP Social Arribem a Z

A l'institut Pablo Picasso s'ha posat de moda el joc «De la A a la Z», que consisteix a anar del punt *A* al punt *Z* a l'atzar. Es juga en aquest tauler:

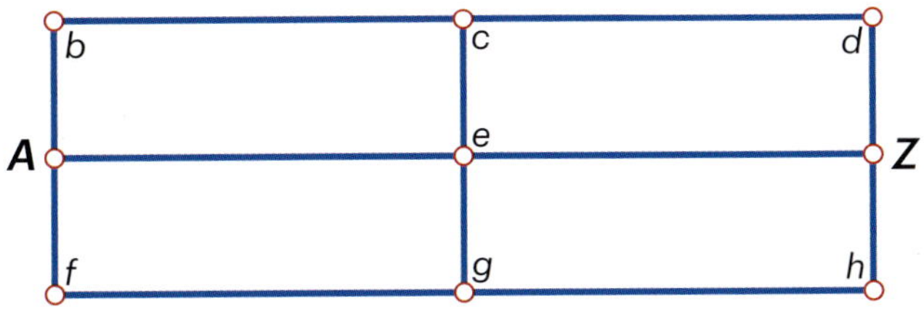

Les regles del joc són aquestes:

1. Es parteix del punt *A* i s'ha d'arribar al punt *Z*.
2. En cada punt, s'escull a l'atzar un dels camins, tirant un dau de manera que tots els camins siguin equiprobables.
3. En cada punt es pot tornar pel camí pel qual s'hi ha arribat.
4. Només es pot tirar el dau quatre vegades.
5. Es guanya quan s'ha arribat al punt *Z* en aquestes quatre tirades (o abans).

Problemes

Per respondre les preguntes, fes servir un diagrama d'arbre quan sigui necessari:

1. Quin és el nombre mínim de tirades que es necessiten per arribar al punt *Z*?
2. Quina és la probabilitat d'arribar a *Z* en només dues tirades?
3. Quina és la probabilitat d'arribar a *e* en la primera tirada?
4. Si et trobes en *e*, quina és la probabilitat d'arribar a *A* en la tirada següent?
5. Quina és la probabilitat d'arribar a *c* en dues tirades?
6. Quina és la probabilitat de tornar a l'inici després de dues tirades?
7. Es pot arribar a *Z* en tres tirades? Raona la resposta.
8. Indica tots els camins possibles per arribar a *e* en tres tirades i calcula la probabilitat de fer-ho.
9. Indica tots els camins possibles per arribar a *Z* en quatre tirades.

Professor a casa. Tots els camins possibles.

10. Calcula la probabilitat de cadascun d'aquests camins.
11. Quina és la probabilitat de guanyar en aquest joc?

Argumenta: 1, 7 **Matematitza: 2, 3, 4, 5, 8, 10, 11** **Planteja: 6, 8, 9** **Comunica: 9** **Representa: 8, 9**

12 AM AL AP Social Personal Han copiat!

La professora de Matemàtiques sap que hi ha alguns alumnes que han copiat en un examen de probabilitat. Decideix donar-los una segona oportunitat abans de suspendre'ls. Per fer-ho, els presenta tres urnes i 12 boles, 6 de blanques i 6 de negres. Cadascun d'aquests alumnes ha de col·locar 4 boles dins de cada urna i, a continuació, escollir una urna a l'atzar i extreure'n una bola blanca. Si la bola que en treu és blanca, aprova.

Problemes

1. Si fossis un d'aquests estudiants, com col·locaries les 12 boles per poder tenir més probabilitat d'aprovar? Calcula la probabilitat d'aprovar en aquest cas.
2. Determina la probabilitat d'aprovar en els casos següents:

Casos	Urna 1	Urna 2	Urna 3
a	2B 2N	2B 2N	2B 2N
b	4B	4N	2B 2N
c	3B 1N	1B 3N	2B 2N
d	3B 1N	3B 1N	4N

3. Què hi observes?
4. Un dels estudiants suggereix a la professora que les urnes continguin un nombre diferent de boles. En aquest cas, com posaries les boles per tenir més probabilitat d'aprovar?
5. Quina és aquesta probabilitat?

Argumenta: 1, 3 **Matematitza: 2, 5** **Planteja: 4**

Professor a casa. Problema resolt (la millor estratègia).

13 AM AL Social Final d'escacs

L'Albert i la Laura juguen la final autonòmica d'escacs a la millor de tres partides; és a dir, el vencedor serà qui guanyi dues partides. La Laura és millor que l'Albert i té una probabilitat del 0,6 de guanyar cada partida.

Problemes

1. Elabora un diagrama d'arbre que representi totes les possibilitats de les partides.
2. Calcula la probabilitat que guanyi la Laura.
3. Contra tot pronòstic, l'Albert guanya la primera partida. Elabora el diagrama d'arbre que reflecteixi aquesta situació.
4. Per al cas del problema 3, calcula la probabilitat que la Laura guanyi el campionat.

Matematitza: 1, 3, 5 **Representa: 2, 4**

1. L'aproximació, amb sis decimals, del nombre ϖ és 3,141592. Arrodoneix aquest nombre a les centèsimes, a les mil·lèsimes i a les deumil·lèsimes.

2. Escriu el valor decimal amb arrodoniment a la centèsima d'aquests nombres:

a $\sqrt{2}$ **b** $\frac{1}{4}$ **c** $\frac{5}{6}$

3. S'ha construït un rectangle de 16 cm de llarg i 12 cm d'ample. Calcula l'error absolut i l'error relatiu que s'ha comès en les mesures següents:

a Llarg: 166 mm.

b Ample: 1,17 dm.

c Perímetre: 55 cm.

d Diagonal: 204 mm.

4. Resol aquest sistema: $\begin{cases} \frac{x+1}{4} - \frac{y+2}{6} = 1 \\ 2(x-y)-3(x+y)=7 \end{cases}$

5. A l'Helena li han regalat un ram de margarides i roses. El nombre de roses del ram és 6 unitats més gran que el nombre de margarides. Després de quatre dies, es marceixen 2 roses i 4 margarides; en aquest cas, el nombre de roses és el doble que el de margarides. Quantes flors van quedar al ram després d'aquests quatre dies?

6. Sense resoldre'ls, indica el tipus de solució que tenen aquests sistemes:

a $\begin{cases} 3x-2y=1 \\ 4y-6x=-2 \end{cases}$ **b** $\begin{cases} x=2y+3 \\ x-2y=-3 \end{cases}$

7. Determina el valor que ha de tenir k perquè les rectes següents siguin paral·leles a la recta $y = 2x - 1$:

a $y = \frac{k}{5}x - 3$ **b** $kx - 3y = 4$

8. En un institut hi ha 1200 estudiants, 75 dels quals fan ESO, 350 fan Batxillerat i la resta, cicles formatius. Es vol fer una enquesta a un total de 48 alumnes. Quants estudiants de cada modalitat s'han d'escollir?

9. Un alumne ha estudiat 10 dels 30 temes que poden sortir en un examen. Aquest examen consta de dues preguntes. Calcula la probabilitat que sàpiga respondre aquestes dues preguntes.

10. Una urna conté 3 boles blanques i 5 boles negres. S'escull una bola, se n'anota el color, es torna a introduir dins de l'urna i se'n treu una altra.

a Calcula la probabilitat que les dues boles siguin blanques.

b Si, després de treure la primera bola, no es torna a introduir a l'urna, quina és la probabilitat que totes dues siguin blanques?

	4 punts	3 punts	2 punts	1 punt
1. Aproximacions i arrodoniments	Entenc els dos conceptes, i soc capaç d'aproximar i arrodonir amb exactitud.	Soc capaç d'aproximar i arrodonir, però m'equivoco en els càlculs.	Entenc els dos conceptes i soc capaç d'aproximar o d'arrodonir, però no de fer les dues coses.	No soc capaç ni d'aproximar ni d'arrodonir.
2. Errors	Calculo correctament els errors absoluts i relatius.	Sé calcular errors absoluts i relatius, però m'equivoco en algun càlcul.	Sé calcular errors absoluts, però no errors relatius.	No sé calcular ni errors absoluts ni errors relatius.
3. Resolució de sistemes d'equacions	Plantejo i resolc amb exactitud sistemes d'equacions.	Plantejo i resolc sistemes d'equacions, però m'equivoco en els càlculs.	Resolc sistemes d'equacions, però no soc capaç de plantejar-los.	No sé plantejar ni resoldre sistemes d'equacions.
4. Discussió de sistemes	Indico el nombre de solucions de qualsevol tipus de sistemes.	Indico el nombre de solucions dels sistemes, però m'equivoco en els càlculs.	Sé calcular el nombre de solucions en alguns casos, però no en tots.	No sé calcular el nombre de solucions d'un sistema.
5. Rectes paral·leles i secants	Distingeixo si dues rectes són paral·leles o no i soc capaç de calcular una recta paral·lela a una altra de donada.	Distingeixo i calculo quan dues rectes són paral·leles o no, però m'equivoco en els càlculs.	Distingeixo si dues rectes són paral·leles o no, però no soc capaç de calcular una recta paral·lela a una altra de donada.	No sé distingir quan dues rectes són paral·leles.
6. Població i mostra	Entenc la diferència entre els dos conceptes i soc capaç d'obtenir una mostra representativa.	Entenc la diferència entre els dos conceptes i sé obtenir una mostra, però m'equivoco en els càlculs.	Entenc la diferència entre els dos conceptes, però no soc capaç de trobar una mostra representativa.	No sé què és una mostra ni la sé calcular.
7. Probabilitat condicionada	Calculo amb precisió la probabilitat d'esdeveniments compostos, tant independents com dependents.	Sé calcular la probabilitat de tota mena d'esdeveniments compostos, però m'equivoco en els càlculs.	Calculo amb precisió la probabilitat d'esdeveniments compostos independents, però no la d'esdeveniments dependents.	No sé calcular la probabilitat d'esdeveniments compostos.

PDF

Annex

Taula de continguts

	CONTINGUTS	PRIMER TRIMESTRE: Colònies d'estiu	PRIMER TRIMESTRE: Naturalesa matemàtica	PRIMER TRIMESTRE: En moviment
NOMBRES	**Potències i arrels**			
	Potències de nombres racionals amb exponent enter. Significat i ús.		■	
	Potències de base 10. Aplicació per a l'expressió de nombres molt petits.		■	
	Operacions amb nombres expressats en notació científica.		■	
	Arrels no exactes. Expressió decimal.		■	
	Arrels quadrades i cúbiques. Radicals senzills. Operacions.		■	
	Representació de nombres en la recta real. Intervals.	■	■	
	Expressions radicals: transformació i operacions. Jerarquia d'operacions.			
	Fraccions i decimals			
	Transformació de fraccions en decimals i viceversa.	■		
	Nombres exactes i periòdics. Fracció generatriu.	■		
	Operacions amb fraccions i decimals. Càlcul aproximat i arrodoniment. Xifres.	■	□	
	Successions			
	Recerca d'irregularitats, relacions i propietats que apareixen en conjunts de nombres. Expressió mitjançant llenguatge algebraic.		■	
	Successions numèriques. Successions recurrents. Progressions aritmètiques i geomètriques.		■	
ÀLGEBRA	Polinomis. Transformació d'expressions algebraiques. Operacions elementals amb polinomis.			
	Igualtats notables.			
	Equacions de primer i segon grau amb una incògnita. Resolució pel mètode algebraic i gràfic d'equacions de primer i segon grau. Resolució de problemes, mitjançant l'ús d'equacions de primer i de segon grau, i de sistemes d'equacions.			■
	Resolució d'equacions senzilles de grau superior a 2.			

SEGON TRIMESTRE		
Històries matemàtiques	Temps lliure i oci	El món de la publicitat

TERCER TRIMESTRE		
Els nombres et cuiden	Arquitectura matemàtica	Menjar amb seny

Taula de continguts

		PRIMER TRIMESTRE		
	CONTINGUTS	**Colònies d'estiu**	**Naturalesa matemàtica**	**En moviment**
GEOMETRIA	**Geometria en el pla**			
	Rectes i angles en el pla. Relacions entre els angles definits per dues rectes que es tallen.			
	Còniques.			
	Frisos i mosaics en l'arquitectura andalusa.			
	Lloc geomètric: mediatriu d'un segment, bisectriu d'un angle.			
	Polígons. Circumferència i cercle. Perímetre i àrea.			
	Teorema de Tales. Divisió d'un segment en parts proporcionals			
	Escales.			
	Teorema de Pitàgores. Aplicació a la resolució de problemes.			
	Moviments en el pla: translacions, girs i simetries.			
	Geometria en l'espai			
	Poliedres, poliedres regulars. Vèrtexs, arestes i cares. Teorema d'Euler.			
	Plans de simetria en els poliedres.			
	Cilindre, con, tronc de con.			
	L'esfera. Interseccions de plans i esferes. El globus terraqüi. Coordenades geogràfiques i fusos horaris. Longitud i latitud d'un punt.			
FUNCIONS	**Gràfiques i funcions**			
	Anàlisi i descripció qualitativa de gràfiques que representen fenòmens de l'entorn quotidià i d'altres matèries.			
	Anàlisi d'una situació a partir de l'estudi de les característiques locals i globals de la gràfica corresponent.			
	Anàlisi i comparació de situacions de dependència funcional donades per mitjà de taules i d'enunciats.			

SEGON TRIMESTRE		
Històries matemàtiques	Temps lliure i oci	El món de la publicitat

TERCER TRIMESTRE		
Els nombres et cuiden	Arquitectura matemàtica	Menjar amb seny

Taula de continguts

	CONTINGUTS	PRIMER TRIMESTRE		
		Colònies d'estiu	Naturalesa matemàtica	En moviment
FUNCIONS	**Gràfiques i funcions**			
FUNCIONS	Ús de models lineals per estudiar situacions dels diferents àmbits de coneixement i de la vida quotidiana, per mitjà de la confecció de taules, la representació gràfica i l'obtenció d'expressions algebraiques.	■		
FUNCIONS	Expressions de l'equació de la recta.			
FUNCIONS	Funcions quadràtiques. Representació gràfica. Utilització per representar situacions de la vida quotidiana.			■
FUNCIONS	Funció de proporcionalitat inversa. Asímptotes.			■
ESTADÍSTICA	Fases i tasques d'un estudi estadístic. Població i mostra. Variables estadístiques: qualitatives, discretes i contínues.	■		
ESTADÍSTICA	Mètodes de selecció d'una mostra estadística. Representativitat d'una mostra.	■		
ESTADÍSTICA	Freqüències absolutes, relatives i acumulades. Agrupació de dades en intervals.	■		
ESTADÍSTICA	Gràfiques estadístiques.			
ESTADÍSTICA	Paràmetres de posició. Càlcul, interpretació i propietats. Paràmetres de dispersió. Diagrama de caixa.	■		
ESTADÍSTICA	Interpretació conjunta de la mitjana i la desviació típica.			
PROBABILITAT	Experiències aleatòries simples i compostes en casos senzills. Esdeveniments i espai mostral.			
PROBABILITAT	Càlcul de probabilitats mitjançant la regla de Laplace.			
PROBABILITAT	Diagrames d'arbre senzills.			
PROBABILITAT	Permutacions. Factorial d'un nombre.			
PROBABILITAT	Probabilitat condicionada.			
PROBABILITAT	Ús de la probabilitat per prendre decisions basades en diferents contextos.			

SEGON TRIMESTRE		
Històries matemàtiques	Temps lliure i oci	El món de la publicitat

TERCER TRIMESTRE		
Els nombres et cuiden	Arquitectura matemàtica	Menjar amb seny

Els codis del llibre

ELS ÀMBITS

AM Àmbit matemàtic
Les competències d'aquest àmbit s'indiquen a peu de pàgina.

AD Àmbit digital

AP Àmbit personal i social

AC Àmbit cientificotecnològic

AL Àmbit lingüístic

AS Àmbit social

AV Àmbit cultura i valors

AA Àmbit artístic

ELS RECURSOS MULTIMÈDIA

Imatge

PDF Document

Vídeo

Professor a casa

Enllaç

Banc digital

PROCESSOS I HABILITATS MATEMÀTICS (PISA)

Processos matemàtics		
Formular (1)	Formular i usar 1	Formular, usar i interpretar 1

Habilitats de la competència matemàtica						
Comunica	**Matematitza**	**Representa**	**Argumenta**	**Planteja**	**Simbolitza**	**Tecnifica**

LES ACTIVITATS

Grupal

Oral

Calculadora

Els vídeos «Professor/a a casa»

Editorial Casals, fundada el 1870

Llibre adaptat als continguts que prescriu el Decret 187/2015 de 25 d'agost d'ordenació dels ensenyaments de l'educació secundària obligatòria.

Les activitats d'aquest llibre es proposen com a models d'exercicis que cada alumne/a ha de resoldre a la seva llibreta o quadern. No les ha de fer, en cap cas, al llibre.

Coordinació editorial: Laura Domínguez
Revisió lingüística: Mercè Estévez, Mònica Montserrat
Revisió tècnica: Antoni Bancells
Disseny de la coberta: Miquel Puig
Disseny de l'interior: Bassa & Trias
Maquetació: Joan Boldó
Il·lustració: Lluís Cadafalch, Jaume Farrés
Fotografia: iStock

Casp 79, 08013 Barcelona
Tel.: 902 107 007
Fax: 93 265 68 95
editorialcasals.com
ecasals.net

Primera edició: abril del 2019
ISBN: 978-84-218-6626-9
Dipòsit legal: B-11384-2019
Printed in Spain
Imprès a Gráficas Estella